高等职业院校基于工作过程项目式系列教材
企业级卓越人才培养解决方案“十三五”规划教材

Adobe After Effects CC 2018 视频后期效果处理

（第 2 版）

天津滨海迅腾科技集团有限公司　编著

天津大学出版社
TIANJIN UNIVERSITY PRESS

图书在版编目(CIP)数据

Adobe After Effects CC 2018视频后期效果处理（第2版）/ 天津滨海迅腾科技集团有限公司编著. — 天津：天津大学出版社, 2020.6（2024.2重印）

高等职业院校基于工作过程项目式系列教材. 企业级卓越人才培养解决方案“十三五”规划教材

ISBN 978-7-5618-6712-9

Ⅰ. ①A… Ⅱ. ①天… Ⅲ. ①图像处理软件－高等职业教育－教材 Ⅳ. ①TP391.413

中国版本图书馆CIP数据核字（2020）第121133号

Adobe After Effects CC 2018 SHIPIN HOUQI XIAOGUO CHULI

出版发行	天津大学出版社
地　　址	天津市卫津路92号天津大学内（邮编：300072）
电　　话	发行部：022-27403647
网　　址	www.tjupress.com.cn
印　　刷	廊坊市海涛印刷有限公司
经　　销	全国各地新华书店
开　　本	787mm×1092mm　1/16
印　　张	16.25
字　　数	412千
版　　次	2020年6月第1版　2024年2月第2版
印　　次	2024年2月第3次
定　　价	79.00元

高等职业院校基于工作过程项目式系列教材
企业级卓越人才培养解决方案“十三五”规划教材
指导专家

基于工作过程项目式教程
《Adobe After Effects CC 2018 视频后期效果处理》

主　编　苗　鹏
副主编　刘文娟　王　静　吕　艳　郭慧云
陈　潇

前　言

近几年，随着社会的经济、科技迅猛发展，以数字媒体为主的新媒体得到了快速发展，成为传统媒体的强劲对手。其中 After Effects 软件的运用成为数字媒体技术应用的关键环节。如今，电视包装、影视广告、宣传片、创意视频等多个行业，都在使用 After Effects 软件进行专业的制作或后期合成。本书归纳总结了 After Effects 软件的应用技术，将关键命令、精华知识与实战案例相结合。

本书以 After Effects 软件的工具、命令为主线，将项目案例贯穿全书，讲解各个工具、命令的使用方法与应用技巧等知识。全书知识点的讲解由浅入深，既让每一位读者能有所收获，又保证了知识广度与深度。

本书分为 5 章，即 After Effects 的基础知识、图层的创建与使用、After Effects 的关键帧动画、After Effects 的效果、文字的动画。同时通过案例项目模拟生产流程的每个环节，将书中介绍的知识融会贯通，从素材如何导入直至完成案例项目，循序渐进，以可视化的方式对知识点进行讲解。

本书由苗鹏担任主编，刘文娟、王静、吕艳、郭慧云、陈潇担任副主编，刘文娟负责整书编排。第 1 章由苗鹏、王静负责编写，第 2 章由刘文娟负责编写，第 3 章由吕艳负责编写，第 4 章由郭慧云负责编写，第 5 章由陈潇负责编写。

本书理论内容简明、扼要，实例操作讲解细致，步骤清晰，实现了理论结合实际，操作步骤后有相对应的效果图，便于读者直观、清晰地看到操作效果，牢记书中的操作步骤。

期望读者在对 After Effects 相关知识的学习过程中能够更加顺利。

天津滨海迅腾科技集团有限公司

2020 年 3 月

目　　录

第 1 章 After Effects 的基础知识

知识重点

课程思政

- 认识 After Effects CC 的工作界面。
- 了解 After Effects CC 的主要功能与新增功能。
- 掌握视频后期效果处理的基本操作与工作流程。

引言

本章主要介绍 After Effects CC 的学习目的与操作方法，视频后期效果处理的基本概念、原理和实际应用领域。通过本章的学习，大家可以掌握软件的基本操作方法，为后续的学习打下良好的基础。

1.1 初识 After Effects

After Effects 简称“AE”，是 Adobe 公司开发的一个关于视频后期效果处理的软件。After Effects 多用于视频的特效与合成。它借鉴了许多优秀视频后期效果处理软件的长处，将视频特效处理提升到了新的层次，使得视频的后期处理变得简单、便捷，效果更是天衣无缝，能够以假乱真。After Effects CC 2018（图 1-1-1）对软件进行了升级，飞快的运转速度，高效的视频处理系统，确保了高质量视频的输出，令人眼花缭乱的特技系统使 After Effects 成为视频后期效果处理软件中的佼佼者。After Effects 图标的变化如图 1-1-2 所示。

图 1-1-1 After Effects CC 2018

图 1-1-2 After Effects 图标的变化

1.1.1 After Effects 简介

After Effects 作为一款主流且功能强大的视频后期效果处理软件，凭借操作简便易学，获得众多使用者的认可。应用 After Effects，能够快速、准确地制作出精美绝伦的视觉特效。它包含的数百种预设效果可将视频作品打造成视觉盛宴。视频特效如图 1-1-3 所示。After Effects 的效果，适合在影视公司、动画公司、电视台、工作室等众多公司、单位中使用。目前其主要的应用领域为三维动画片的后期合成、建筑动画的后期合成、视频包装的后期合成、影视广告的后期合成和电影电视剧特效合成等。其实也可以理解成，有视频的地方就会有 After Effects。后期合成效果如图 1-1-4 所示。

图 1-1-3 视频特效

图 1-1-4 后期合成效果

After Effects 自 1993 年 1 月 1.0 版本问世至今，经历近三十年的成长，在全球获得了无数使用者的认可与信任。无论在国内还是国外，After Effects 都是视频后期效果处理的首选软件，可以说 After Effects 在使用者心中的地位“前无古人”。After Effects CC 2018 是一款汇聚以往版本优点的集大成者，与以往版本相比较，在性能上有很大的优势。

1. 数据驱动的动画

将各种来源的数据文件导入 After Effects 中，以驱动应用程序内的交互式动画。可以导入来自几乎所有可能来源（如健身跟踪器、遥测数据和运动捕捉）或数据库（如选举结果、调查结果或人口数据）的数据文件。这些数据文件可以用作素材，用于在 After Effects 中创建动画、饼图、滑块或创建高质量的动态图形，如图 1-1-5 所示。

图 1-1-5 动态图形效果

2. 可视键盘快捷键编辑器

新的可视键盘快捷键编辑器可更改以键盘驱动的编辑方式。通过使用简约的图形用户界面（GUI）和布局合理的键，分配和修改快捷键，使操作更快捷、高效。可视键盘效果如图 1-1-6 所示。

图 1-1-6 可视键盘效果

3. 通过“表达式”进行多项操作

图层蒙版、贝塞尔曲线、“Root”笔刷等多项功能，都可以通过“表达式”进行编辑调节。

4.“通过路径创建空白”面板

“通过路径创建空白”面板能够创建表达式驱动的动画，而无须自己编写表达式。该面板为每个路径和形状点创建空白。此脚本使用新表达式访问路径点来自动生成空白的链接，并创建交互式动画。贝塞尔曲线形状“通过路径创建空白”，如图 1-1-7 所示。

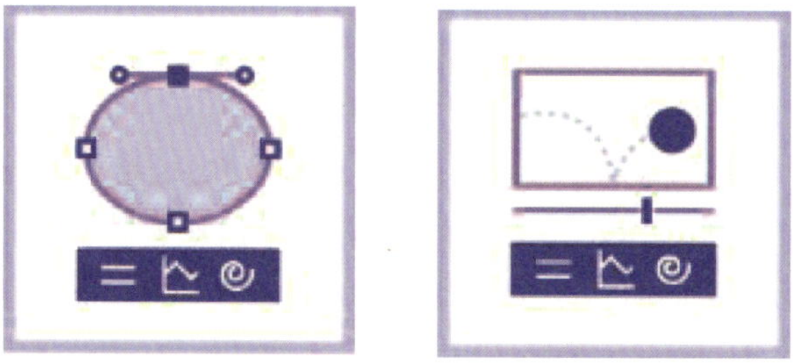

图 1-1-7 贝塞尔曲线形状“通过路径创建空白”

5. 360/VR 过渡、效果和字幕、转换器

After Effects 提供了一系列最先进的 360/VR 编辑工具（图 1-1-8）。使用该编辑工具可创建高品质 VR 作品、效果、字幕和无缝过渡，增强沉浸式视频体验；还可在各种编辑格式之间轻松切换，并导出为各种格式，包括 Fisheye、Cube-Map Facebook 3：2、Cube-Map Pano 2VR 3：2、Cube-Map GearVR 6：1、Equirectangular 16：9、Cube-Map 4：3、Sphere Map 和 Equirectangular 2：1。

图 1-1-8 VR 图标

6. 图形处理器(GPU)加速改进

在 After Effects 中已实现 GPU 加速的效果包括图层变换(位置、旋转、不透明度等)、图层运动模糊、双立方采样变换效果、定向模糊效果和使用 Premiere Pro Mercury GPU 加速应用程序接口(API)的第三方效果。

7. 渲染器与渲染引擎更新

After Effects 中随附的渲染器 CINEMA 4D 已更新版本。同时,“开放式图形库”也增强了功能,在进行绘画操作时更流畅。渲染效果如图 1-1-9 所示。

图 1-1-9 渲染效果

8. 其他增强功能

(1)After Effects UI 使用新字体 Adobe Clean。

(2)After Effects 提供易于识别的消隐图层(启用了消隐开关的图层)。启用“隐藏消隐图层”选项后,消隐图层通过可见图层之间的粗线表示。

(3)使用支持 10 位的预览硬件(如 AJA Io 4K)时, After Effects 中的 Mercury Transmit 视频预览支持每通道 10 位颜色输出。在 Windows 上,还可以使用辅助监视器进行 10 位颜色预览,前提是 GPU 计算机的 GPU 和监视器支持该颜色深度。

(4)“常规”菜单中的“打开项目时显示开始屏幕”选项已删除。

(5)与 Premiere Pro CC 最新版本交换时,来自 ARRI、RED 或 Sony 摄像机的视频素材重新保留自定义源设置。

(6)After Effects 不再自动安装 Character Animator CC。使用者可以从 Creative Cloud 桌面应用程序以及其他桌面应用程序安装 Character Animator。

1.1.2 视频后期制作的基础知识

1. 世界上的三大彩色电视制式

第一种,美国国家电视制式委员会于 1953 年 11 月提出 NTSC(National Television System Committee)(恩制)——半行频偏置的正交平衡调幅制。这种制式的接收机解码电路比较简单,但对相位畸变比较敏感,因此传输设备的相位特性要求比较严格。第二种,1956 年法国提出了 SECAM(Sequentiel Couleur à Mémoire)(塞制)——逐行轮换调频制。它与 NTSC 制有完全不同的编码和解码方法,在克服相位畸变的敏感性方面取得了显著效果,但同时也产生了在高饱和度彩色垂直过渡处产生闪烁现象和与黑白电视兼容较差的缺点。第三种, 1960 年联邦德国提出了 PAL(Phase Alternation Line-by-line)(帕制)——四分之一行频偏置的逐行倒相正交平衡调幅制。它是 NTSC 制式的改进型，能较好地克服相位畸变的敏感性，解码电路比较复杂，接收机造价稍高些。20 世纪 50 年代末 60 年代初，继 NTSC 制式以后提出的新制式有不少种，但比较成熟的只有上述 SECAM 和 PAL 两种。在中国大陆彩色电视制式就是采用 PAL 制式。

2. 逐行扫描与隔行扫描

逐行扫描是一种对位图图像进行编码的方法，通过扫描或显示每行或每行像素，从视频左上角的第一行开始逐行进行扫描，在五十分之一秒内完成整幅图像的扫描。经逐行扫描出来的画面清晰无闪烁，动态失真较小，图像更为细腻、稳定。但是所占用的信号传输带宽较大。目前高档显示器大都采用逐行扫描方式。

隔行扫描，是指在显示一幅图像时，先扫描奇数行，全部完成奇数行扫描后再扫描偶数行，也就是每一帧图像都通过两次扫描来完成，所以造成图像显示画面闪烁较大。但是隔行扫描技术在传送信号带宽不够的情况下起了很大作用。

由此可见，两种扫描方式各有利弊，具体选择哪种扫描方式，还要看视频的用途。通常在标准显示模式中，i 表示隔行扫描，p 表示逐行扫描。

3. 分辨率

分辨率分为显示分辨率与图像分辨率。显示分辨率也就是屏幕分辨率，即屏幕图像的精密度，指显示器所能显示的像素的多少。显示的像素越多，画面就越精细，所以分辨率是显示器非常重要的性能指标之一。同理，图像分辨率决定了位图图像细节的精细程度。图像的分辨率越高，所包含的像素就越多，图像就越清晰，印刷的质量也就越好。当然也会增加图像占用的存储空间。表 1-1-1 是显示器标准，仅供参考。

表 1-1-1 显示器标准

单位：像素

标屏	分辨率	宽屏	分辨率
QVGA	320×240	WQVGA	400×240
VGA	640×480	WVGA	800×480
SVGA	800×600	WSVGA	1024×600
XGA XGA+	1024×768 1152×864	WXGA WXGA+	1280×720/1280×768/1280×800 1366×768
SXGA	1280×1024/1280×960	WSXGA	1440×900
SXGA+	1400×1050	WSXGA+	1680×1050
UXGA QXGA	1600×1200 2048×1536	WUXGA WQXGA	1920×1200 2560×1600

目前主流分辨率主要有 720p（高清）、1080p（全高清）、2K 和 4K 四种。

（1）720p 分辨率为 1280×720 像素，长宽比为 16 ∶ 9，p 是逐行扫描（Progressive scanning）的意思。720p 是一种在逐行扫描下达到 1280×720 像素分辨率的显示格式。视频网站采用这种分辨率的比较多，兼顾了清晰度和画质。

（2）1080p 分辨率是 1920×1080 像素，长宽比为 16 ∶ 9，这也是目前主流的全高清格式。1080p 电影画面，明显比 720p 画面更清晰。

（3）2K 分辨率为 2048×1080 像素，也有其他分辨率格式（2048×1536 像素、2560×1600 像素），但数值不会低于 2048×1080 像素。目前 4K 发展非常迅猛，2K 技术只可能是一个短暂过渡。

（4）4K 分辨率为 3840×2160 像素，目前 4K 电视、手机陆续问世，这也是今后的发展趋势。但是 4K 的文件对播放设备要求较高，大容量硬盘和高速网络必不可少。不同分辨率的画面对比如图 1-1-10 所示。

图 1-1-10　不同分辨率的画面对比

4. 像素比

像素比是指图像中像素的宽度与高度之比。DV 基本上使用矩形像素，在 NTSC 制式中是纵向排列的，而在 PAL 制式中是横向排列的。计算机图形软件制作生成的图像大多使用方形像素。方形像素与矩形像素对比如图 1-1-11 所示。

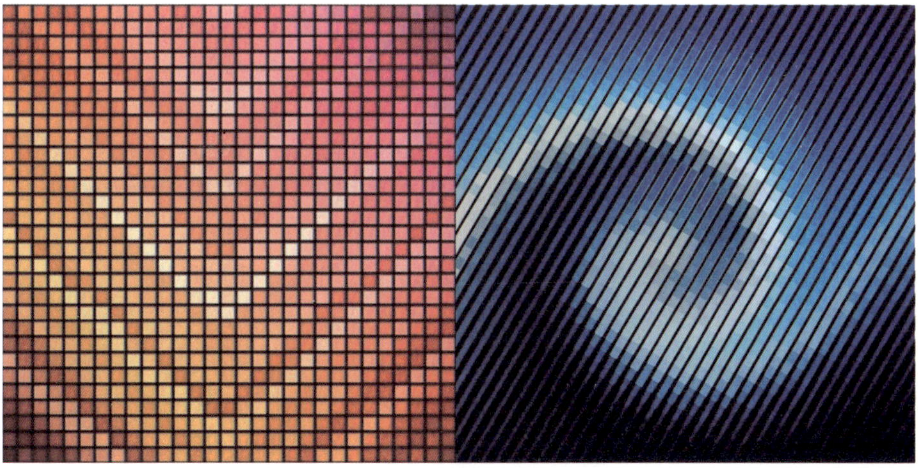

图 1-1-11　方形像素与矩形像素对比

5. After Effects 支持的文件格式

1）After Effects 支持的图像格式

- JPEG 是采用静止图像压缩编码技术的图像文件格式，是目前网络上应用最广的图像格式，支持不同程度的压缩比。
- BMP 是在 Windows 下显示和储存的位图，可分为黑白、16 色、256 色和 24 位真彩色几种形式。
- GIF 是图形交换格式，它形成一种 8 位图像文件，多用于网络传输。
- PSD 是 PS 的专用储存格式，它保留 PS 制作过程中各图层的图像信息，可以很好地配合 After Effects 使用。
- FLM 是 PR 输出的一种图像格式，可以在 PS 中对其进行处理。
- TGA 主要用于将计算机生成的数字图像向电视图像转换，被国际上的图形、图像工业广泛接受，成为数字化图像以及光线跟踪和其他应用程序所产生的高质量图像的常用格式。
- TIFF 是阿图斯公司（Aldus）和微软公司为扫描仪和台式计算机出版软件开发的图像文件格式。
- WMF 是 Windows 图元文件格式，是一种以矢量格式存储的文件。
- DXF 是 AutoCAD 软件所使用的图像文件格式。
- PIC 是用于 Macintosh Quick Draw 图片的格式。
- PCX 是一种基于 PC 绘图程序的专用格式。

2）After Effects 支持的视频格式

- AVI 是由微软公司制定的 PC 标准视频格式。
- MPG 是运动图像压缩算法的国际标准，几乎所有的计算机平台都支持它。
- MOV 是 Macintosh 计算机上的标准视频格式，可以用 Quick Time 来打开它。
- RM 是瑞尔网络公司（Real Networks）开发的视频文件格式，其特点是在数据传输过程中可以边下载边播放，实时性比较强，在 Internet 上有广泛应用。
- ASF 是由微软公司推出的在 Internet 上实时播放的多媒体影像技术标准。
- FLC 是欧特克公司（Autodesk）的动画文件格式，它是 8 位动画文件，每一帧都是 GIF 图像。

3）After Effects 支持的音频格式

- MPEG 根据压缩质量和编码复杂程度的不同，分为三层（MP1、MP2、MP3），MP1、MP2 压缩率为 4∶1、6∶1，而 MP3 的压缩率高达 10∶1，MP3 具有较高的压缩比，压缩后的文件音质比较接近原音源的效果。
- MID 是数字合成音乐文件，文件小、易编辑，每分钟有 5~10 kB 的容量。
- WAV 是微软公司推出的具有很高音质的文件格式，因为它不经过压缩，每分钟音频需要 10 MB 的存储空间，是用于将音频记录为波形文件的格式。
- Real Audio 是进步网络公司（Progressive Network）推出的文件格式。文件压缩比大、音质高，便于网络传输。
- AIF 是苹果公司（Apple）和美国硅图公司（SGI）推出的声音文件格式。

1.2　After Effects CC 2018 的界面

After Effects CC 2018，简称 After Effects CC 2018，是由 Adobe 公司最新推出的一款强大的视频后期处理工具，是动画以及影视视频制作处理的标配。有了 After Effects CC 2018，视频制作人员、设计人员以及动画制作者能够非常轻松地制作出更好的视频，更加快速高效地完成动态效果以及视觉体验的一系列视频处理。图 1-2-1 为 After Effects CC 2018 的工作界面。

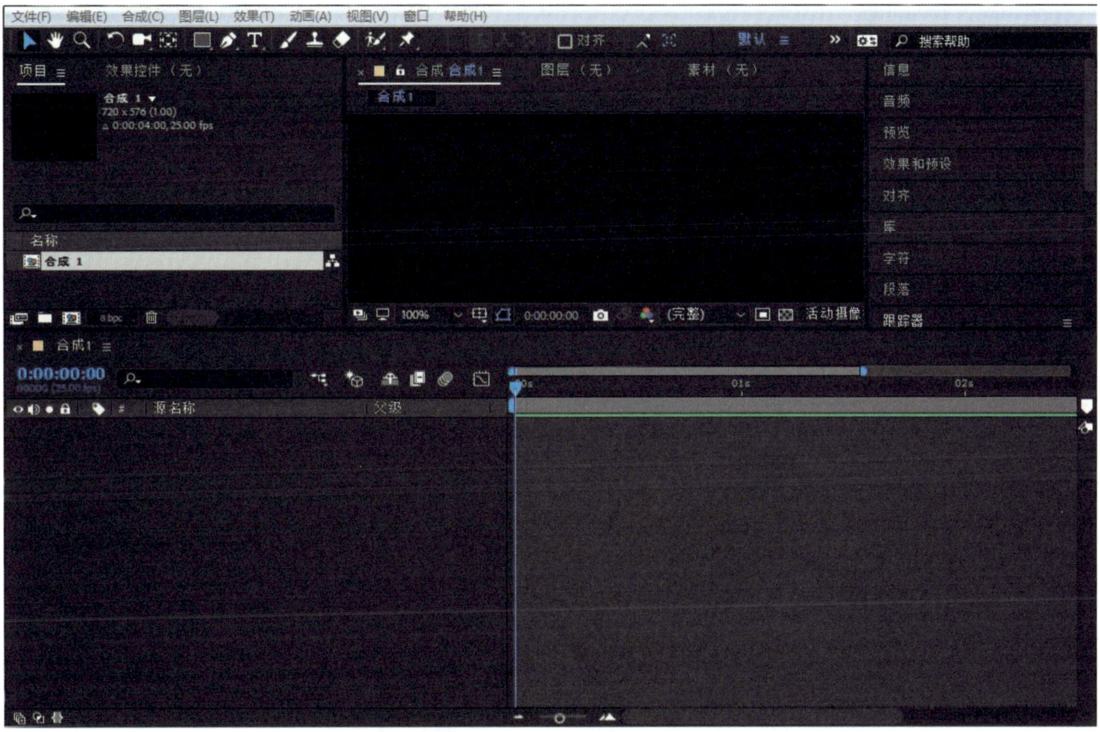

图 1-2-1　After Effects CC 2018 的工作界面

进入 After Effects CC 2018 默认的标准工作界面，可以发现其工作界面的布局十分利落整齐，每个面板之间的分布非常清晰、紧凑，在实际工作中有利于设计人员快速操作，提高工作效率。总体来看，与以往版本相比较，After Effects CC 2018 的变化不大，也是由若干面板组合而成的。下面依次介绍各个面板。

1.2.1　菜单栏

“菜单栏”共有 9 个“菜单”，分别是文件、编辑、合成、图层、效果、动画、视图、窗口、帮助，如图 1-2-2 所示。“菜单栏”包含了所有的命令与选项。

图 1-2-2 菜单栏

（1）“文件”菜单主要包含项目文件的一些基本操作，例如新建、打开项目、替换素材和项目设置等，如图 1-2-3 所示。

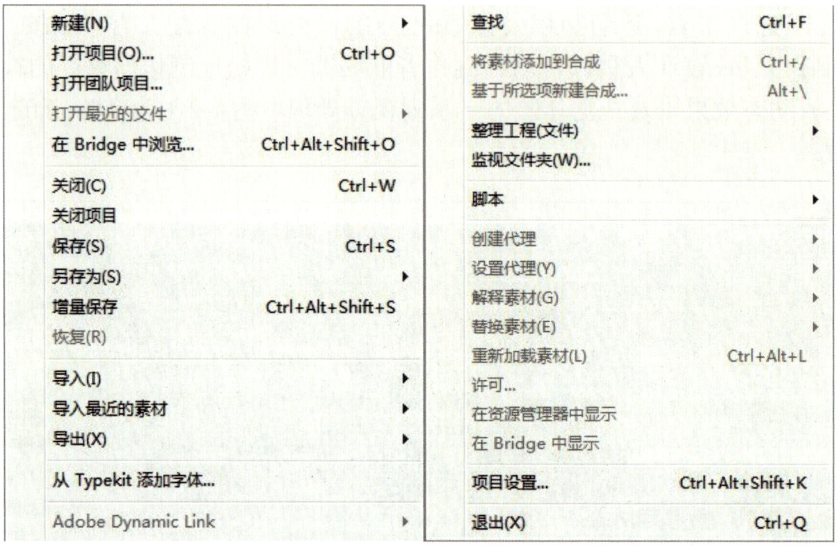

图 1-2-3 “文件”菜单

（2）“编辑”菜单主要包含一些常用的编辑命令，例如剪切、复制、粘贴和首选项等，如图 1-2-4 所示。

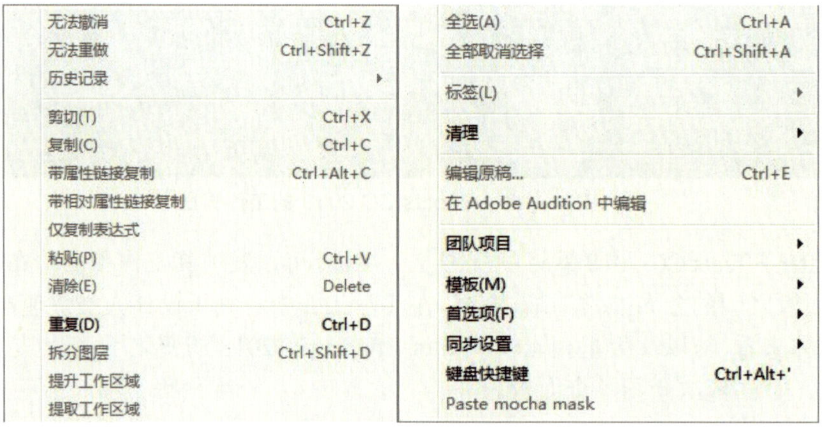

图 1-2-4 “编辑”菜单

其中“首选项”命令尤为重要，它是关于 After Effects 使用的基础设置。一个适当的“首选项”设置，会合理地分配计算机资源，提高工作效率。想熟练操作 After Effects 进行项目制作，就必须熟悉首选项的参数设置。

①“常规”命令中的参数组主要设置运行环境，包括可以撤销的操作步骤以及与整个操作系统的协调性设置，如图 1-2-5 所示。

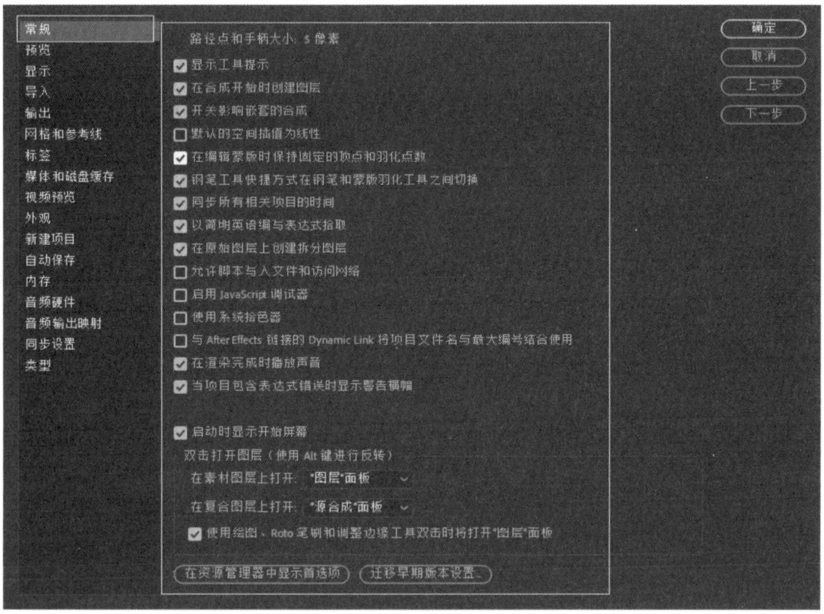

图 1-2-5　“常规”命令

②“预览”命令中的参数组主要设置预览画面的相关参数，如图 1-2-6 所示。

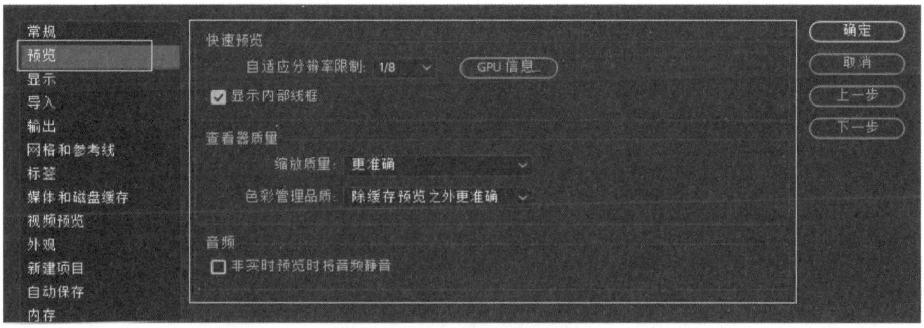

图 1-2-6　“预览”命令

③“显示”命令中的参数主要设置运动路径、关键帧等信息的显示，如图 1-2-7 所示。

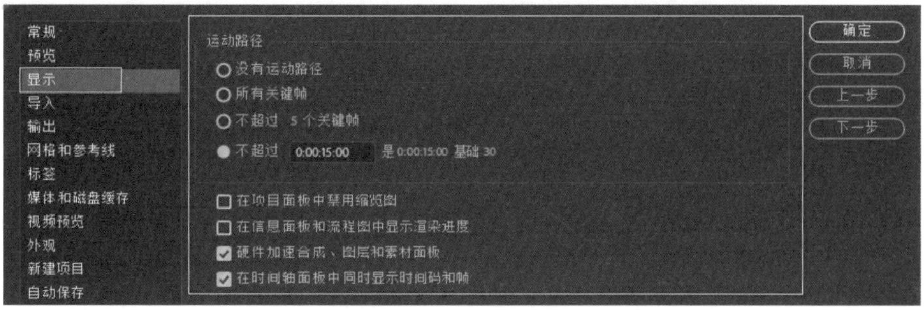

图 1-2-7　“显示”命令

④“导入”命令中的参数主要设置素材显示的长度以及帧速率，也可以设置 Alpha 通道的素材，如图 1-2-8 所示。

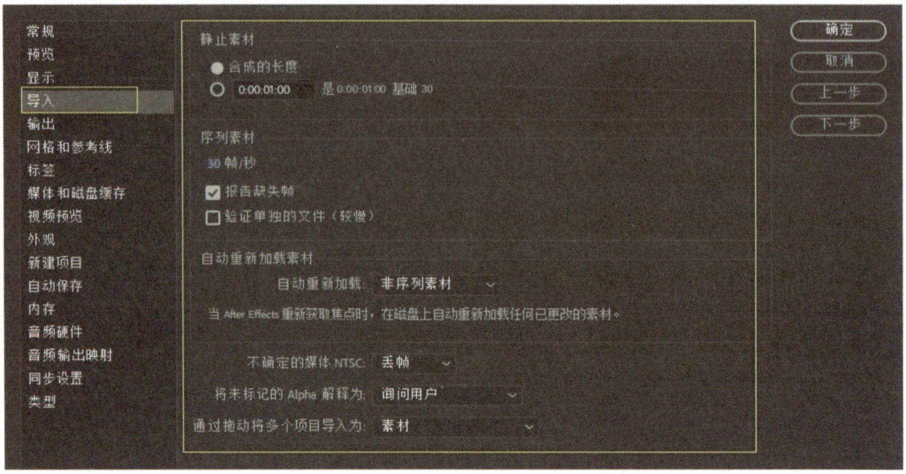

图 1-2-8 “导入”命令

⑤“输出”命令中的参数主要设置关于输出项目容量大小与音频时间的属性，如图 1-2-9 所示。

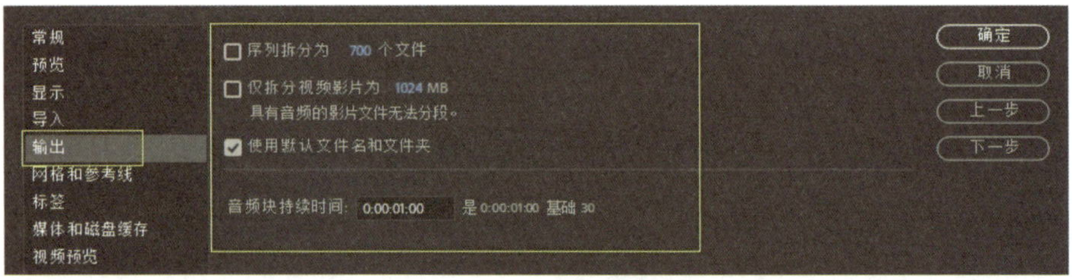

图 1-2-9 “输出”命令

⑥“网格和参考线”命令中的参数组主要设置网格和辅助线的颜色、数量和风格等，如图 1-2-10 所示。

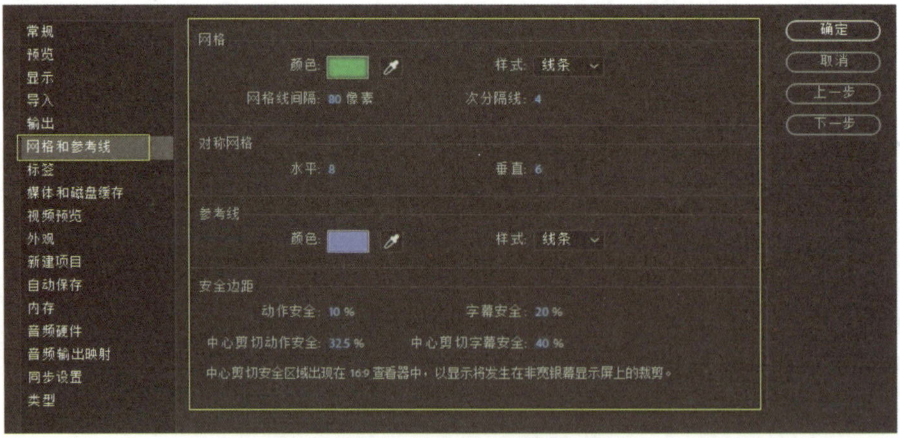

图 1-2-10 “网格和参考线”命令

⑦“标签”命令中的参数包含标签默认值和标签颜色。设置标签默认值主要是设置默认元素的标签颜色，包含合成、视频、音频、文件夹等。设置标签颜色主要是设置各种标签的颜色与名称，如图 1-2-11 所示。

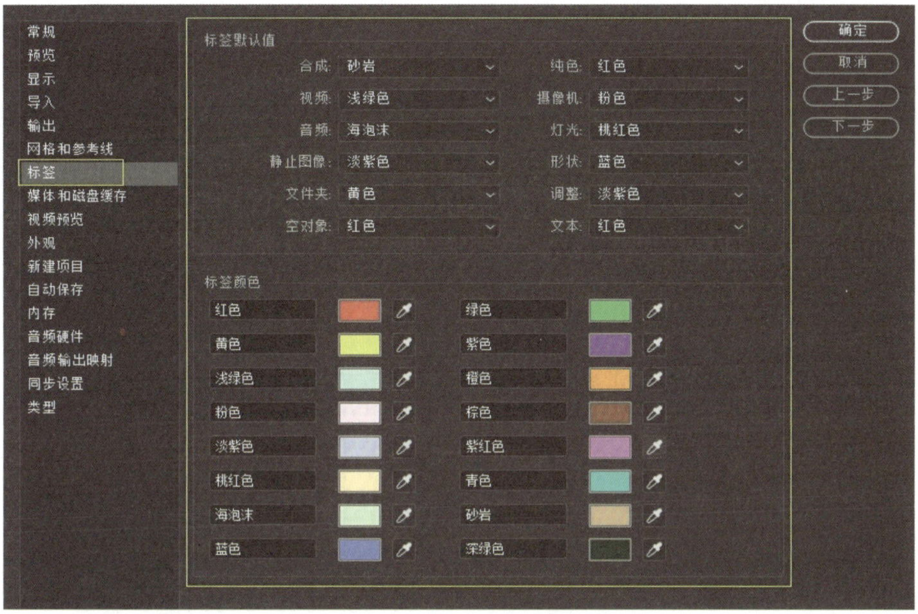

图 1-2-11　“标签”命令

⑧“媒体和磁盘缓存”命令中的参数主要设置内存和缓存的大小，如图 1-2-12 所示。

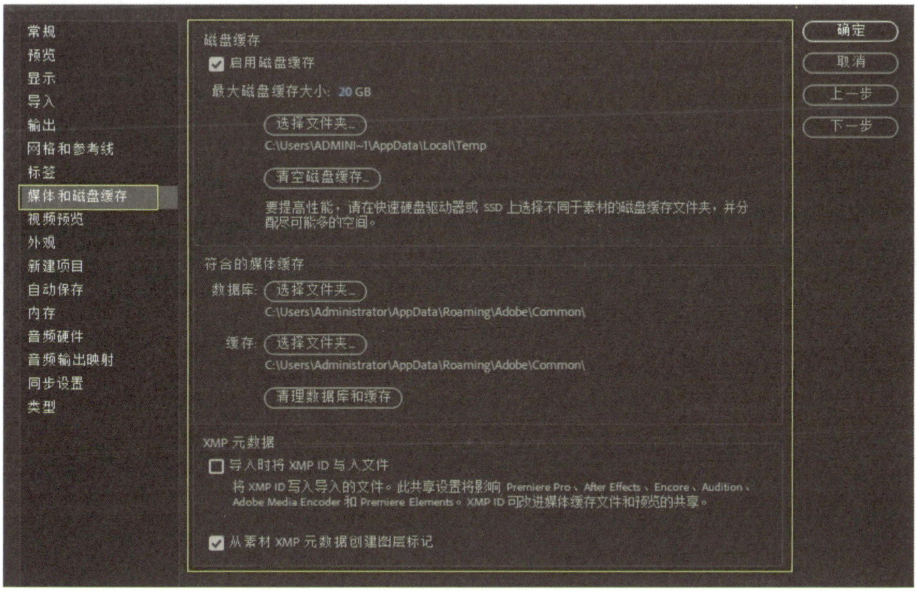

图 1-2-12　“媒体和磁盘缓存”命令

⑨"视频预览"命令中的参数组主要用来设置视频预览输出的硬件配置以及输出方式等，如图 1-2-13 所示。

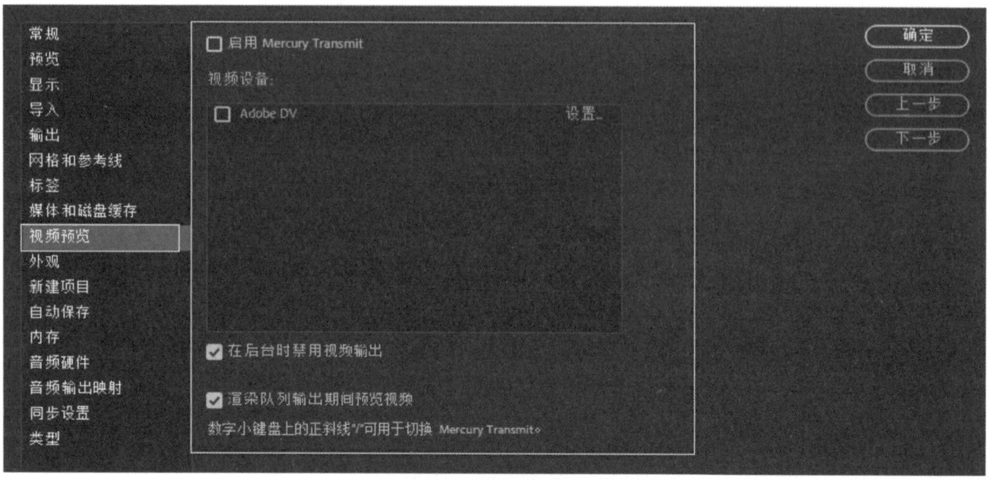

图 1-2-13　"视频预览"命令

⑩"外观"命令中的参数主要设置界面的颜色与按钮的显示方式，如图 1-2-14 所示。

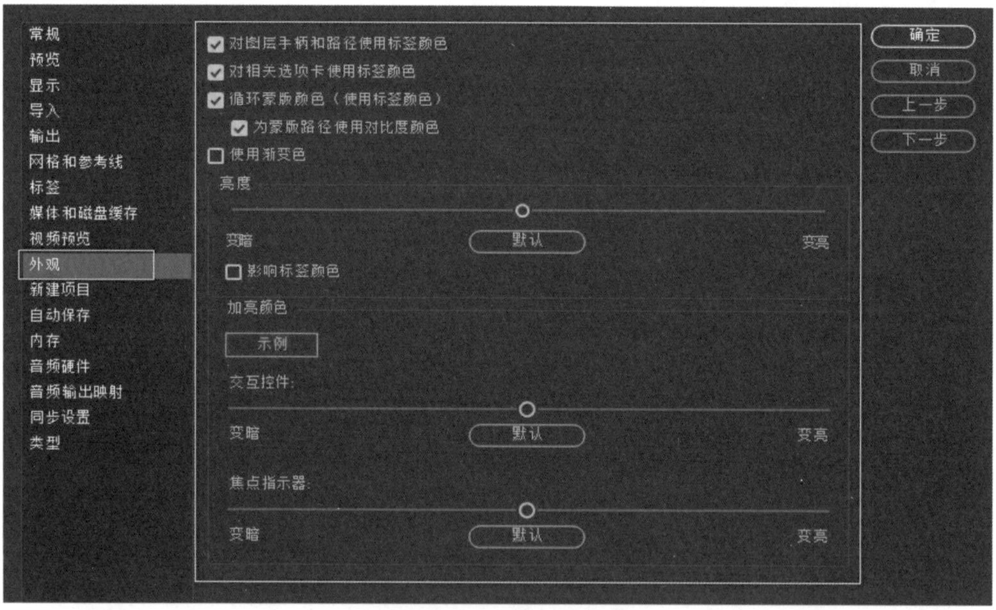

图 1-2-14　"外观"命令

⑪"新建项目"命令中的参数主要设置新建项目的模板与颜色，如图 1-2-15 所示。

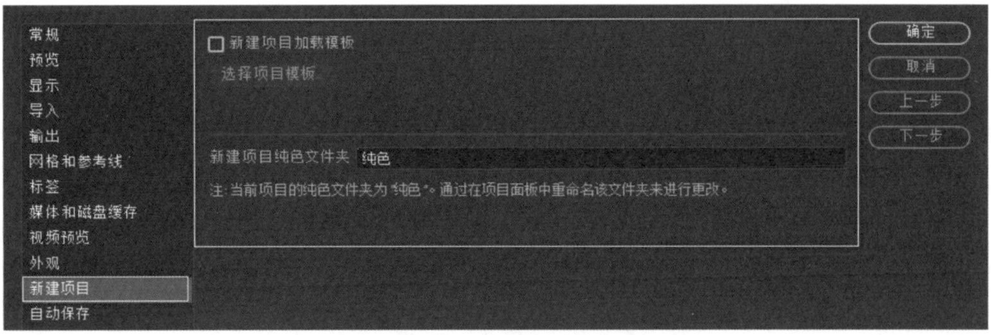

图 1-2-15　“新建项目”命令

⑫“自动保存”命令中的参数主要设置自动保存的时间间隔与自动保存的最大次数，如图 1-2-16 所示。

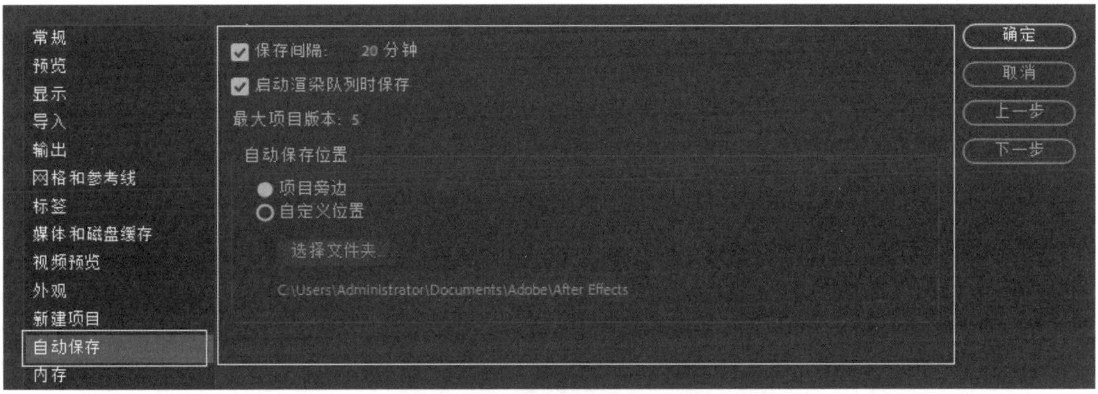

图 1-2-16　“自动保存”命令

⑬“内存”命令中的参数主要设置内存分配比例，如图 1-2-17 所示。

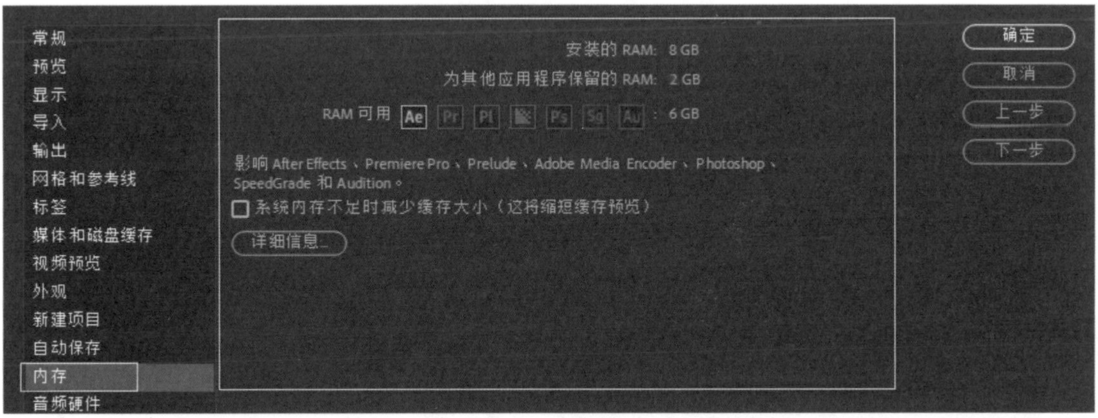

图 1-2-17　“内存”命令

⑭“音频硬件”命令中的参数主要设置声卡的使用，如图 1-2-18 所示。

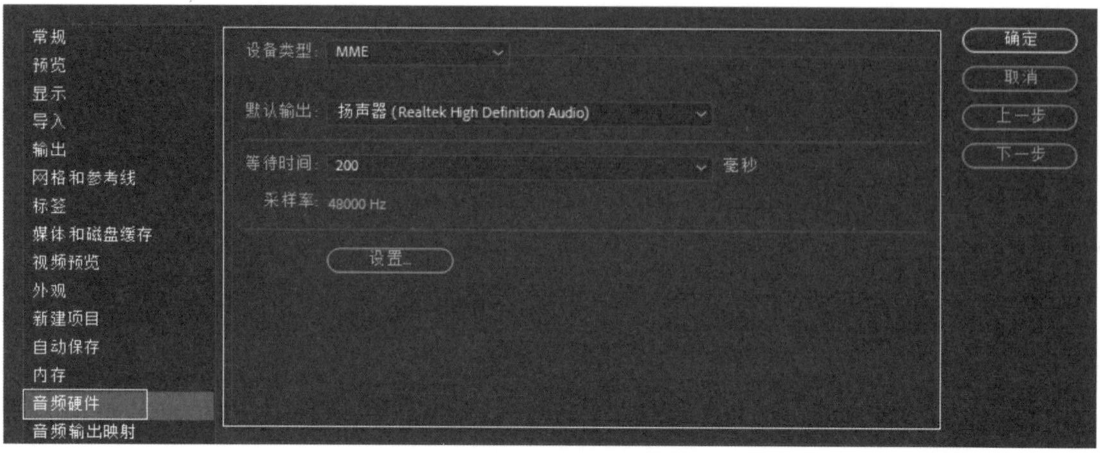

图 1-2-18 “音频硬件”命令

⑮“音频输出映射”命令中的参数主要设置音频左、右扬声器声音的输出，如图 1-2-19 所示。

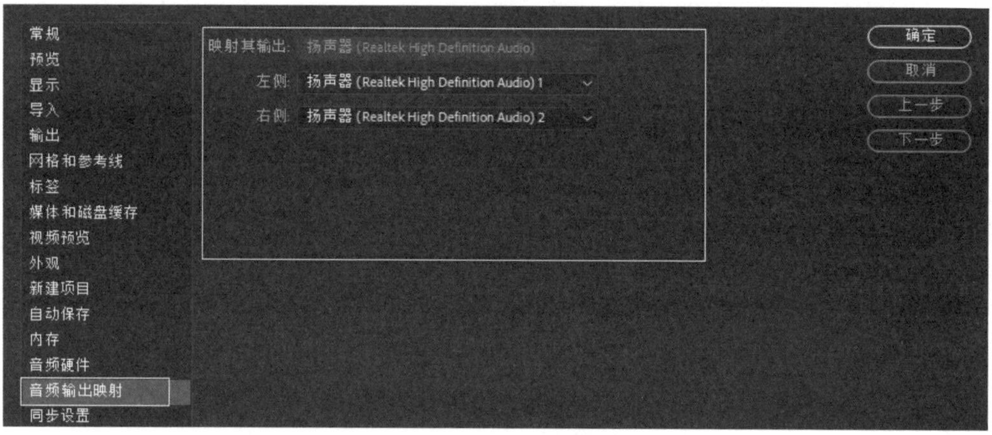

图 1-2-19 “音频输出映射”命令

⑯“同步设置”是指通过 Creative Cloud 同步首选项，对两台计算机进行管理，保持这两台计算机的设置同步，如图 1-2-20 所示。

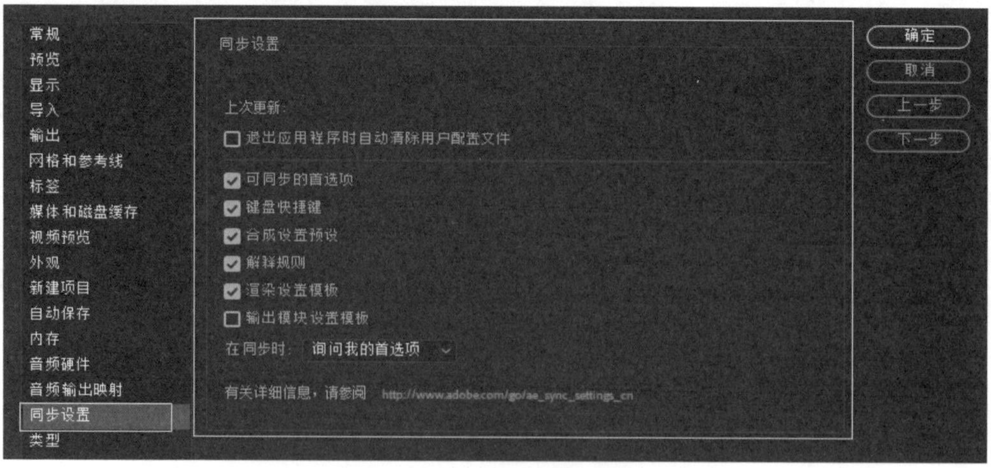

图 1-2-20 “同步设置”命令

⑰“类型”命令中的参数主要设置文本引擎与字体大小，如图 1-2-21 所示。

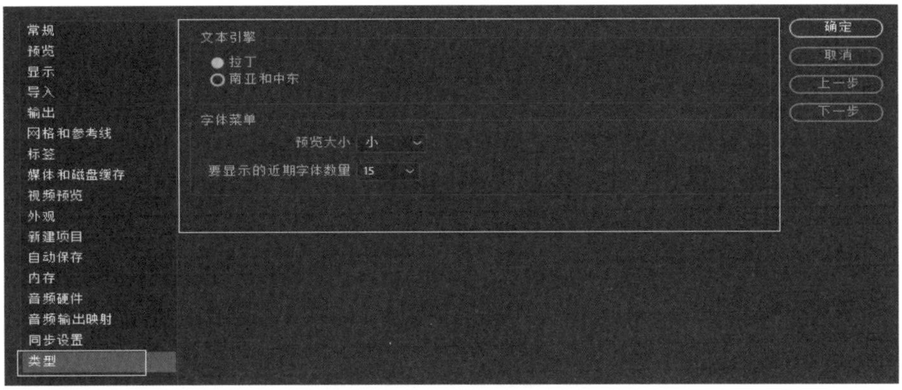

图 1-2-21　“类型”命令

（3）“合成”菜单主要包含一些设置合成的相关参数及基本操作，例如新建合成、合成设置等，如图 1-2-22 所示。

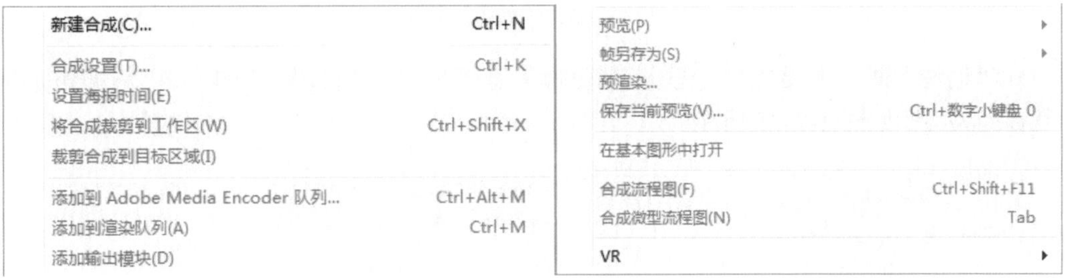

图 1-2-22　“合成”菜单

（4）“图层”菜单主要包含一些与图层相关的命令，例如新建、图层设置、跟踪遮罩、时间、帧混合等，如图 1-2-23 所示。

图 1-2-23　“图层”菜单

（5）“效果”菜单主要包含特效效果的相关命令，例如各种默认特效滤镜等，如图 1-2-24 所示。

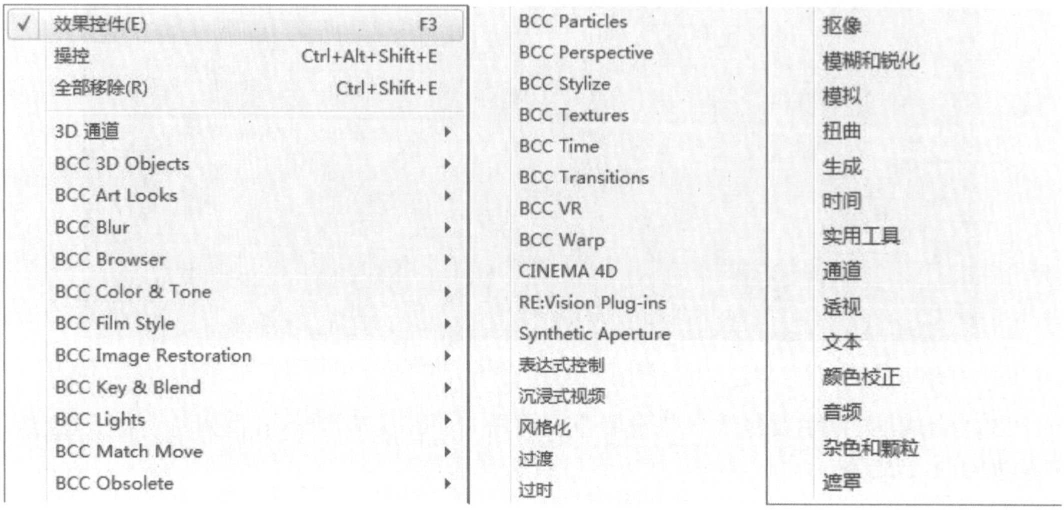

图 1-2-24 “效果”菜单

（6）“动画”菜单主要包含一些设置动画关键帧以及关键帧属性的命令，例如添加关键帧、跟踪运动等，如图 1-2-25 所示。

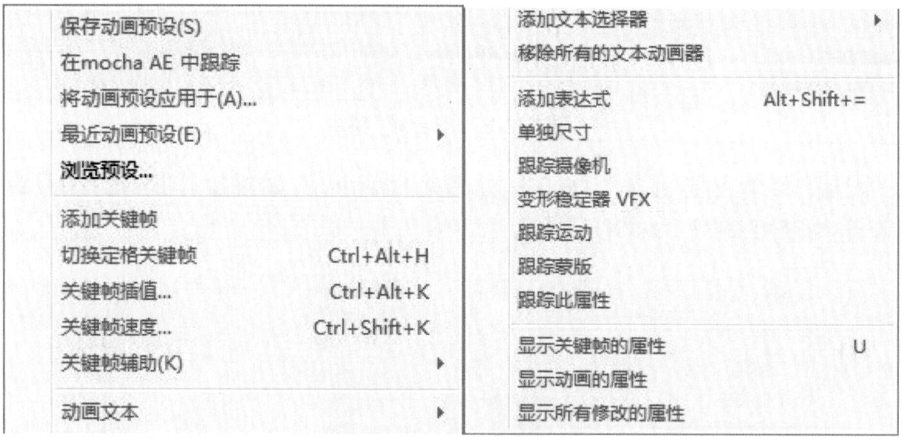

图 1-2-25 “动画”菜单

（7）“视图”菜单主要包含一些设置视图显示方式的命令，例如显示参考线、视图选项、显示图层控件等，如图 1-2-26 所示。

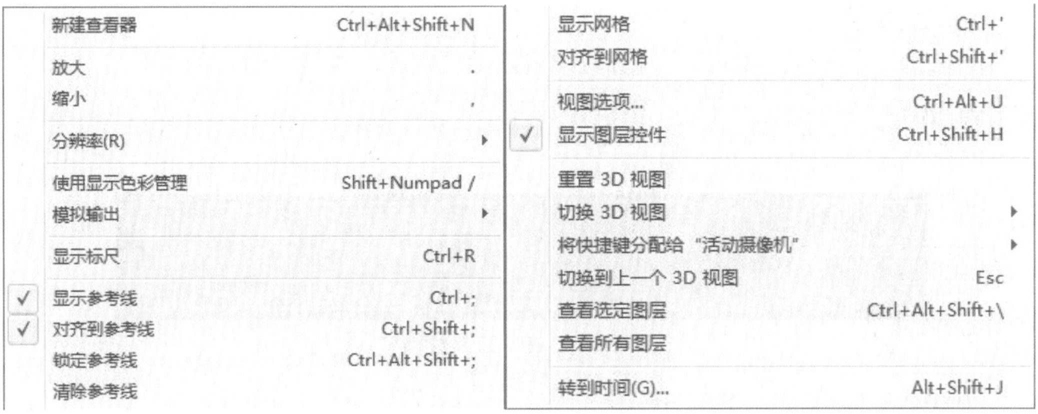

图 1-2-26 “视图”菜单

（8）“窗口”菜单主要包含一些打开或关闭浮动窗口、面板的命令，例如工作区、效果和预设、图层、对齐等，如图 1-2-27 所示。

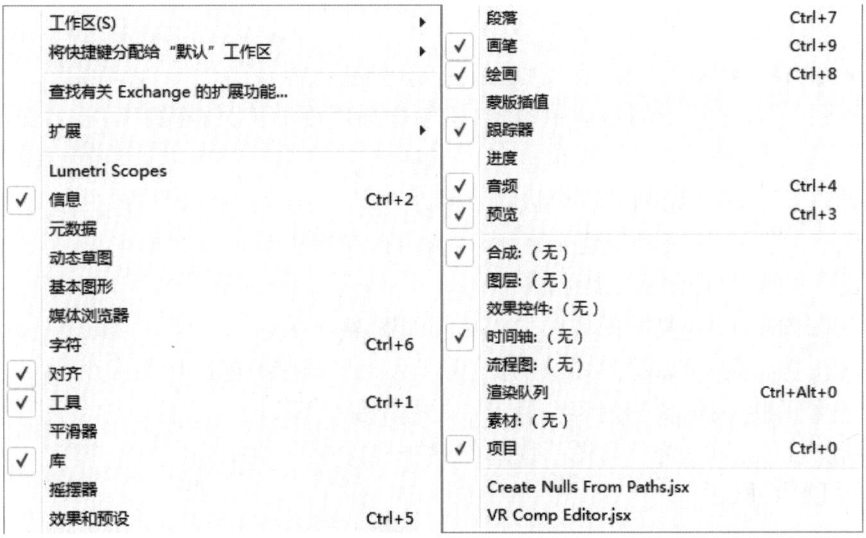

图 1-2-27 “窗口”菜单

（9）“帮助”菜单主要包含一些辅助工具，例如脚本帮助、表达式引用等，如图 1-2-28 所示。

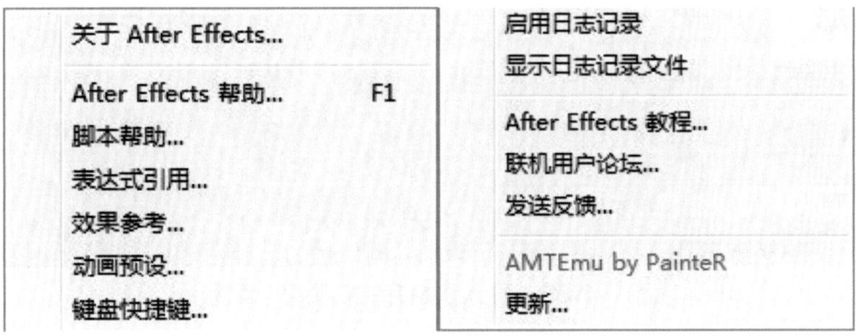

图 1-2-28 “帮助”菜单

1.2.2 工具栏

工具栏包含了所有的编辑工具，在视频后期处理过程中可选择适合的工具进行操作，如图 1-2-29 所示。

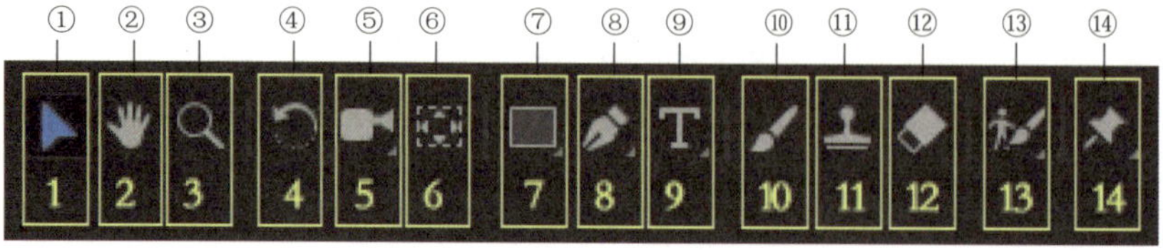

图 1-2-29 工具栏

①为选取工具，用于选择图层和素材。

②为手形工具，用于在窗口中整体移动画面。

③为缩放工具，用于放大与缩小画面的显示。

④为旋转工具，通常在三维图层中使用，因为三维图层具有 *X*、*Y*、*Z* 三个轴向。

⑤为统一摄像机工具，其中还包含轨道摄像机工具、跟踪 *XY* 摄像机工具、跟踪 *Z* 摄像机工具。

⑥为向后平移（锚点）工具，可改变图层中心点的位置。

⑦为矩形工具，多用于创建遮罩，其中还包含圆角矩形工具、椭圆工具、多变形工具、星形工具。

⑧为钢笔工具，可以绘制任意形状的遮罩。

⑨为横排文字工具，可以创建文字，还包含直排文字工具。

⑩为画笔工具，可在图层上绘制图像。

⑪ 为仿制图章工具，复制图像并生成相同的图案。

⑫ 为橡皮擦工具，可以擦除图像，通过调节大小来控制擦除区域的大小。

⑬ 为抠像工具，将需要的内容在背景中进行抠像处理。

⑭ 操控点工具，可以为矢量图形快速创建非常自然的动画。

1.2.3 “项目”面板

“项目”面板用于存储素材和合成组。在“项目”面板中可以查看导入的素材信息，并对合成组与素材进行组织管理的操作。导入素材后的“项目”面板如图 1-2-30 所示。

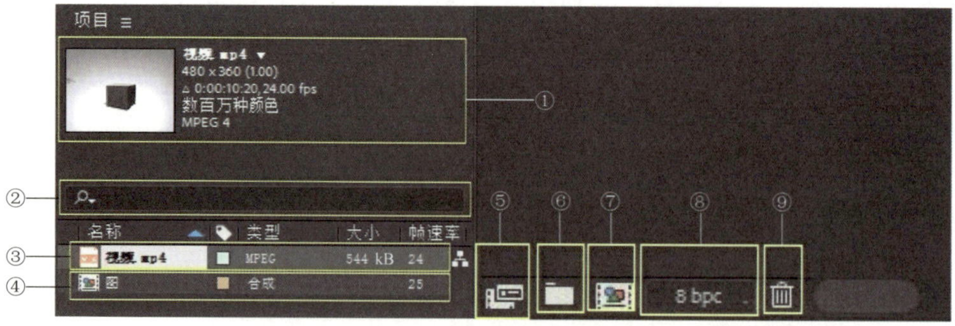

图 1-2-30 导入素材后的“项目”面板

①为导入素材后显示素材的信息，包括素材的分辨率、时间长度、帧速率和素材格式等。

②为搜索框，在搜索框中输入需要查找的信息名称，可以找到需要的素材或合成组。

在③中双击素材可以预览图像或视频，素材可以是视频、图片、序列、音频等。

④为默认的合成组。

在⑤中可以直接调出素材属性设置窗口，可以设置素材的通道处理、帧速率、开始时间码、场和像素比等。

⑥为新建文件夹。

⑦为新建合成组。

在⑧中可以调节渲染效果、时间显示样式、色彩与音频。

⑨为删除所选素材与合成组（将“鼠标”放在相应位置，则显示名称）。

1.2.4　“合成”面板

“合成”面板显示当前合成的影片，如图 1-2-31 所示。视频在“时间线”面板中制作，在“合成”面板中显示。在“合成”面板中可以观察要处理素材的效果，还可以对素材进行直接处理。在 After Effects 中进行视频后期处理也离不开“合成”面板，它是 After Effects 制作中的一个重要面板。

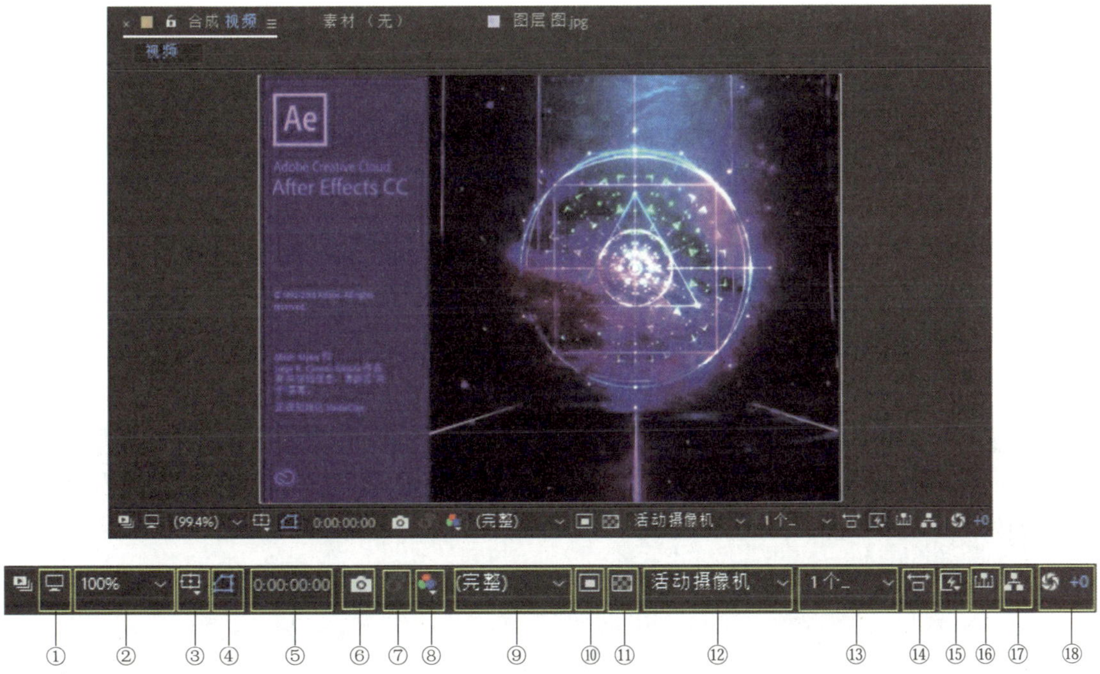

图 1-2-31　“合成”面板及命令

在①中，对音视频进行浏览。

②用于显示在“合成”面板中看到的图像大小，点击这个图标以后，会显示出设置的百分比。

③用于选择网格或是参考线。

④用于显示蒙版和形状路径。在制作遮罩时，可以确定是否在预览窗口中显示遮罩。

⑤用于显示指针所在位置的时间（0:00:00:00 顺序显示分别是时、分、秒、帧）。点击这个按钮，在弹出的对话框中输入一个时间，时间指针则会移动到相应的时间上，“合成”面板就会显示相应的时间画面。

⑥用于将视频画面拍摄成照片。

⑦用于显示拍摄成照片的视频画面。

⑧用于显示通道内容与色彩管理，通道用 RGBA 来表示，按照 Red、Green、Blue、Alpha 的顺序依次显示。Alpha 通道的基本背景是黑色，白色的部分是选区。Alpha 信息在合成的操作中经常会被使用到。

⑨用于选择不同的分辨率，但是只在合成窗口中显示图像质量，不会影响最终输出的画面质量。

⑩用于在“合成”面板中查看局部。点击图标，在“合成”面板中拖曳鼠标，绘制出矩形区域，就可以只对该区域进行预览了；再次点击该图标，便会显示完整区域。

⑪ 可将背景从黑色转换为显示 Alpha 透明通道。

在 ⑫ 中通常只有存在三维层时，变换视图显示方式才有效果。

⑬ 用于改变合成窗口的显示数量，通常也只在显示三维视图时进行使用。

⑭ 用于改变像素的纵横比例，不会对素材及最终输出的视频效果产生影响。

⑮ 用于设置素材预览的速度。

⑯ 用于切换“时间线”面板和“合成”面板，当“合成”面板占据了显示器画面的大部分面积时，就会出现与“时间线”面板互相遮盖的情况，这时单击这个按钮就可以快速切换到“时间线”面板上。

⑰ 为显示流程图窗口，可以使整个合成过程清楚呈现。

⑱ 用于设置 HDR 影片和曝光度。

1.2.5 “时间线”面板

“时间线”面板是非常重要的面板。动画设置基本都是在“时间线”面板中完成的。其主要功能就是对动画进行设置和编辑操作。将素材拖到“时间线”面板上，素材将会以图层的方式存在并显示，每个图层都会显示出时间和空间，而“时间线”面板就是对其设置的平台，可将“时间线”面板分为 A、B、C 三部分来观察，如图 1-2-32 所示。

图 1-2-32 “时间线”面板

图层总命令如图 1-2-33 所示。

①用于显示当前合成项目的名称。

②代表时间指针所处的时间位置及帧速率。按住“Alt”键的同时点击，可以改变时间显示的方式。

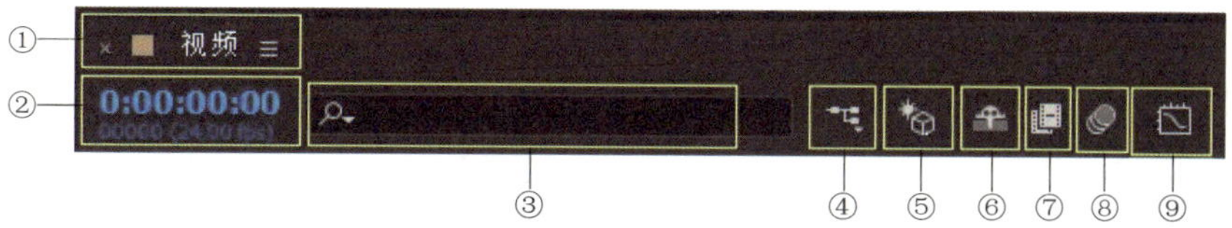

图 1-2-33　图层总命令

在③中输入名称可以快速查找到图层。

④用于查看合成与图层之间的关系。

在⑤中可以忽略掉合成中所有的灯光、阴影、摄像机景深等效果。

在⑥中可以隐藏指定的图层，但是使用时，先要点击层的“消失”，再点击隐藏指定的图层，图层将隐藏；再次点击隐藏指定的图层，图层将显示。

在⑦中可以对视频进行柔和处理，但是需要在层中先点击“帧混合”，再点击“柔和处理”。

⑧为运动模糊工具，使用方法与“帧混合”类似，需要在层中先点击“帧混合”，再点击“运动模糊”。

⑨是关键帧的图表编辑器。

图层命令如图 1-2-34 所示。

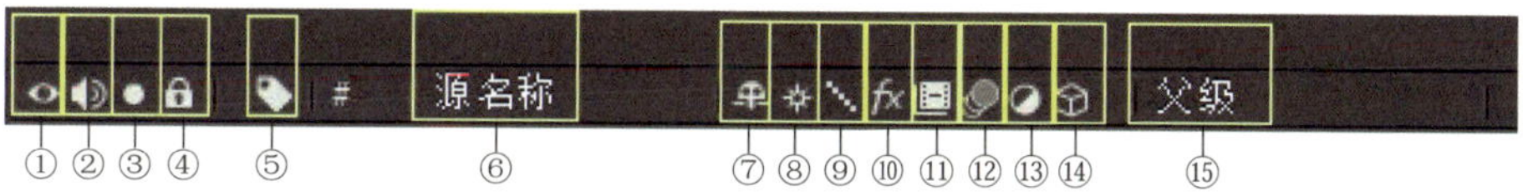

图 1-2-34　图层命令示意

①用于显示或隐藏图层的画面内容。当打开“眼睛”时，图层的内容将显示，关闭“眼睛”时，图层的内容不显示。

②为音频播放开关，用在图层中，播放或取消播放音频内容。

点击③后只显示激活层画面，其他图层画面暂停显示。

④用于锁定图层，图层被锁定后，不能再进行任何操作。它可以用于保护完成制作的图层。

⑤可以改变图层的颜色。

⑥为素材名称。

⑦用来隐藏指定的图层。

⑧为栅格化，当图层是矢量图或渲染出现马赛克时就可以使用“栅格化”命令。使用后会提高图像质量，减少渲染时间。

⑨用于显示预览窗口中看到的图像的质量，点击可以在不同质量中进行变换。

⑩用在图层中，显示或取消图层的所有特效效果。

⑪ 为“帧混合”。

⑫ 为“运动模糊”。

在层中，⑬ 通常不显示，在画面调节色彩时，用于调节图层上添加的特效滤镜效果，会控制所有图层。

⑭ 用于将二维图层转换成三维图层。

在 ⑮ 中将一个图层设置为父图层时，可控制子图层的位移、旋转、缩放等。

“时间线”面板如图 1-2-35 所示。

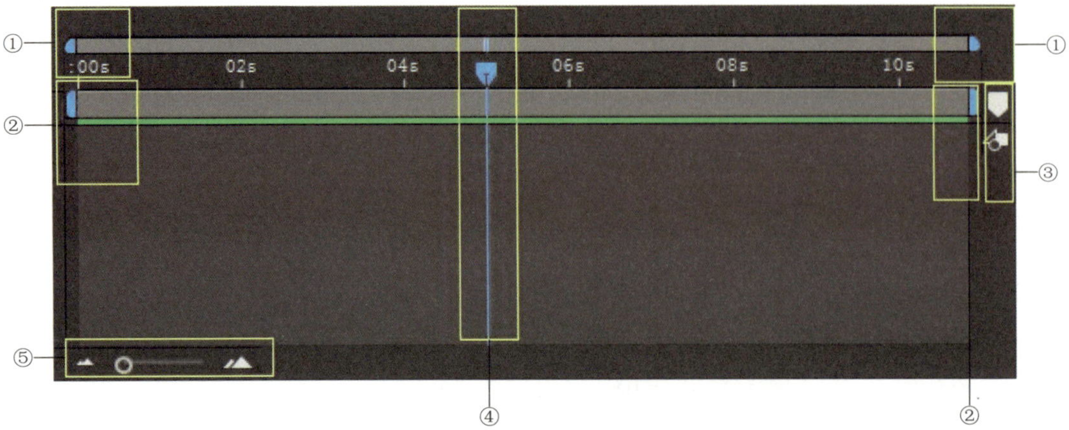

图 1-2-35 “时间线”面板

①用于调节时间线标尺的放大与缩小，表示时间段精细准确的程度。

②用于调节项目的开始时间和结束时间。

③为合成标记，使用时向左移动，便可显示标签确定的当前所在的时间位置。

④为时间指针，表示当前所处的时间位置。使用鼠标点按滑块左右移动便可以确定当前所在的时间位置。

⑤也用于对时间线标尺的放大与缩小进行调节。

1.2.6 “音频”面板

在“音频”面板可以观察音频素材的信息，同时也可控制音频素材音量的大小，如图 1-2-36 所示。

1.2.7 “预览”面板

“预览”面板是控制视频素材播放的面板，可以设置多种预览方式，设置高质量或高速度的渲染，如图 1-2-37 所示。

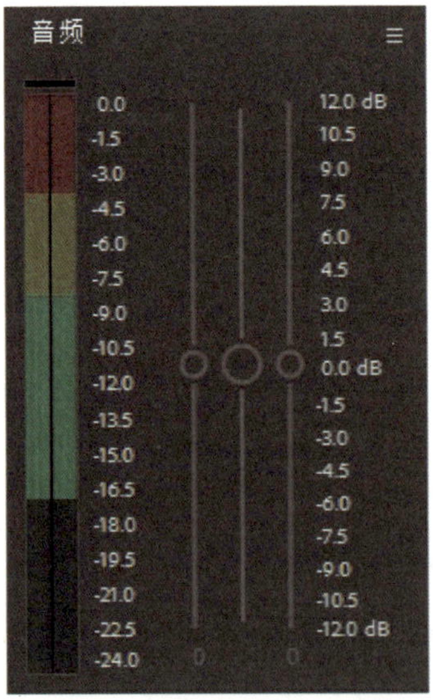

图 1-2-36 “音频”面板

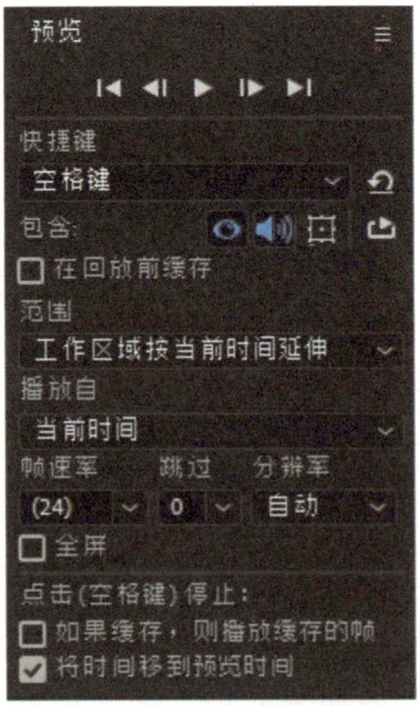

图 1-2-37 “预览”面板

1.2.8　“效果和预设”面板

此面板中包含了制作中所有的特效效果，并且可以直接进行使用。同时，也可在搜索框中搜索特效效果，可以快捷地查找需要的特效效果（有些特效效果在“效果”面板中没有显示，必须在“特效与预置”面板中才能使用）。“效果和预设”面板如图 1-2-38 所示。

1.2.9　“对齐”面板

“对齐”面板是用来控制素材位置的面板，可以将素材按照相同的规律、比例排列整齐。“对齐”面板如图 1-2-39 所示。

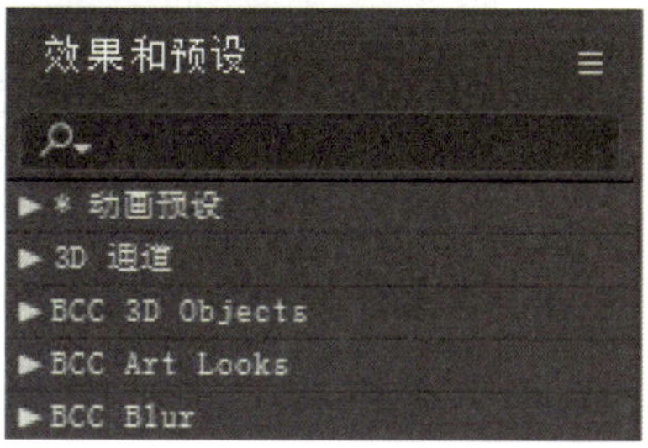

图 1-2-38　“效果和预设”面板

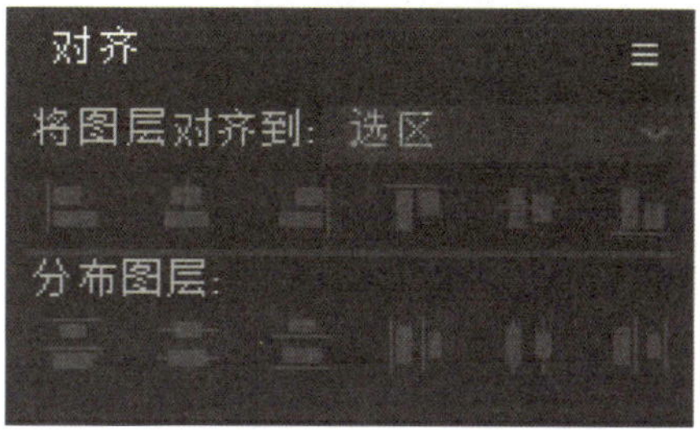

图 1-2-39　“对齐”面板

1.2.10　“库”面板

“库”面板是 Adobe 公司的云端计算设计软件，和之前的单机制作的区别是计算处理在云端完成，这样可加快运行速度，提高工作效率。同时，它也包含了一些视频和数字成像工具，有望成为制作、分享和发布创意的中心。“库”面板如图 1-2-40 所示。

1.2.11　“字符”面板

“字符”面板是关于文字设置的基本属性面板，可以修改文字的字体、字号、字距、行距等属性。“字符”面板如图 1-2-41 所示。

图 1-2-40　“库”面板

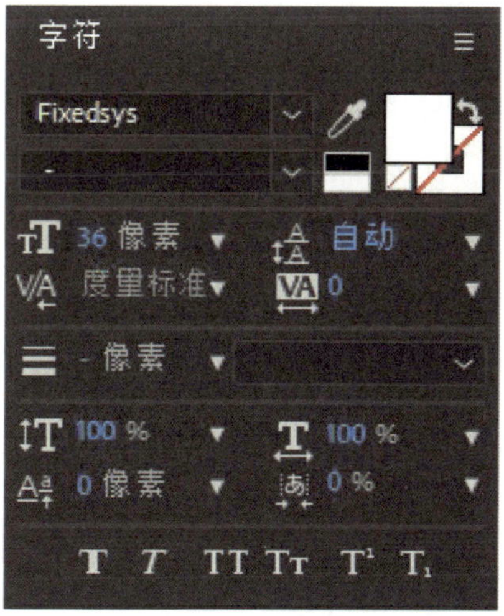

图 1-2-41　“字符”面板

1.2.12　“段落”面板

“段落”面板是设置文本段落属性的面板，可以修改文本段落的对齐方式、缩进、方向等属性。“段落面板”如图 1-2-42 所示。

1.2.13　“跟踪器”面板

“跟踪器”面板是设置素材与素材之间跟踪动画的面板，它包含跟踪摄像机、变形稳定器、跟踪运动、稳定运动。“跟踪器”面板如图 1-2-43 所示。

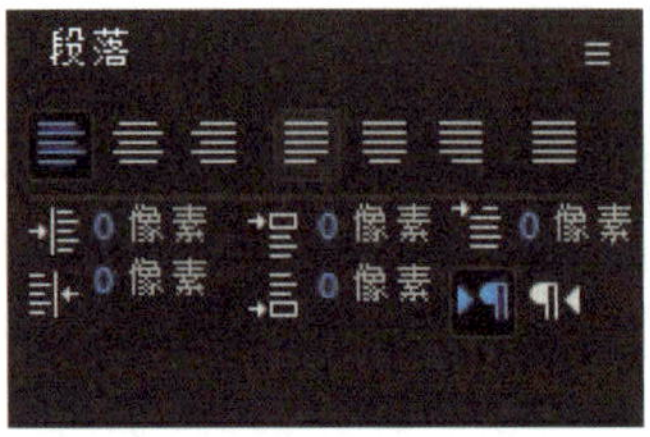

图 1-2-42 “段落”面板

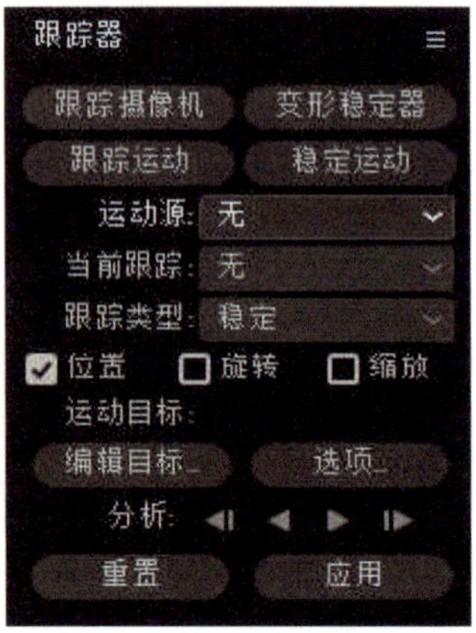

图 1-2-43 “跟踪器”面板

1.3 After Effects 的工作流程

大家在使用 After Effects 制作项目时，需要遵循一套规范的工作流程，但是也会根据项目的难易程度不同，在工作流程中增减一些步骤。遵循规范的工作流程既可以提升工作效率，又能够避免出现错误。总体来说，在 After Effects 制作项目时，依照以下步骤。

1. 导入素材

素材是最基本的构成元素，是项目制作的基础，没有素材项目就无从谈起。素材包含视频素材、音频素材、静帧素材、序列帧素材等。打开“After Effects”后，选择菜单“文件”→“导入”→“文件”命令，或是执行快捷键“Ctrl+I”命令，选择相应的素材，就可将其导入软件，如果导入序列帧素材，一定要勾选“ImporterJPEG 序列”。导入素材勾选项如图 1-3-1 所示。

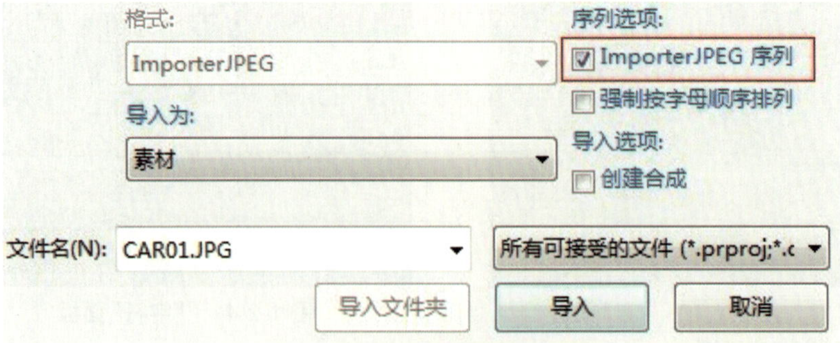

图 1-3-1 导入素材勾选项

2. 创建合成组

创建合成组是 After Effects 工作流程中的一个重要环节，所有素材都可以放入合成组，合成组之间也可以相互嵌入。新建合成组如图 1-3-2 所示。合成组包含基本、高级、3D 渲染三个部分，其中“基本”属性是经常使用的，包含长宽比、帧数率、时间的长短。选择菜单“合成”→“新建合成”命令，或是按快捷键“Ctrl+N”，弹出“合成设置”对话框，对其进行相应设置，完成后，“项目”面板与“时间线”面板将显示“合成 1”。合成设置如图 1-3-3 所示。

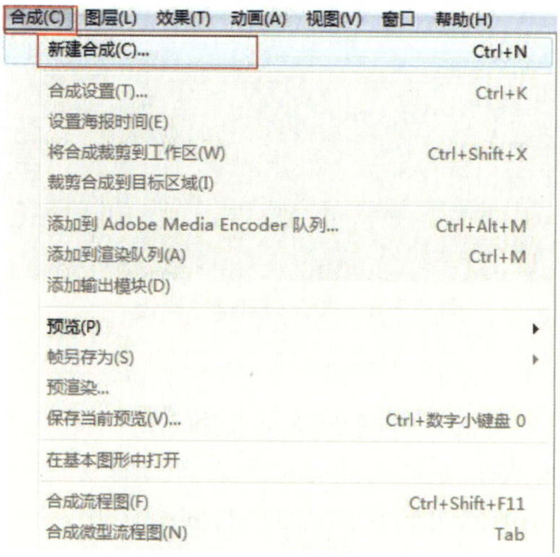

图 1-3-2　新建合成组

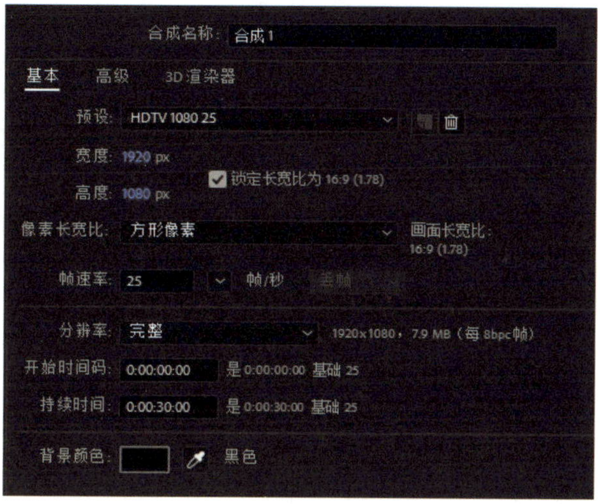

图 1-3-3　合成设置

- 合成名称：设置创建的合成组的名字。
- 预设：选择视频类型。
- 宽度 / 高度：设置合成的尺寸，单位以像素计算。
- 像素长宽比：设置单个像素的长宽比例，可以在下拉列表中选择像素长宽比。
- 帧速率：设置项目合成组一秒钟分成多少帧。
- 分辨率：设置合成组的分辨率，分别是完整、二分之一、三分之一、四分之一以及自定义设置。
- 开始时间码：设置合成组开始的时间，默认从第 0 帧开始。
- 持续时间：设置合成组的总时长。
- 背景颜色：设置合成组的背景颜色。

“高级”属性中，锚点是设置合成图像的轴心点；勾选“在嵌套时或在渲染队列中，保留帧速率”选项后，在嵌套时或在渲染队列中可以保持原始合成中所设置的帧速率；勾选“在嵌套时保留分辨率”选项后，在进行嵌套合成时可以保留原始合成中所设置的图像分辨率；运动模糊中，快门角度与快门相位决定模糊程度，模糊程度还与物体运动速度关联；每帧样本，可以控制 3D 图层、形状图层和包含有特定滤镜图层的运动模糊效果；自适应取样限制，图层运动模糊需要更多的帧取样时，可以通过提高该参数值来增强运动模糊。“高级”属性如图 1-3-4 所示。

“3D 渲染器”属性中，根据自身的显卡配置设置使用渲染引擎。在其后的“选项”属性中可以选择阴影的尺寸。“3D 渲染器”属性如图 1-3-5 所示。

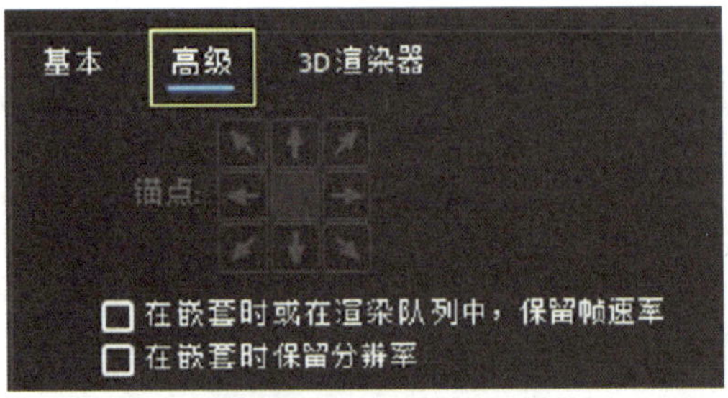

图 1-3-4 “高级”属性

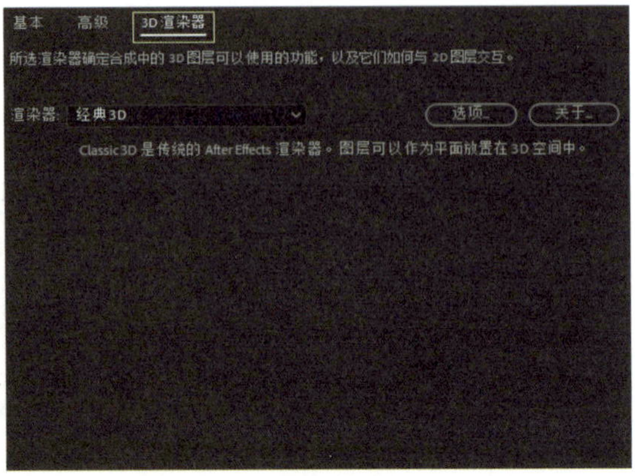

图 1-3-5 “3D 渲染器”属性

3. 制作关键帧动画

无论使用任何软件制作关键帧动画，道理都是一样的。其目的就是在不同的时间点改变物体运动的状态。在 After Effects 中制作关键帧动画，主要是针对位置、旋转、缩放、特效等属性的设置，通过对物体不同属性参数的调节，在不同时间点上点击“时间变化秒表”制作关键帧动画。也可以使用“跟踪器”等命令设置关键帧，从而应用到其他图层中来产生动画。关键帧动画如图 1-3-6 所示。

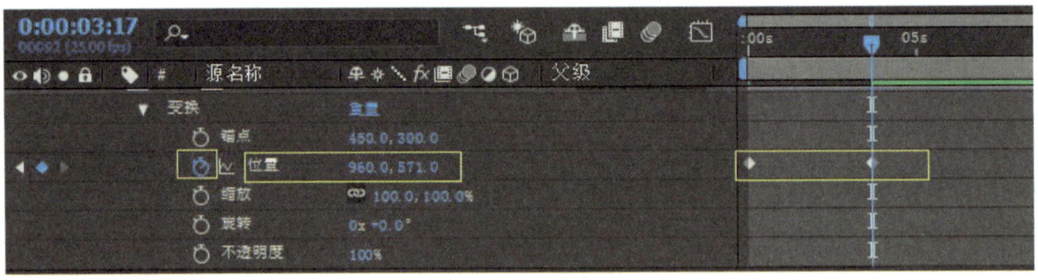

图 1-3-6 关键帧动画

4. 特效效果

在 After Effects 中，将不同的特效应用到不同的图层中，会产生不同的特效效果，这是 After Effects 制作的重点，也是 After Effects 最大的特色。After Effects 又称作“插件王”，不但软件本身内置了上百种特效效果，在网络上也有许多插件供大家下载使用，默认 After Effects 中所有的特效效果都存储在 Adobe After Effects → Support Files → Plugins 文件夹中，有部分下载的插件也可以直接放入此文件夹内便可使用。通常，在“时间线”面板中选择需要添加特效的图层，然后选择特效菜单中的各种特效命令，或是点击右键，在弹出的菜单中选择各种特效命令（在“效果和预设”面板中选择需要使用的效果，然后将其拖曳到“时间线”面板需要使用效果的图层中，也可以添加特效效果）。特效效果如图 1-3-7 所示。

5. 渲染输出

项目制作完成后，便可进行渲染输出。根据每个合成组的大小、质量、复杂程度和输出的压缩方法，输出视频时长可能只有几分钟，也可能有几小时。当 After Effects 开始渲染项目时，便不能在 After Effects 中进行任何操作。在“项目”面板中选择要渲染的合成文件，然后选择菜单中“合成”→“添加到渲染队列”命令，或是按快捷键“Ctrl+M”弹出“渲染队列”，调节“输出模块”属性与“输出到”属性中的参数，点击“渲染”，完成渲染输出。渲染输出如图 1-3-8 所示。

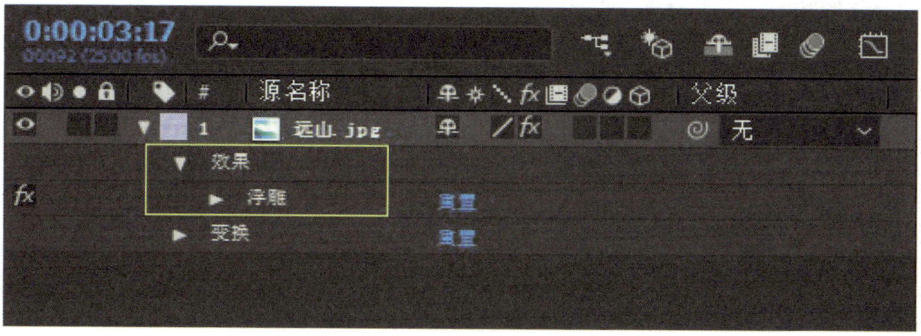

图 1-3-7　特效效果

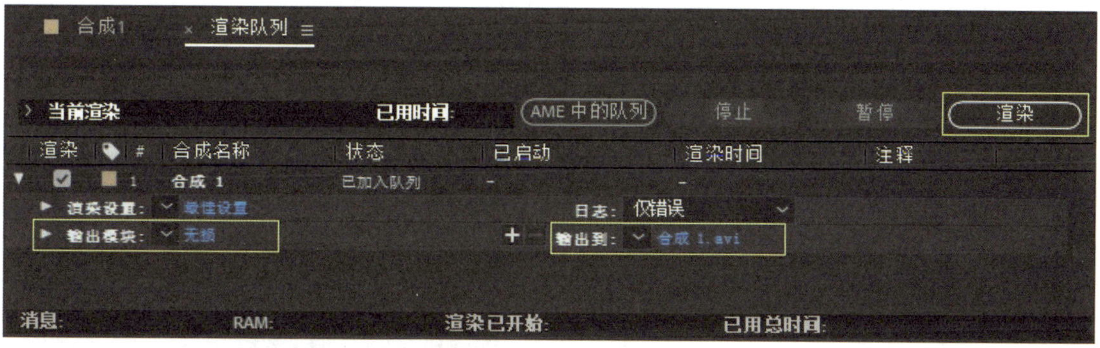

图 1-3-8　渲染输出

1.4　After Effects 的基本操作流程

通过以上知识的学习，大家对 After Effects 有了初步的认识。本章基础理论知识较多，但是这些基础理论知识并非空洞无物的，都是与今后 After Effects 的实际运用紧密相关的。任何 After Effects 的项目制作，无一例外都是以这些基础理论为根本，再创意构建而成的。其实 After Effects 的学习并不困难，但是想要制作出优秀的作品，还是离不开刻苦学习的。下面，我们通过案例的制作，加深对 After Effects 的认识。

1.4.1　案例——基本操作流程

（1）点击桌面上的快捷图标，打开 After Effects 软件，关闭弹出的“开始”对话框（见图 1-4-1），选择菜单“文件”→“导入”→“文件”命令或者按快捷键“Ctrl+I”，选择素材视频将其导入（见图 1-4-2）。

图 1-4-1 “开始”对话框

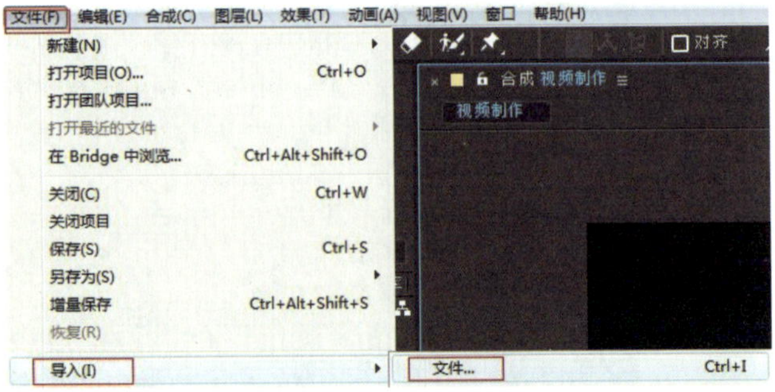

图 1-4-2 文件命令

（2）点击菜单“合成”→“新建合成”命令或者按快捷键“Ctrl+N”（见图 1-4-3），在弹出的“合成设置”对话框中，“合成名称”填写“视频制作”，不勾选“锁定长宽比为 4 ∶ 3（1.33）”，“宽度”填写“480 px”，“高度”填写“360 px”，“持续时间”填写“0:00:11:00”（见图 1-4-4）。

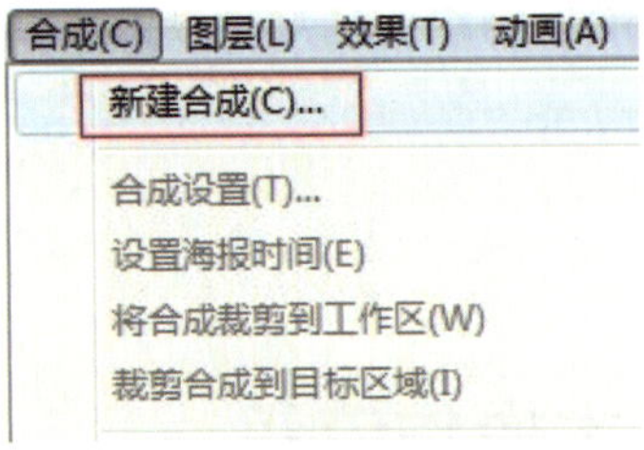

图 1-4-3 新建合成

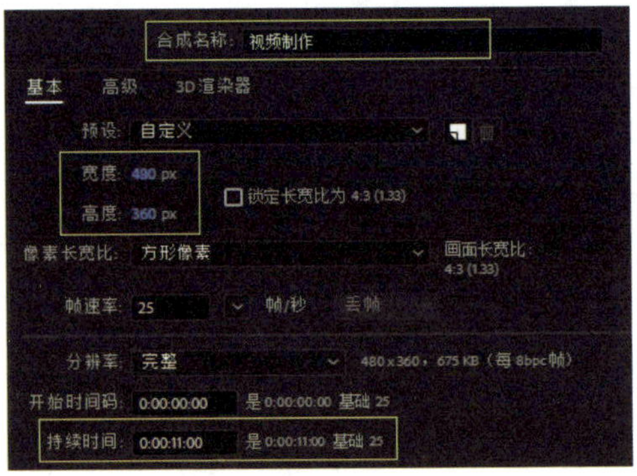

图 1-4-4 合成设置

（3）此时，在“时间线”面板出现“视频制作”合成组，将“项目”面板中素材视频拖至“视频制作”合成组（见图 1-4-5），左右移动“时间针”，在“合成”面板观察“视频”播放情况（见图 1-4-6）。

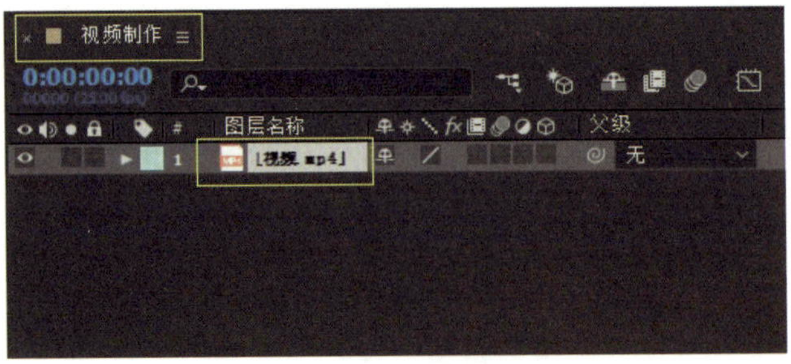

图 1-4-5 拖动素材

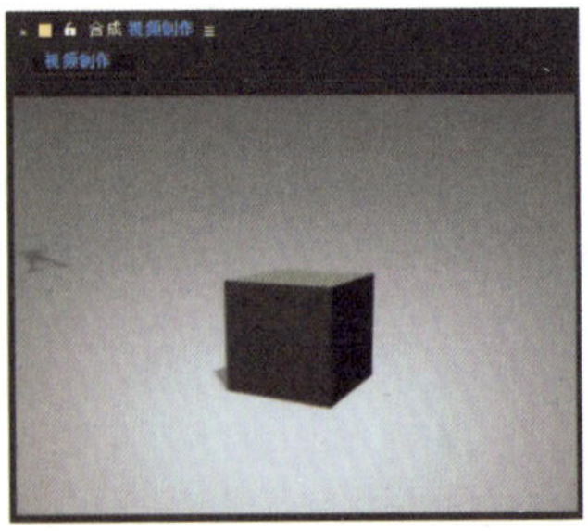

图 1-4-6 播放素材

（4）在“工具栏”面板中使用“横排文字工具”，输入“视频制作”字样（见图 1-4-7），在“字符”面板字体中选择“方正超粗黑简体”，颜色选择“红色”，大小选择“72 像素”，将文

字摆放至画面中间位置（见图 1-4-8）。

图 1-4-7　输入文字

图 1-4-8　设置文字

（5）选择菜单“合成”→“添加到渲染队列”命令或者按快捷键“Ctrl+M”（见图 1-4-9），出现“渲染队列”（见图 1-4-10）。

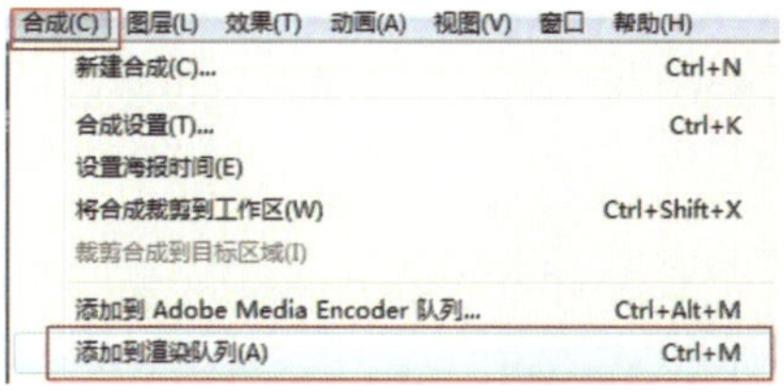

图 1-4-9　添加到渲染队列

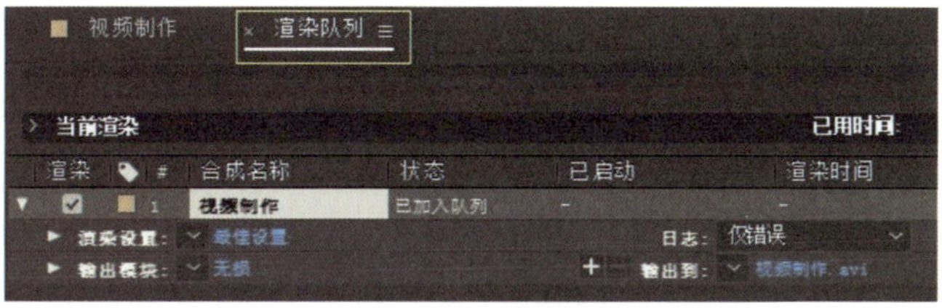

图 1-4-10　渲染队列

（6）点击“输出模块”→“无损”选项，在弹出的“输出模块设置”中选择“AVI”格式，如果有音频素材需要导出，选择“自动音频输出”（这两项是最基础也是最重要的选项）（见图 1-4-11），点击“输出到”→“视频制作”，在弹出的“将影片输出到：”对话框中选择相应的保存路径（见图 1-4-12）。

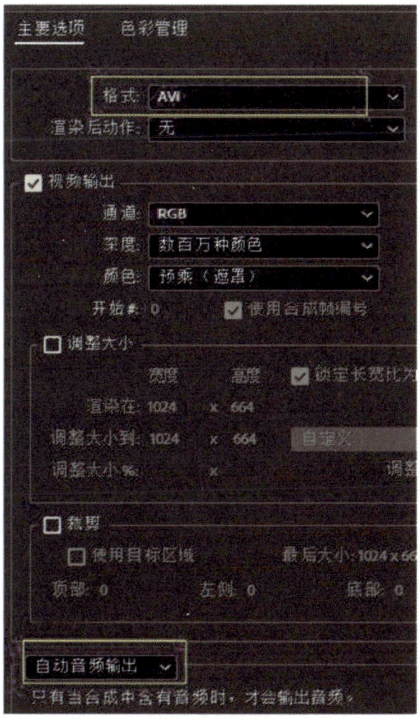

图 1-4-11　输出模块设置

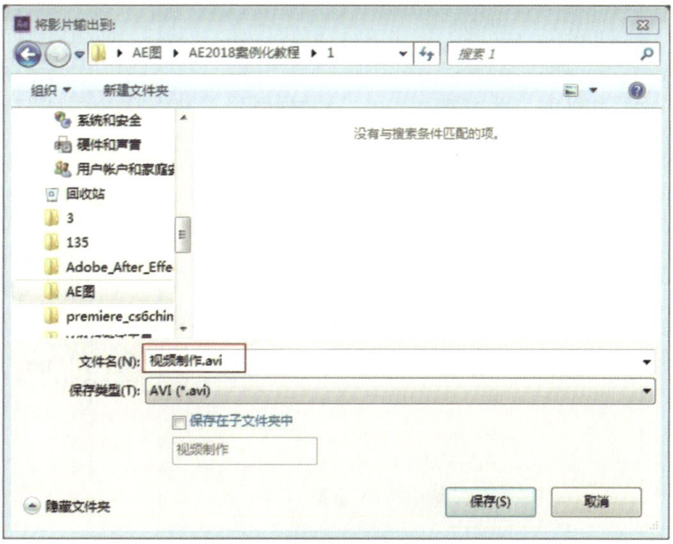

图 1-4-12　“将影片输出到：”对话框

（7）点击“渲染”开始输出视频，进度条为渲染速度（见图 1-4-13），播放“视频制作 .avi”视频，观察得到的最终效果（见图 1-4-14）。

图 1-4-13 渲染视频

图 1-4-14 最终效果

（8）此时输出视频的效果和质量还是不错的，但是视频大小是“135 MB”（见图 1-4-15）而素材的大小只有“544 kB”（见图 1-4-16），这两个视频的容量差距过大，虽然合成的效果与质量可以，但是容量不能令人满意，下面就来解决这个问题。

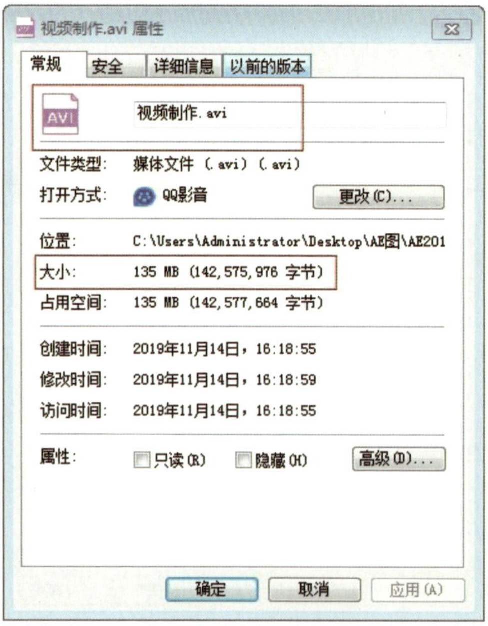

图 1-4-15 视频合成

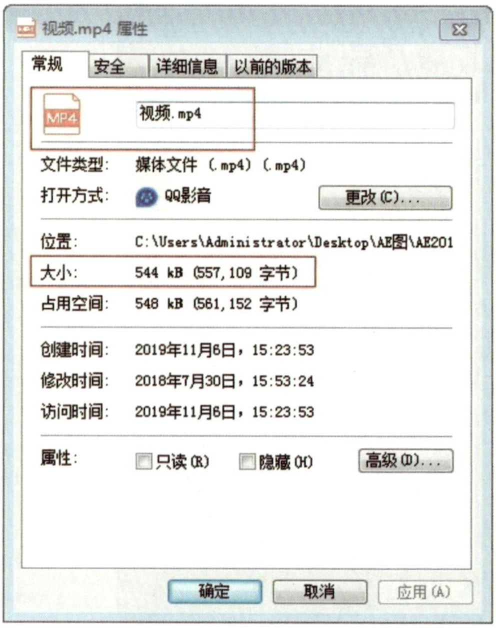

图 1-4-16 视频素材

(9)在较早的 After Effects 版本中，导出文件时选择 H.264，也就是 MP4 格式，可以兼顾质量与容量，能获得一个质量不错、容量不大的视频文件。但是，在 After Effects CC 版本以后，就取消了 MP4 格式，虽然 MP4 格式被取消但依然支持 H.264 编码的 MOV 格式，MP4 格式与 MOV 格式几乎是一样的，因为编码一样。同样 After Effects CC 2018 版本也没有 MP4 格式，想解决这个问题，大家只需要安装“QuickTimeInstaller.exe”(见图 1-4-17)。安装完成后(安装使用默认路径即可)在“输出模块设置”的“格式”里选择“QuickTime”格式(见图 1-4-18)。

图 1-4-17　安装文件

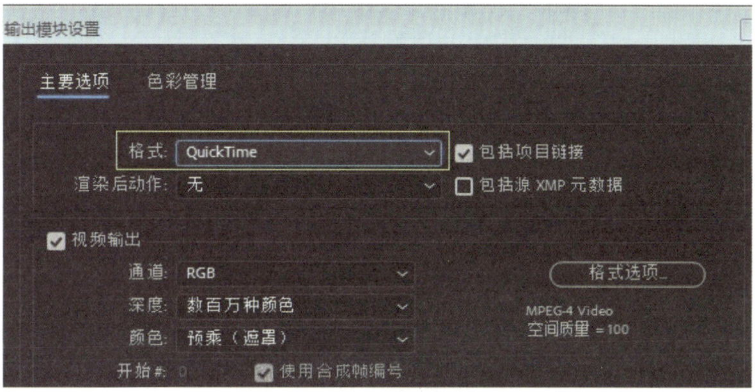

图 1-4-18　选择格式

(10)在“输出模块设置”中点击“格式选项”(见图 1-4-19)，在弹出的“QuickTime 选项”对话框中，“视频编解码器”选填“H.264”(见图 1-4-20)，点击“确定”后进行渲染，并开始输出视频。

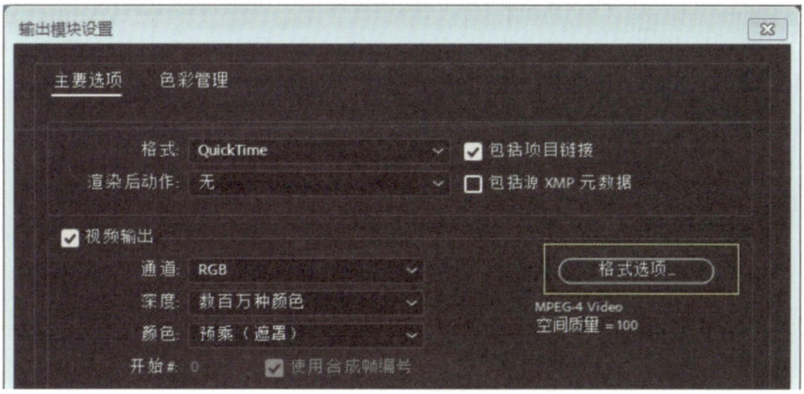

图 1-4-19　格式选项

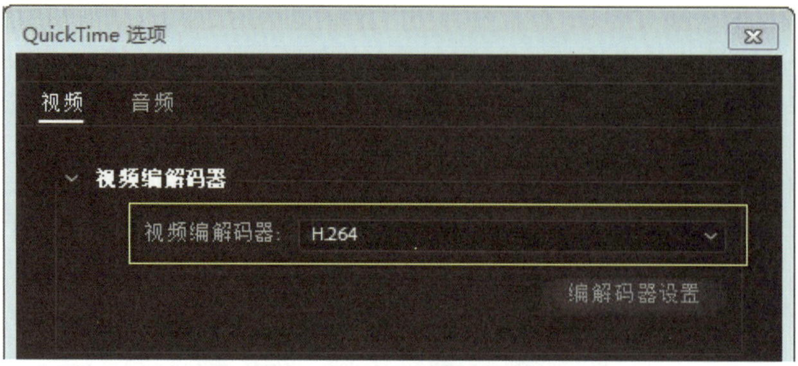

图 1-4-20 视频编解码器

（11）现将两次渲染视频进行对比，之前的视频大小是 135 MB（见图 1-4-15），而使用“H.264 编码”渲染得到的视频大小只有 6.78 MB（见图 1-4-21），对比播放质量（见图 1-4-22）发现差别也不是很大。改变视频格式的方法还有很多，这只是其中一种，希望大家能在以后的工作学习中不断探索，发现更多、更好的方法并将其运用到制作之中。

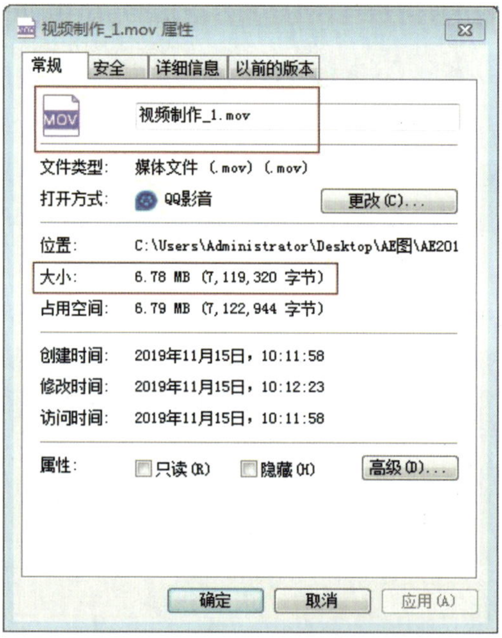

图 1-4-21 MOV 格式的视频容量

图 1-4-22　对比播放质量

1.4.2　案例——路径动画

（1）点击桌面上的快捷图标，打开 After Effects 软件，关闭弹出的“开始”对话框（见图 1-4-23），选择菜单“文件”→“导入”→“文件”命令，或者按快捷键“Ctrl+I”，选择素材“树叶”将其导入（见图 1-4-24）。

图 1-4-23　“开始”对话框

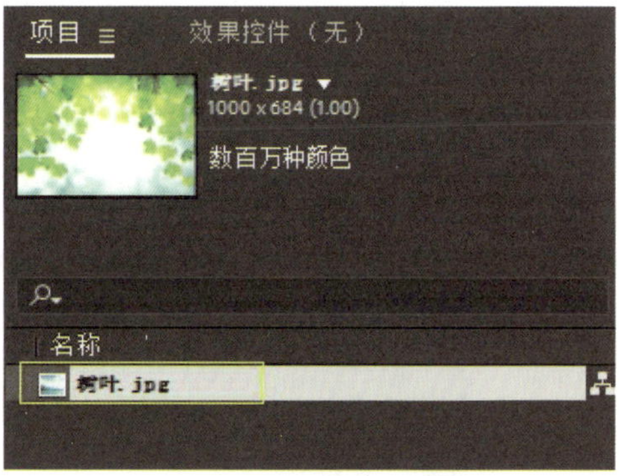

图 1-4-24　素材“树叶”

（2）点击菜单“合成”→“新建合成”命令或者按快捷键“Ctrl+N”（见图 1-4-25），在弹出的“合成设置”对话框中，“合成名称”填写“路径动画”，不勾选“锁定长宽比为 250 ∶ 171（1.46）”，“宽度”填写“1000 px”，“高度”填写“684 px”，“持续时间”填写“0:00:05:00”（见图 1-4-26）。

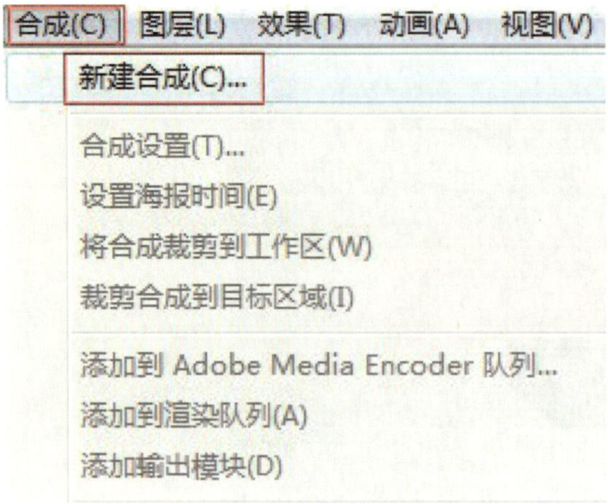

图 1-4-25 新建合成

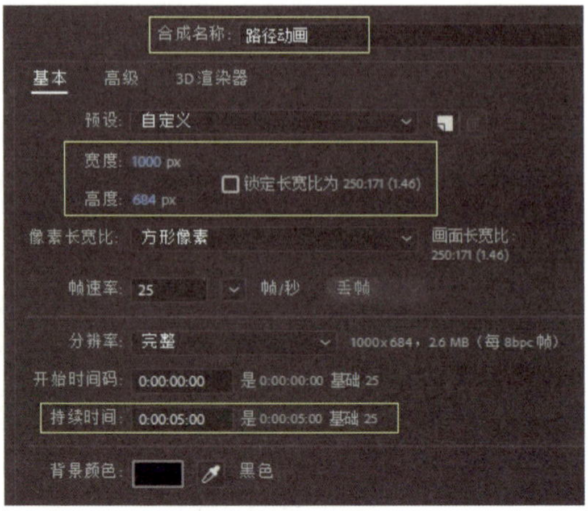

图 1-4-26 调节合成组

（3）将素材“树叶”拖入“路径动画”合成组（见图 1-4-27），观察“合成”面板（见图 1-4-28）。

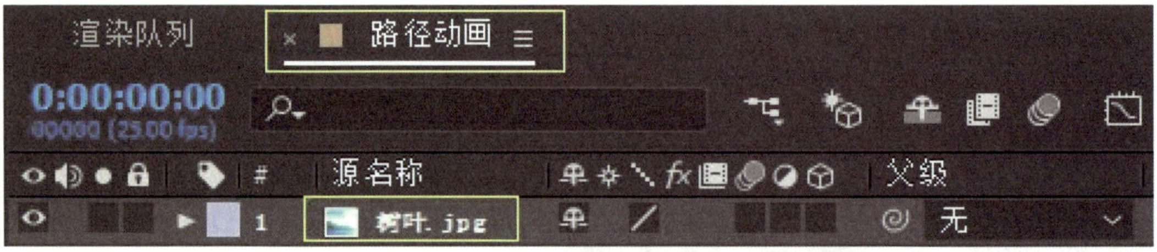

图 1-4-27 将素材“树叶”拖入“路径动画”合成组

图 1-4-28 “合成”面板

(4)在“工具栏”面板中使用“横排文字工具”，输入“岁月长久唯文字安人心”(见图 1-4-29)，选择文字，在“字符”面板中，字体选择“华文行楷”，颜色选择“红色”，大小选择“70 像素”，激活“仿粗体”(见图 1-4-30)。

图 1-4-29　输入文字

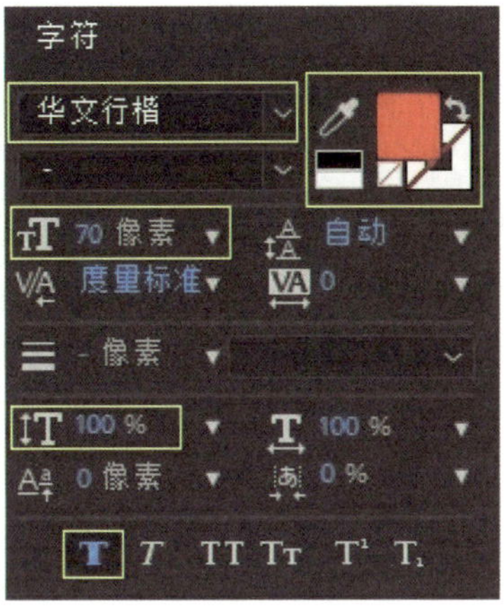

图 1-4-30　调节文字

(5)选择“文字层”，在“工具栏”中使用“钢笔工具”，在“合成”面板中绘制一条曲线(见图 1-4-31)，在“时间线”面板打开文字层的“文本”属性(见图 1-4-32)。

图 1-4-31　绘制曲线

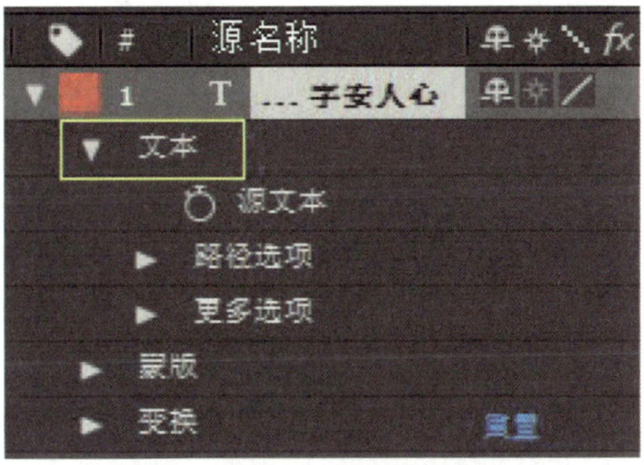

图 1-4-32　打开“文本”属性

(6)点开“路径选项”，在“路径”中选择“蒙版 1”(见图 1-4-33)，此时，观察“合成”面板中的文字吸附曲线(见图 1-4-34)。

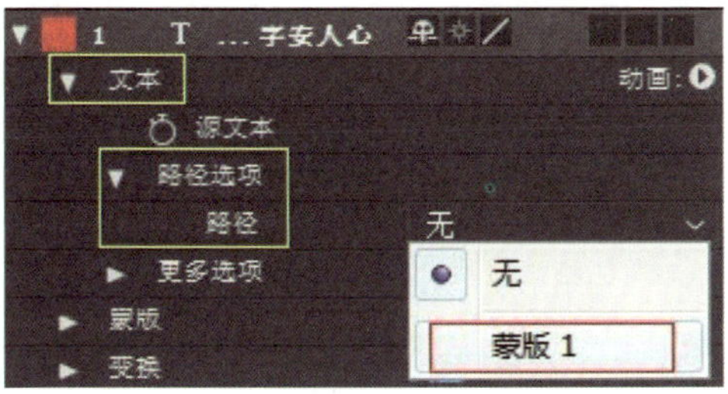

图 1-4-33　路径选项

图 1-4-34　文字吸附曲线

（7）在“路径选项”属性中变换“首字边距”的数值，即可产生动画（见图 1-4-35），观察“合成”面板中的文字动画（见图 1-4-36）。

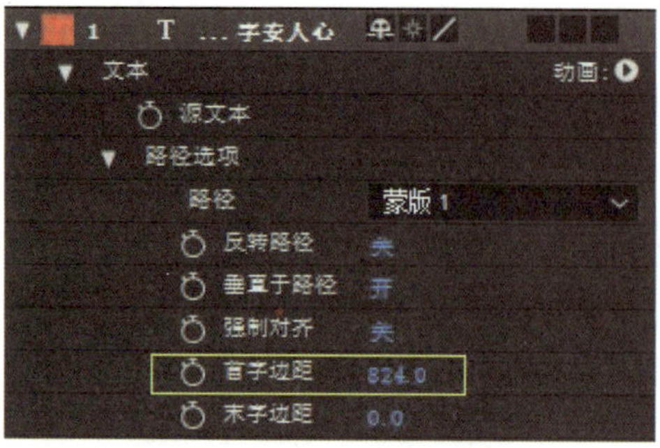

图 1-4-35　首字边距

图 1-4-36　首字边距文字动画

（8）在“路径选项”属性中开、关“反转路径”，改变文字状态（见图 1-4-37），观察“合成”面板中的文字变化（见图 1-4-38）。

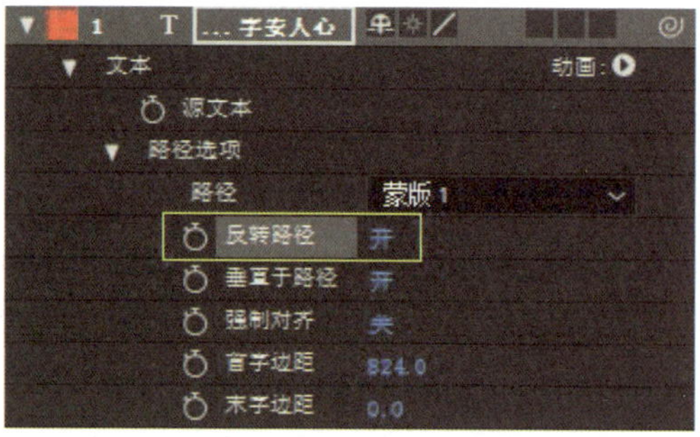

图 1-4-37　反转路径

图 1-4-38　反转路径文字变化

（9）在“路径选项”属性中开、关“垂直于路径”，改变文字状态（见图 1-4-39），观察“合成”面板中的文字变化（见图 1-4-40）。

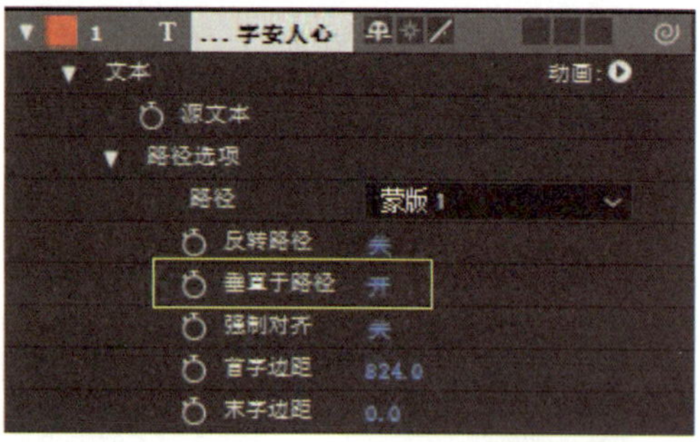

图 1-4-39　垂直于路径

图 1-4-40　垂直于路径文字变化

（10）在“路径选项”属性中开、关“强制对齐”，改变文字状态（见图 1-4-41），观察“合成”面板中的文字变化（见图 1-4-42）。

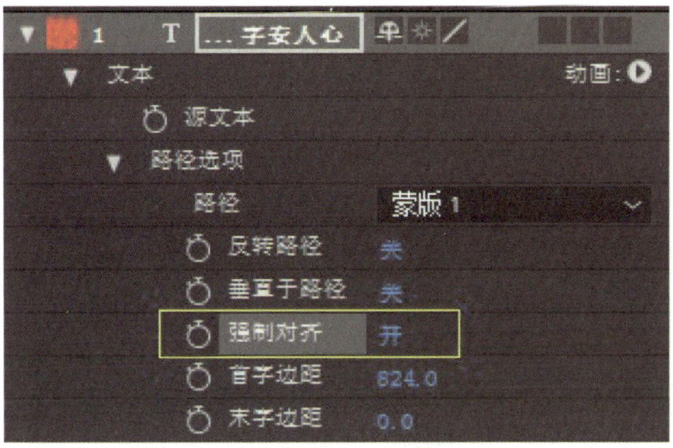

图 1-4-41　强制对齐

图 1-4-42　强制对齐文字变化

（11）在“路径选项”属性中改变“末字边距”的数值，也可产生动画（见图 1-4-43）。若此时发现文字没有产生动画，必须选择“段落”面板，点击“居中对齐文本”，再次改变“末字边距”的数值，才可产生动画（见图 1-4-44）。

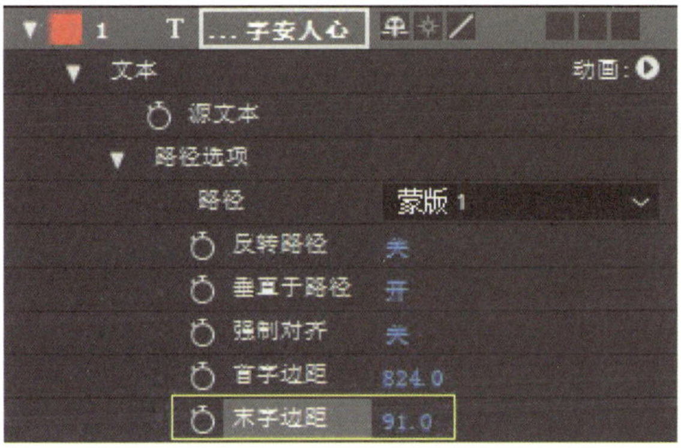

图 1-4-43　末字边距

图 1-4-44　末字边距文字变化

（12）可根据动画需要调节每个选项。这里使用“路径选项”的默认设置。此时，将时间指针拖至“0 s”位置（见图 1-4-45），点击“首字边距”的“时间变化秒表”记录关键帧（见图 1-4-46）。

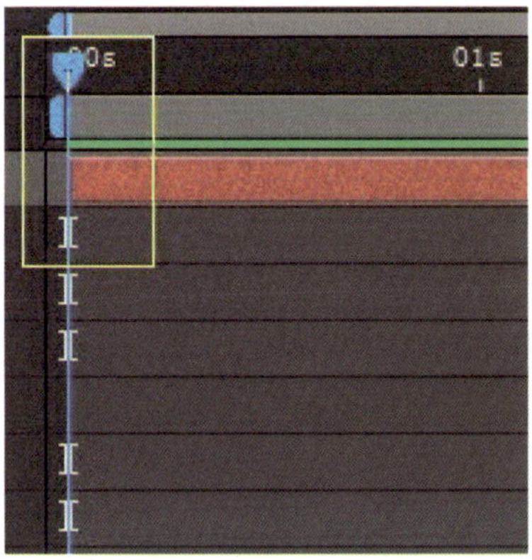

图 1-4-45　时间指针

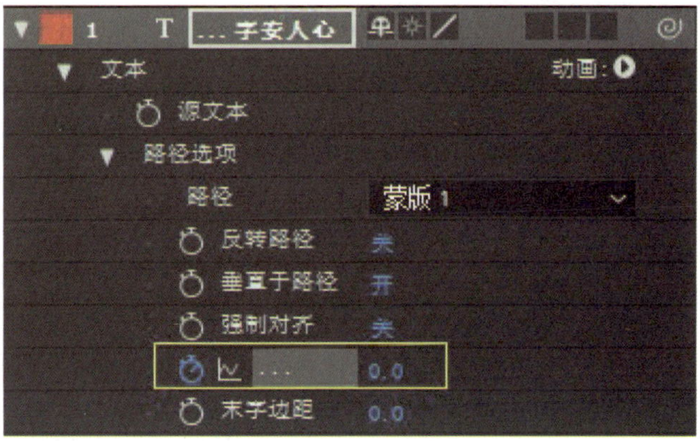

图 1-4-46　首字边距

（13）将时间指针拖至“05s”位置（见图 1-4-47），“首字边距”数值调整为“3200.0”（见图 1-4-48）。

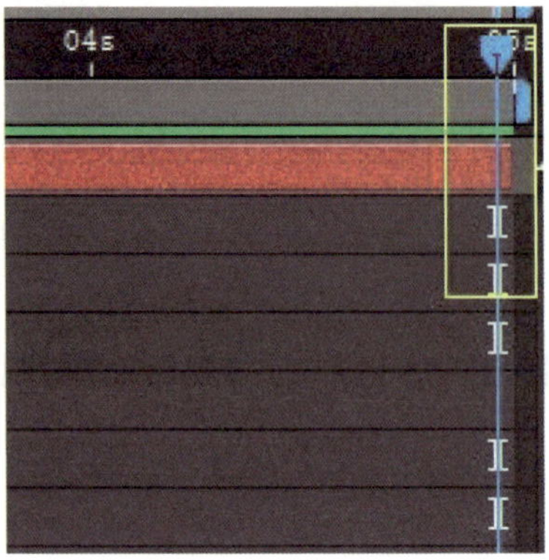

图 1-4-47　时间指针

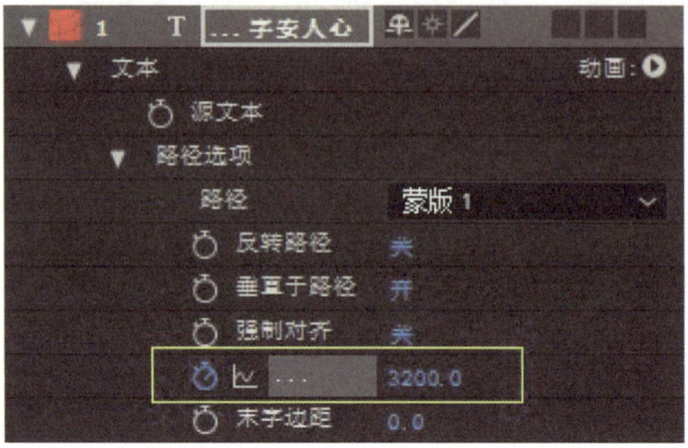

图 1-4-48　首字边距

（14）观察“合成”面板生成动画（见图 1-4-49），选择“合成”→“添加到渲染队列”命令或者按快捷键“Ctrl+M”，弹出“渲染队列”对话框（见图 1-4-50）。

图 1-4-49　生成动画

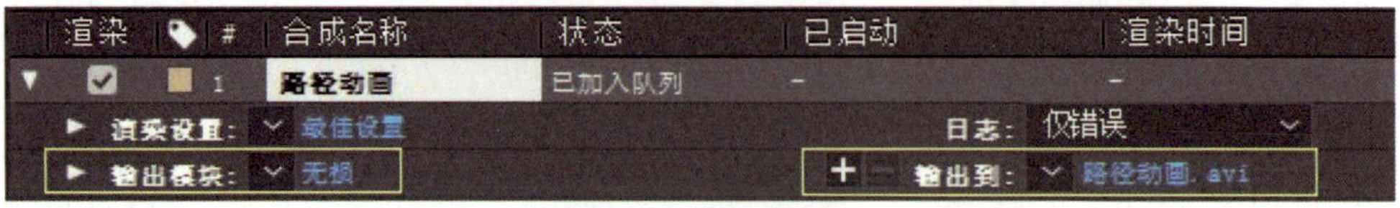

图 1-4-50　渲染队列

（15）在“输出模块设置”中的“格式”里选择“QuickTime”（见图 1-4-51），在“输出”模块的“视频输出”中点击“格式选项”，在弹出的“QuickTime 选项”对话框中，“视频编解码器”选择“H.264”，点击“确定”后进行渲染，开始输出视频（见图 1-4-52）。

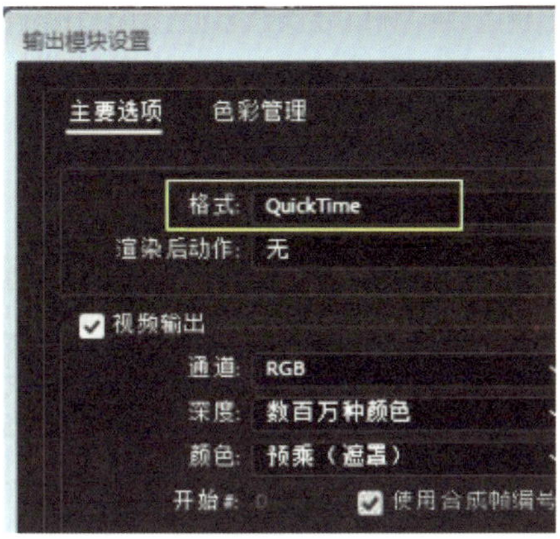

图 1-4-51　格式选择

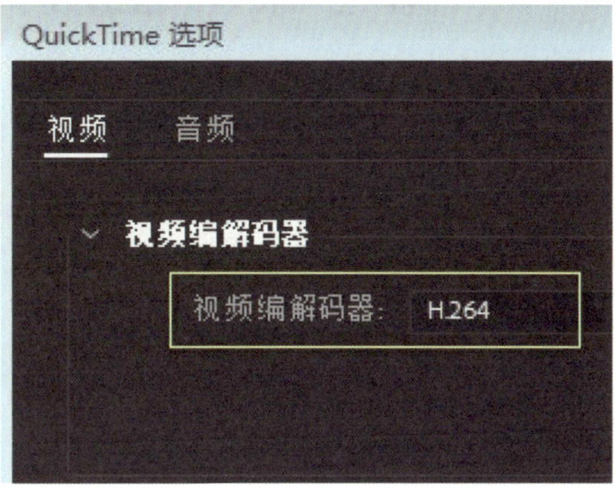

图 1-4-52　视频编解码器

（16）最终渲染完成，播放视频，观察动画效果（见图 1-4-53）。

图 1-4-53　最终效果

第 2 章　图层的创建与使用

知识重点

课程思政

- 了解图层的种类与作用。
- 掌握图层的编辑与操作。

引言

对 After Effects 的操作其实就是图层的操作（After Effects 中图层的概念类似于 Photoshop 中图层的概念，但是比 Photoshop 中图层的种类和变化要多），无论是合成视频还是制作特效等操作都离不开图层。在 After Effects 中图层有许多类型，不同类型的图层适用于不同项目的需要，有些图层用于绘画，有些图层用于影响其他图层，等等。After Effects 自动为图层编号，在默认情况下，编号显示在“时间线”面板图层中。编号也决定了图层所在的位置与顺序，当顺序发生改变时，编号也会自动发生改变。通常，一个项目图层由多个图层组成，按照从上向下的顺序依次排放，上层的内容将遮挡住下层的内容，如果上层是透明状态或者有透明的位置，会直接显示下层的内容，这也是最基本的合成概念（图层的分布显示在“时间线”面板中）。

2.1　创建图层

After Effects 中制作的关键是图层（见图 2-1-1）。

简单地说，在 After Effects 中凡是能导入“时间线”面板中的素材，都可以称作图层。图层的种类如图 2-1-2 所示。

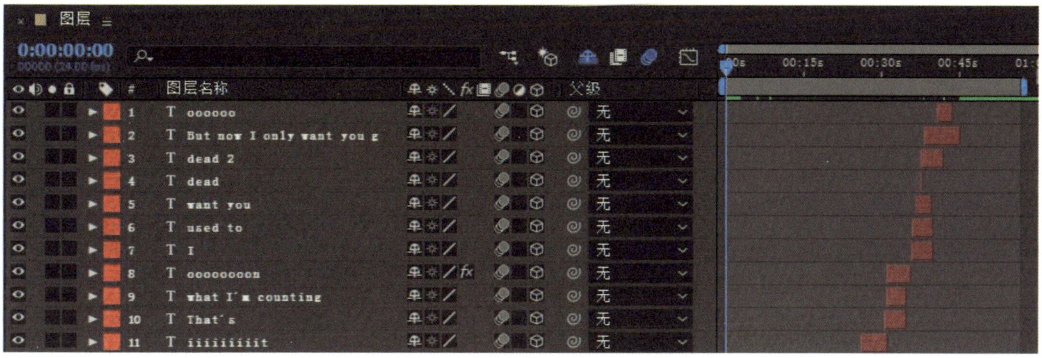

图 2-1-1　After Effects 的图层

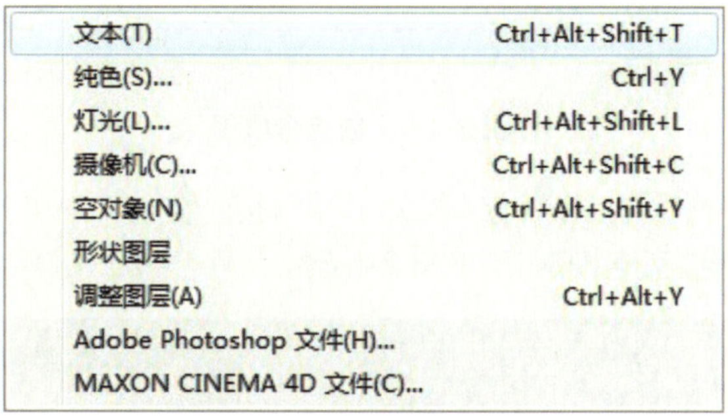

图 2-1-2　图层的种类

图层的种类虽多，但是创建的方法是相同的。点击菜单中“图层”→“新建”命令，就会弹出图层种类的选项，或是在“时间线”面板左侧点击鼠标左键，在弹出的对话框中选择“新建”，便会弹出图层种类的选项。此时便可根据项目的不同需要选择不同种类的图层进行操作。图层的创建如图 2-1-3 所示。

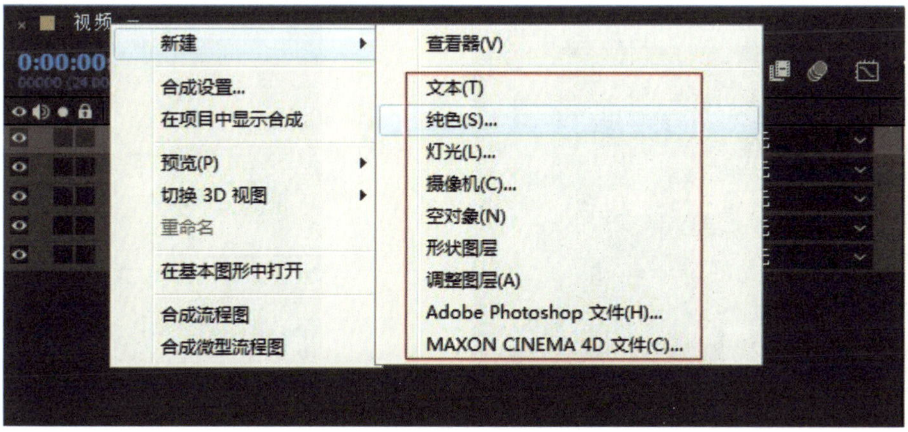

图 2-1-3　图层的创建

2.1.1　文本

文本图层是用于创建文字的一种方式。文本图层可以设置文字的各种属性，例如文字的字体、行距、字距、颜色等。可以通过调整位置、旋转、缩放以及设置更多的参数制作各种文字动画，甚至可以实现三维效果，让文本图层的效果更丰富。文本图层如图 2-1-4 所示。

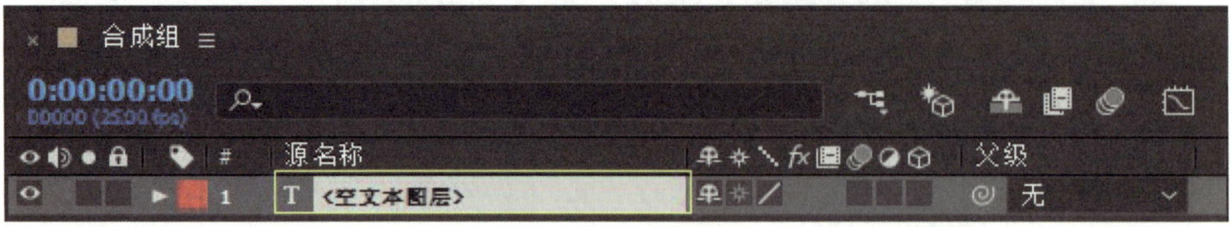

图 2-1-4　文本图层

文本图层创建方法如下。

（1）导入素材或创建合成组（见图 2-1-5）。

图 2-1-5　创建合成组

（2）在“时间线”面板的空余位置，点击鼠标右键，在弹出的对话框中，选择“新建”→“文本”，即可创建“文本图层”（见图 2-1-6）。

图 2-1-6　创建“文本图层”

（3）在“合成”面板中创建文字“After Effects”（见图 2-1-7），在右侧“字符”面板可设置文字的格式（见图 2-1-8）。

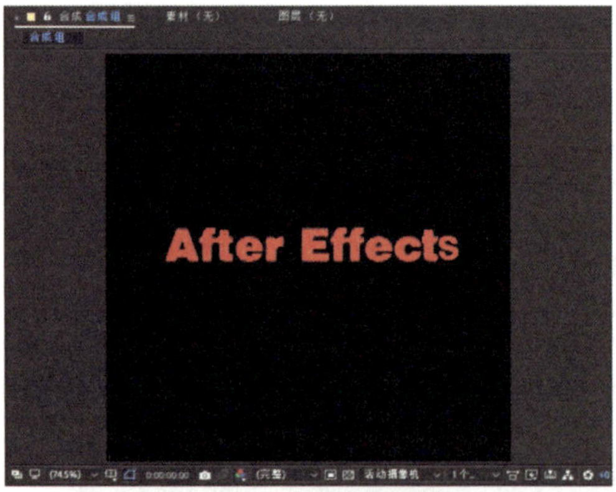

图 2-1-7　创建文字

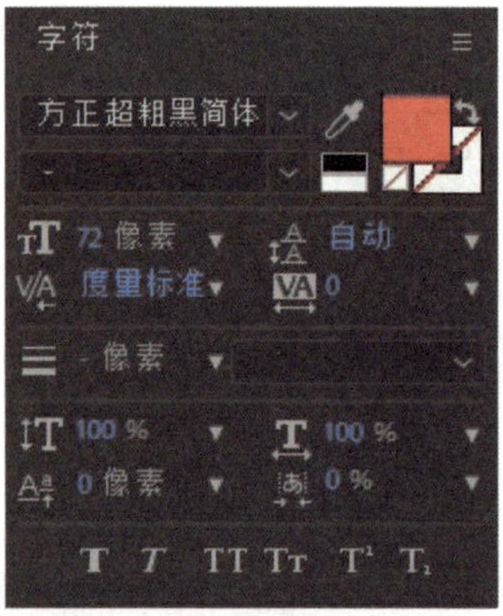

图 2-1-8　“字符”面板

2.1.2　纯色

纯色层也称作“固态层”，可以创建一个或多个带有色彩填充的层，随时可以修改大小和色彩。“纯色图层”使用起来十分简单，除了颜色、位移、旋转、缩放等基本的参数外，没有过多的设置。但是，“纯色图层”在实际操作中是十分重要的图层，可以作为实色填充背景或使用 Mask 遮罩工具绘制图形，还可以添加特效实现各种效果。纯色图层如图 2-1-9 所示。

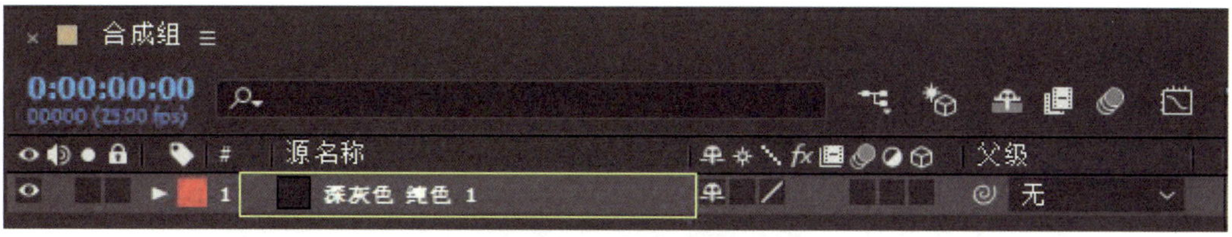

图 2-1-9　纯色图层

纯色图层创建方法如下。

（1）导入素材或创建合成组（见图 2-1-10）。

图 2-1-10　创建合成组

（2）在“时间线”面板的左侧新建“合成组”中单击鼠标右键，选择“新建”→“纯色”即可创建“纯色图层”（见图 2-1-11）。

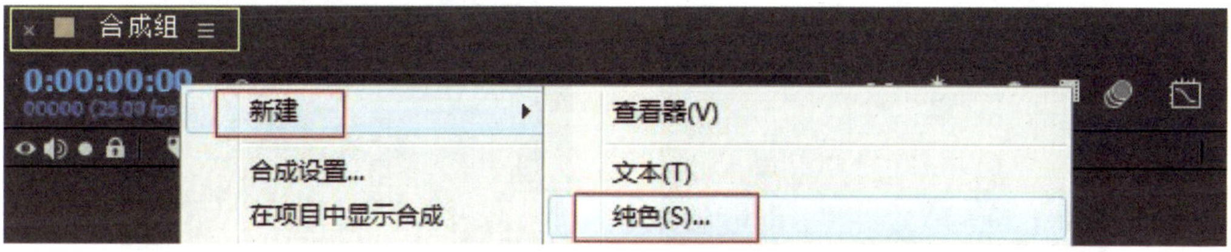

图 2-1-11　创建“纯色图层”

（3）在弹出的“纯色设置”对话框中设置各项参数。在“名称”中创建名字，在“大小”中点击“制作合成大小”即可自动调节成与“合成组”相同的设置，在“颜色”中点击色块或吸管工具可设置颜色（见图 2-1-12）。设置完成的“纯色”背景层将会在“合成”面板中显示（见图 2-1-13）。

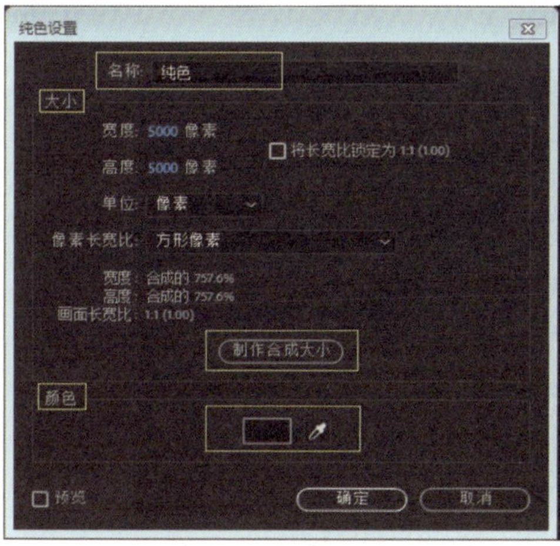

图 2-1-12　纯色设置

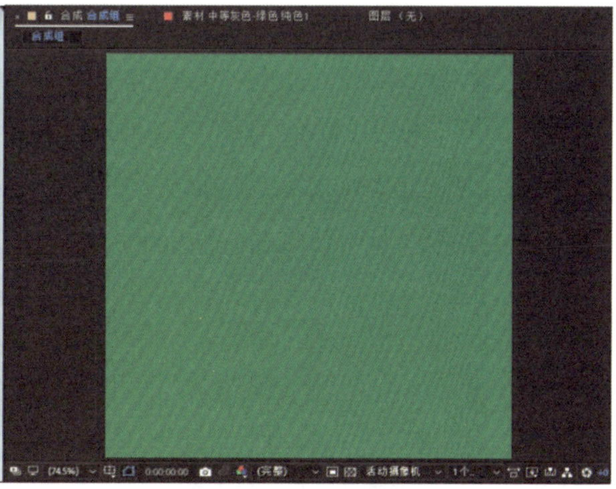

图 2-1-13　纯色背景层

2.1.3 灯光

After Effects 虽然是一个二维范畴的软件，但是可以创建三维效果。其中灯光图层是众多 After Effects 图层中的一种，灯光图层只作用于三维效果之中，作为光源影响着三维图层。也可建立多个灯光图层对三维场景进行复杂光影效果制作。灯光图层如图 2-1-14 所示。

图 2-1-14 灯光图层

灯光图层有 4 种类型。

（1）点光源，就像是一个灯泡，在一个点的位置发射灯光（见图 2-1-15）。

（2）聚光灯，它的光有方向性，可以通过调节光源的范围增大光线的影响范围（见图 2-1-16）。

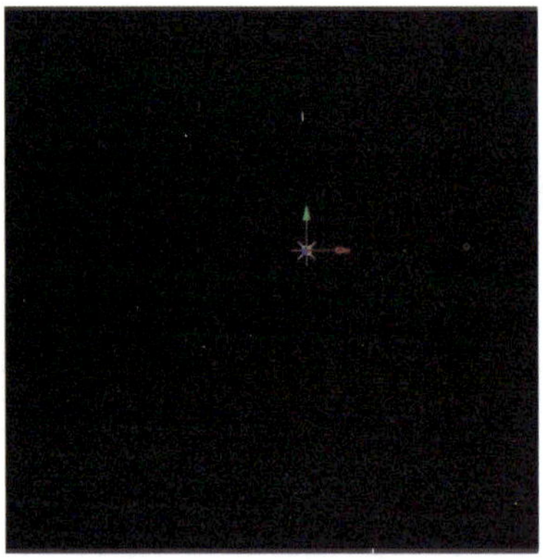

图 2-1-15 点光源

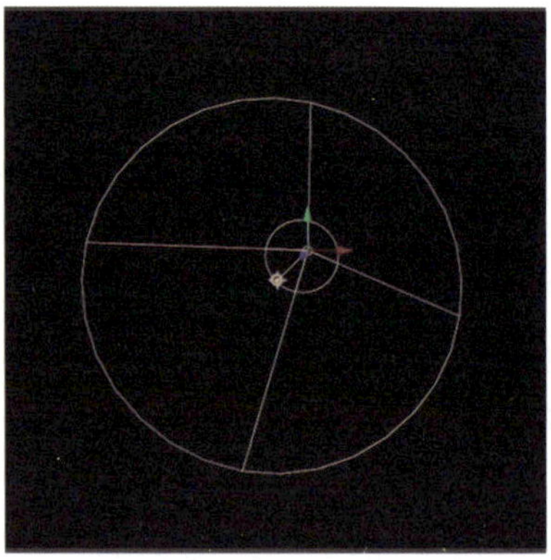

图 2-1-16 聚光灯

（3）环境光，是一个通用光源，环境光没有衰减，亮度可以作用于整个场景（见图 2-1-17）。

（4）平行光，类似聚光灯和环境光的混合，它只能向一个方向投射光影，但能投射到整个场景之中（见图 2-1-18）。

图 2-1-17 环境光

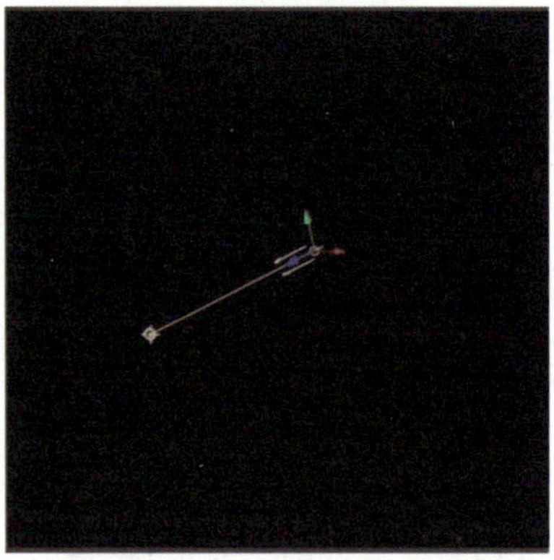

图 2-1-18 平行光

灯光图层的创建方法如下。

（1）创建“文本图层”，输入文字“After Effects”，在“字符”面板中设置属性，将其“3D 图层”打开，调整轴向（见图 2-1-19）。

图 2-1-19　设置轴向

（2）在“时间线”面板左侧的新建“合成 1”中右击，选择“新建”→“灯光”即可创建“灯光图层”，在弹出的“灯光设置”中调整相关参数。默认创建的灯光是“聚光灯”，“名称”用于创建灯光名字，“灯光类型”用于选择不同的灯光，“强度”用于调节灯光强弱，“锥形角度”用于调节灯光开合的大小，“锥形羽化”用于调节灯光的过渡程度，“衰减”用于调节灯光强度的不断减弱（默认是无衰减），当选择“平滑”时，灯光产生自然过渡，当选择“反向平方设置”时灯光进一步过渡，“半径”是衰减的大小，“衰减距离”是衰减的远近，勾选“投影”后，用“阴影深度”调节阴影的颜色深浅，用“阴影扩散”调节阴影的大小（见图 2-1-20）。其实聚光、平行光（见图 2-1-21）、环境光（见图 2-1-22）、点光（见图 2-1-23）的调节属性基本相同，但由于 4 种灯光的发光特点不同，因而每种灯光的属性又各有不同。当选择不同的灯光时，部分属性会显示灰色，也就代表此属性不能调节。灯光属性调节非常简单，但是一定要了解不同灯光的特点，才能制作出生动的光影效果。

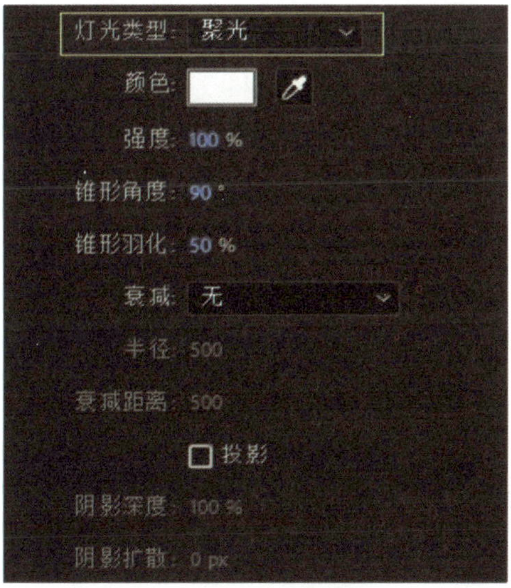

图 2-1-20　聚光属性调节

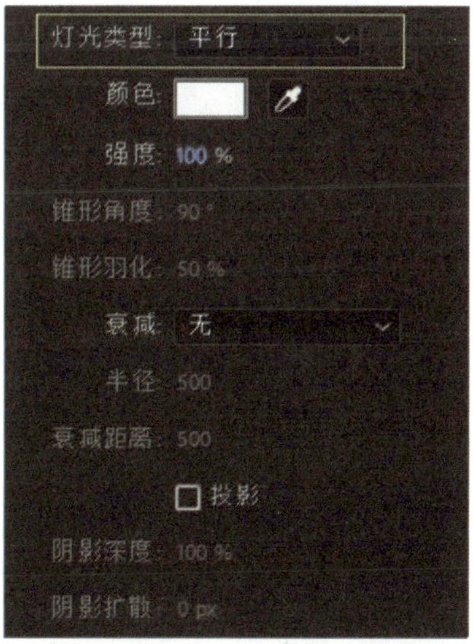

图 2-1-21　平行光属性调节

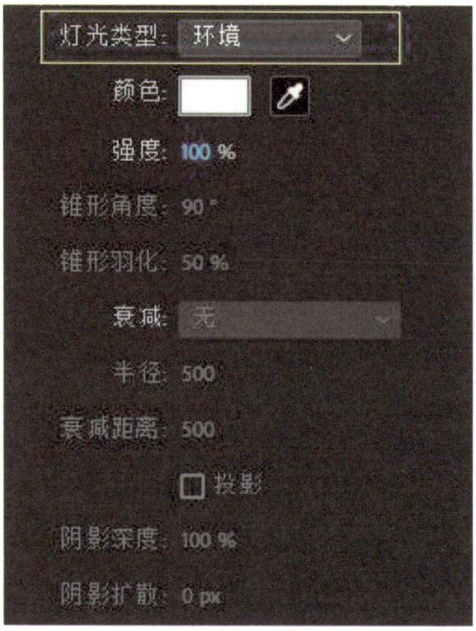

图 2-1-22　环境光属性调节

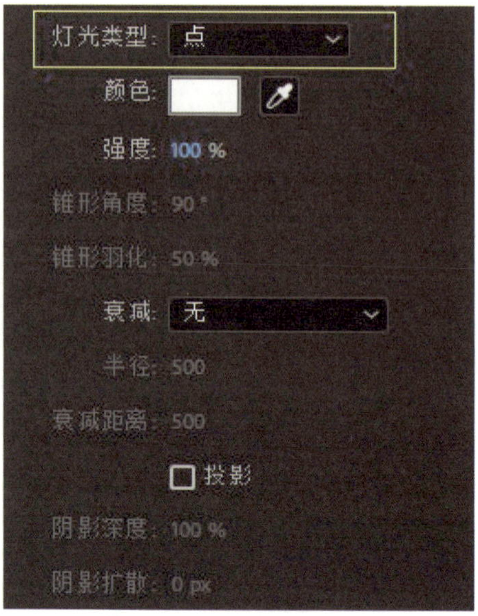

图 2-1-23　点光属性调节

（3）通过调节灯光的属性，生成需要的光影效果（见图 2-1-24），点击图层中的“小灯泡”，在弹出的“灯光设置”面板中调节（见图 2-1-25）可实时预览光影效果。

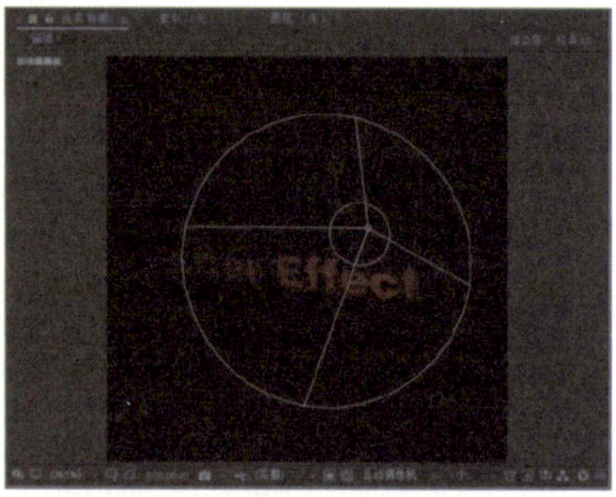

图 2-1-24　光影效果

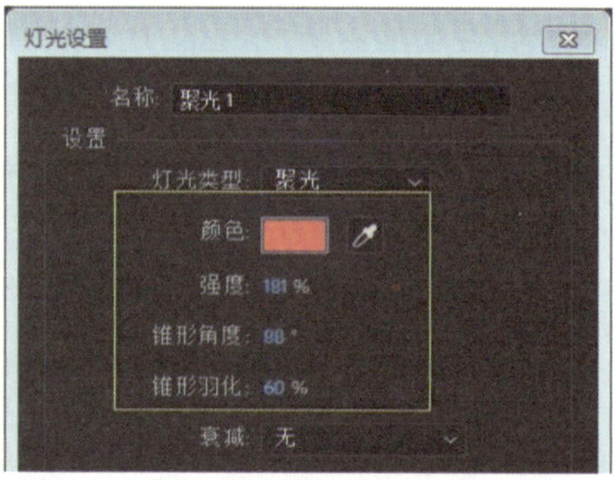

图 2-1-25　灯光设置

（4）如若需要文字投影效果，需要勾选“灯光设置”中的“投影”（见图 2-1-26），将导入素材“背景”放在“文字层”下方，同时激活“3D 图层”（见图 2-1-27）。

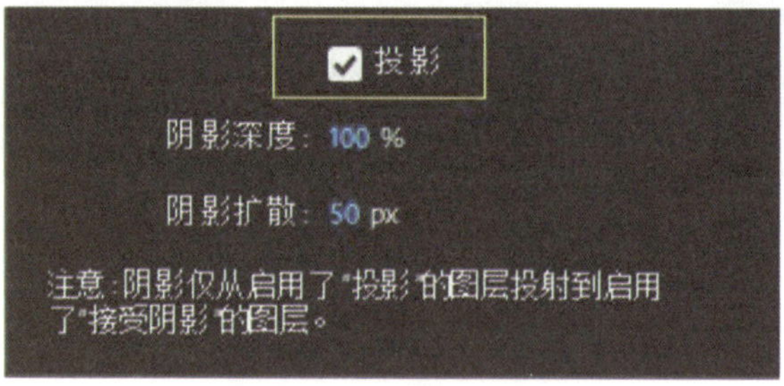

图 2-1-26　勾选“投影”

图 2-1-27　导入素材

（5）将“文本图层”中“材质选项”的“投影”选择“开”（见图 2-1-28），点击图层中的“小灯泡”实时调节光影效果，观察最终效果（见图 2-1-29）。

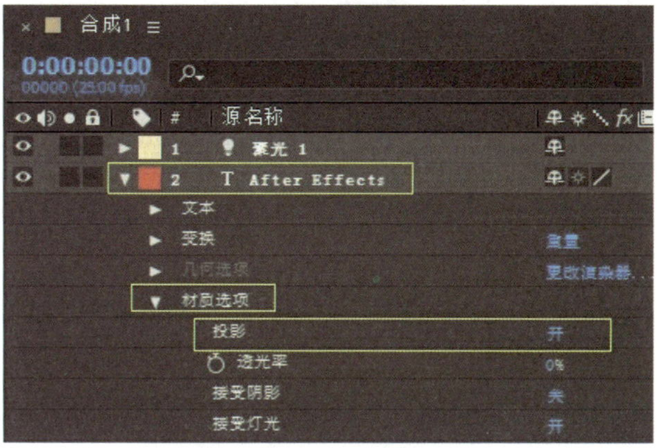

图 2-1-28　打开“投影”

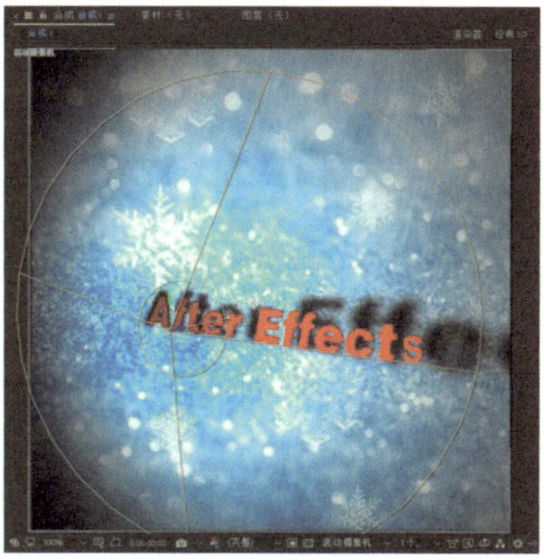

图 2-1-29　最终效果

2.1.4　摄像机

摄像机主要用于三维效果合成。创建后生成的摄像机，不仅可以调正位置取代之前合成的默认视角，还可以模拟甚至超越真实摄像机的摄像效果。摄像机设置如图 2-1-30 所示。

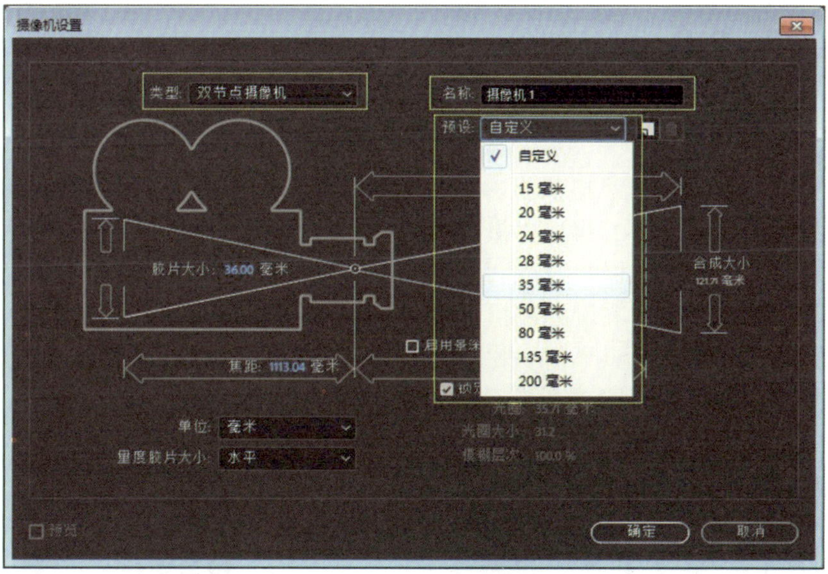

图 2-1-30　摄像机设置

“类型”里包含控制摄像机位置的“单节点摄像机”与控制摄像机位置和被拍摄目标点位置的“双节点摄像机”，默认使用“双节点摄像机”；“名称”即摄像机的名字；“预设”中包含很多不同角度的摄像机，数值越小，成像越大，数值越大，成像越小，通常使用 28 mm 或 35 mm 的较多。

摄像机的创建方法如下。

（1）导入素材“After Effects”“渐变”，创建“合成组”，将素材“After Effects”拖入“时间线”面板，同时将“3D 图层”激活（见图 2-1-31）。

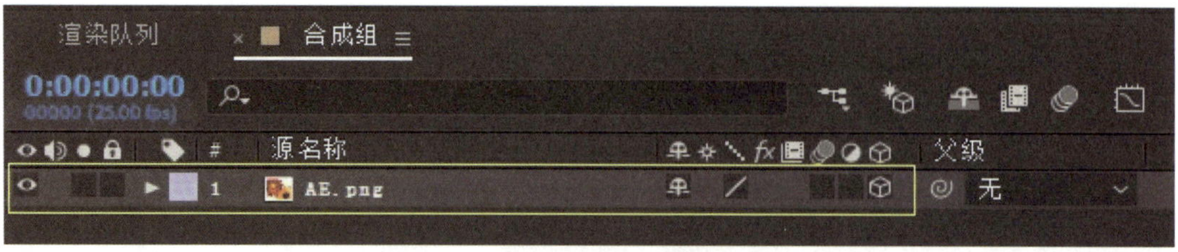

图 2-1-31　导入素材

（2）在“时间线”面板左侧的新建“合成组”中右击，选择“新建”→“摄像机”即可创建“摄像机图层”（见图 2-1-32）。

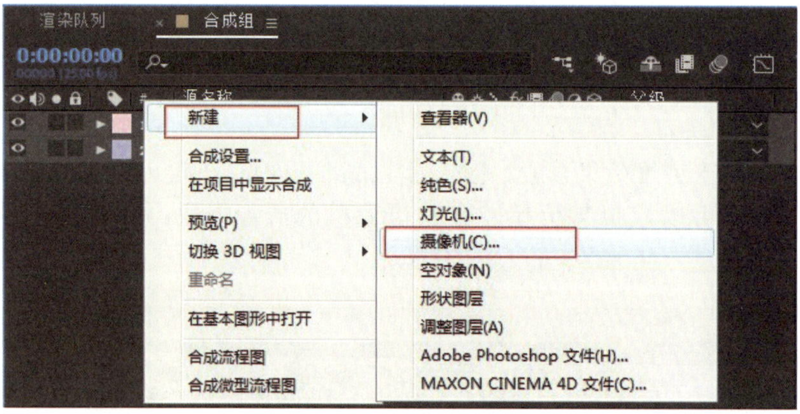

图 2-1-32　创建“摄像机”

（3）在“工具栏”中选择“摄像机”，右击选择“统一摄像机工具”（见图 2-1-33），通过“摄像机”观察素材（见图 2-1-34）。“摄像机”使用方法多是“推、拉、摇、移”四种。在 After Effects 中，摄像机的操作是通过鼠标的“左、中、右”三键进行的，左键控制摄像机的“旋转”，中键控制摄像机的“移动”，右键控制摄像机的“推拉”；“轨道摄像机工具”“跟踪 XY 摄像机工具”“跟踪 Z 摄像机工具”三种摄像机工具其实就是分别控制摄像机的“旋转”“移动”“推拉”，在实际操作中多选择“统一摄像机工具”。

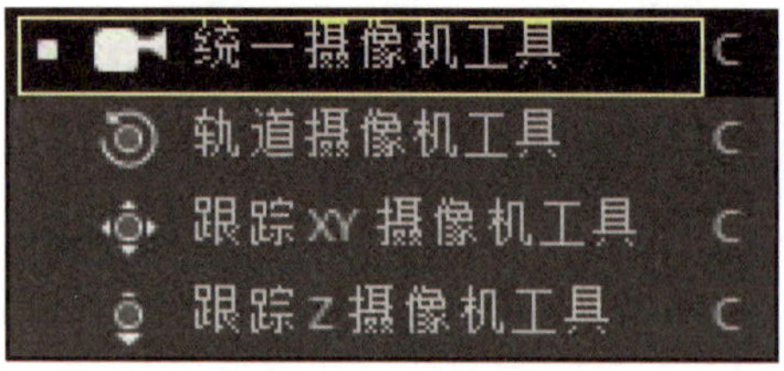

图 2-1-33　摄像机类型

图 2-1-34　观察素材

（4）如果在某一个项目中创建了多个摄像机，在“合成”面板下方 3D 视图弹出式菜单中选择摄像机的视角（见图 2-1-35），还可以选择摄像机视图的显示位置（见图 2-1-36）。

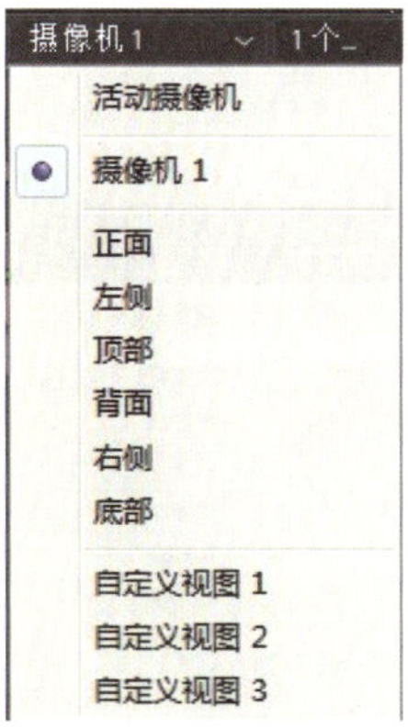

图 2-1-35　摄像机的视角

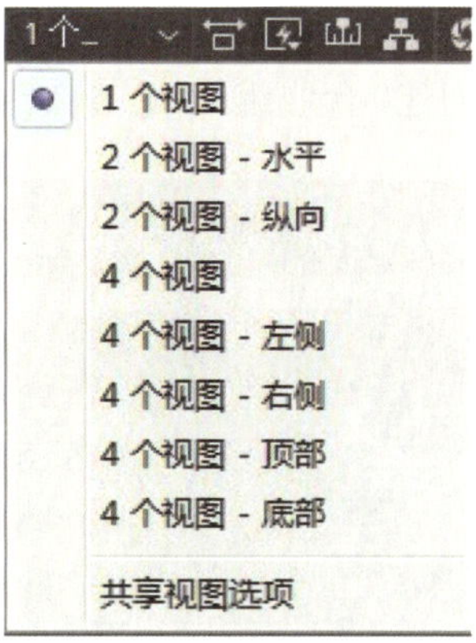

图 2-1-36　视图布局

（5）若选择“摄像机的视角”中的“4 个视图”（见图 2-1-37），则“合成”面板中得到相应的视图效果（见图 2-1-38）。因为“素材”是一张二维图片，所以在“顶部”“正面”“右侧”中显示黑色。

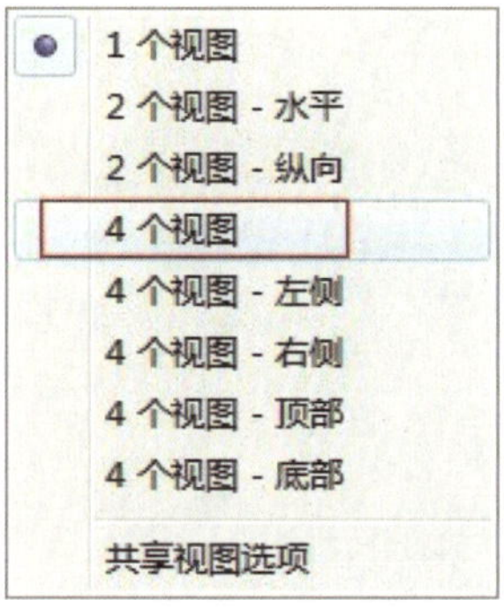

图 2-1-37　4 个视图

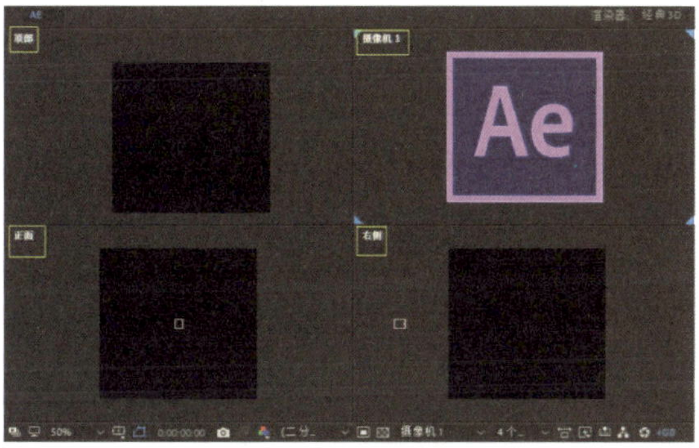

图 2-1-38　视图效果

2.1.5　空对象

空对象是不可见图层，在“合成”面板中虽然可以看见一个红色的正方形，但在最终的输出是不会显示的，它是利用“父子关系”作为一个载体辅助其他图层的使用和操作。同时，可以对红色的正方形上的点进行调节，从而改变红色正方形的形状（图 2-1-39、图 2-1-40）。

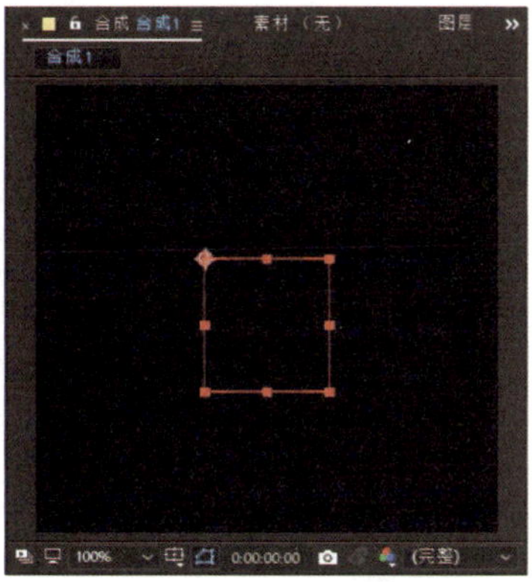

图 2-1-39　空对象

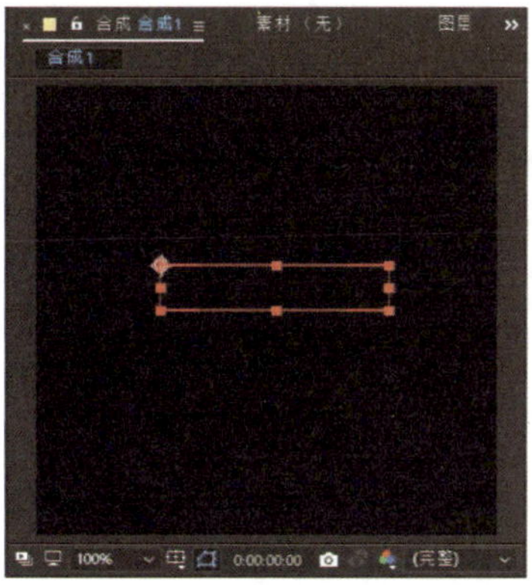

图 2-1-40　调节空对象

创建空对象的方法如下。

（1）创建“合成组”（见图 2-1-41），在“合成组”中再创建“摄像机”（见图 2-1-42）。

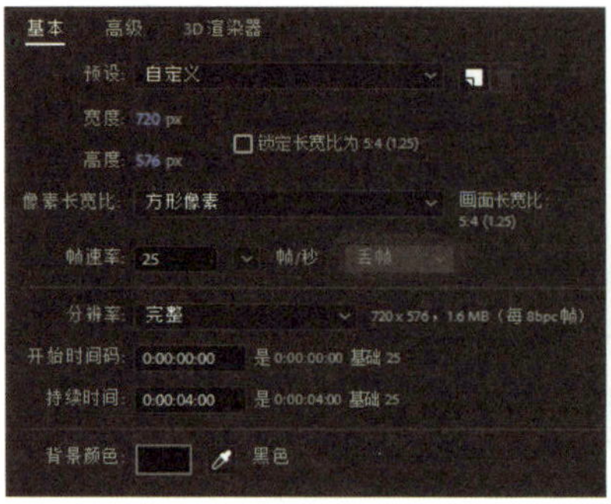

图 2-1-41　创建“合成组”

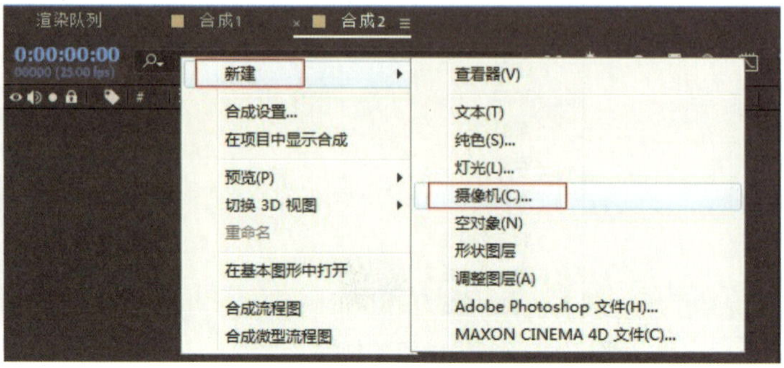

图 2-1-42　创建“摄像机”

（2）选择“摄像机”的角度“自定义视图 1”（见图 2-1-43），将“摄像机”摆放到相应位置，观察效果（见图 2-1-44）。

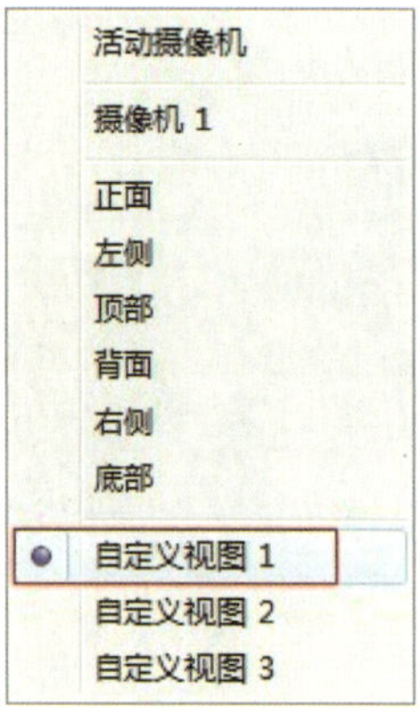

图 2-1-43　自定义视图 1

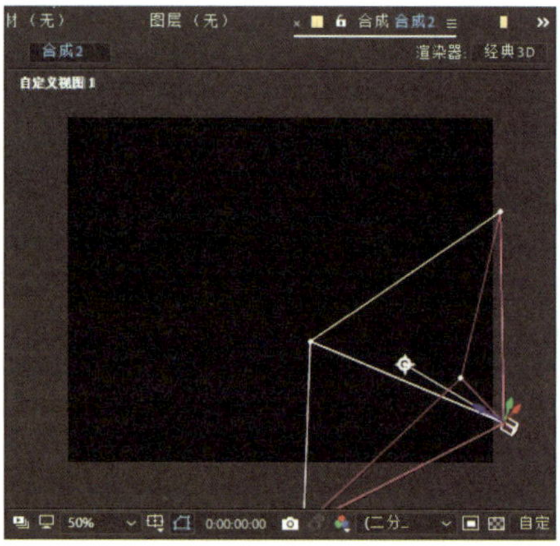

图 2-1-44　摆放“摄像机”

（3）在“合成组”中创建“空对象”（见图 2-1-45），并将“空对象”的“3D 图层”激活，得到效果（见图 2-1-46）。

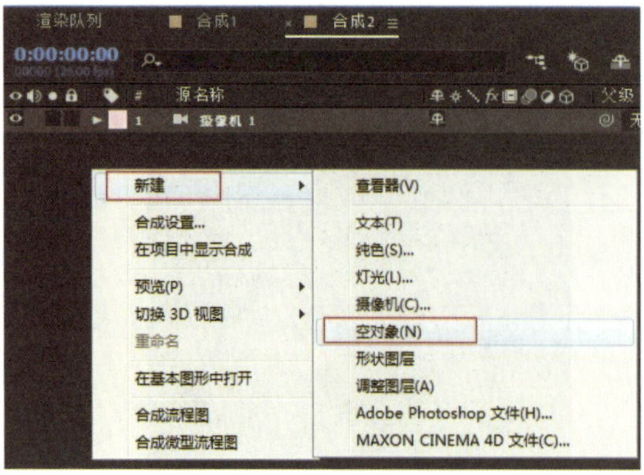

图 2-1-45　创建“空对象”

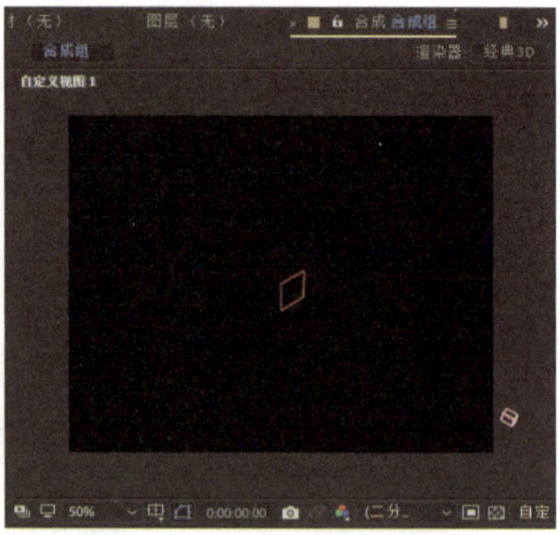

图 2-1-46　激活“3D 图层”

(4)在“时间线”面板中的“父级”下方，按住左键选择“摄像机 1”的“螺旋线”拖出一条蓝线(见图 2-1-47)，将其放至“空对象”层之中(见图 2-1-48)。

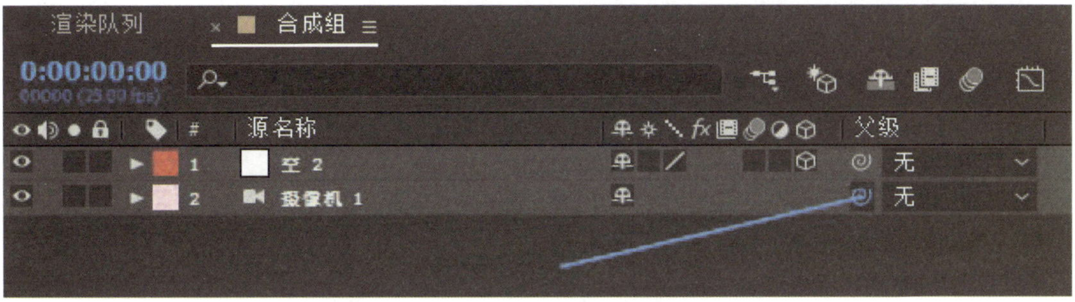

图 2-1-47　拖动“摄像机”的“螺旋线”

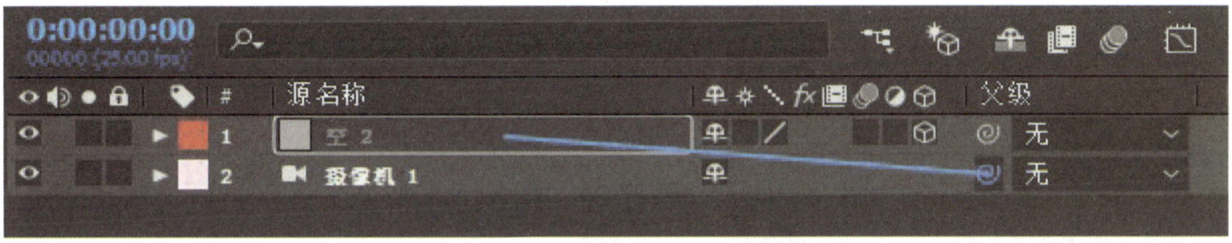

图 2-1-48　放至“空对象”层

(5)此时，“合成组”与“摄像机”创建了“父子关系”(子级别跟随父级别运动)，“合成组”是“父级别”，“摄像机”是“子级别”(见图 2-1-49)。在“合成”面板中可以通过调节“红色正方形”控制“摄像机”的操作(见图 2-1-50)。

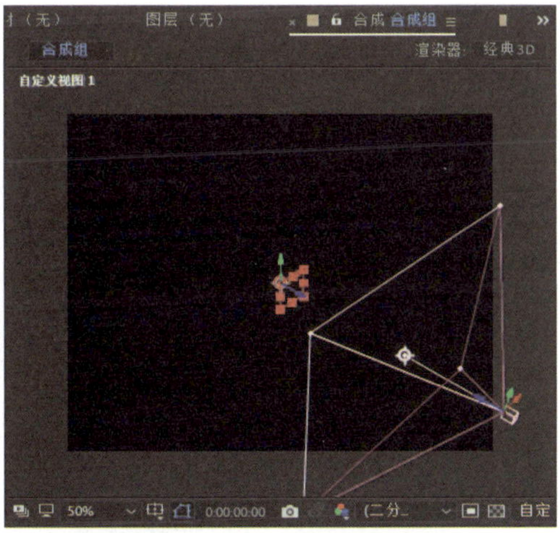

图 2-1-49　“父子关系”

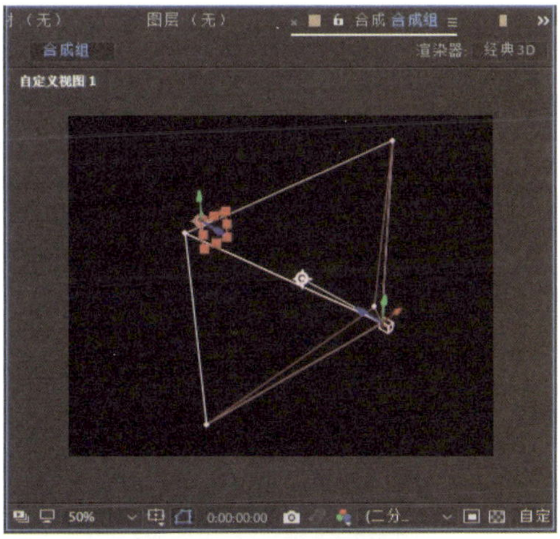

图 2-1-50　控制“摄像机”

2.1.6　形状图层

形状图层中可以绘制蒙版，也可以绘制矢量形状，如方形、圆形、三角形。形状图层具有特定属性，如描边、填充等，还可以调节如角度或数量等属性(见图 2-1-51)。

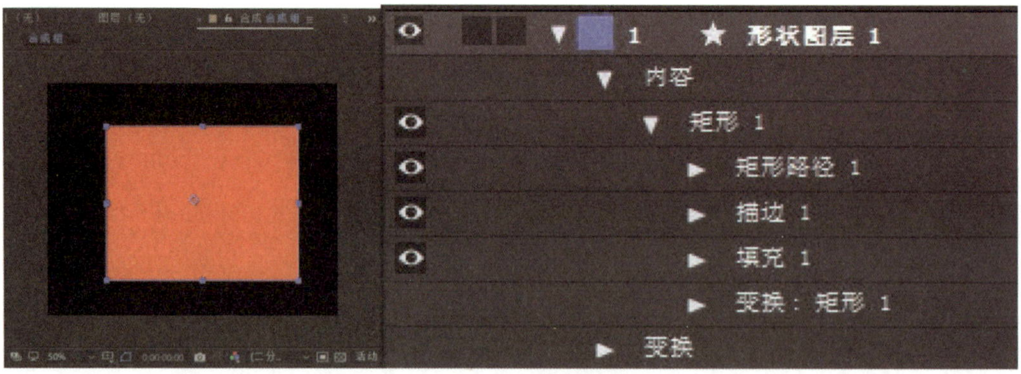

图 2-1-51　形状图层属性

创建形状图层的方法如下。

（1）创建“合成组”（见图 2-1-52），在“合成组”中再创建“形状图层”（见图 2-1-53）。

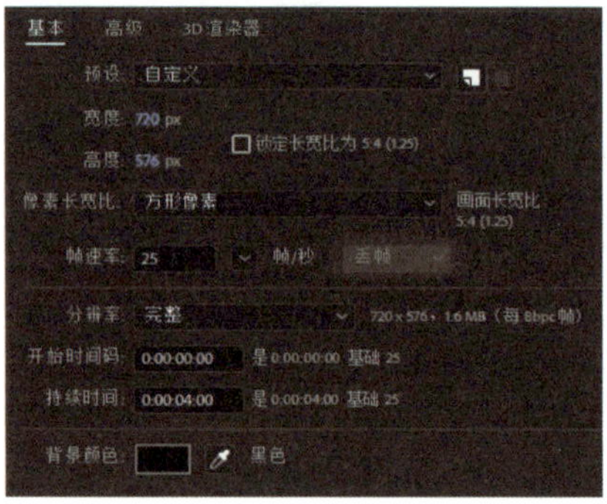

图 2-1-52　创建“合成组”

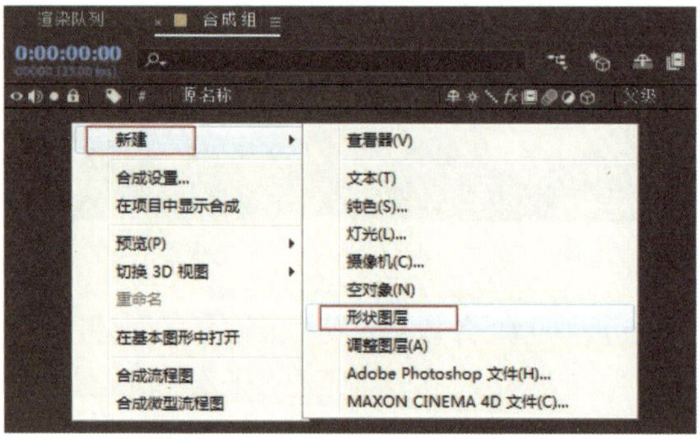

图 2-1-53　创建“形状图层”

（2）在“工具栏”中的“矩形工具”上按住左键，选择相应的形状（见图 2-1-54），在“合成”面板中绘制图形（见图 2-1-55）。

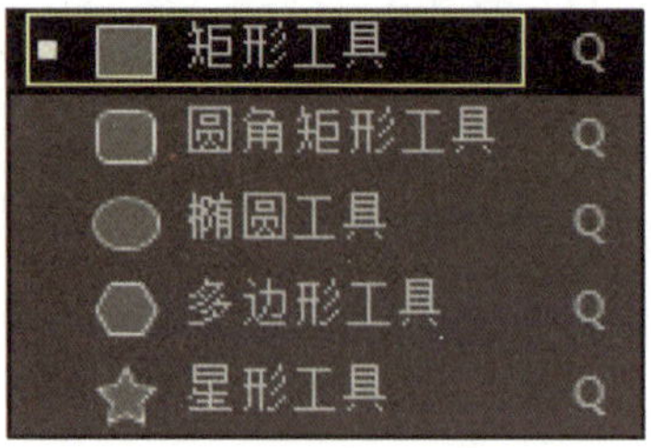

图 2-1-54　矩形工具

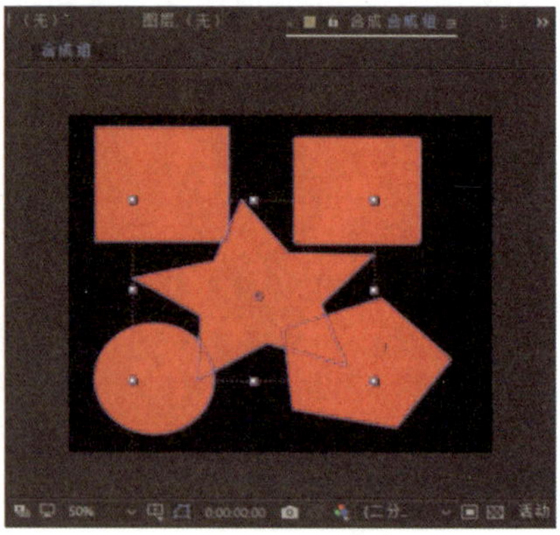

图 2-1-55　绘制图形

（3）在“工具栏”中点击色块“填充”，选择需要的颜色（见图 2-1-56），还可以改变形状的颜色（见图 2-1-57）。

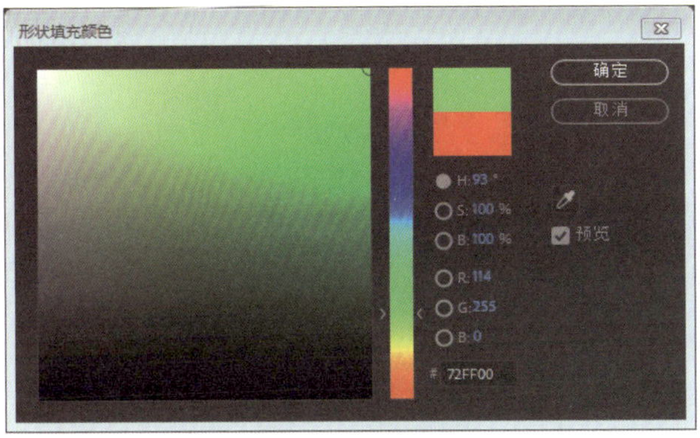

图 2-1-56　选择颜色

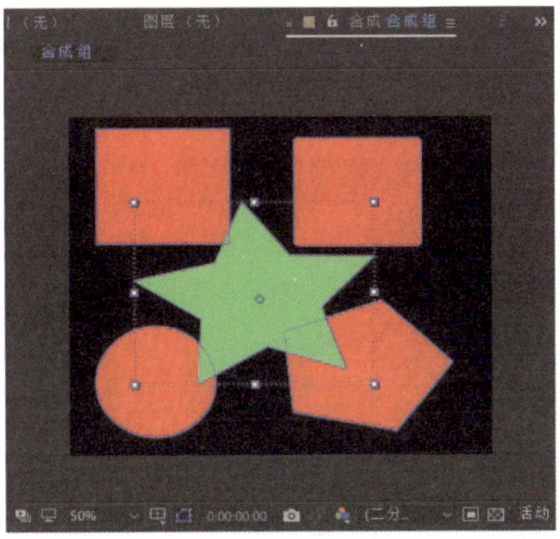

图 2-1-57　改变颜色

（4）改变描边的颜色也是同样的方法（图 2-1-58），也可以通过调节像素的数值，改变描边的粗细（见图 2-1-59），通过选择“添加”中的选项（见图 2-1-60），改变描边的形状（见图 2-1-61）。

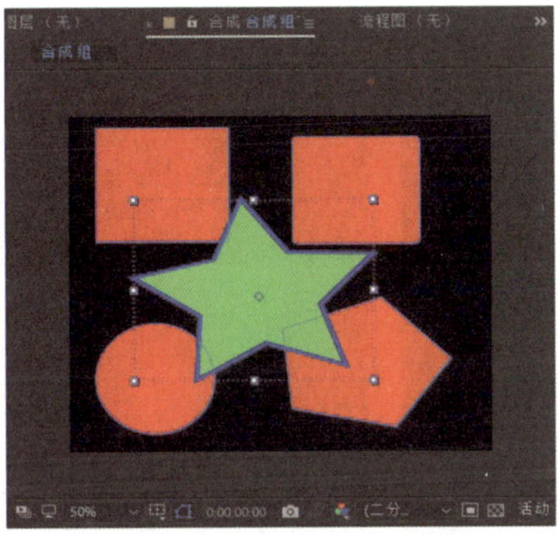

图 2-1-58　改变描边颜色

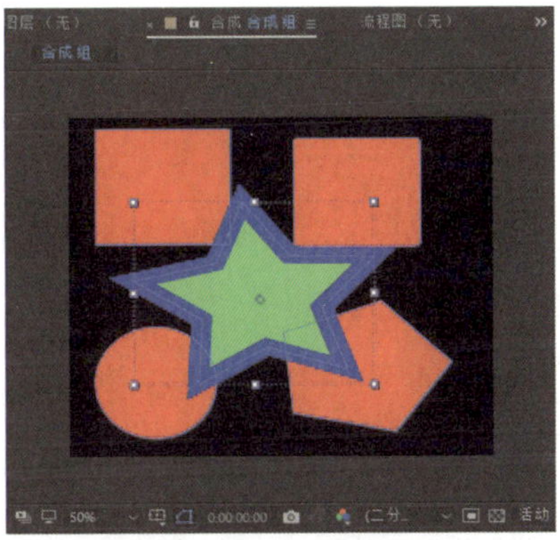

图 2-1-59　改变描边粗细

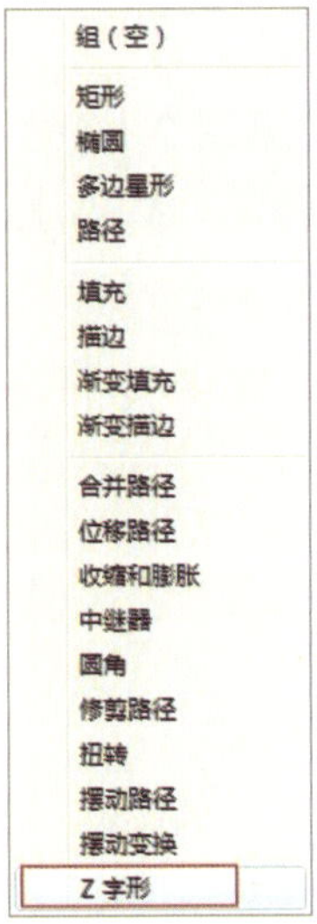

图 2-1-60　添加选项

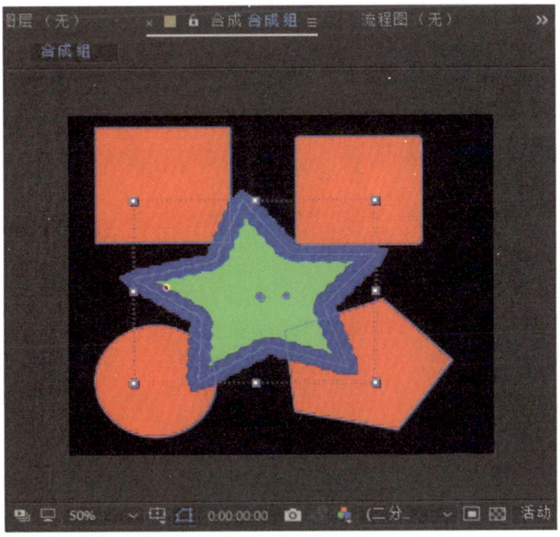

图 2-1-61　改变描边形状

(5)以上“形状图层”只是绘制矢量图形。现在将“形状图层 1”删除，导入素材“渐变”(见图 2-1-62)，选择素材层(见图 2-1-63)。

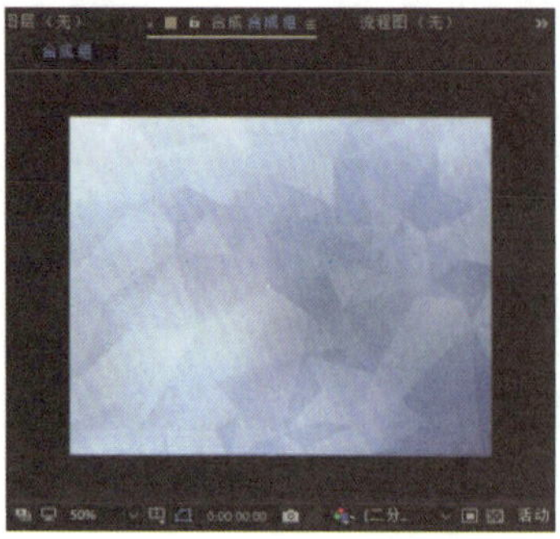

图 2-1-62 导入素材

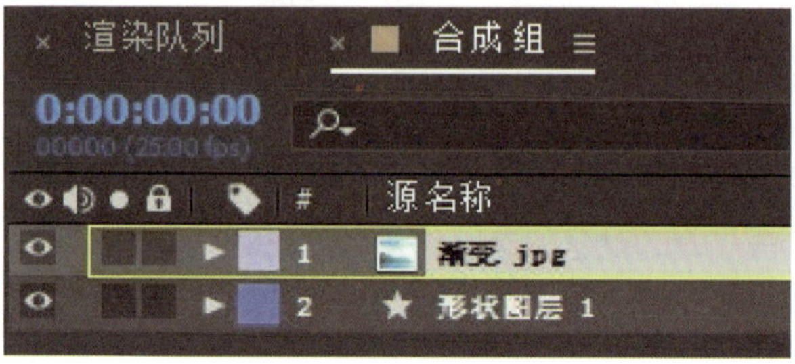

图 2-1-63 选择素材层

(6)选择“矩形工具”进行绘制得到“蒙版”效果(只显示绘制的图形范围内的图案，绘制的图形范围外默认为透明，与 Photoshop 中的“蒙版”十分相似)，之后打开“属性”调节相关参数(见图 2-1-64)得到最终效果(见图 2-1-65)。

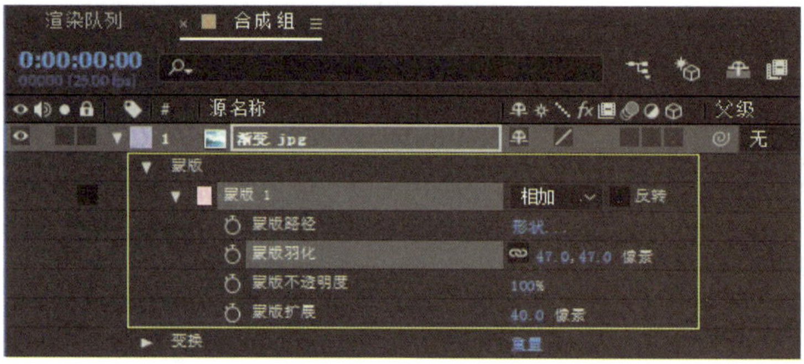

图 2-1-64 调节属性

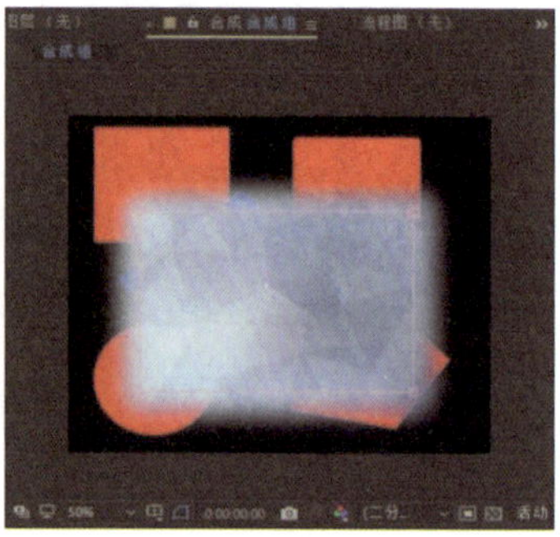

图 2-1-65 最终效果

2.1.7 调整图层

调整图层是一个空白图像，在默认情况下没有任何效果(见图 2-1-66)。当它放置于另一个图层之上时，需要对其添加特效以影响其下方所有的图层。相当于将其下方所有的层全部合成，然后统一添加特效，如果给调整图层绘制蒙版，也只会影响与下面图层重叠的位置。

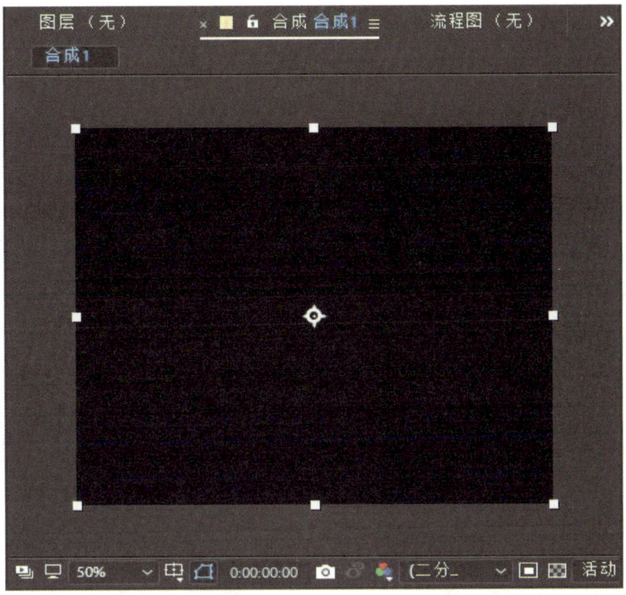

图 2-1-66　调整图层(默认)

创建调整图层的方法如下。

(1)创建“合成组”(见图 2-1-67),再导入素材“飞船”“星球”(见图 2-1-68)。

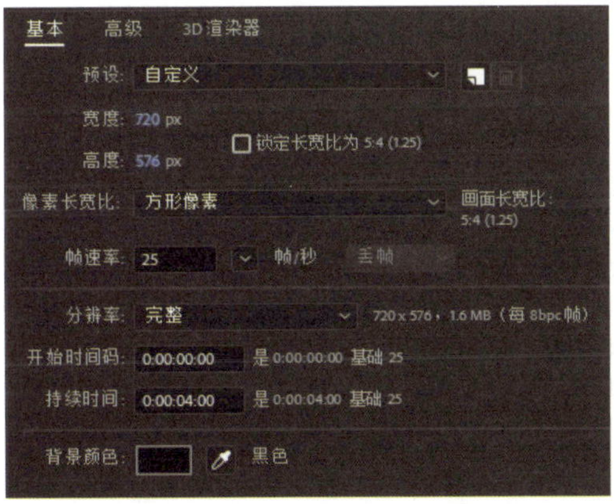

图 2-1-67　创建“合成组”

图 2-1-68　导入素材

(2)在“合成组”中再创建“调整图层”,将其放置素材层之上(见图 2-1-69),选择菜单“效果”→“颜色校正”→“曲线”命令(见图 2-1-70)。

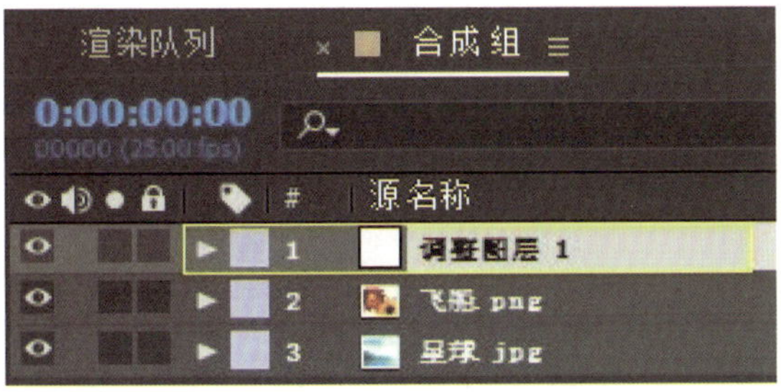

图 2-1-69　创建“调整图层”

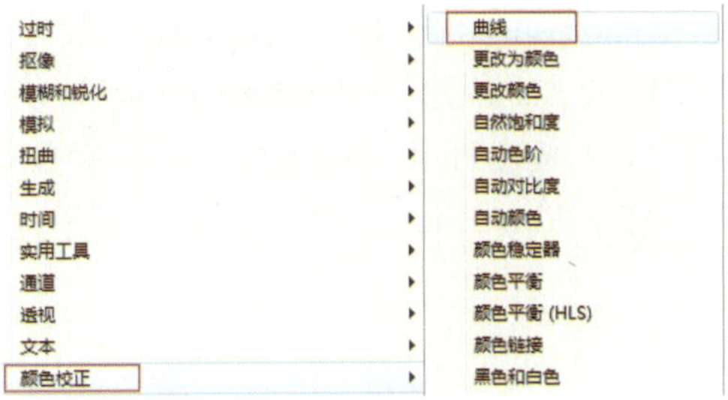

图 2-1-70　选择“曲线”

（3）在“效果控制”面板中调整曲线位置（见图 2-1-71），在“调整图层”中对其下方素材的颜色全部进行调节（见图 2-1-72）。

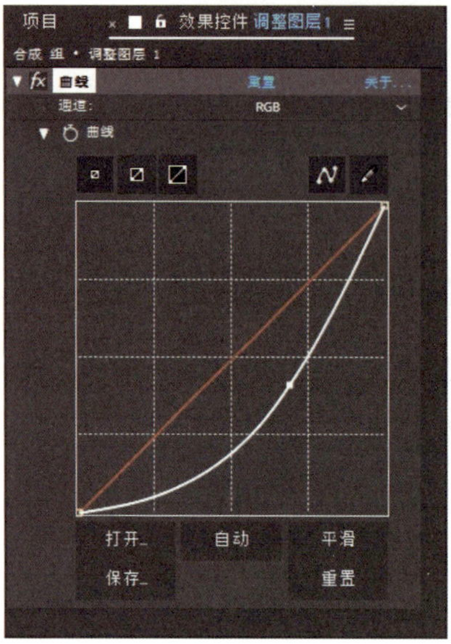

图 2-1-71 调节曲线

图 2-1-72 调节颜色

（4）在“合成组”中将“调整图层”放置素材层之间（见图 2-1-73），选择菜单“效果”→“颜色校正”→“曲线”命令进行调节，对比“调整图层”不同位置对素材的不同影响。

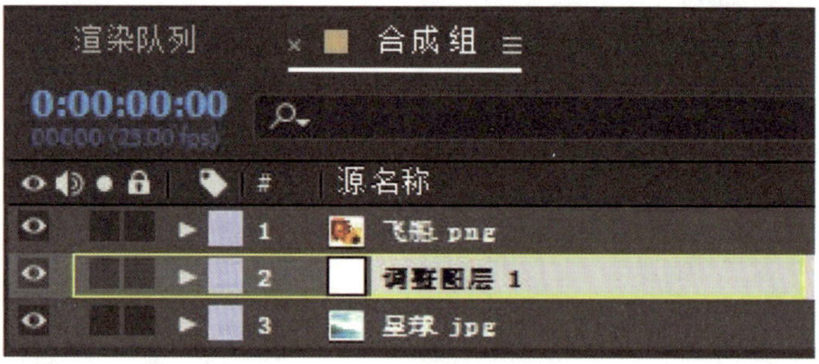

图 2-1-73 移动调整图层位置

2.1.8 Adobe Photoshop 文件

After Effects 与 Photoshop 两个软件都是 Adobe 公司出品的，两者间具有很好的兼容性，新建“合成组”，点击菜单“文件”→“导入”→“文件”（见图 2-1-74），选择素材“花朵”，可将 Photoshop 的 PSD 格式文件直接导入 After Effects 之中（见图 2-1-75）；在新建“合成组”中，点击“新建”→“Adobe Photoshop 文件”（见图 2-1-76），也可以创建一个和当前合成组尺寸一致的 Photoshop 图层，该图层会自动置于“时间线”面板的最上层，并且系统会自动打开这个 Photoshop 文件（见图 2-1-77）。

图 2-1-74　导入文件

图 2-1-75　Photoshop 文件

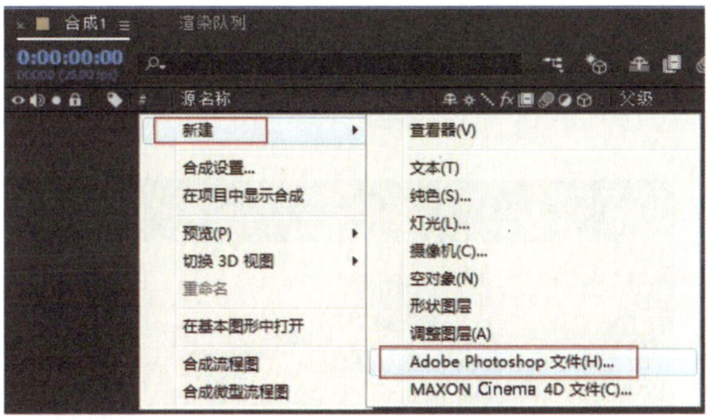

图 2-1-76　创建 Adobe Photoshop 文件

图 2-1-77　系统自动打开 Photoshop 文件

2.1.9　MAXON Cinema 4D 文件

Cinema 4D 是一款包含三维模型、动画、渲染与特效的三维软件，以高速运算、性能稳定和外挂众多强大著称。在 After Effects 中 MAXON Cinema 4D 文件的使用可以参考 Adobe Photoshop 文件的使用方法。

2.2　图层的基本属性

在 After Effects 中，图层属性在制作动画项目时起着举足轻重的作用。除了音频素材层以外，其余的所有图层基本都具有 5 个基本属性，它们包含在变换属性之中，分别是锚点、位置、缩放、旋转和不透明度。通过点击“时间线”面板中的“变换”▶属性，便可展开图层的基本属性（见图 2-2-1）。

图 2-2-1 图层的基本属性

2.2.1 “锚点”属性

图层的位置、旋转和缩放都是基于“锚点”的，“锚点”能对 *X* 轴和 *Y* 轴两个属性数值进行操作。可以将“锚点”理解为图层的中心点（当然这个中心点不一定在图层的中心位置）。展开“锚点”属性的快捷键为“A”键。当进行位移、旋转或缩放操作时，选择不同位置的“锚点”将得到完全不同的视觉效果。下面对“锚点”属性进行操作。

（1）将素材“玫瑰”导入 After Effects，拖入“时间线”面板，展开“变换”属性后，选择“锚点”属性（见图 2-2-2），观察“合成”面板中“锚点”的位置（见图 2-2-3）。

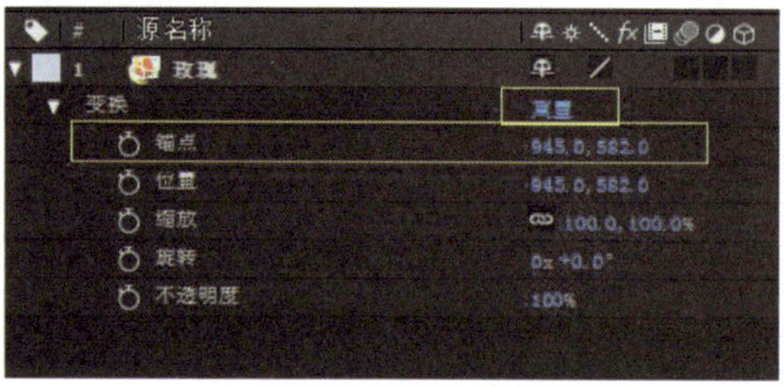

图 2-2-2 锚点属性

图 2-2-3 锚点位置

（2）以“旋转”属性为例，调节“旋转”属性数值（见图 2-2-4），观察素材在“合成”面板中的运动规律，是以“锚点”为中心点进行旋转的（见图 2-2-5）。

图 2-2-4 调节旋转属性

图 2-2-5 以“锚点”为中心点进行旋转

（3）点击“变换”属性“重置”，调节过的数值将恢复初始状态。现在改变“锚点”属性数值（见图 2-2-6）观察“合成”面板素材，虽然改变的是“锚点”属性数值，但是位置也会发生变化（见图 2-2-7）。

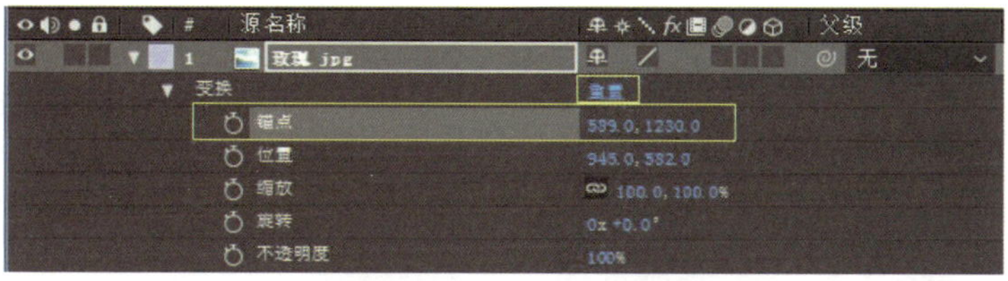

图 2-2-6　调节锚点数值

图 2-2-7　素材位置

（4）此时，再调节“旋转”属性数值（见图 2-2-8），观察素材在“合成”面板中“锚点”的位置（见图 2-2-9）。

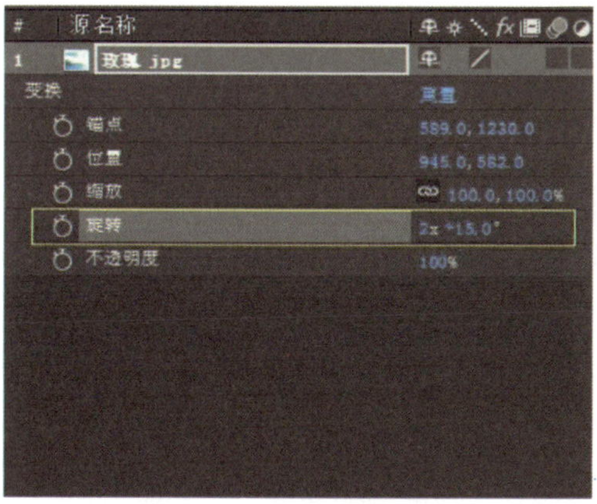

图 2-2-8　调节旋转属性

图 2-2-9　进行旋转

（5）如果只想改变“锚点”位置，而素材位置相对不变（“位置”属性数值会发生变化），则点击“变换”属性“重置”，选择“工具栏”中的“向后平移（锚点）”，对“锚点”进行移动（见图 2-2-10）；再次调节“旋转”属性数值，观察素材在“合成”面板中的旋转运动（见图 2-2-11）。

图 2-2-10 移动锚点

图 2-2-11 选择锚点

2.2.2 “位置”属性

“位置”属性主要用来设置图层的位移动画，展开“位置”属性的快捷键为“P”键。二维图层包括 *X* 轴和 *Y* 轴两个属性数值，三维图层包括 *X* 轴、*Y* 轴和 *Z* 轴 3 个属性数值。可以使用“工具栏”中的“选取工具”直接在“合成调板”中拖动层的位置，下面对“位置”属性进行操作。

（1）将素材“水果”导入 After Effects 中（见图 2-2-12），展开“变换”属性后，选择“位置”属性（见图 2-2-13）。

图 2-2-12 素材“水果”

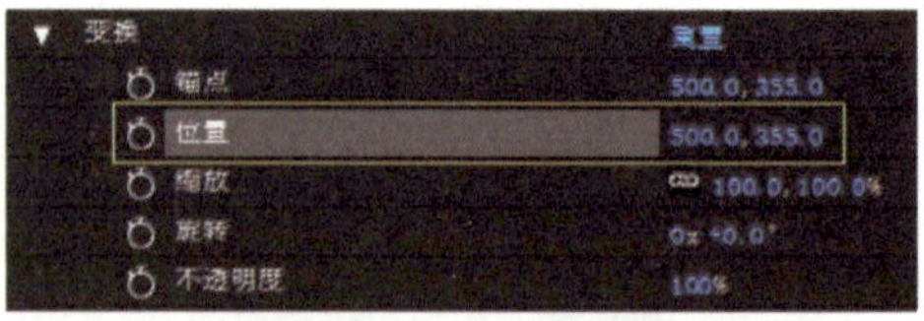

图 2-2-13 位置属性

（2）调节“位置”属性的 *X* 轴与 *Y* 轴的数值（见图 2-2-14），观察素材在“合成”面板的位置变化（见图 2-2-15）。

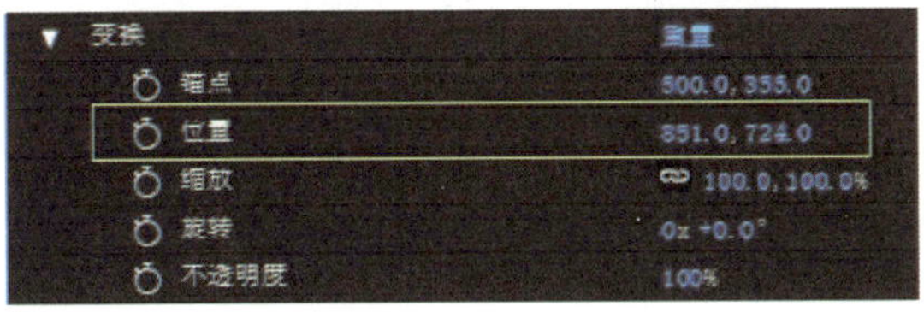

图 2-2-14　调节位置属性

图 2-2-15　观察位置变化

2.2.3　“缩放”属性

“缩放”是以轴心点为基准来改变图层的大小，展开“缩放”属性的快捷键为“S”键。二维图层的“缩放”属性有 X 轴和 Y 轴两个属性数值，三维图层包括 X 轴、Y 轴和 Z 轴 3 个属性数值。在缩放图层时，可以激活图层“缩放”属性前面的“约束比例”，在“合成”面板中按“Shift”键可对素材进行等比例缩放。下面对“缩放”属性进行操作。

（1）将素材“彩虹”导入 After Effects 中（见图 2-2-16），展开“变换”属性后，选择“缩放”属性（见图 2-2-17）。

图 2-2-16　素材“彩虹”

图 2-2-17　缩放属性

（2）调节“缩放”属性数值，此时 X 轴与 Y 轴同时变化数值（见图 2-2-18），观察素材在“合成”面板的缩放变化（见图 2-2-19）。

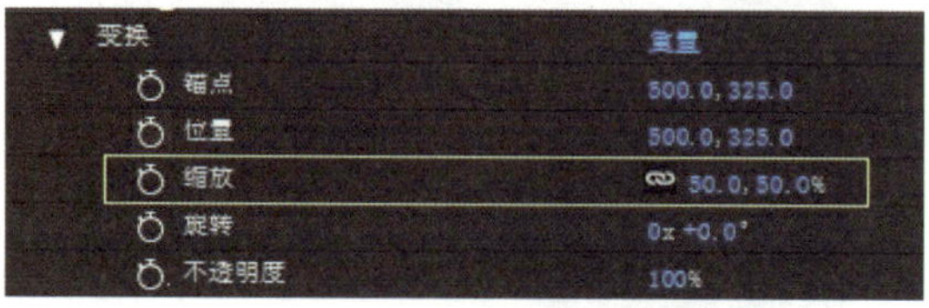

图 2-2-18 调节缩放属性

图 2-2-19 缩放效果

(3)将“约束比例”关闭，此时需要分别调节 X 轴与 Y 轴的数值（见图 2-2-20），观察素材在“合成”面板的缩放变化（见图 2-2-21）。

图 2-2-20 关闭约束比例

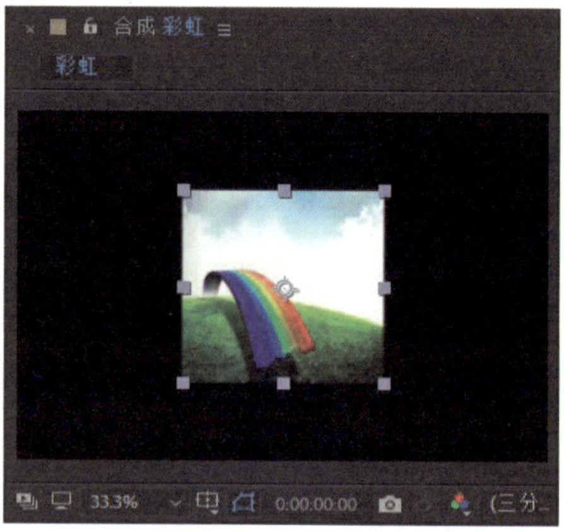

图 2-2-21 缩放效果

(4)点击“变换”属性“重置”，进行“锚点”位置的变化，再调节“缩放”属性数值（图 2-2-22），观察素材在“合成”面板的缩放变化（见图 2-2-23）。

图 2-2-22 变化锚点位置

图 2-2-23 缩放效果

2.2.4 “旋转”属性

“旋转”属性以轴心点为基准旋转图层，展开旋转属性的快捷键为“R”键。二维图层的“旋转”属性由“圈数”和“度数”组成，左边数值为旋转圈数（1 圈代表 360°，在动画视频中才会显示效果），右边数值为旋转度数，如 1+180° 就表示旋转了 540°，可以通过拖动“锚点”的方式改变旋转中心进行旋转。如果激活三维图层，会有 4 个旋转属性，分别是“方向”属性（可同时设定 *X* 轴、*Y* 轴、*Z* 轴 3 个轴的方向），*X* 旋转属性、*Y* 旋转属性和 *Z* 旋转属性。下面对“旋转”属性进行操作。

（1）将素材“爆炸”导入 After Effects 中（见图 2-2-24），展开“变换”属性后，选择“旋转”属性（见图 2-2-25）。

图 2-2-24　素材“爆炸”

图 2-2-25　“旋转”属性

（2）调节“旋转”属性的“圈数”数值与“度数”数值（见图 2-2-26），观察素材在“合成”面板的旋转变化（见图 2-2-27）。

图 2-2-26　调节旋转属性

图 2-2-27　旋转效果

（3）点击“变换”属性“重置”，进行“锚点”位置的变化，再调节“缩放”属性数值（见图

2-2-28），观察素材在“合成”面板的旋转变化（见图 2-2-29）。

图 2-2-28　调节缩放属性

图 2-2-29　旋转效果

2.2.5　“不透明度”属性

“不透明度”属性是以百分比的数值方式调节图层的不透明度。展开“不透明度”属性的快捷键为“T”键。

（1）将素材“番茄”导入 After Effects 中（见图 2-2-30），展开“变换”属性后，选择“不透明度”属性（见图 2-2-31）。

图 2-2-30　素材“番茄”

图 2-2-31　“不透明度”属性

（2）调节“不透明度”属性的数值（见图 2-2-32），观察素材在“合成”面板的不透明度变化（见图 2-2-33）。

图 2-2-32　调节不透明度属性

图 2-2-33　不透明度效果

2.3　图层常用知识

After Effects 中图层的运用是制作后期特效的基础。一个优秀项目的制作离不开对图层的合理运用。图层的层级位置、命令操作、不同的组合都会直接影响最终效果。所以，一定要熟悉图层的理论知识与操作方法，为制作生动、绚丽的后期特效打好基础。

2.3.1　使用新的素材替换当前层素材

在实际操作过程中，经常会遇到这样一个问题，编辑完一个项目后，发现一个新的素材有更加精彩的效果，比当前层中使用的素材更能表现项目内容，这时就需要使用新的素材替换掉当前层使用的素材。常用的操作方法如下。

（1）将素材“外星”导入 After Effects 中（见图 2-3-1），选择菜单中的“模糊与锐化”→“高斯模糊”命令，将“模糊度”调成“30”（见图 2-3-2）。

图 2-3-1　素材“外星”

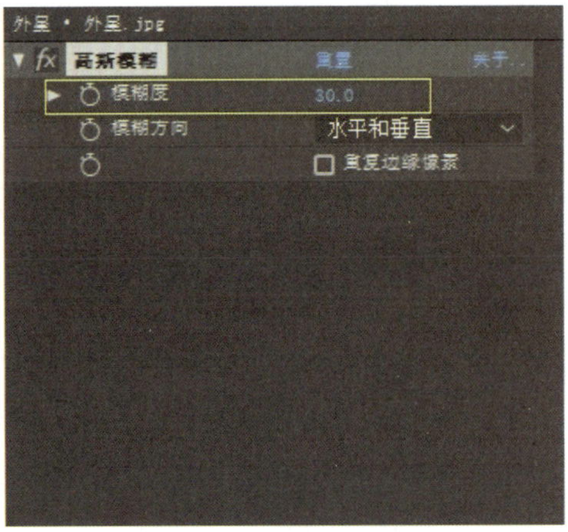

图 2-3-2　调节模糊度

(2)观察素材在“合成”面板中的模糊变化(见图 2-3-3),此时,发现另一张素材“枫叶”更适合项目内容(见图 2-3-4)。

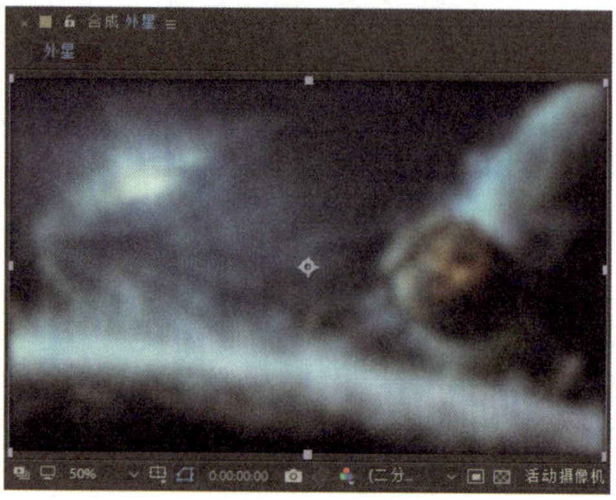

图 2-3-3 观察效果

图 2-3-4 新素材

(3)现在要用素材“枫叶”替换素材“外星”,而且还需要保留素材“外星”上的“高斯模糊”效果,在“项目”面板上按住“Alt”键拖动素材“枫叶”(见图 2-3-5)到“时间线”面板中替换素材“外星”,观察素材在“合成”面板的变化(见图 2-3-6)。

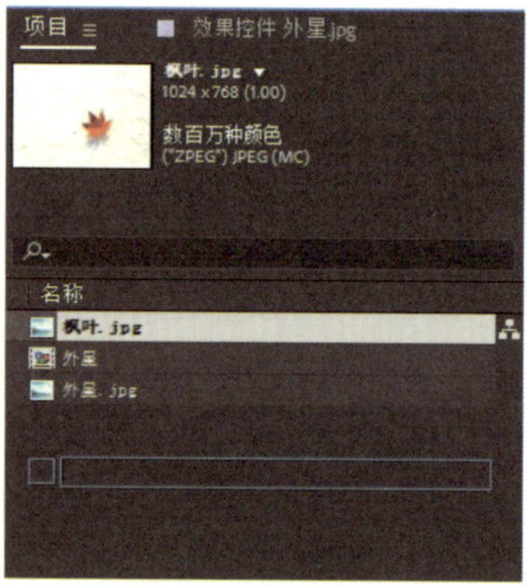

图 2-3-5 拖动素材

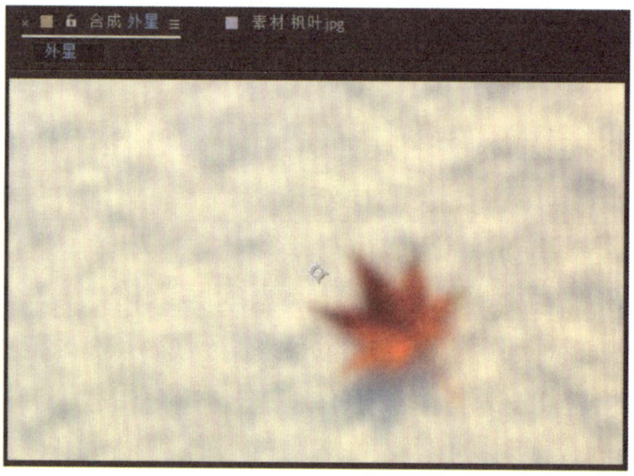

图 2-3-6 替换素材

2.3.2 图层的剪辑

每个图层都有入点和出点,这两点之间的时间间隔就是一个层的长度。直接按住左键拖动层的入点或出点可以对层进行调节(见图 2-3-7)。经过调节的图层长度会产生变化(见图 2-3-8),也可以将时间指示标拖曳到需要定义层入出点的时间位置。

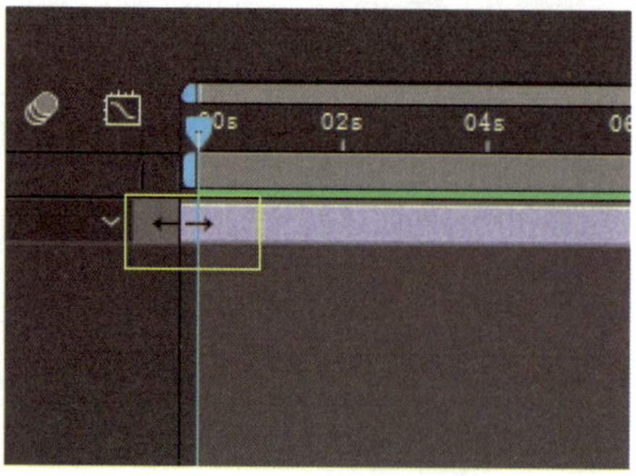

图 2-3-7 图层剪辑

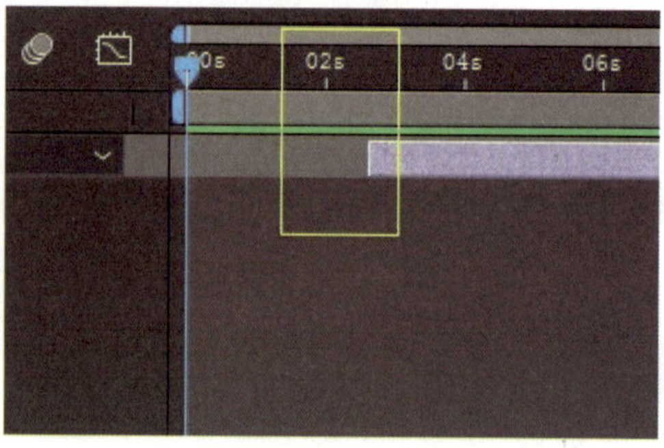

图 2-3-8 产生变化

通过快捷键“Alt+[”与“Alt+]”来定义素材的长度（见图 2-3-9、图 2-3-10）。

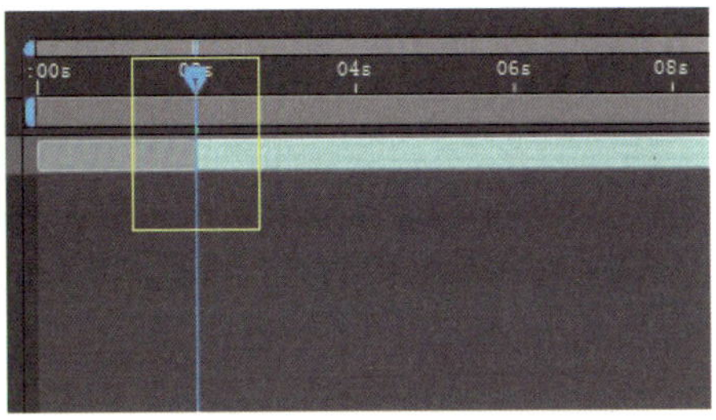

图 2-3-9　快捷键定义入点

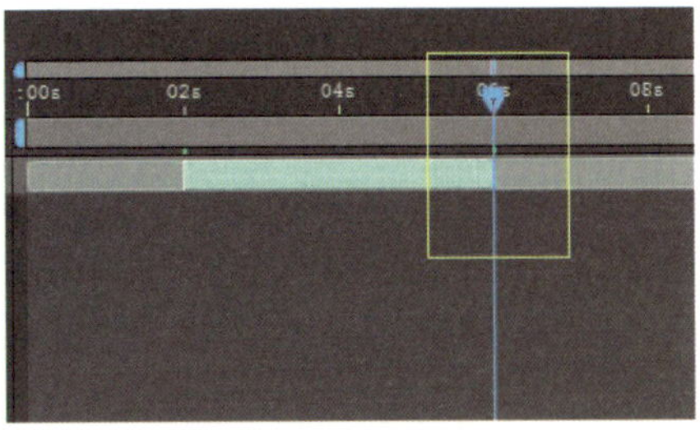

图 2-3-10　快捷键定义出点

也可以双击图层，在“合成”面板中调节素材的“入点”（见图 2-3-11）和“出点”（见图 2-3-12）。图片层可以任意编辑，视频层可以剪辑，但不可以扩展（如果添加了相关的时间特效，则可以扩展视频层长度）。

图 2-3-11　入点

图 2-3-12　出点

2.3.3　层的排序

在实际操作过程中，一个优秀项目的制作，需要多个图层的组合才能完成。所以经常需要在“合成”面板中对图层的空间排序进行快速对齐操作，当然也可以使用“选取工具”拖动，但是当面对大量图层时，手工拖动就显得力不从心，这时可以选择菜单中“窗口”→“对齐”命令（见图 2-3-13）。“对齐”面板可以对选择的图层进行自动对齐（“对齐”操作最少选择两个图层才能进行）和分布操作（“分布”操作最少选择 3 个图层才可以进行）（见图 2-3-14）。

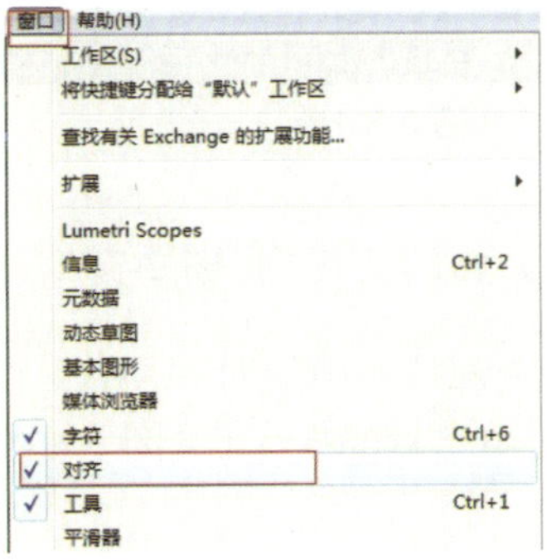

图 2-3-13　对齐命令

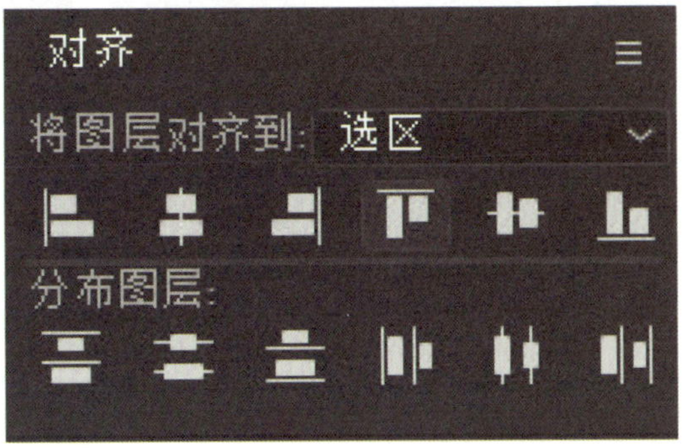

图 2-3-14　“对齐”面板

“对齐”面板分为“将图层对齐到”和“分布图层”两大部分。“将图层对齐到”包括对层的水平靠左对齐、水平居中对齐、水平靠右对齐、垂直靠上对齐、垂直居中对齐、垂直靠下对齐；“分布图层”包括垂直靠上分布、垂直居中分布、垂直靠下分布、水平靠左分布、水平居中分布、水平靠右分布。在进行对齐或分布操作之前，要调整好各个图层之间的位置关系。对齐或分布操作是基于图层的位置，而不是时间线上的先后顺序。常用的操作方法如下。

（1）将素材“1、2”导入 After Effects 中（见图 2-3-15），创建“合成组”将素材导入，摆放到相应的位置（见图 2-3-16）。

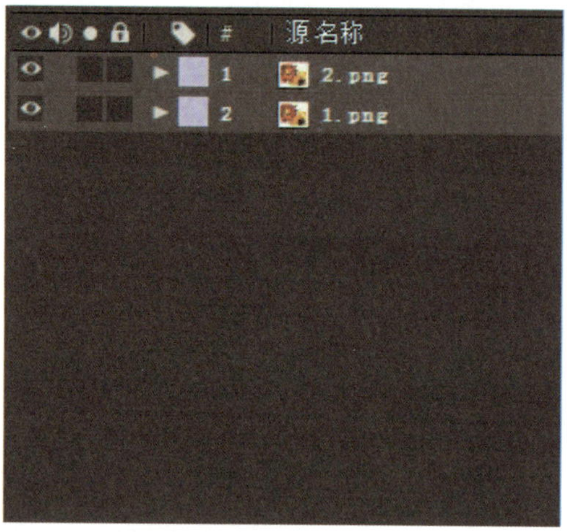

图 2-3-15 导入素材

图 2-3-16 摆放位置

（2）在“时间线”面板选择两个素材（见图 2-3-17），在“将图层对齐到”中选择默认选项“选区”（“选区”是将距离对齐方向远处的素材移动到对齐方向；“合成”是将素材全部移动到对齐方向）（见图 2-3-18）。

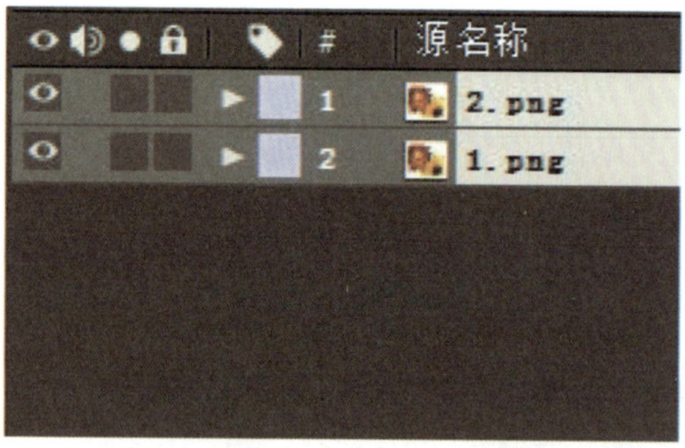

图 2-3-17 选择素材

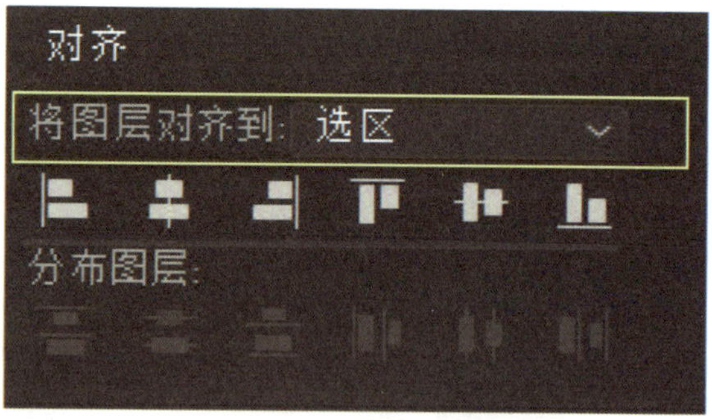

图 2-3-18 选择选区

（3）点击“水平靠左对齐”，观察“合成”面板中素材的变化（见图 2-3-19），“水平居中对齐”（“水平居中对齐”是以素材中线为基准，全部按照中线对齐，所以在中心位置的素材不移动，其他位置的素材移动），观察“合成”面板中素材的变化（见图 2-3-20）。

图 2-3-19　水平靠左对齐

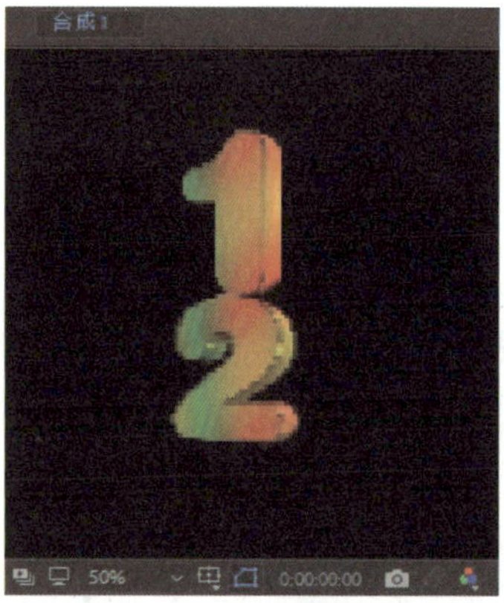

图 2-3-20　水平居中对齐

（4）点击“水平靠右对齐”，观察“合成”面板中素材的变化（见图 2-3-21），点击“垂直靠上对齐”，观察“合成”面板中素材的变化（见图 2-3-22）。

图 2-3-21　水平靠右对齐

图 2-3-22　垂直靠上对齐

（5）点击“垂直居中对齐”，观察“合成面板”中素材的变化（如图 2-3-23），点击“垂直靠下对齐”，观察“合成面板”中素材的变化（见图 2-3-24）。

图 2-3-23　垂直居中对齐

图 2-3-24　垂直靠下对齐

（6）将素材“3”导入“合成组”中，调整大小与位置（见图 2-3-25），在“时间线”面板中选择全部的素材文件（“分布”命令与“对齐”命令不一样，“分布”是以素材的上下左右为基准，平均摆放素材位置）（见图 2-3-26）。

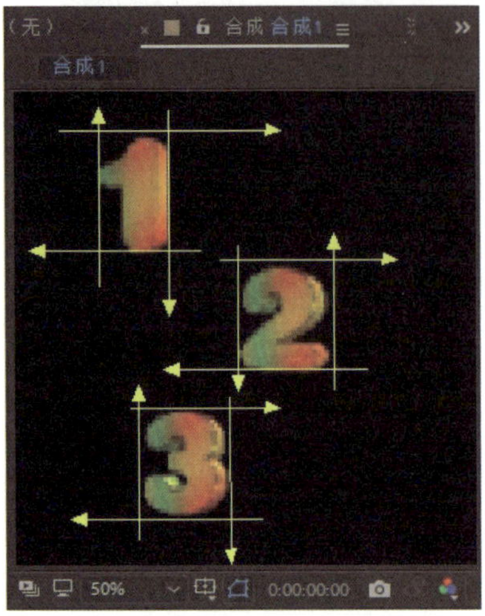

图 2-3-25　大小与位置

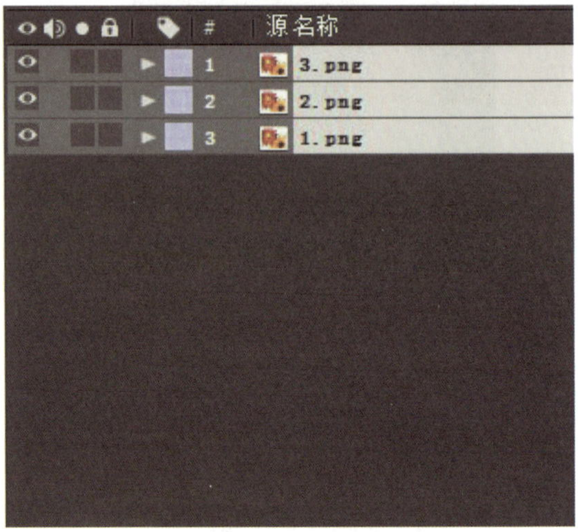

图 2-3-26　选择素材

（7）点击“垂直靠上分布”，观察“合成”面板中素材的变化（见图 2-3-27），点击“垂直居中分布”，观察“合成”面板中素材的变化（见图 2-3-28）。

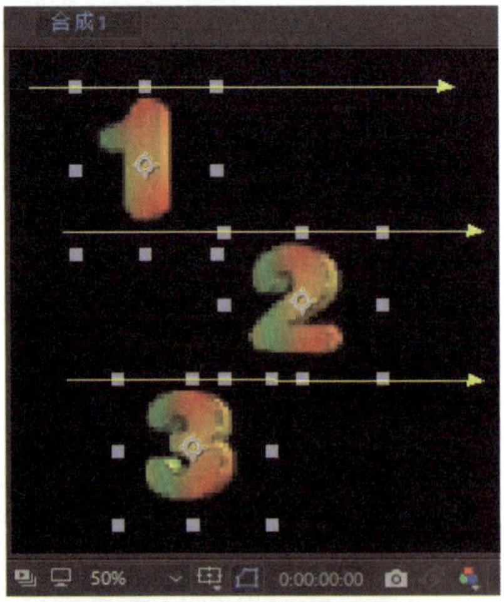

图 2-3-27　垂直靠上分布

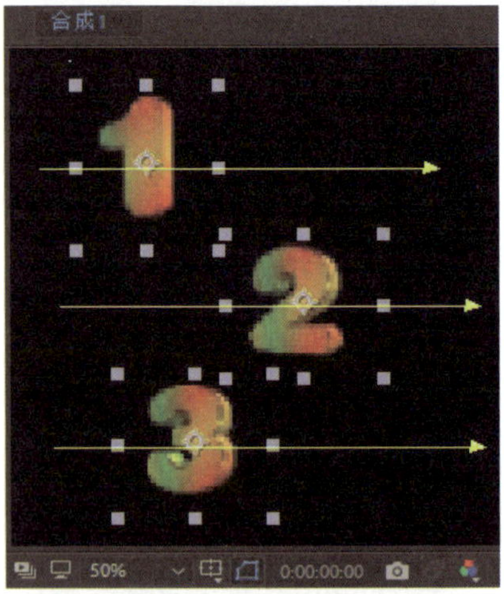

图 2-3-28　垂直居中分布

（8）点击“垂直靠下分布”，观察“合成”面板中素材的变化（见图 2-3-29），点击“水平靠左分布”，观察“合成”面板中素材的变化（见图 2-3-30）。

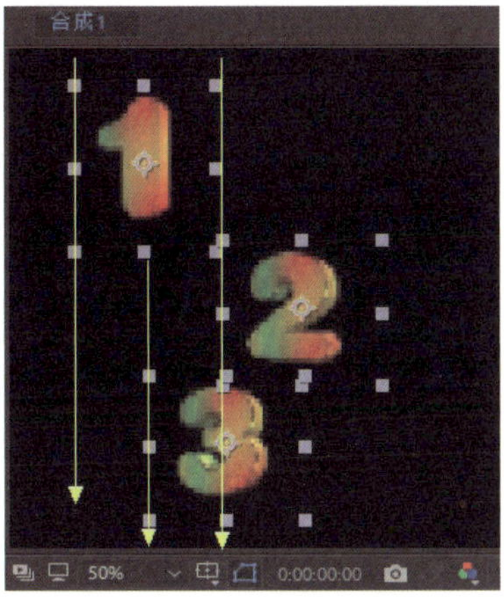

图 2-3-29　垂直靠下分布

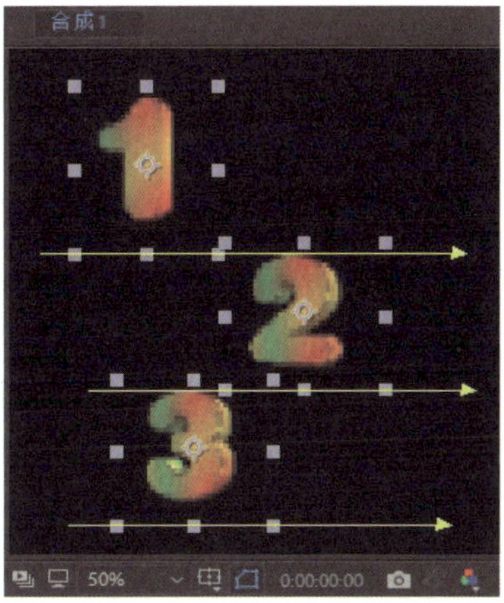

图 2-3-30　水平靠左分布

（9）点击“水平居中分布，”观察“合成”面板中素材的变化（见图 2-3-31），点击“水平靠右分布”，观察“合成”面板中素材的变化（见图 2-3-32）。

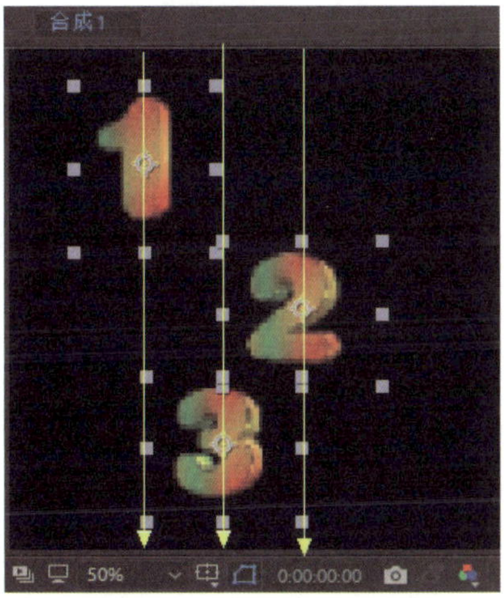

图 2-3-31　水平居中分布

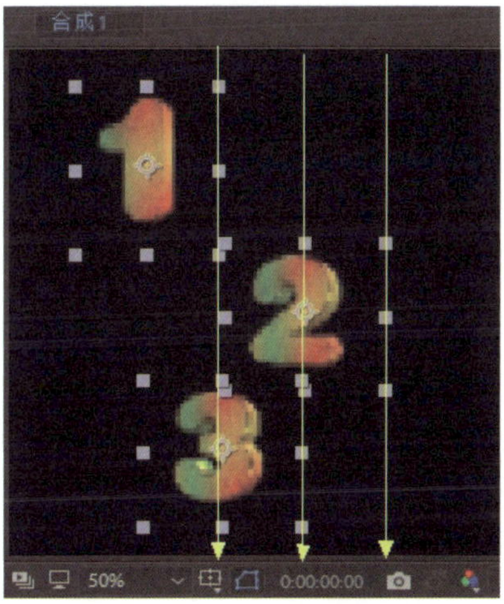

图 2-3-32　水平靠右分布

2.3.4　轨道遮罩

After Effects 中所说的轨道遮罩可以将一个图层的 Alpha 通道（该通道用 256 级灰度来记录图像中的透明度信息，定义透明、不透明和半透明区域，其中白表示不透明，黑表示透明，灰表示半透明）或亮度信息作为另一个图层的透明度信息，同样也可以控制图像透明区域或限制图像局部的显示。在 After Effects 中创建轨道蒙版需要注意以下几点：轨道遮罩的目的只是给下层提供一个显示的选区，一般不需要渲染输出；创建轨道遮罩至少需要有两个图层，上层为轨道遮罩层，下层为需要显示的图层；如果需要移动图层顺序，要将遮罩图层和显示图层同时进行移动。常用的操作方法如下。

（1）将素材“闪电”导入 After Effects 中，并拖动至“时间线”面板，右击选择“新建”→“文本”命令（见图 2-3-33），创建文字“After Effects”（见图 2-3-34）。

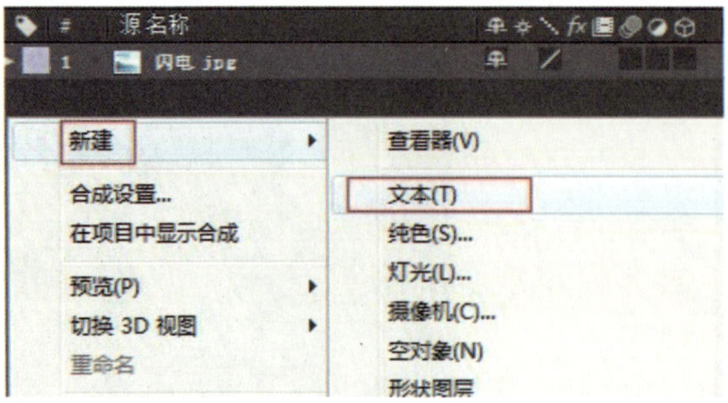

图 2-3-33 文本

图 2-3-34 创建文字

（2）在“字符”面板中对文字进行调节（见图 2-3-35），观察“合成”面板中字体的效果（见图 2-3-36）。

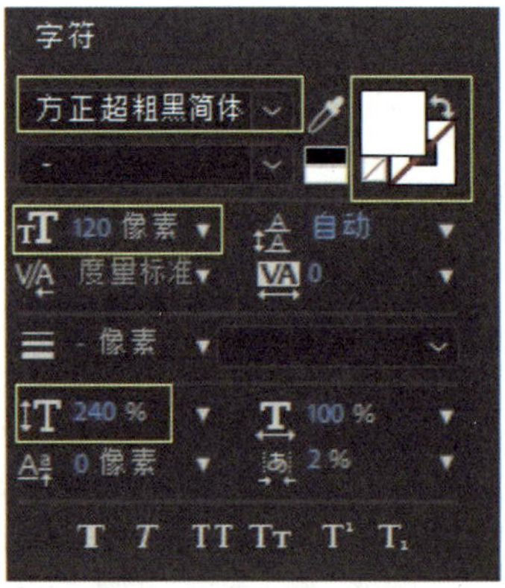

图 2-3-35 调节字体

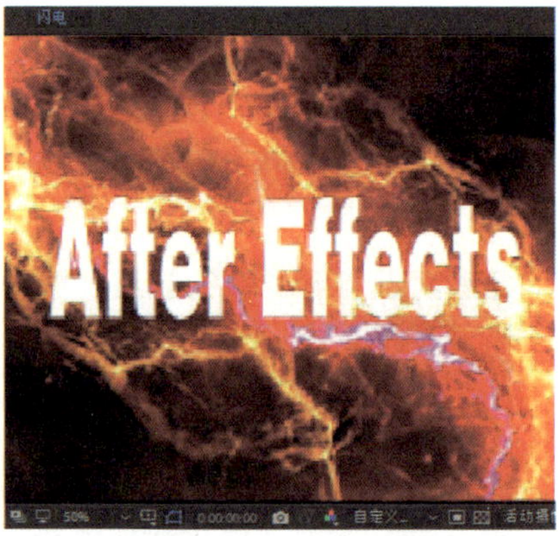

图 2-3-36 字体效果

（3）此时，观察“时间线”面板中的“轨道遮罩”T TrkMat（如果发现“时间线”面板上没有“轨道遮罩”，点击“时间线”面板下方的“开关 / 转换菜单”切换开关/模式或是展开或折叠“转换控制”窗口”）（见图 2-3-37），并点击素材“闪电”的“轨道遮罩”T TrkMat，默认选择是“没有轨道遮罩”（见图 2-3-38）。

图 2-3-37 轨道遮罩

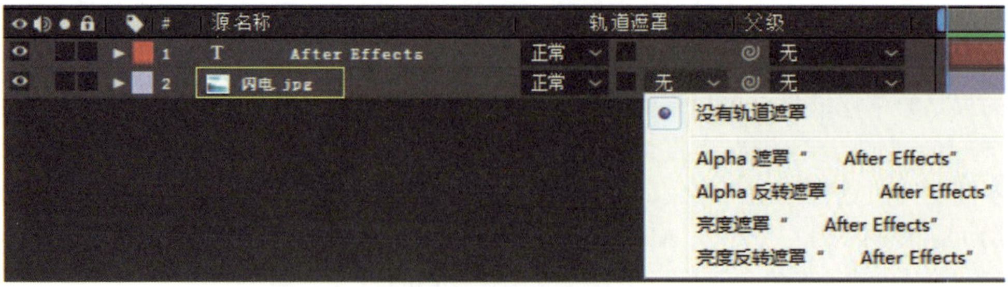

图 2-3-38 默认选择

（4）在“轨道遮罩”中选择“Alpha 遮罩”（见图 2-3-39），观察“合成”面板中效果的变化（见图 2-3-40）。

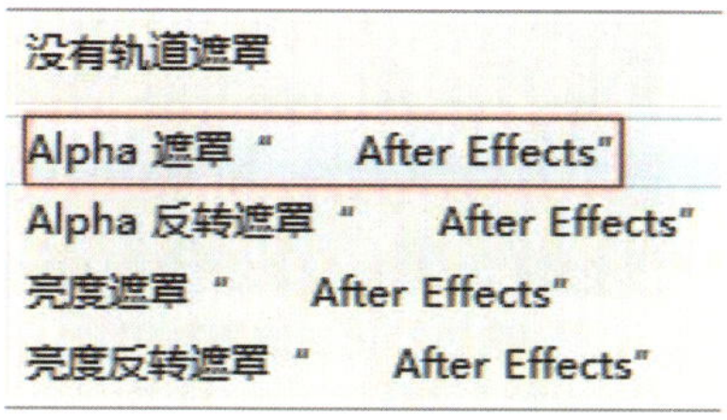

图 2-3-39　Alpha 遮罩

图 2-3-40　遮罩效果

（5）在“轨道遮罩”中选择“Alpha 反转遮罩”（见图 2-3-41），观察“合成”面板中效果的变化（见图 2-3-42）。

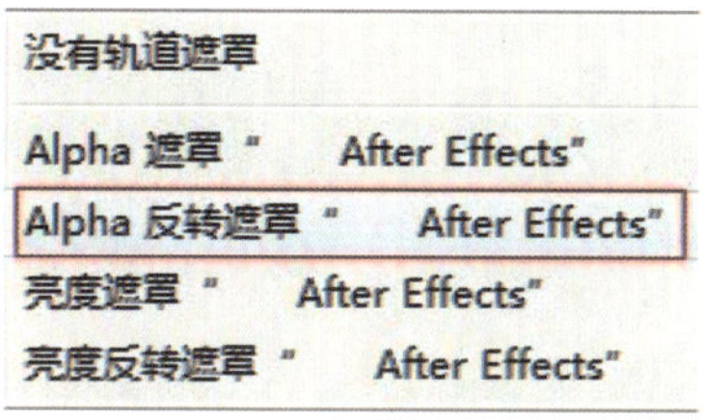

图 2-3-41　Alpha 反转遮罩

图 2-3-42　遮罩效果

（6）在“轨道遮罩”中选择“亮度遮罩”（见图 2-3-43），观察“合成”面板中效果的变化（见图 2-3-44）。

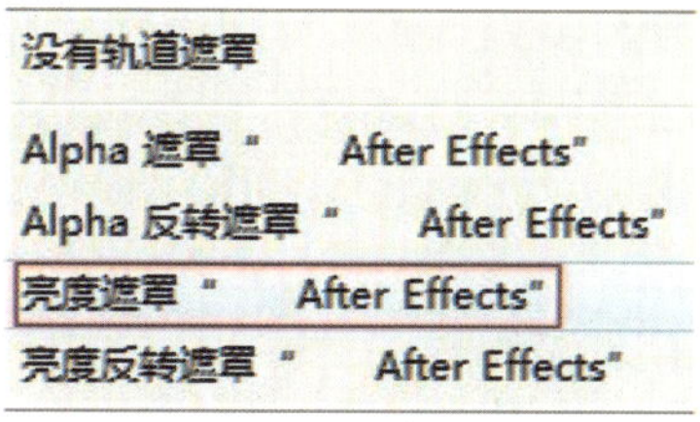

图 2-3-43　亮度遮罩

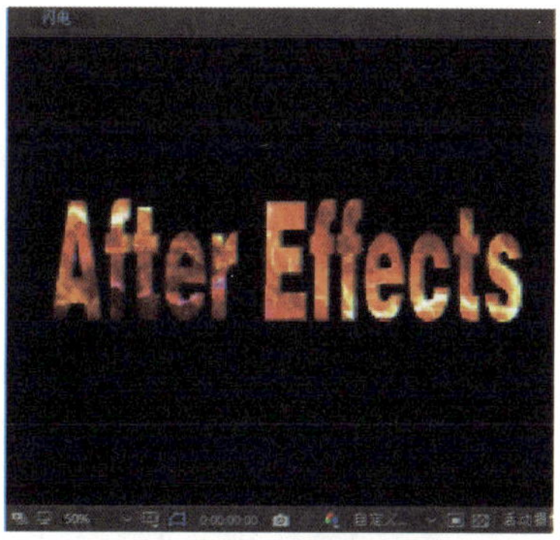

图 2-3-44　遮罩效果

（7）在“轨道遮罩”中选择“亮度反转遮罩”（见图 2-3-45），此时将字体的颜色调节成“#877070”（因为此时是以亮度信息计算图层的透明度信息的），观察“合成”面板中效果的变化（见图 2-3-46）。

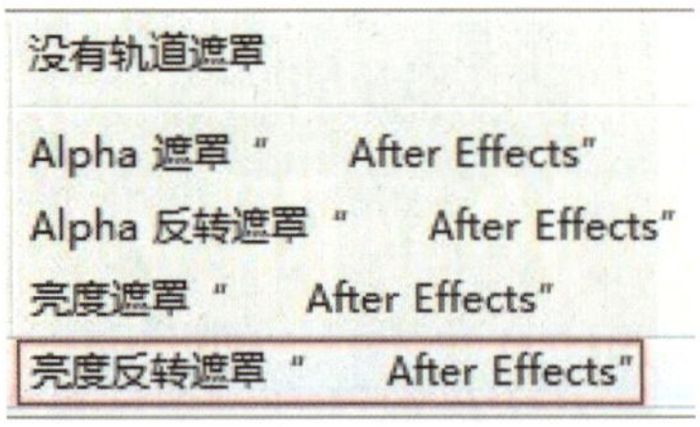

图 2-3-45 亮度反转遮罩

图 2-3-46 遮罩效果

（8）将字体的颜色调节成“#FFFFFF”（颜色设置成“白色”，观察亮度信息计算的图层的透明度）（见图 2-3-47），观察“合成”面板中效果的变化（见图 2-3-48）；将字体的颜色调节成“#000000”（见图 2-3-49），观察“合成”面板中效果的变化（见图 2-3-50）。

图 2-3-47 调节颜色

图 2-3-48 遮罩效果

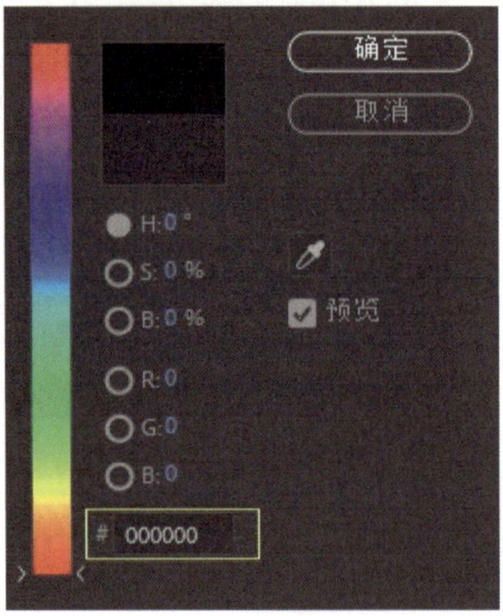

图 2-3-49 调节颜色

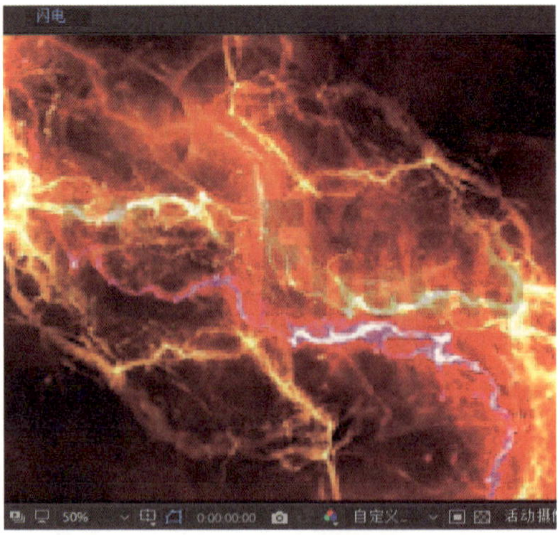

图 2-3-50 观察效果

2.3.5　父子关系

“父子关系”是动画软件中的一个常见命令。After Effects 中“父子关系”是指一个图层跟随另一个图层运动。当选择一个图层跟随另一个图层运动时，被选择的图层称为“子层”，带动其运动的图层称为“父层”。建立“父子关系”后，“子层”将会跟随“父层”运动，同时“子层”也可以创建自己的运动，而“父层”不受其影响。并非所有的属性都可以关联“父子关系”，仅仅是层的变换属性受到影响，即“变换”属性下的“锚点”“位置”“缩放”和“旋转”4 大运动属性受其影响，“不透明度”不受父子关系影响。常用的操作方法如下。

（1）点击菜单“合成”→“新建合成组”命令或按快捷键“Ctrl+N”，创建“合成组”，将“宽度”和“高度”都设置成“800 像素”（图 2-3-51），将素材“父”“子”导入 After Effects 中，并拖动至“时间线”面板，调整好大小放至相应位置（图 2-3-52）。

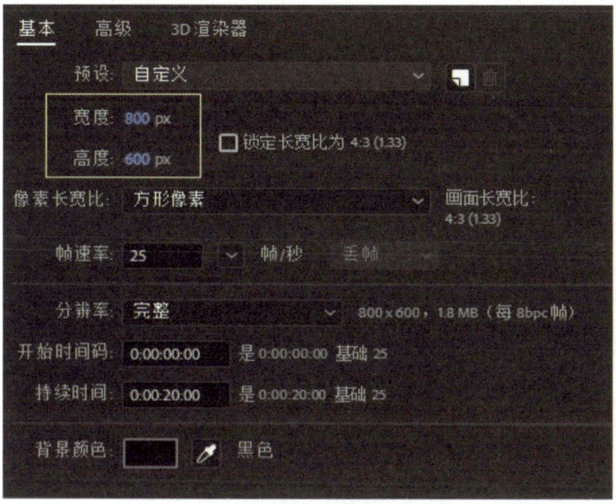

图 2-3-51　合成组

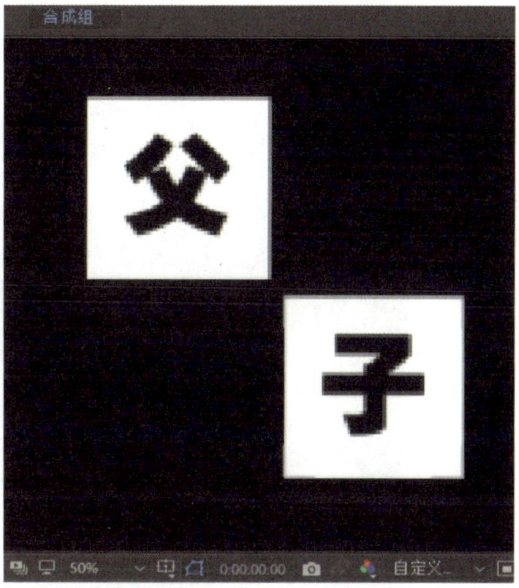

图 2-3-52　导入素材

（2）在“时间线”面板中，点击素材“子”图层的“父级”下方的“螺旋线”，出现一条蓝线（见图 2-3-53），将这条蓝线直接拖动到素材“父”图层上，即可建立“父子关系”（见图 2-3-54）。

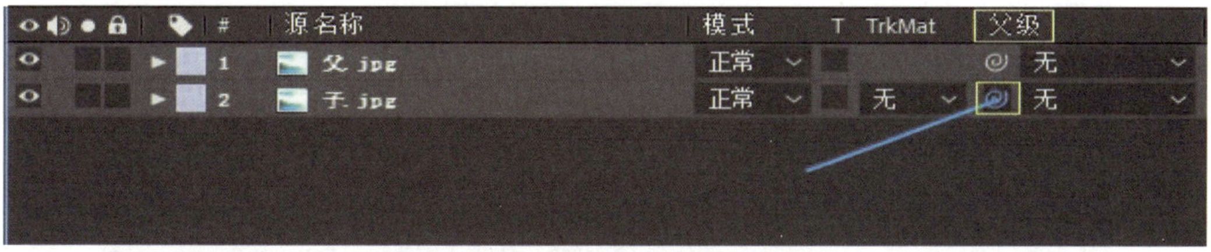

图 2-3-53　螺旋线

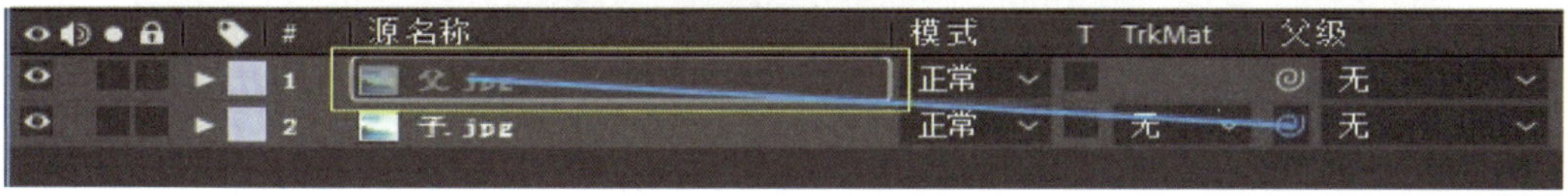

图 2-3-54　建立“父子关系”

（3）选择素材“父”图层，调节“变换”属性下的“锚点”“位置”“缩放”“旋转”“不透明度”属性（不跟随“父级”变化）（见图 2-3-55），观察“合成”面板中的素材“子”图层跟随“父”图层的变化而变化（见图 2-3-56）。

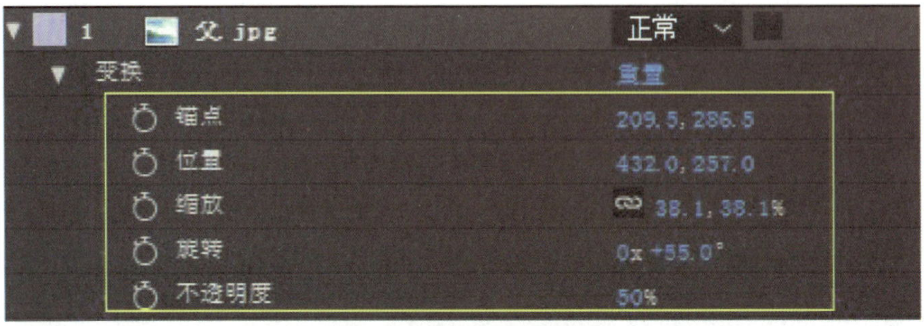

图 2-3-55 调节属性

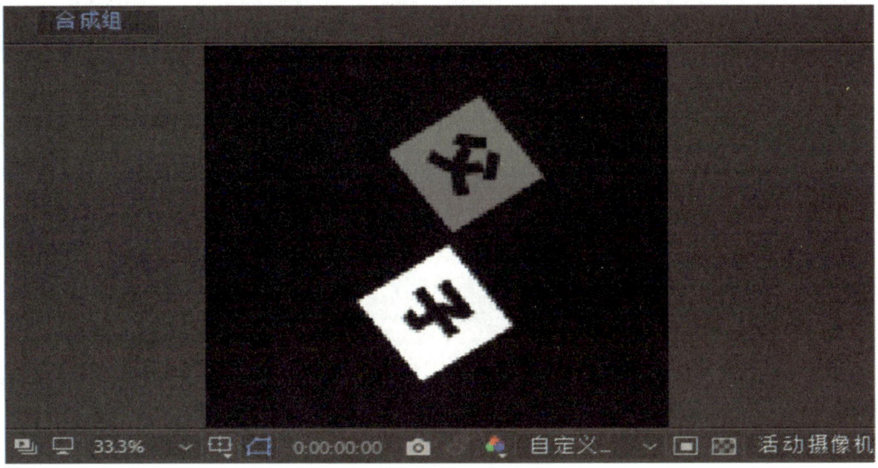

图 2-3-56 观察效果

（4）点击素材“父”图层中“变换”属性的“重置”属性（见图 2-3-57），调节过的属性数值将恢复原数值（见图 2-3-58）。

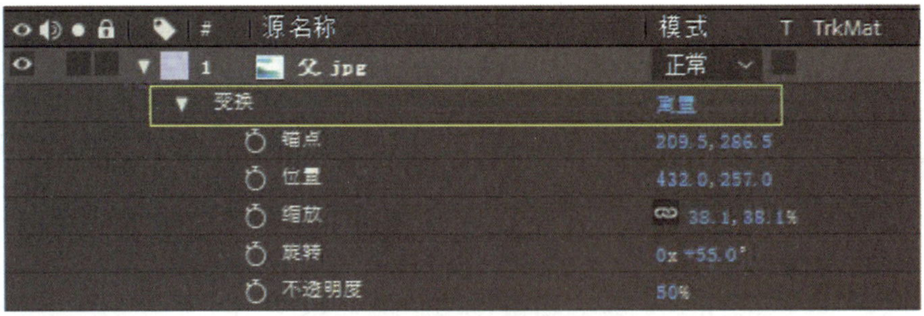

图 2-3-57 重置

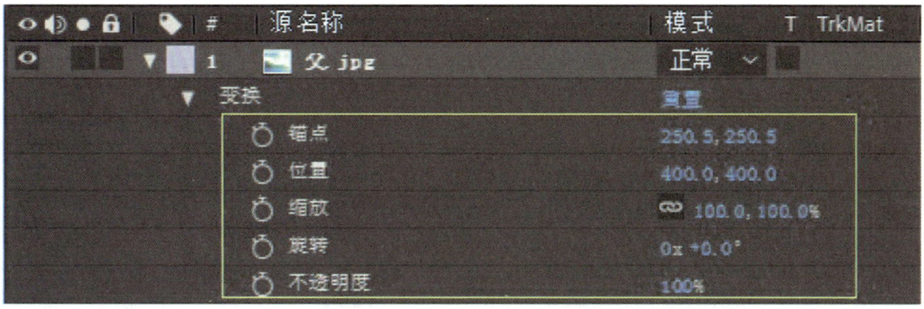

图 2-3-58　**恢复数值**

（5）选择素材“子”图层，调节“变换”属性下的“锚点”“位置”“缩放”“旋转”“不透明度”属性（见图 2-3-59），观察“合成”面板中的素材“父”图层则无任何变化（见图 2-3-60）。

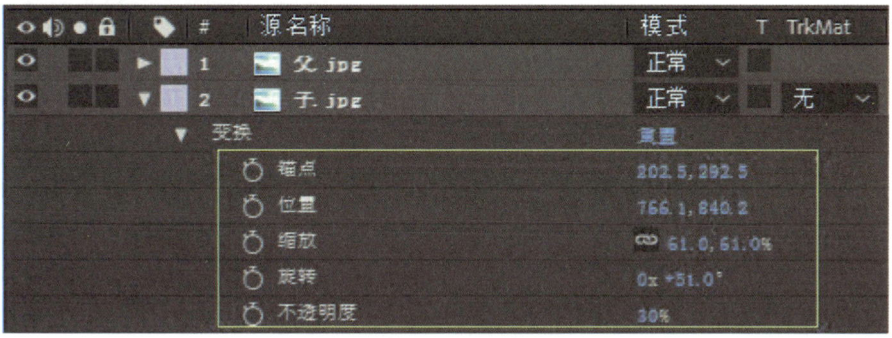

图 2-3-59　**调节属性**

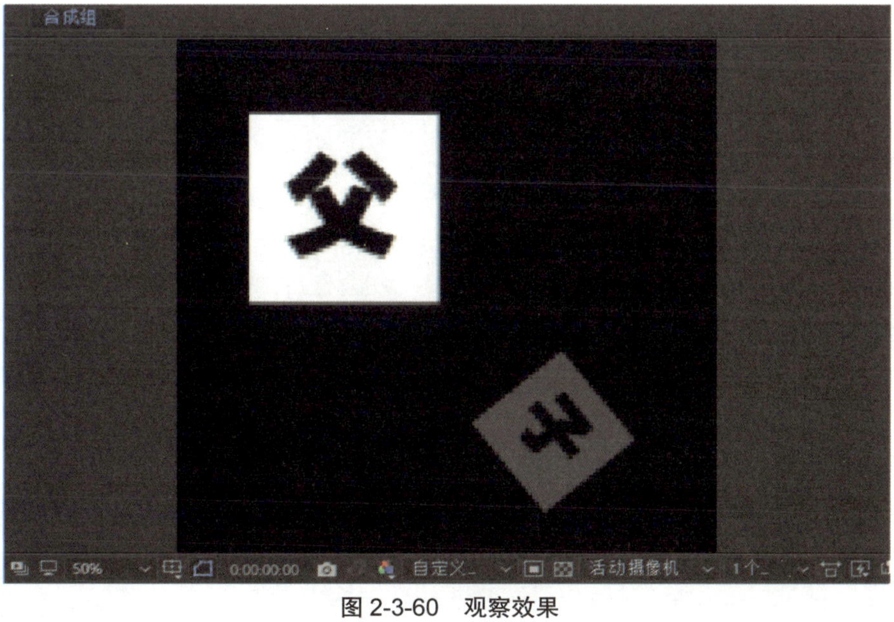

图 2-3-60　**观察效果**

（6）如果需要取消“父子关系”，选择“子级”素材，将其“父级”父级选择“无”即可（见图 2-3-61）。此时，调节素材“父”的属性，“合成”面板中的素材“子”图层将无任何变化

（见图 2-3-62）。

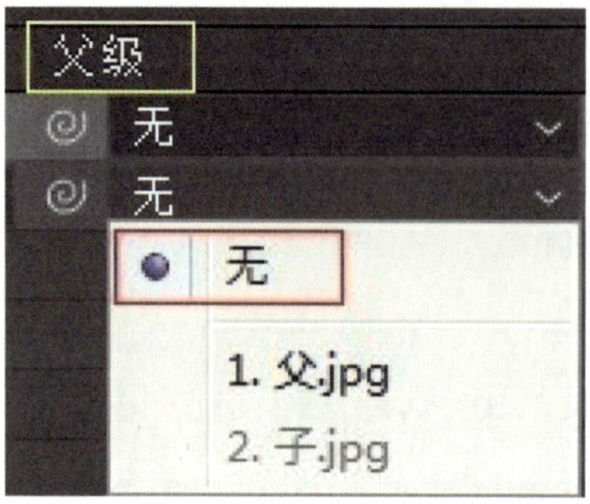

图 2-3-61 “父级”选择“无”

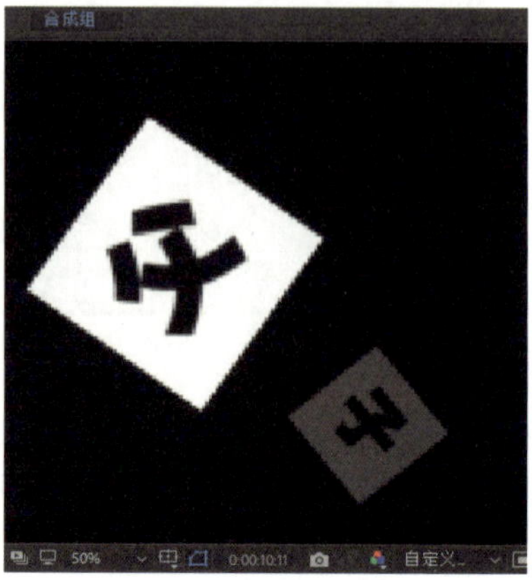

图 2-3-62 观察效果

2.3.6 嵌套

嵌套就是将一个合成组作为另外一个合成组的素材进行相应操作。当需要对一个图层使用两次或两次以上相同的变化属性时（在使用嵌套时，可以使用两次蒙版、滤镜和变换属性等操作）。嵌套也是在 After Effects 项目合成时经常使用的一种方法，可以使复杂的操作变得十分简单。常用的操作方法如下。

（1）点击菜单“合成”→“新建合成组”命令或按快捷键“Ctrl+N”，创建“合成 1”，将“宽度”和“高度”分别设置成“976 px”“669 px”（见图 2-3-63），将素材“西瓜”导入 After Effects 中，并拖动至“合成 1”中（见图 2-3-64）。

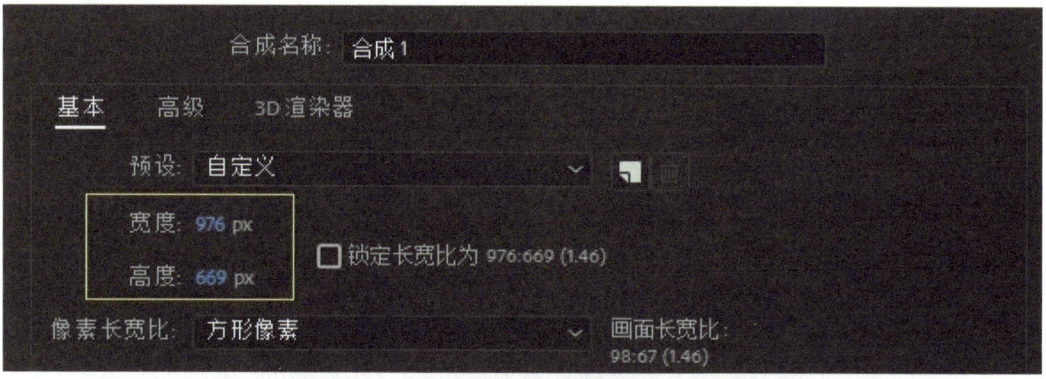

图 2-3-63 新建合成组

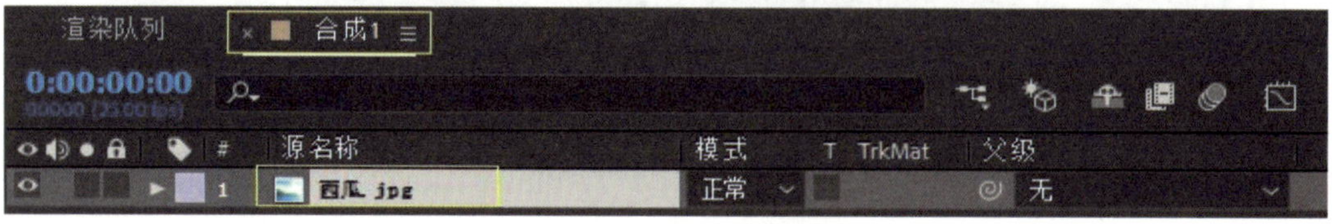

图 2-3-64 导入素材

（2）在“合成 1”中右击选择“新建”→“文本”命令（见图 2-3-65），创建文字“嵌套”，在“字符”面板中对文字进行调节（见图 2-3-66）。

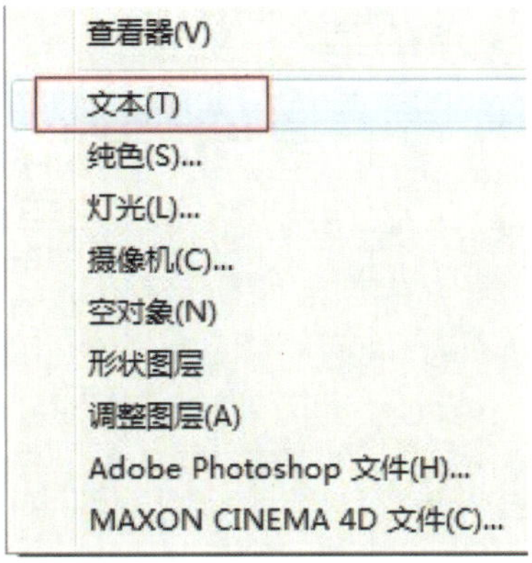

图 2-3-65　“新建”→“文本”命令

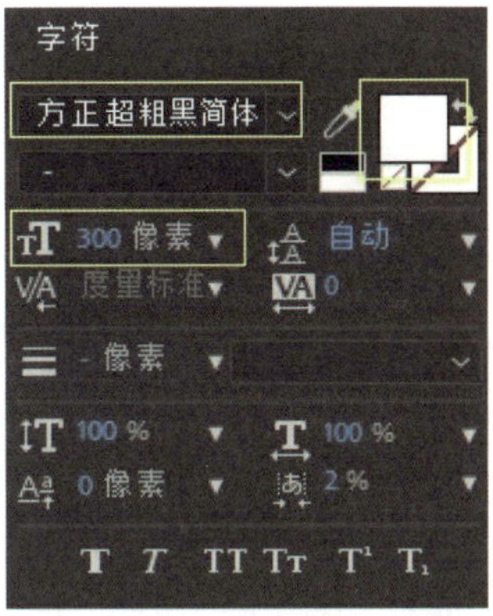

图 2-3-66　“字符”面板

（3）在素材“西瓜”的“轨道遮罩”中选择“亮度遮罩‘嵌套’”（见图 2-3-67），观察“合成”面板中素材的变化（见图 2-3-68）。

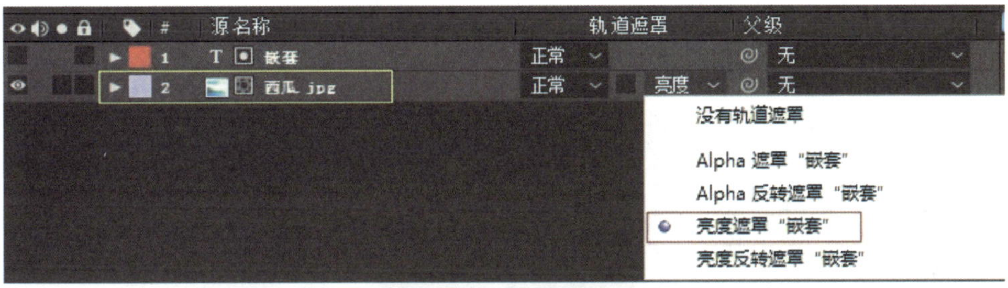

图 2-3-67　亮度遮罩

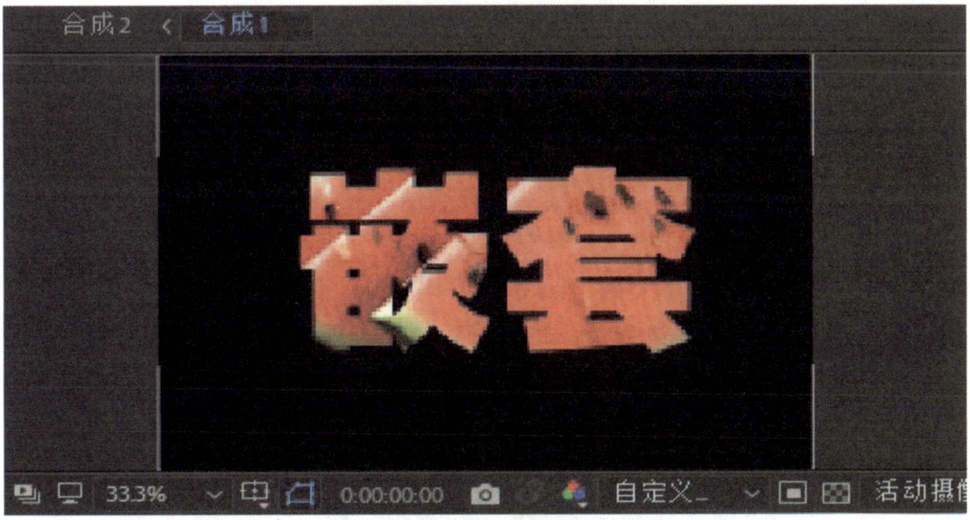

图 2-3-68　素材效果

（4）点击菜单“合成”→“新建合成组”命令或按快捷键“Ctrl+N”，创建“合成 2”，将“宽度”和“高度”分别设置成“976 px”“669 px”，将素材“菠萝”导入 After Effects 中（见图 2-3-69），将素材“合成 1”“菠萝”分别放至“合成 2”中（见图 2-3-70）。

图 2-3-69　素材菠萝

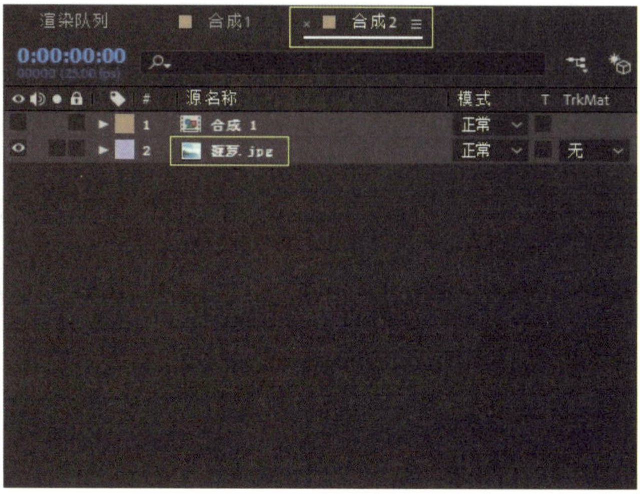

图 2-3-70　将素材放至“合成 2”

（5）在素材“菠萝”的“轨道遮罩”中选择“Alpha 遮罩‘合成 1’”（见图 2-3-71），第二次遮罩，观察“合成”面板中素材的变化（见图 2-3-72）。

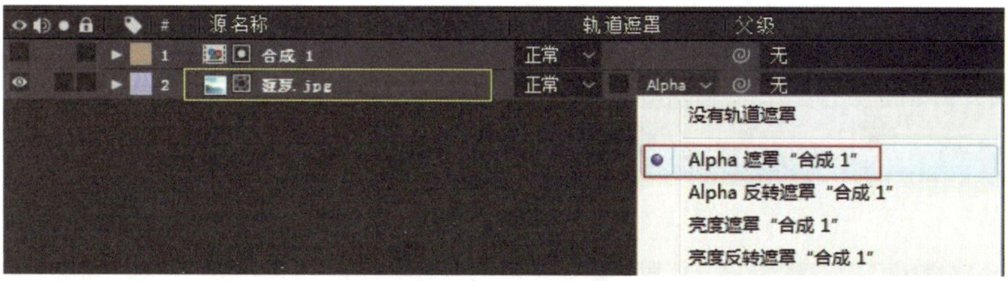

图 2-3-71　Alpha 遮罩

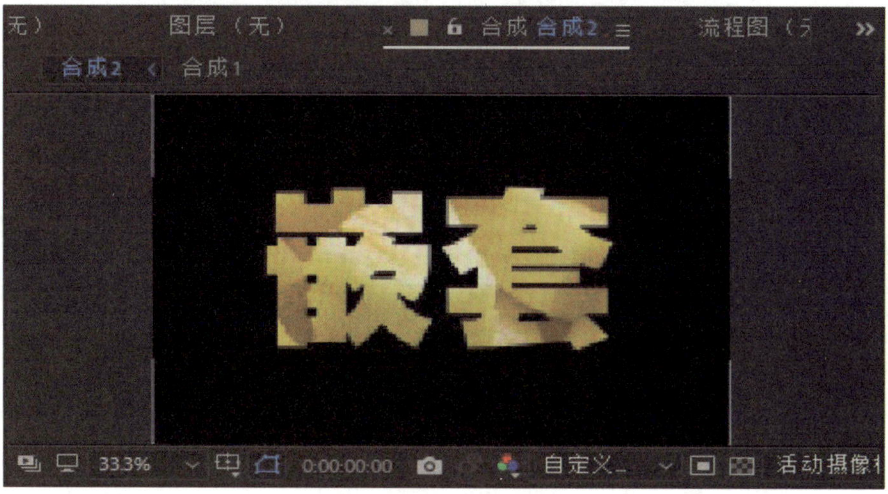

图 2-3-72　素材效果

（6）制作动画项目进行嵌套时，画面有可能会产生马赛克。此时可在“时间线”面板中打开“对于合成层：折叠变换；对于矢量层：连续栅格化”（见图 2-3-73），简单地说，在 After Effects 里面选项不同、计算顺序不同，得到的效果也不同。对于“合成层”来说，未开“折叠变换”先计算预合成的结果再进行总合成计算，打开“折叠变换”直接进入预合成中进行计算；对于“矢量层”来说，未开“连续栅格化的图层”先计算特效再计算变换，打开“连续栅格化的图层”先计算变换再计算特效。

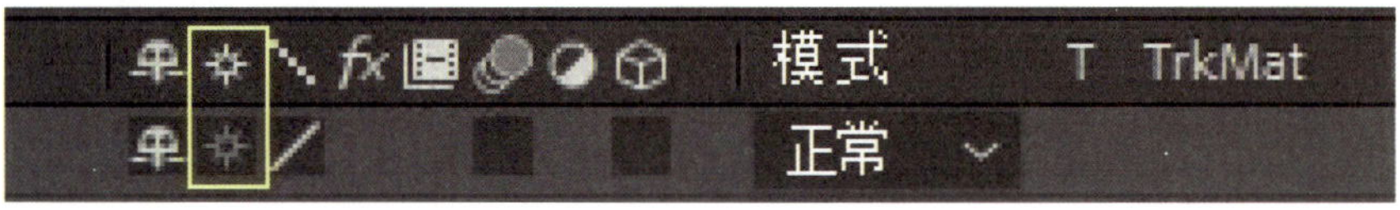

图 2-3-73　打开命令

2.3.7　图层混合模式

图层混合模式（见图 2-3-74）就是一个图层与其下方的图层的颜色经过不同的计算方法，产生不同的效果，最终效果在“合成窗口”中显示。混合模式的使用没有对错之分，只有适不适合图层颜色的计算。

图 2-3-74　图层混合模式

图层混合模式的选择有三种方法：第一种，在“时间线”面板中选择图层，右击选择“混合模式”（见图 2-3-75）；第二种，在“时间线”面板中选择“模式”（见图 2-3-76）；第三种，在菜单“图层”→“混合模式”中进行选择（见图 2-3-77）。

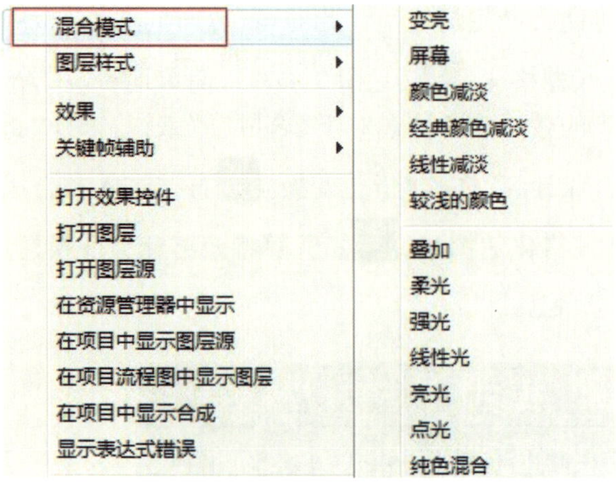

图 2-3-75 右键选择

图 2-3-76 图层选择

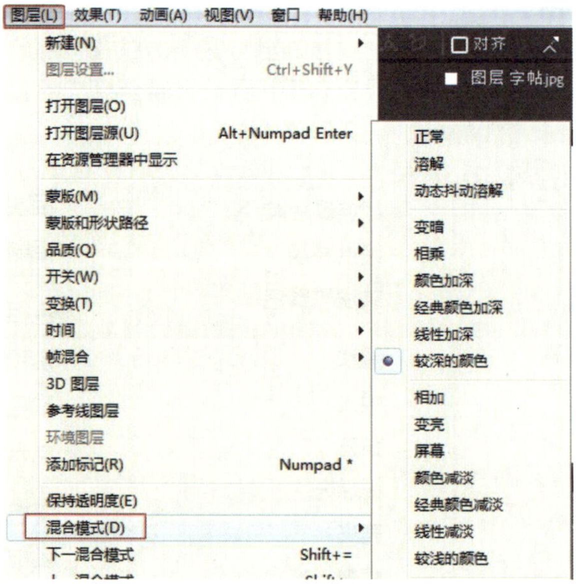

图 2-3-77 菜单选择

图层混合模式的使用十分简单，与 PS 的图层混合模式类似，通常是对两个图层进行图层混合效果操作，一个素材作为下层图层，一个素材作为上层图层（选择“图层混合模式”的图层），选择完成后在“合成窗口”观察效果。常用的操作方法如下。

（1）将素材“色条”“原色”导入 After Effects 中（见图 2-3-78），选择图层混合模式的“正常”（默认即“正常”选项），“正常”选项就是当上层图层的不透明度为 100% 时，正常显示图层，并且不受下层图层的影响；当上层图层的不透明度小于 100% 时，当前图层的颜色将受到下层图层的影响，观察“合成”面板效果（见图 2-3-79）。

（2）选择图层混合模式中的“溶解”。“溶解”就是在上层图层中选取部分像素，然后随机与下层图层的像素进行计算。上层图层有羽化边缘或不透明度小于 100% 时才会起到作用（此时的不透明度是 40%）。上层图层的不透明度越低，溶解效果越明显（见图

2-3-80）。

图 2-3-78　导入素材

图 2-3-79　正常效果

图 2-3-80　溶解效果

（3）选择图层混合模式中的“动态抖动溶解”。“动态抖动溶解”与“溶解”模式的原理类似，不过“动态抖动溶解”可以对混合区域随机产生动画，“溶解”模式不是随机变化的（此时的不透明度是 40%）。观察“动态抖动溶解”效果（见图 2-3-81）。

（4）选择图层混合模式中的“变暗”。“变暗”是通过比较上层图层和下层图层的颜色亮度来保留较暗部分的颜色。例如，一个黑色图层与任何图层进行图层混合模式，选择“变暗”模式后图层全都将是黑色的，如果一个白色图层与任何图层进行图层混合模式，选择“变暗”模式后图层全都将是白色的，观察其“变暗”效果（见图 2-3-82）。

图 2-3-81　动态抖动溶解

图 2-3-82　变暗效果

（5）选择图层混合模式中的“相乘”。“相乘”就是将图像的颜色相乘形成一种光线透过图层图像的效果。任何颜色与黑色相乘都将产生黑色，与白色相乘将形成透明效果，而与中间的亮度颜色相乘可以得到一种更暗的效果，类似于抛物线变化的效果（见图 2-3-83）。

（6）选择图层混合模式中的“颜色加深”。“颜色加深”就是加暗图层的颜色，让底层的颜色变暗，类似于“相乘”，但不同的是，它会根据叠加的像素颜色相应增加底层的对比度（和白色混合没有效果）（见图 2-3-84）。

图 2-3-83 相乘效果

图 2-3-84 颜色加深效果

（7）选择图层混合模式中的“经典颜色加深”。“经典颜色加深”类似于“颜色加深”，但是效果要优于“颜色加深”（见图 2-3-85）。

（8）选择图层混合模式中的“线性加深”。“线性加深”就是查看每个通道的颜色信息，通过降低下层图层颜色的亮度来增加上层图层的亮度（见图 2-3-86）。

图 2-3-85 经典颜色加深效果

图 2-3-86 线性加深效果

（9）选择图层混合模式中的“较深的颜色”。“较深的颜色”与“变暗”模式类似，但是对单独的颜色通道不起作用（见图 2-3-87）。

（10）选择图层混合模式中的“相加”。“相加”就是对上层图层与下层图层相应的图像像素进行相加计算，增加画面的亮度。它常使用在将一些粒子、火焰、闪电等素材或效果（背景为黑色）与下一层相应的图层进行后期合成时，是 After Effects 图像混合模式中较为常用的一个选项（见图 2-3-88）。

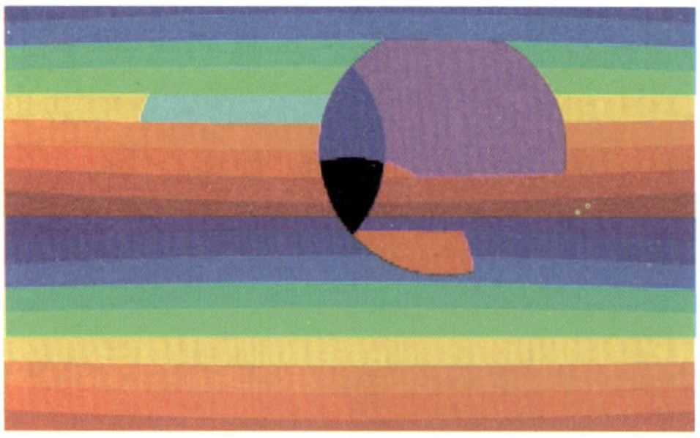

图 2-3-87 较深的颜色效果

图 2-3-88 相加效果

（11）选择图层混合模式中的“变亮”。“变亮”与“变暗”模式相反，“变亮”可以查看每个通道中的颜色信息，并选择颜色中较亮（总的灰阶升高，造成变亮的效果）的部分作为最终颜色（比叠加色暗的像素将被替换掉，而比叠加色亮的像素将保持不变）（见图 2-3-89）。

（12）选择图层混合模式中的“屏幕”。“屏幕”是一种颜色相加的模式。“屏幕”模式只显示两图层中较高的灰阶，而较低的灰阶不显示，产生一种漂白的更加明亮的图像效果。这证明“屏幕”模式按照色彩混合原理中的“增色模式”混合。例如，当红色、绿色与蓝色都是最大值 255 时，以“屏幕”模式混合就会得到 RGB 值为（255，255，255）的白色。相反，数值是“0”，颜色是黑色。所以，以“屏幕”模式混合与白色混合则得到 RGB 值为（255，255，255）的白色（见图 2-3-90）。

图 2-3-89　变亮效果

图 2-3-90　屏幕效果

（13）选择图层混合模式中的“颜色减淡”。“颜色减淡”通过减小对比度来使颜色变亮，会增亮图层的颜色值（与黑色混合则不发生变化）（图 2-3-91）。

（14）选择图层混合模式中的“经典颜色减淡”，“经典颜色减淡”与“颜色减淡”模式类似，但是其效果要优于“颜色减淡”模式（见图 2-3-92）。

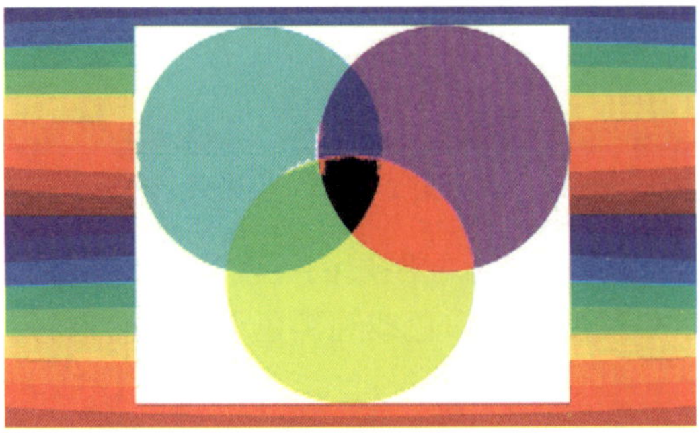

图 2-3-91　颜色减淡效果

图 2-3-92　经典颜色减淡效果

（15）选择图层混合模式中的“线性减淡”。“线性减淡”可以查看每个通道的颜色信息，增加图像颜色亮度（见图 2-3-93）。

（16）选择图层混合模式中的“较浅的颜色”。“较浅的颜色”与“变亮”模式相似，区别是“较浅的颜色”模式对单独的颜色通道不起作用（见图 2-3-94）。

图 2-3-93 线性减淡效果

图 2-3-94 较浅的颜色效果

（17）选择图层混合模式中的“叠加”。“叠加”综合了“相乘”和“屏幕”两种模式。即根据下层图层的色彩决定将哪些像素以“相乘”模式合成，哪些像素以“屏幕”模式合成。合成后有些区域变暗，有些区域变亮。通常发生变化的都是中间色调，明和暗两色区基本不变（见图 2-3-95）。

（18）选择图层混合模式中的“柔光”。“柔光”可以使颜色变亮或变暗，效果像聚光灯发出的一层色调柔和的光，使图像中亮色区域更亮，暗色区域更暗，反差增大图像。无论变亮还是变暗都取决于上层图层，它的明暗程度直接影响下层图层效果。如果用黑色或白色进行混合，会产生变暗或变亮的效果（见图 2-3-96）。

图 2-3-95 叠加效果

图 2-3-96 柔光效果

（19）选择图层混合模式中的“强光”。“强光”就是指上层图层的亮度高于 50% 灰色，图像就会变亮，低于 50% 灰色，图像就会变暗。如果使用纯白色或纯黑色进行混合，将得到纯白色或纯黑色（见图 2-3-97）。

（20）选择图层混合模式中的“线性光”。“线性光”可以通过减小或增大亮度来加深或减淡颜色。与“强光”类似，上层图层的亮度高于 50% 灰色，图像就会变亮，低于 50% 灰色，图像就会变暗（见图 2-3-98）。

（21）选择图层混合模式中的“亮光”。“亮光”增大或减小对比度以加深或减淡颜色，具体效果取决于上层图层（见图 2-3-99）。

（22）选择图层混合模式中的“点光”。“点光”可以替换图像的颜色。如果上层图层中的像素高于 50% 灰色，则替换暗的像素；如果上层图层中的像素低于 50% 灰色，则替换亮的像素（见图 2-3-100）。

图 2-3-97　强光效果

图 2-3-98　线性光效果

图 2-3-99　亮光效果

图 2-3-100　点光效果

（23）选择图层混合模式中的“纯色混合”。“纯色混合”可以让亮色更亮，暗色更暗，降低不透明度使得混合效果变得更柔和。混合效果由上层图层的颜色是否大于或小于 50% 灰色决定（见图 2-3-101）。

（24）选择图层混合模式中的“差值”。“差值”就是从上层图层颜色中减去下层图层颜色，或从下层图层颜色中减去上层图层颜色，具体情况取决于哪层颜色的亮度值更高（见图 2-3-102）。

图 2-3-101　纯色混合效果

图 2-3-102　差值效果

（25）选择图层混合模式中的“经典差值”。“经典差值”与“差值”类似，但是效果要优于“差值”（见图 2-3-103）。

（26）选择图层混合模式中的“排除”。“排除”可以混合产生对比度更低的混合效果，上层图层如果是黑色或白色，将产生透明效果（见图 2-3-104）。

图 2-3-103 经典差值效果

图 2-3-104 排除效果

（27）选择图层混合模式中的“相减”。“相减”就是从下层图层颜色中减去上层图层颜色。如果上层图层颜色是黑色，则“相减”后的颜色是下层图层颜色（见图 2-3-105）。

（28）选择图层混合模式中的“相除”。“相除”与“差值”模式类似，但是对比度更低（见图 2-3-106）。

图 2-3-105 相减效果

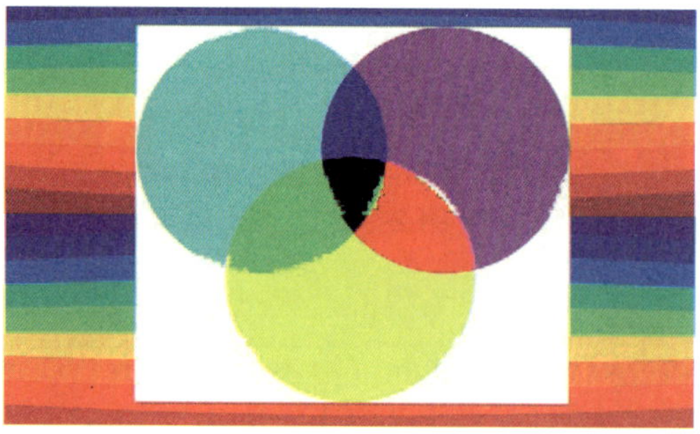

图 2-3-106 相除效果

（29）选择图层混合模式中的“色相”。“色相”就是将上层图层的色相应用到下层图层中，可以改变下层图层的色相，但不会影响其亮度和饱和度。对于黑色、白色和灰色区域，该模式不起作用（见图 2-3-107）。

（30）选择图层混合模式中的“饱和度”。“饱和度”就是将上层图层的饱和度应用到下层图层中，可以改变下层图层的饱和度，但不会影响其亮度和色相。对于黑色、白色和灰色区域，该模式不起作用（见图 2-3-108）。

图 2-3-107 色相效果

图 2-3-108 饱和度效果

（31）选择图层混合模式中的“颜色”。“颜色”将上层图层的色相与饱和度应用到下层图层中，但保持下层图层的亮度不变（见图 2-3-109）。

（32）选择图层混合模式中的“发光度”。“发光度”可以将上层图层的亮度应用到下层图层的颜色中，改变下层图层的亮度，但不会对其色相与饱和度产生影响（见图 2-3-110）。

图 2-3-109　颜色效果

图 2-3-110　发光度效果

（33）选择图层混合模式中的“模版 Alpha”。“模版 Alpha”可以穿过模版层的 Alpha 通道来显示图层（素材“原色”放在素材“色条”之上的效果）（见图 2-3-111）。

（34）选择图层混合模式中的“模版亮度”。“模版亮度”可以穿过模版层的亮度来显示多个图层（素材“原色”放在素材“色条”之上的效果）（见图 2-3-112）。

图 2-3-111　模版 Alpha 效果

图 2-3-112　模版亮度效果

（35）选择图层混合模式中的“轮廓 Alpha”。“轮廓 Alpha”可以将上层图层作为 Alpha 通道来影响下层图层，使受影响的区域按照上层图层切掉（素材“原色”放在素材“色条”之上的效果）（见图 2-3-113）。

（36）选择图层混合模式中的“轮廓亮度”。“轮廓亮度”可以通过上层图层的像素亮度来影响下层图层，使受影响的像素被部分或全部切掉（素材“原色”放在素材“色条”之上的效果）（见图 2-3-114）。

图 2-3-113 轮廓 Alpha 效果

图 2-3-114 轮廓亮度效果

（37）选择图层混合模式中的“Alpha 添加”。“Alpha 添加”可以使底层图层的 Alpha 通道与当前图层的 Alpha 通道共同建立一个无痕迹的透明区域（见图 2-3-115）。

（38）选择图层混合模式中的“冷光预乘”。“冷光预乘”可以使上层图层的透明区域与下层图层相互作用，使边缘产生透镜和光亮效果（素材“原色”放在素材“色条”之上的效果）（见图 2-3-116）。

图 2-3-115 Alpha 添加效果

图 2-3-116 冷光预乘效果

2.4 After Effects 中图层的运用

图层是 After Effects 中项目制作的基础，一个项目无论大小都离不开图层的使用。After Effects 本身也是基于层级制作的后期特效软件，如果离开了图层，After Effects 也就失去了光彩。图层的使用并不复杂，但是作为重要的知识点，一定要熟练掌握。下面通过案例的制作，加深对图层的认识。

2.4.1 案例——飞扬的“正能量”

（1）点击桌面上的快捷图标，打开 After Effects 软件，点击菜单“合成”→“新建合成”命令或者按快捷键“Ctrl+N”（见图 2-4-1），在弹出的“合成设置”对话框中，将“合成名称”填写“正能量”，不勾选“锁定长宽比为 5 ∶ 4（1.25）”，“宽度”填写“640 px”，“高度”填写“512 px”，“持续时间”填写“0：00：05：00”（见图 2-4-2）。

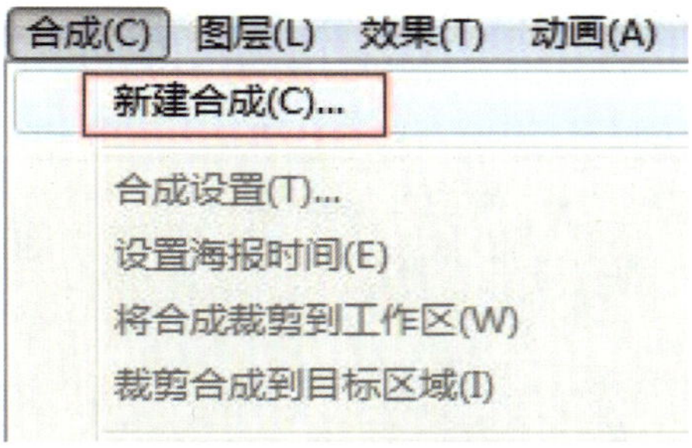

图 2-4-1　新建合成

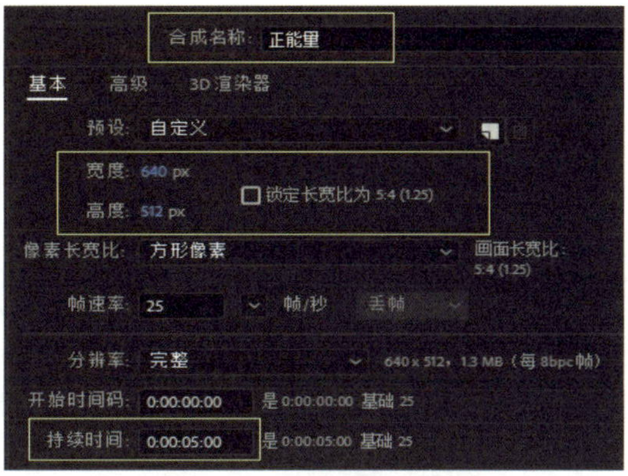

图 2-4-2　设置合成设置

（2）在“项目”面板中双击，导入素材“天空”，并将其拖入“时间线”面板的“正能量”合成组中（见图 2-4-3），在“时间线”面板中右击选择“新建”→“文本”（见图 2-4-4）。

图 2-4-3　导入素材“天空”

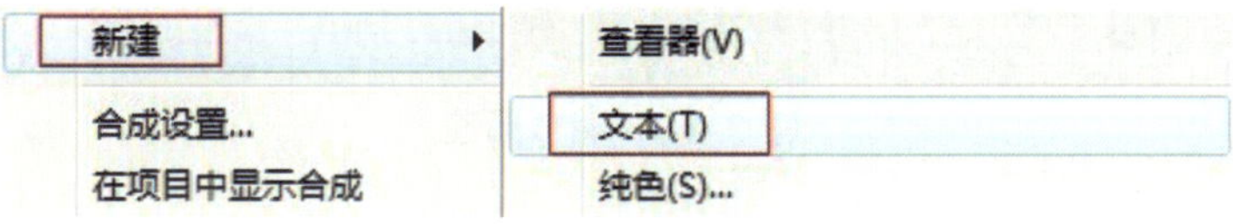

图 2-4-4　创建文本

（3）在“合成”面板中输入“正能量”（见图 2-4-5），字体为“方正超粗黑简体”，大小为“210 像素”，颜色为“#FFE400”（见图 2-4-6）。

图 2-4-5　文字

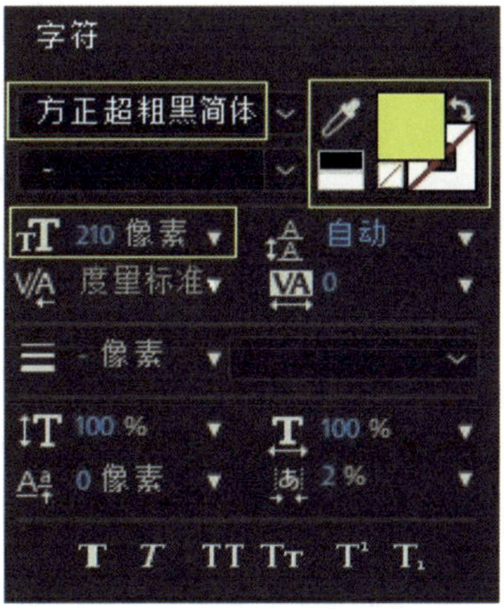

图 2-4-6　调节文字

（4）在“时间线”面板中将文字层“正能量”属性打开（点击层即层中的三角图形▶），再点击“变换”属性（也是点击三角图形▶），显示“锚点”“位置”“缩放”“旋转”“不透明度”（见图 2-4-7），将时间指针拖至“00s”位置，点击“位置”与“缩放”的“时间变化秒表”（见图 2-4-8）。

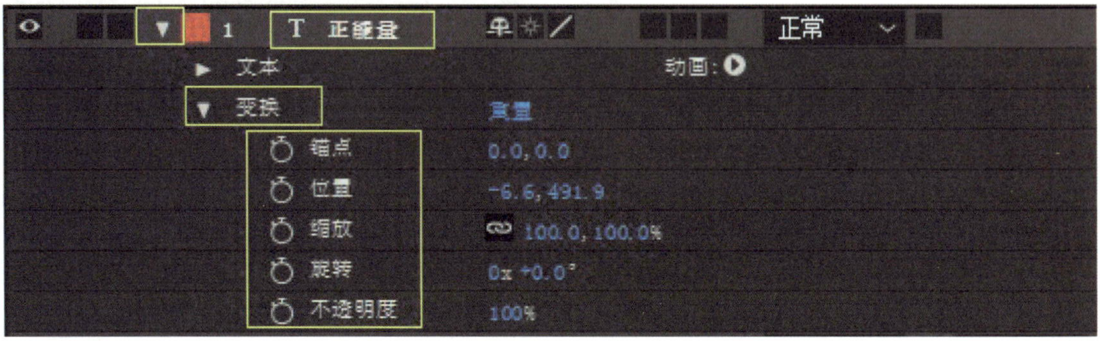

图 2-4-7 层属性

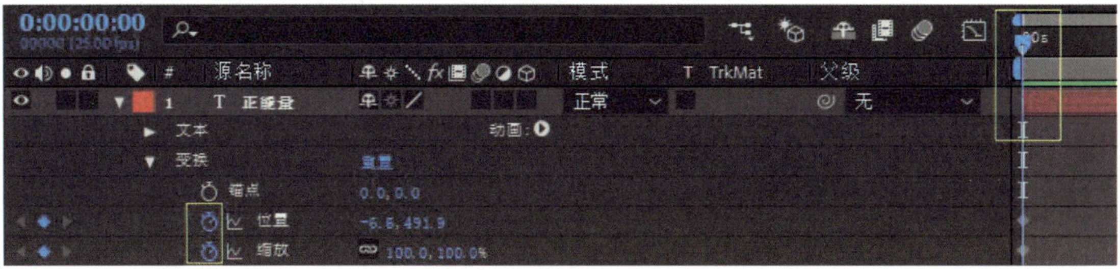

图 2-4-8 调节属性

（5）将时间指针拖至“05s”（见图 2-4-9），在“位置”属性中输入“-800，800”，在“缩放”属性中输入“1885，1885”（见图 2-4-10）。

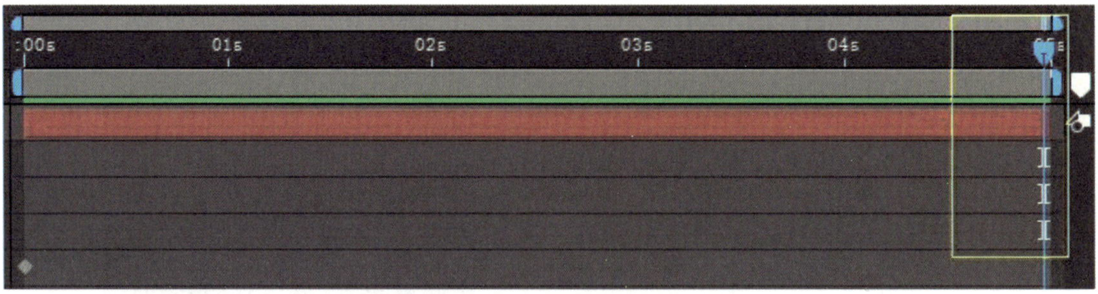

图 2-4-9 调节时间指针

（6）此时已经产生动画，可拖动时间指针在“合成”面板中观察。点击“缩放”属性，观察“时间线”面板中呈蓝色显示的“关键帧”（见图 2-4-11），将鼠标放在“缩放”属性的蓝色“关键帧”上，右击选择“关键帧辅助”→“指数比例”命令（每一个动画的形成，都会产生与其相对应的“动画曲线”，可以调节“动画曲线”改变动画的运动形态。“指数比例”就是对调节“动画曲线”的预设命令，可直接进行使用）（见图 2-4-12）。

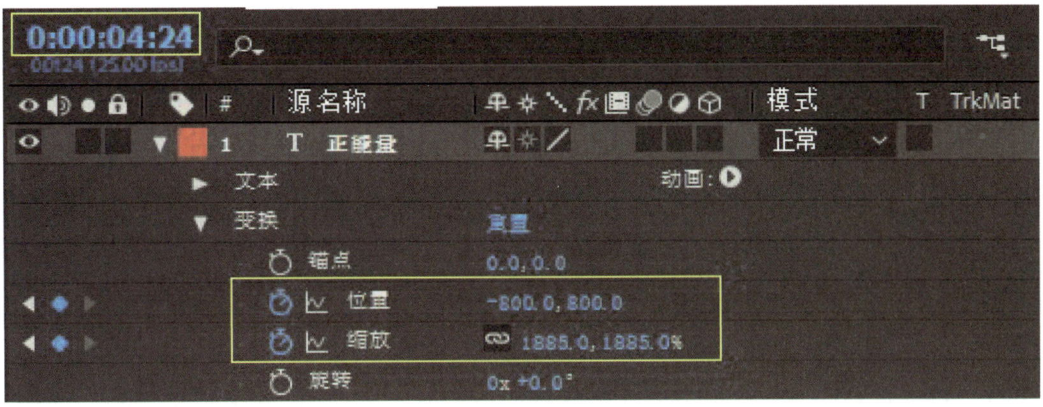

图 2-4-10　调节属性

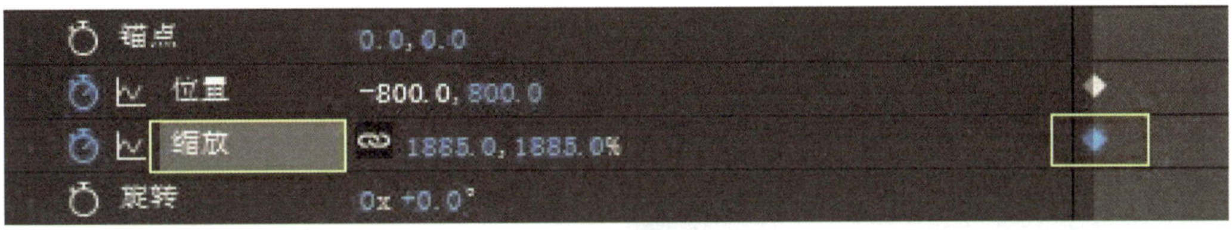

图 2-4-11　缩放属性

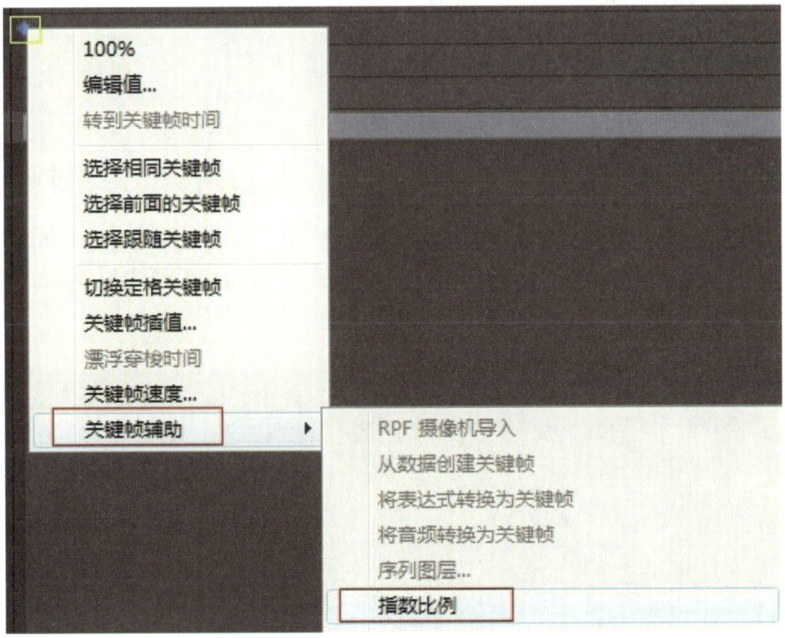

图 2-4-12　指数比例

（7）观察使用“指数比例”的“缩放”属性“关键帧”，可拖动时间指针与没有“指数比例”动画进行比较（见图 2-4-13）。在“时间线”面板选择文字层“正能量”，再选择菜单“编辑”→“重复”命令或按快捷键“Ctrl+D”，复制出文字层“正能量 2”（见图 2-4-14）。

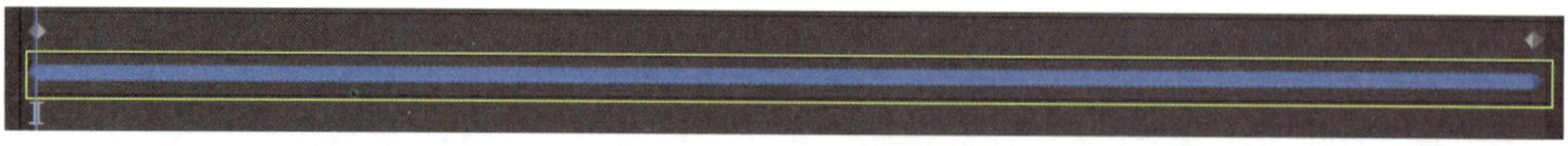

图 2-4-13 指数比例

图 2-4-14 复制文字层

（8）将“正能量 2”的属性打开，点击“位置”与“缩放”的“时间变化秒表”即取消关键帧（见图 2-4-15），调整“正能量 2”的大小并摆放到相应位置（见图 2-4-16）。

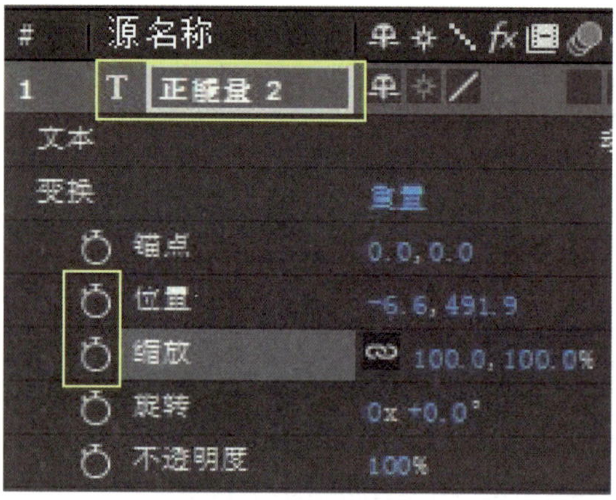

图 2-4-15 取消关键帧

图 2-4-16 摆放位置

（9）在“时间线”面板中点击文字层“正能量 2”的“父级”，选择“正能量”选项（见图 2-4-17），观察“合成”面板中的动画，选择菜单“合成”→“添加到渲染队列”命令或者按快捷键“Ctrl+M”，得到“渲染队列”（见图 2-4-18）。

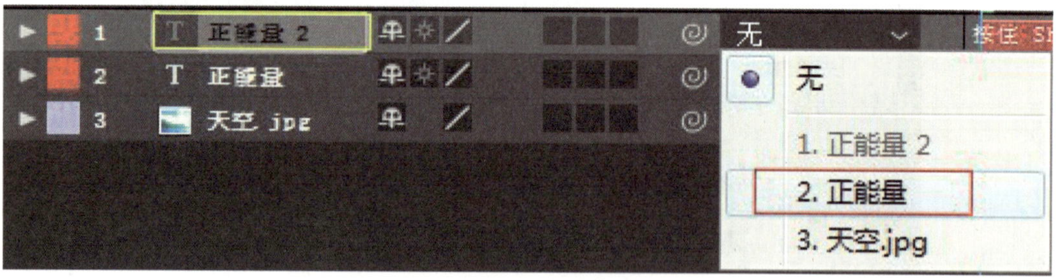

图 2-4-17 “父子关系”

（10）在“输出模块设置”的“格式”里选择“QuickTime 格式”（见图 2-4-19），在“输出模块设置”中点击“格式选项”，在弹出的“QuickTime 选项”对话框中，“视频编解码器”选择“H.264”（见图 2-4-20），点击“确定”后开始渲染并输出视频。

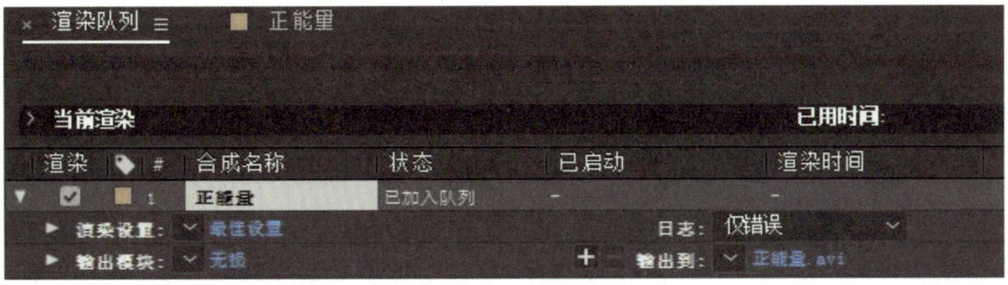

图 2-4-18　渲染队列

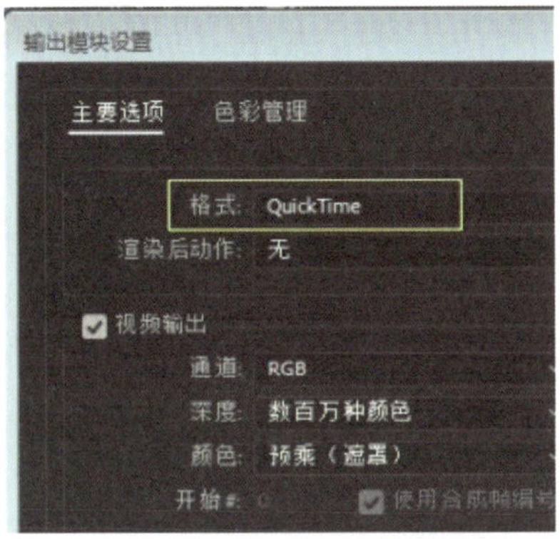

图 2-4-19　格式选择

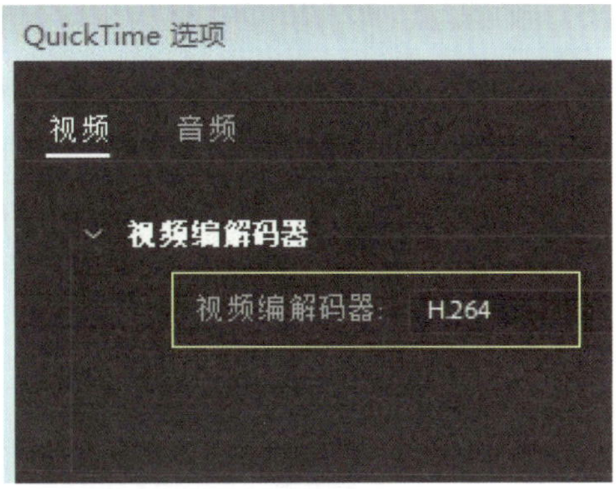

图 2-4-20　视频编解码器

（11）渲染完成后，播放视频，观察动画效果，从第一帧画面（见图 2-4-21）到最后一帧画面（见图 2-4-22）。

图 2-4-21　第一帧画面

图 2-4-22　最后一帧画面

2.4.2　案例——台历动画

（1）点击桌面上的快捷图标Ae，打开 After Effects 软件，关闭弹出的“开始”对话框，选择菜单“文件”→“导入”→“文件”命令或者按快捷键“Ctrl+I”，选择素材“背景”将其导入“项目”面板（见图 2-4-23）。点击菜单“合成”→“新建合成”命令或者按快捷键“Ctrl+N”，在弹出的“合成设置”对话框中，将“合成名称”填写“台历动画”，不勾选“锁定长宽比为 1∶1（1.00）”，“宽度”填写“660”px，“高度”填写“660”px，“持续时间”填写“0:00:15:00”（见图 2-4-24）。

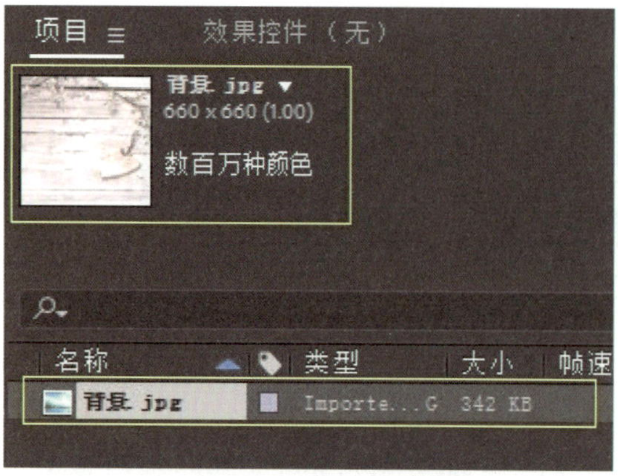

图 2-4-23 “项目”面板

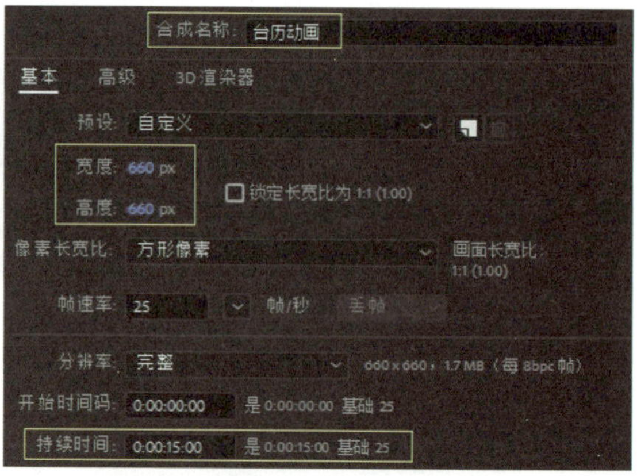

图 2-4-24 合成设置

（2）将素材“背景”拖至“时间线”面板的“台历动画”中（见图 2-4-25），点击菜单“合成”→“新建合成”命令或者按快捷键“Ctrl+N”，在弹出的“合成设置”对话框中，将“合成名称”填写“数字”，不勾选“锁定长宽比为 1 ： 1（1.00）”，“宽度”填写“660”px，“高度”填写“660”px，“持续时间”填写“0:00:15:00”（见图 2-4-26）。

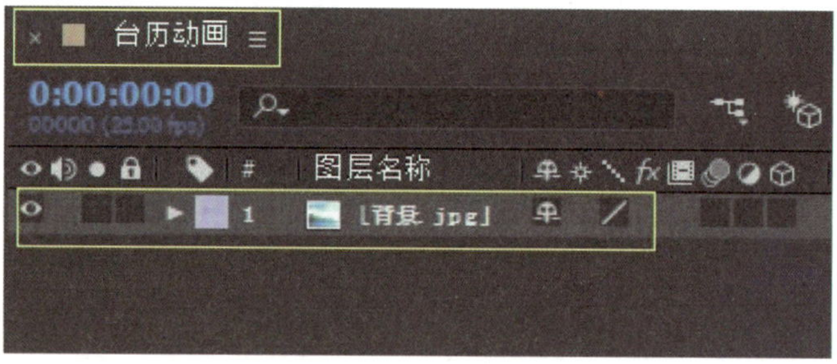

图 2-4-25 拖动素材

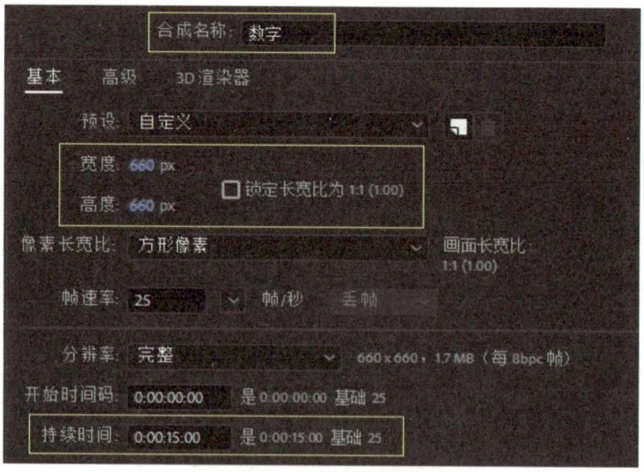

图 2-4-26 合成设置

（3）选择“工具栏”中“横排文字工具”，在“数字”合成组中创建数字“01 至 12”，在“字符”面板中“字体”选择“方正超粗黑简体”，“颜色”选择“红色”，“大小”选择“72 像素”

（见图 2-4-27），点击“数字”合成组中“数字层”（点击层即是层中的三角图形▶），再点击“变换”属性（也是点击三角图形▶），显示“锚点”“位置”“缩放”“旋转”“不透明度”（见图 2-4-28）。

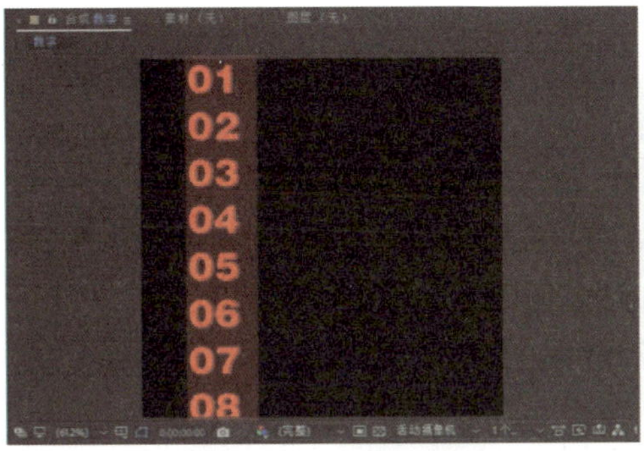

图 2-4-27　设置数字

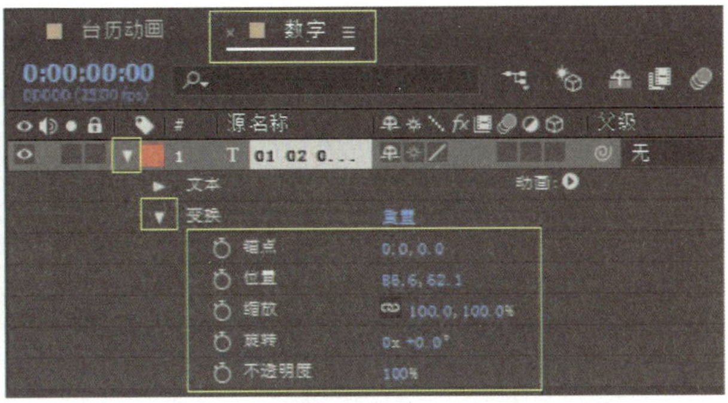

图 2-4-28　打开属性

（4）先将“时间指针”拖至“0”秒（如图 2-4-29），再点击“位置”的“时间变化秒表”，然后在“位置”里输入“70，580”（见图 2-4-30）。

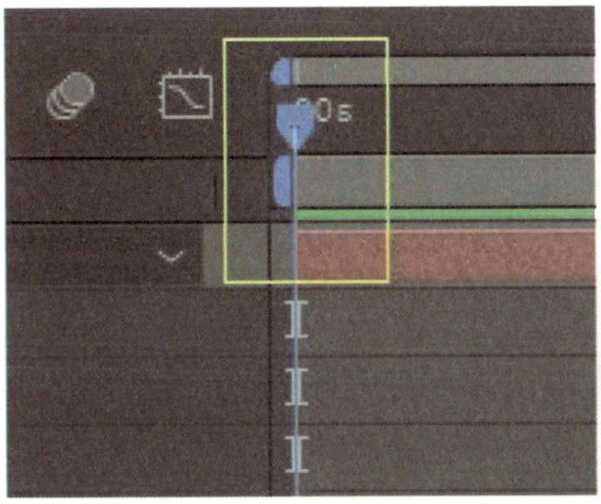

图 2-4-29　时间指针

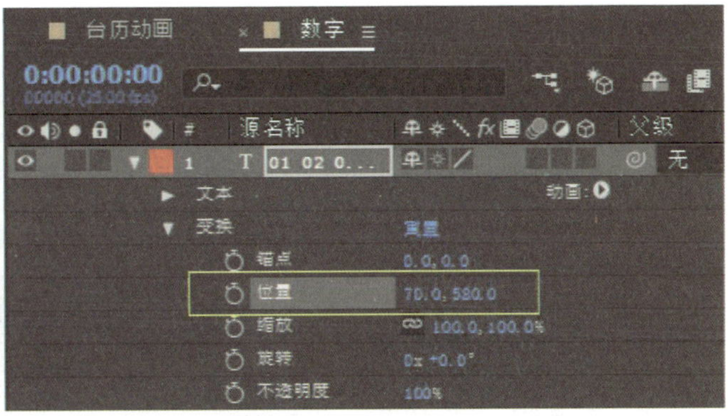

图 2-4-30　设置位置

（5）先将时间指针拖至“15s”位置（见图 2-4-31），在“位置”的“*Y*”轴上输入“-375”（见图 2-4-32）。

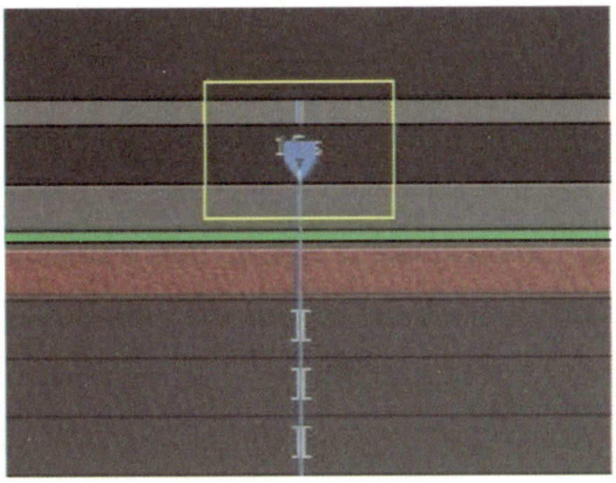

图 2-4-31　时间指针

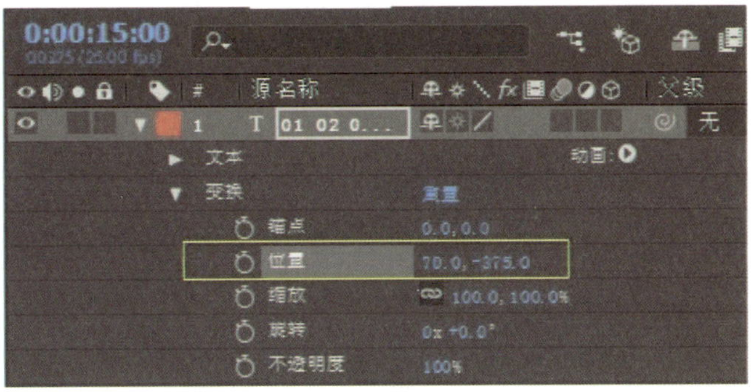

图 2-4-32　设置位置

（6）拖动时间指针在“合成项目”面板会产生字体的动画（见图 2-4-33），点击菜单“合成”→“新建合成”命令或者按快捷键“Ctrl+N”，在弹出的“合成设置”对话框中，将“合成名称”填写“总合成”，不勾选“锁定长宽比为 1 ∶ 1（1.00）”，“宽度”填写“660 px”，“高度”填写“660 px”，“持续时间”填写“0∶00∶15∶00”（见图 2-4-34）。

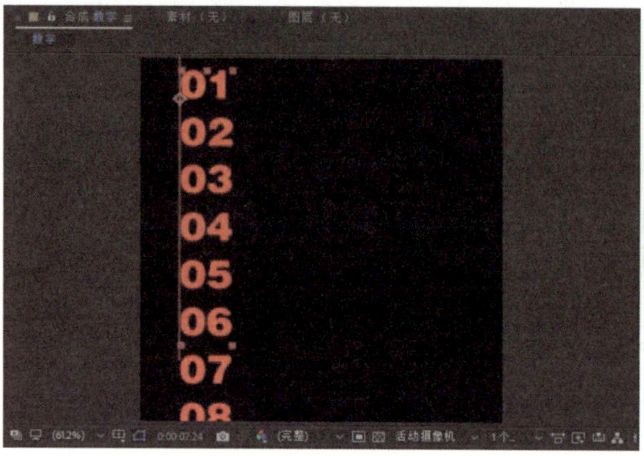

图 2-4-33 产生动画

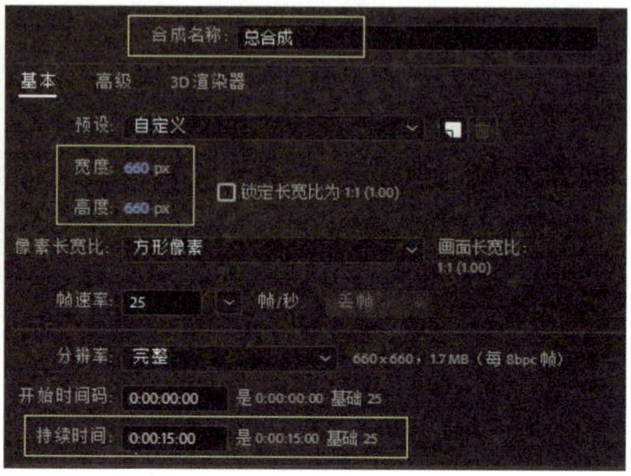

图 2-4-34 合成设置

（7）将“项目”面板的“数字”合成组与“台历动画”合成组拖动至“时间线”面板的“总合成”之中，“数字”合成组在上，“台历动画”合成组在下（见图 2-4-35），选择“数字层”，再选择“工具栏”中“矩形工具”，绘制一个矩形图案，将“数字”框选起来，此时只显示被框选的数字，其余数字不再显示（见图 2-4-36）。

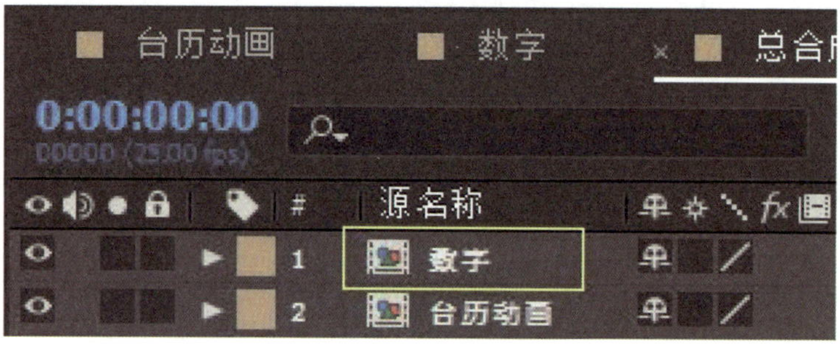

图 2-4-35 选择数字层

图 2-4-36 框选数字

（8）点击菜单“合成”→“新建合成”命令或者按快捷键“Ctrl+N”，在弹出的“合成设置”对话框中，将“合成名称”填写“倒影”，不勾选“锁定长宽比为 1 ∶ 1（1.00）”，“宽度”填写“660”px，“高度”填写“660”px，“持续时间”填写“0∶00∶15∶00”（见图 2-4-37），将“项目”面板的“数字”合成组与“总合成”合成组拖动至“时间线”面板的“倒影”之中，“数字”合成组在上，“总合成”合成组在下（见图 2-4-38）。

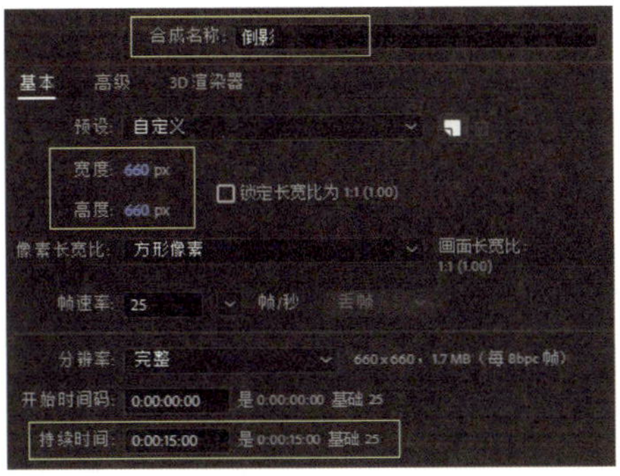

图 2-4-37　合成设置

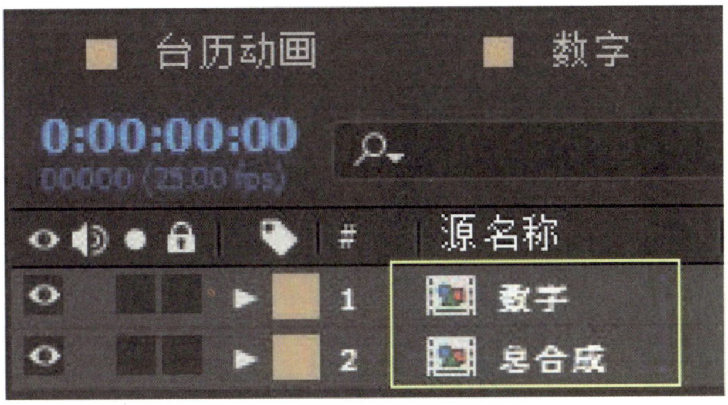

图 2-4-38　倒影合成组

（9）点击“数字”合成组中的“数字层”（点击层即是层中的三角图形），再点击“变换”属性（也是点击三角图形），先将“缩放”的“约束比例”取消，在“*Y*”轴上输入“-100”（见图 2-4-39），在“位置”输入“330.0，831.5”，两组数字对齐摆放（见图 2-4-40）。

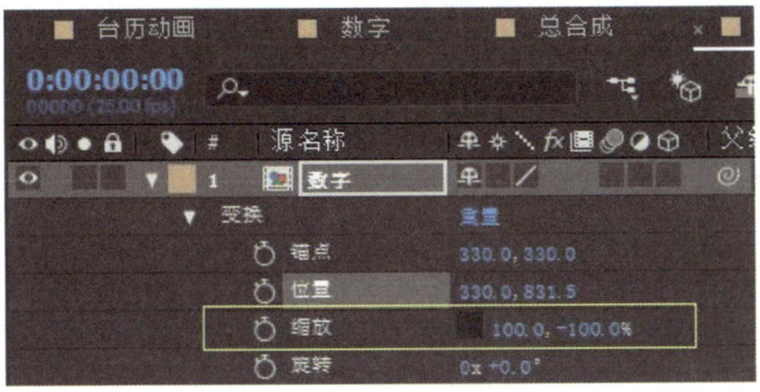

图 2-4-39　设置缩放

图 2-4-40　对齐数字

（10）将“不透明度”输入“30%”（如图 2-4-41），选择“数字层”，再选择“工具栏”中“矩形工具”，绘制一个矩形图案，将“数字”框选起来（见图 2-4-42）。

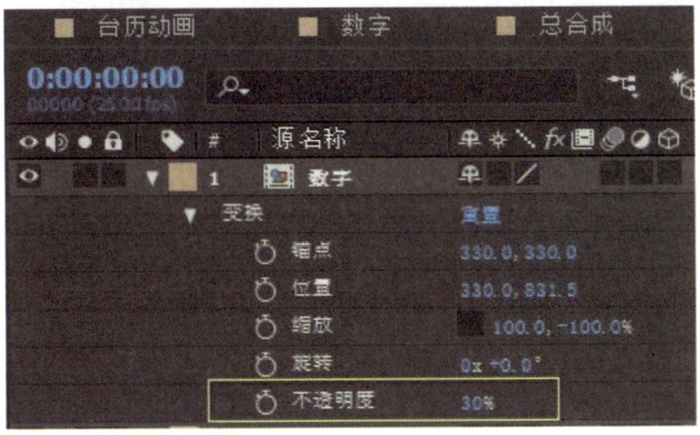

图 2-4-41　不透明度

图 2-4-42　制作倒影

（11）选择“工具栏”中“横排文字工具”，输入“Months”，并将其放在数字右边（字体、颜色可略作变化）（见图 2-4-43），选择菜单“合成”→“添加到渲染队列”命令或者按快捷键“Ctrl+M”，得到“渲染队列”（见图 2-4-44）。

图 2-4-43　输入文字

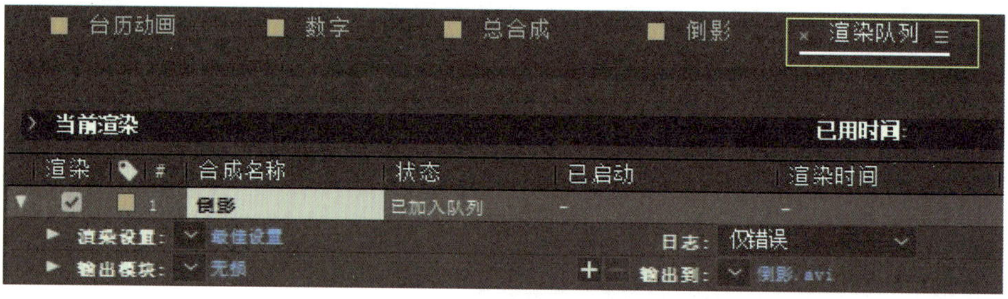

图 2-4-44　渲染队列

（12）在“输出模块设置”的“格式”里选择“QuickTime 格式”（见图 2-4-45），在“输出模块设置”中点击“格式”选项，在弹出的“QuickTime 选项”对话框中，将“视频编解码器”选择“H.264”（见图 2-4-46），点击“确定”后开始渲染并输出视频。

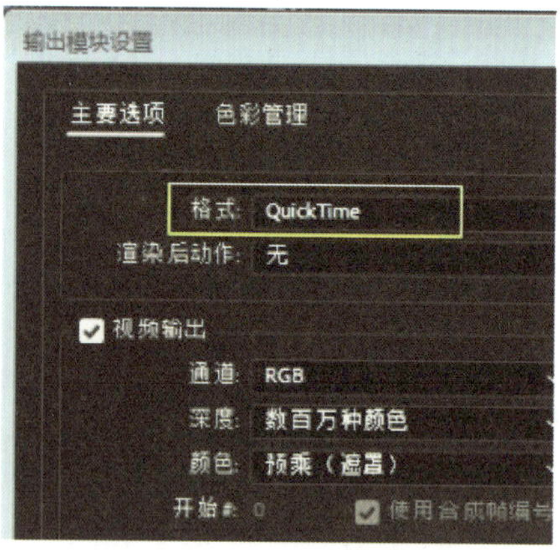

图 2-4-45　格式选择

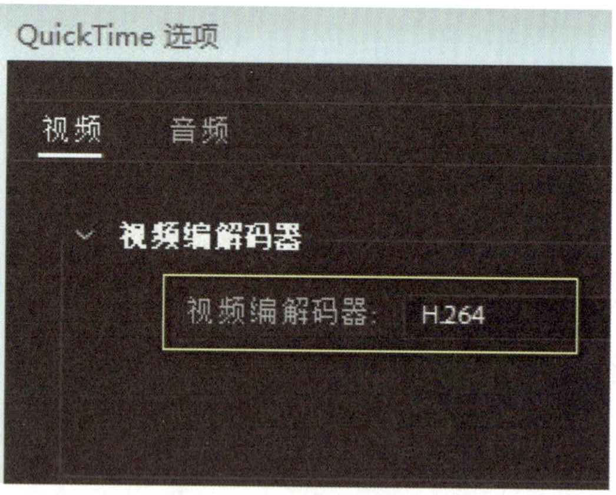

图 2-4-46　视频编解码器

（13）渲染完成，播放视频观察动画效果（见图 2-4-47）。

图 2-4-47　最终效果

2.4.3　案例实战——满天星

（1）点击桌面上的快捷图标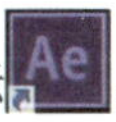，打开 After Effects 软件，关闭弹出的“开始”对话框，选择菜单“文件”→“导入”→“文件”命令，或者按快捷键“Ctrl+I”，选择素材“星空”，将其导入“项目”面板（见图 2-4-48），点击菜单“合成”→“新建合成”命令，或者按快捷键“Ctrl+N”，在弹出的“合成设置”对话框中，将“合成名称”填写“满天星”，不勾选“锁定长宽比为 16：9（1.78）”，“宽度”填写“1920”px，“高度”填写“1080”px，“持续时间”填写“0：00：05：00”（见 2-4-49）。

图 2-4-48　“项目”面板

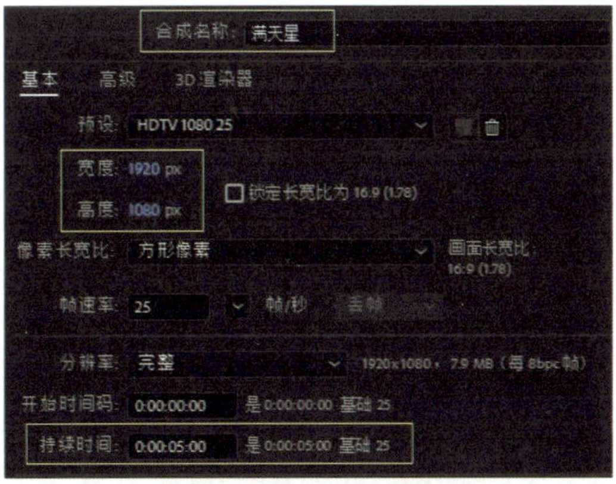

图 2-4-49　合成设置

（2）将素材“星空”拖至“时间线”面板的“满天星”中（见图 2-4-50），将鼠标放在“工具栏”中的“矩形工具”上，点击选择“星形工具”（见图 2-4-51）。

图 2-4-50　素材星空

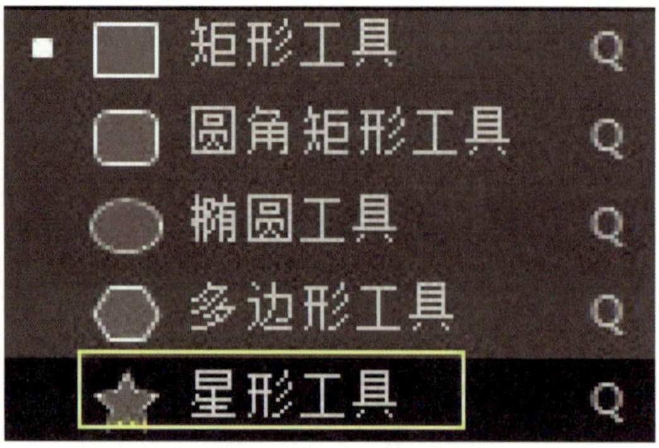

图 2-4-51　星形工具

（3）点击“时间线”面板的空白位置，确保没有选中素材“星空”（见图 2-4-52），在“合成”面板中使用“星形工具”绘制星形图案（见图 2-4-53）。

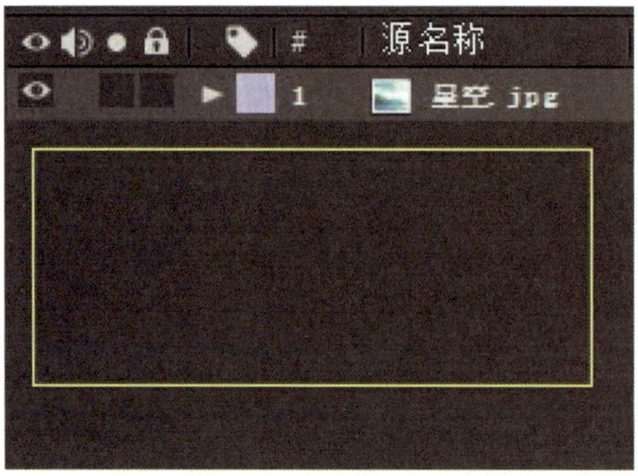

图 2-4-52　点击空白位置

图 2-4-53　绘制星形图案

（4）打开“形状图层 1”的“变换”属性，将“锚点”数值输入“-150.0，100.0”，“旋转”数值输入“-90.0”（见图 2-4-54），再依次打开“内容”“多边星形 1”“多边星形路径 1”属性，将“旋转”数值输入“160”（见图 2-4-55）。

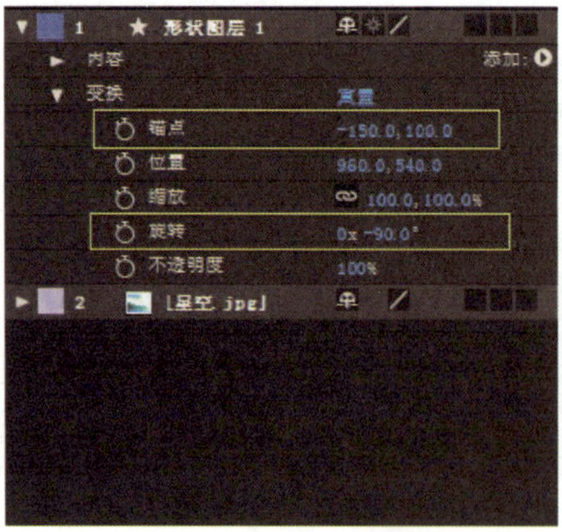

图 2-4-54　调节属性

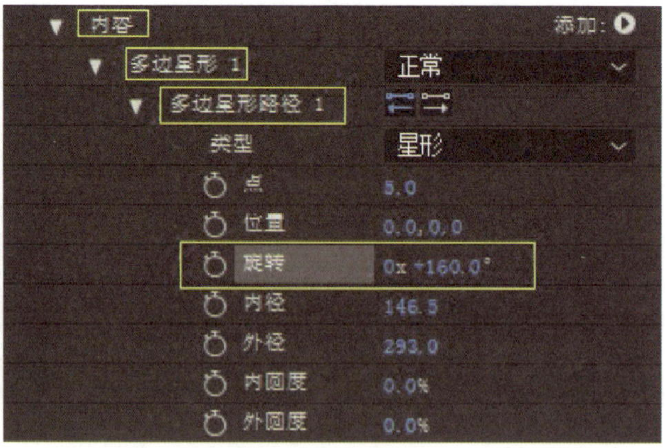

图 2-4-55　旋转

（5）将“变换：多边星形 1”中“位置”属性的数值输入“-245.0，-175.0”（见图 2-4-56），再点击“内容”属性后的“添加”（见图 2-4-57）。

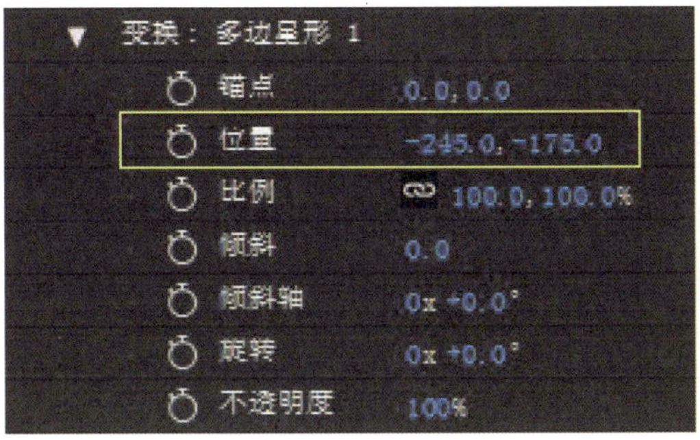

图 2-4-56　位置

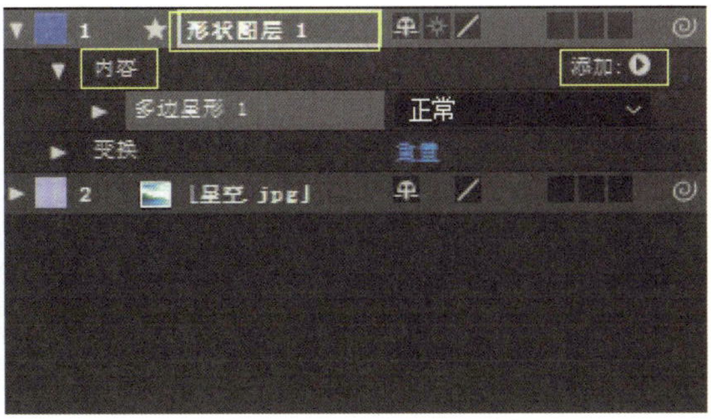

图 2-4-57　添加

（6）在弹出的菜单中选择“中继器”（见图 2-4-58），观察“合成”面板的变化（见图 2-4-59）。

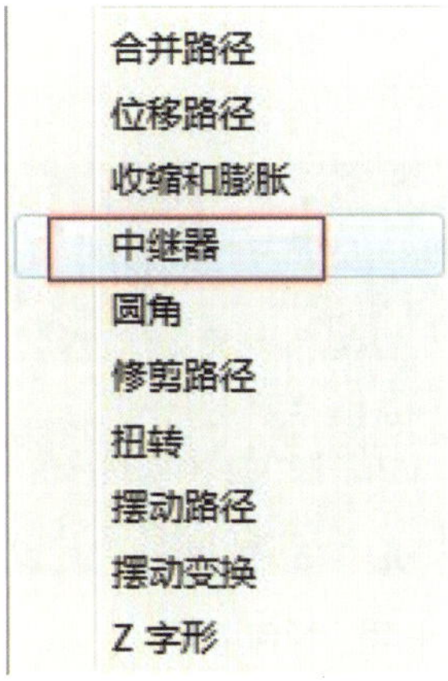

图 2-4-58　中继器

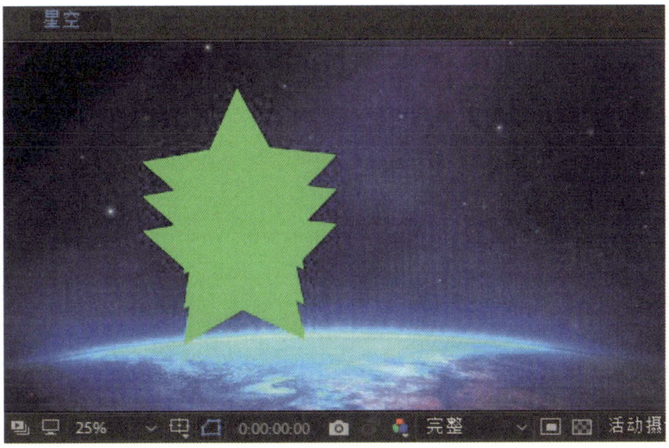

图 2-4-59　“合成”面板

（7）打开“中继器”属性，将“副本”属性的数值输入“150.0”，“偏移”属性的数值输入“150.0”（见图 2-4-60），将时间指针拖至“00s”位置，点击“偏移”的“时间变化秒表”（如图 2-4-61）。

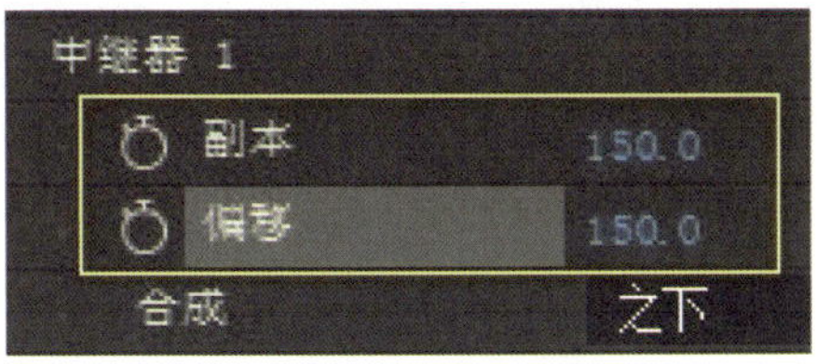

图 2-4-60　中继器

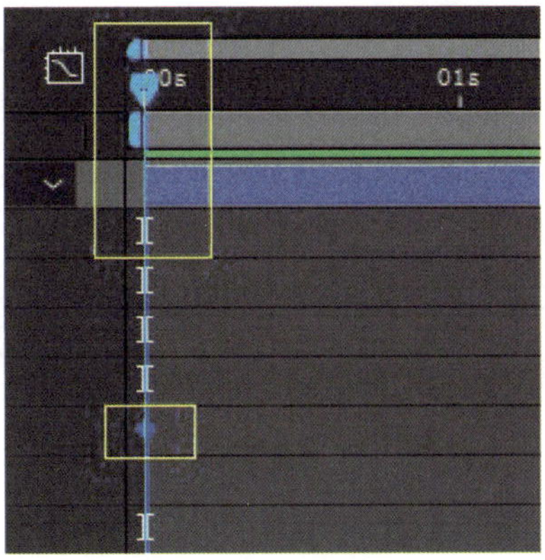

图 2-4-61　时间指针

（8）将“时间指针”拖至“04s”位置（见图 2-4-62），“偏移”属性的数值输入“0.0”（见图 2-4-63）。

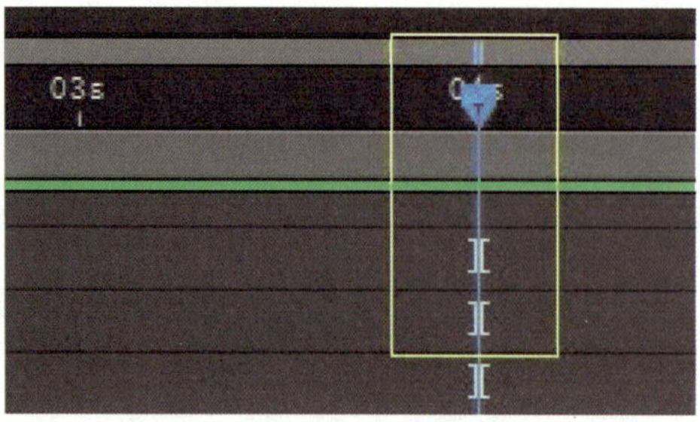

图 2-4-62　时间指针

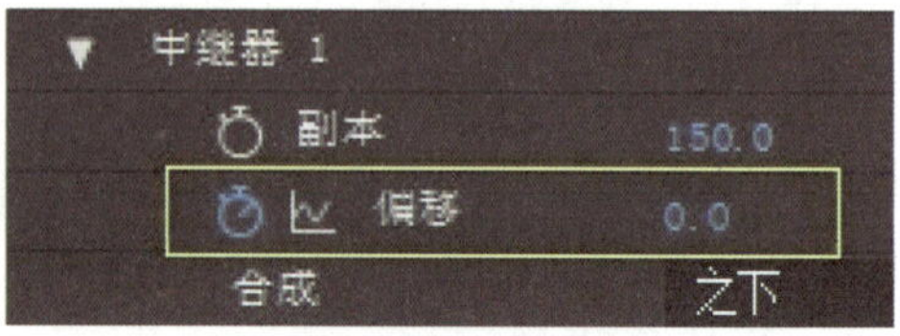

图 2-4-63　偏移

（9）将“变换：中继器 1”的属性“比例”数值输入“-95，-95”，“起始点不透明度”数值输入“60”（见图 2-4-64），点击“工具栏”的“填充”，在弹出的“填充选项”对话框中选择“径向渐变”（见图 2-4-65）。

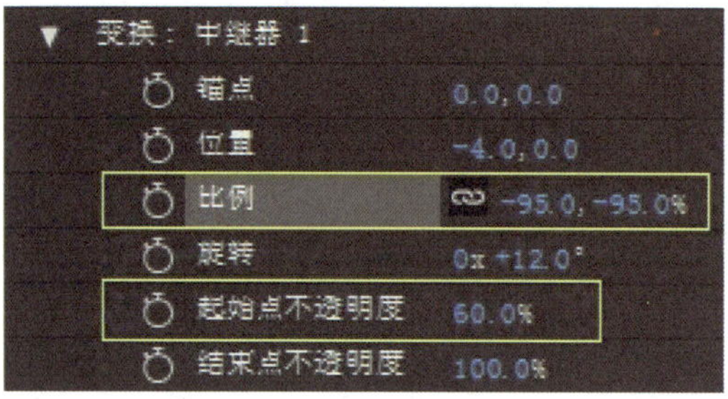

图 2-4-64　变换：中继器 1

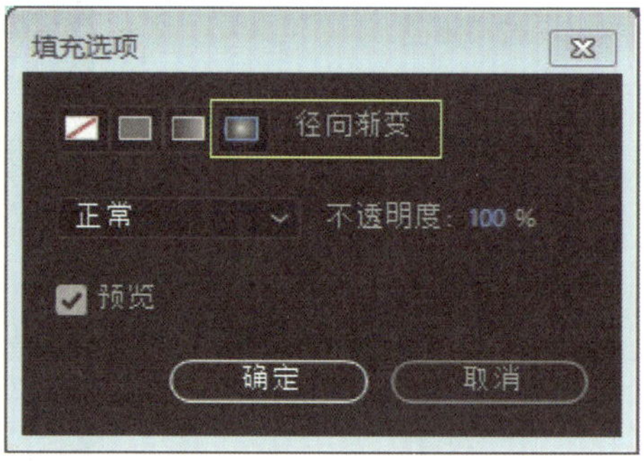

图 2-4-65　径向渐变

（10）在“填充颜色”中选择“渐变编辑器”，将颜色从“#48FF00”调到“#ACFF7A”（见图 2-4-66），点击“工具栏”的“描边”，在弹出的“描边选项”中选择“纯色”（见图 2-4-67），将“描边颜色”选择“#FFFFFF”，像素为“10”，观察效果（见图 2-4-68）。

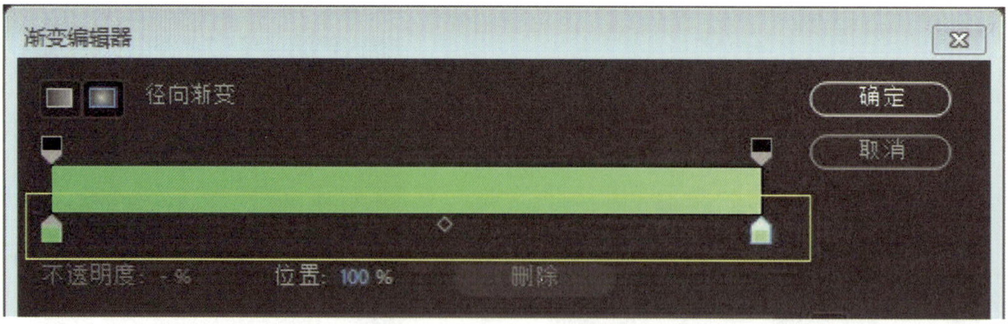

图 2-4-66　渐变编辑器

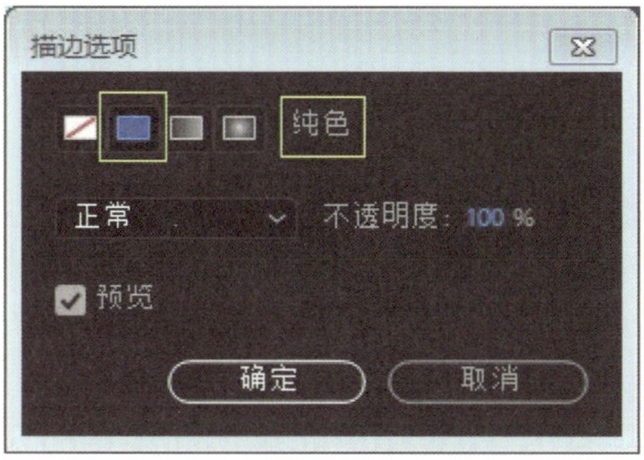

图 2-4-67　描边选项

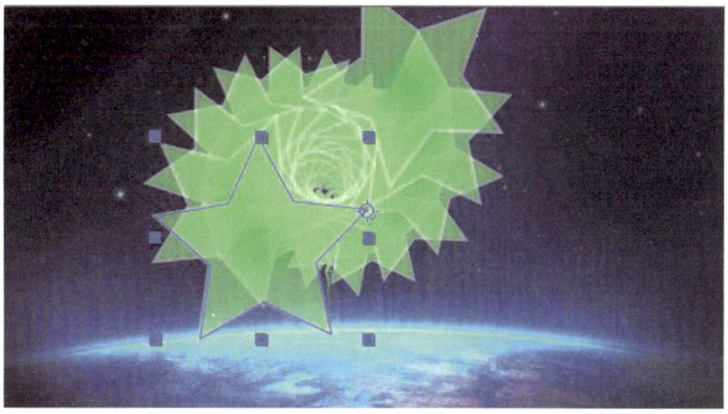

图 2-4-68　观察效果

（11）在“时间线”面板中选择“形状图层 1”，点击菜单中“编辑”→“重复”命令，或按快捷键“CTR+D”（见图 2-4-69），复制出“形状图层 2”，将其拖动到相应位置，将其“变换”属性中的“旋转”属性数值调整为“228”，同时改变“填充颜色”与“描边颜色”（与“形状图层 1”区分即可）（见图 2-4-70）。

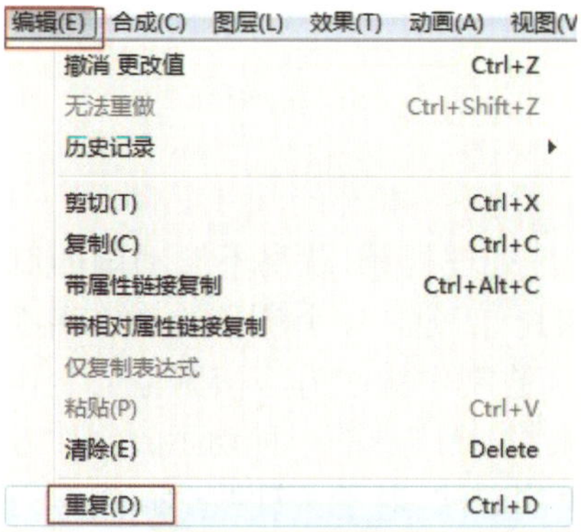

图 2-4-69　重复

图 2-4-70　形状图层 2

（12）在“时间线”面板中选择“形状图层 2”，点击菜单中“编辑”→“重复”命令，复制出“形状图层 3”，将其拖动到相应位置，将其“变换”属性中的“旋转”属性数值调整为“273”，同时改变“填充颜色”与“描边颜色”（与“形状图层 1”与“形状图层 2”区分即可），观察“合成”面板中的最终效果（见图 2-4-71）。

图 2-4-71　最终效果

第 3 章　After Effects 的关键帧动画

知识重点

课程思政

- 了解关键帧制作动画的作用。
- 掌握设置关键帧的方法。
- 掌握遮罩的创建与使用。

引言

After Effects 是一款处理视频后期特效的软件。既然是处理视频，就离不开动画的制作。After Effects 中动画的制作也是项目制作中不可缺少的一部分。一个项目的制作离不开设置关键帧，失去了关键帧就等于失去了动画，因而项目的制作就成为静帧图像的制作了。虽然制作动画有很多办法，但是关键帧动画是使用最频繁、最广泛的一种动画的制作方法。所以，关键帧动画是 After Effects 项目制作中必不可少的方法，对于关键帧动画的学习也是十分必要的。通过本章学习，大家可以掌握 After Effects 关键帧动画的操作方法，为后续的学习打下良好的基础。

3.1　关键帧的概念

帧是动画中最小单位的单幅画面，也就是早期电影胶片上的每一格镜头。在动画软件的时间轴上，帧表现为一格时间。关键帧（见图 3-1-1）是动画（二维动画或三维动画）中的一幅原画或是一个动作，即角色运动中最关键动作的那一帧，对于整套动作起到承上启下的作用。两个关键帧之间的动画可以由计算机进行解算，这些帧叫作过渡帧或中间帧。

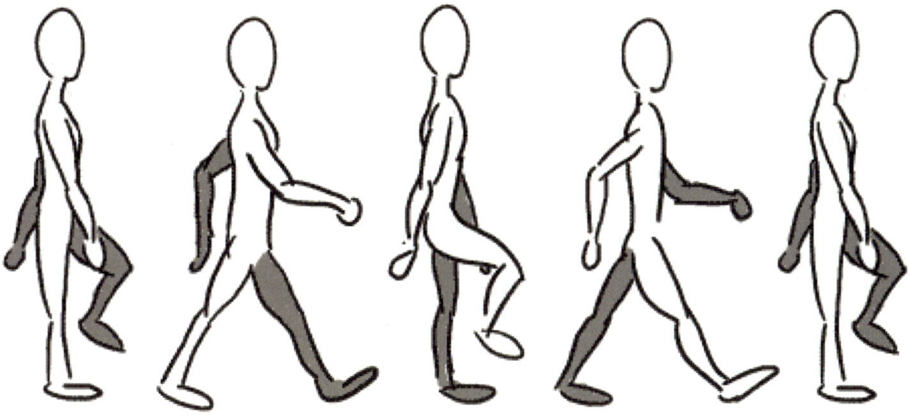

图 3-1-1　关键帧

人们在屏幕中看到的动画画面，其实是由一幅幅静帧图像快速播放而产生的视觉效果。在早期的动画制作中，每一张静帧图像都需要动画师手动绘制出来。随着科学技术的发展，动画师也从繁重的劳动中解放出来，现在的动画师不必手绘每一张图像，只需要手绘（二维动画）或是调节（三维动画）出关键帧即可，其余的中间帧交由计算机完成。简单地说，在 After Effects 中记录一个层的某个属性在不同的时间产生的不同的参数变化，那就可以称这个动画为“关键帧动画”。

After Effects 中“关键帧动画”的制作相对简单，而且在前面的章节有过接触，但是想要做出理想的动画效果还需要理解、掌握物体的运动规律和 After Effects 中关键帧制作的一些操作方法。大家一定记住，没有变化就没有动画，After Effects 中动画制作是基于时间与属性变化的，通常做到以下 3 点就可以产生动画：一是必须按下“时间变化秒表”才能记录关键帧动画；二是必须在两个或两个以上的不同时间位置上设置关键帧才能产生动画；三是属性数值必须随着时间的变化而变化。制作一个动画的步骤如下。

（1）将素材“铅笔”导入 After Effects 中（见图 3-1-2），在“时间线”面板打开素材的“变换”属性（见图 3-1-3）。

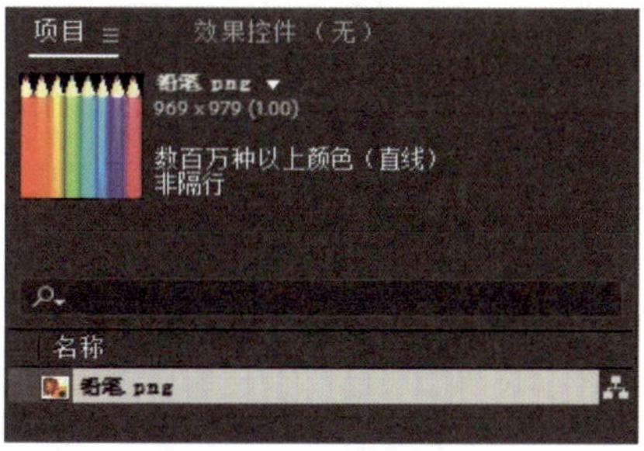

图 3-1-2　素材铅笔

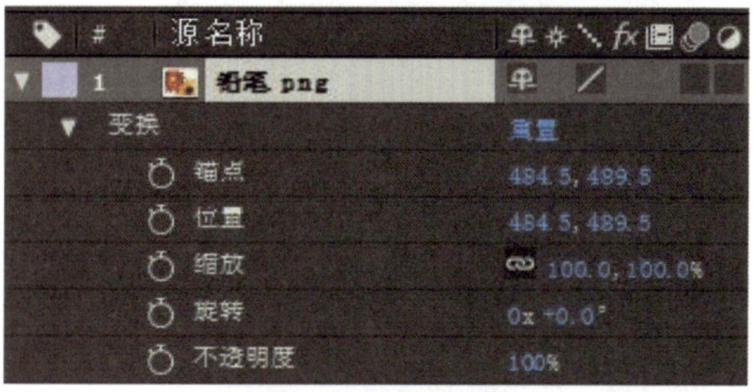

图 3-1-3　变换属性

（2）先将时间指针调到“00s”位置（见图 3-1-4），再将“不透明度”属性数值调为“0”，点击“不透明度”属性“时间变化秒表”（“时间变化秒表”需要在第一次调节关键帧时按下，从第二次开始就可以直接更改数值，After Effects 将自动记录新调节的数值）（见图 3-1-

5），这是第一组“关键帧”，在时间与属性上都进行了记录。

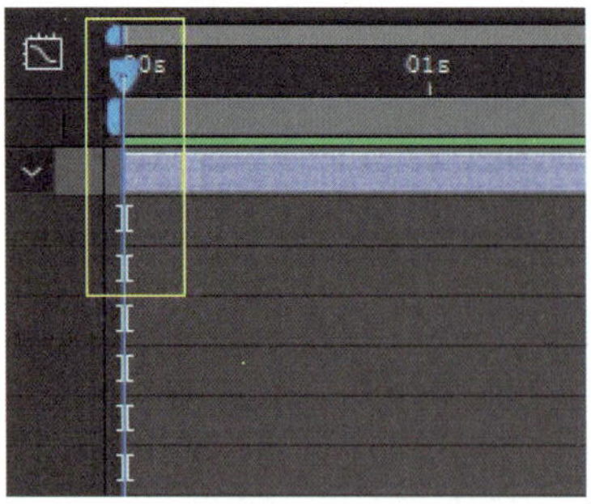

图 3-1-4 时间指针

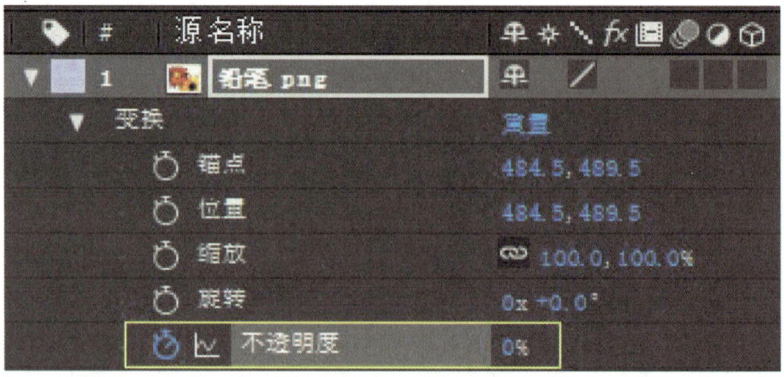

图 3-1-5 不透明度

（3）同样，先将时间指针调到“05s”位置（见图 3-1-6），再将“不透明度”属性数值调为“100”（见图 3-1-7）。

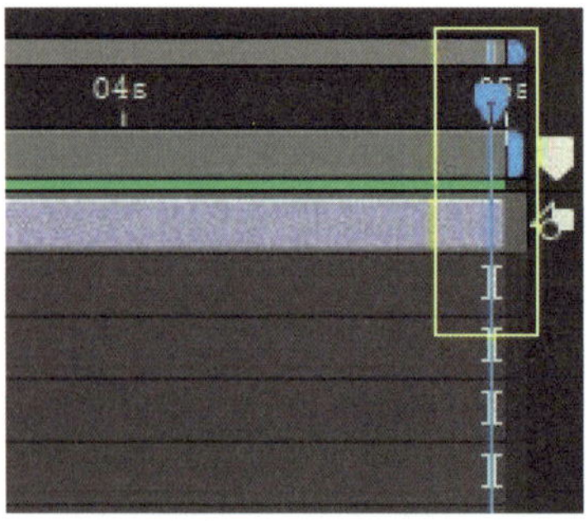

图 3-1-6 时间指针

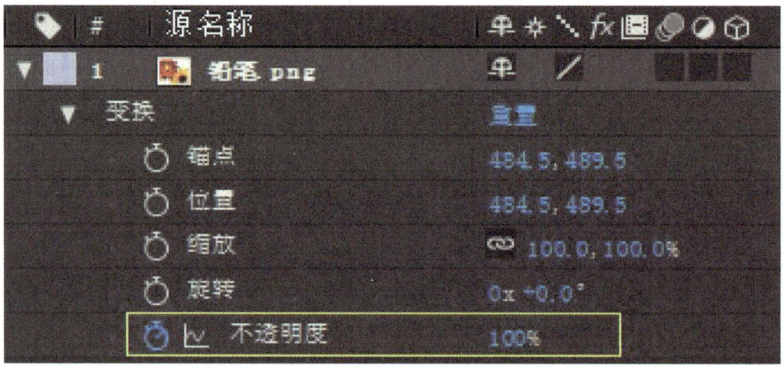

图 3-1-7 不透明度

（4）此时产生一个素材从无到有的关键帧动画，观察“合成”面板第一帧效果（见图 3-1-8），观察“合成”面板最后一帧效果（见图 3-1-9）。

图 3-1-8 第一帧

图 3-1-9 最后一帧

3.2　关键帧使用技巧

“关键帧动画”的制作并不复杂，大家应该继续努力将动画生动、快速、准确地制作完成，这才是大家努力的方向与目标，也只有这样才能在后期特效合成的道路上取得更优异的成绩。下面首先继续对“时间线”面板（见图 3-2-1）进行深入的学习。

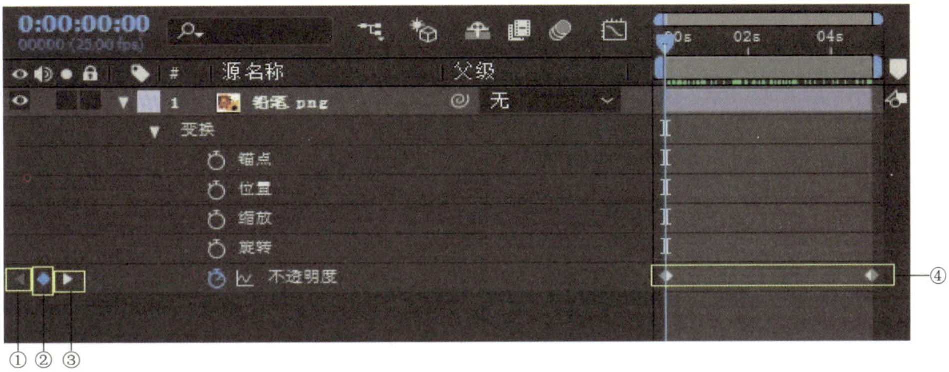

图 3-2-1　“时间线”面板

①表示“转到上一个关键帧”；②表示“转到下一个关键帧”，这两个按键可以使时间指针从一个关键帧跳转到上一个或下一个关键帧上；③表示“在当前时间添加或删除关键帧”，就是先将时间指针移动到相应位置，点击“在当前时间添加或删除关键帧”就会添加一个“关键帧”，或是将时间指针移动到已存在的“关键帧”位置上，点击“在当前时间添加或删除关键帧”，将删除现存在的“关键帧”；④表示在当前的时间上已经存在关键帧（在 After Effects 中，凡是带有“时间变化秒表”的属性，就证明可以进行“关键帧动画”的制作）。

当点击“图标编辑器”后，“时间线”面板的右侧将以“动画曲线”（见图 3-2-2）的方式显示。“动画曲线”多用在对物体的细节动画的调节上。“动画曲线”就是使用不同形态的曲线样式表示不同“关键帧动画”的运动效果。

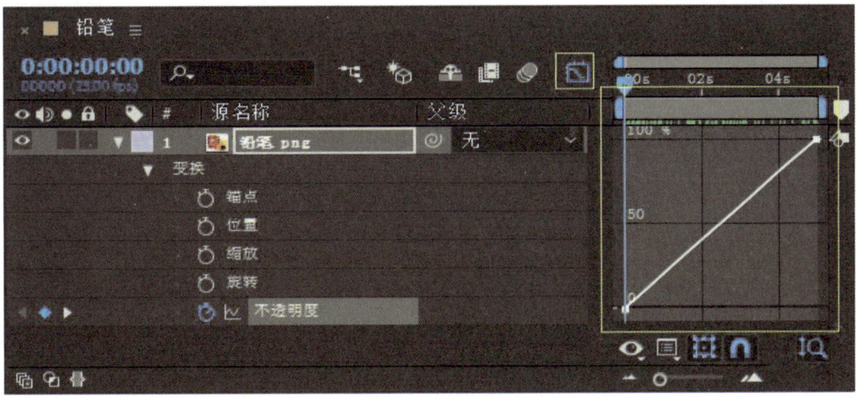

图 3-2-2　动画曲线

3.2.1 选择关键帧

选择一个关键帧（见图 3-2-3），操作起来十分简单，是最常见的选择方式，使用鼠标“点击”或是“框选”都可以选择到关键帧。

图 3-2-3 选择一个关键帧

选择多个关键帧，可以按住“Shift”键，点击需要选择的关键帧（见图 3-2-4），或左键拖动出一个选框，框选需要的关键帧（见图 3-2-5），这种方法用于选择连续的关键帧。

图 3-2-4 选择多个关键帧

图 3-2-5 框选多个关键帧

当在一个属性中有若干关键帧时，其中有几个关键帧的属性数值是相同的，需要同时选中，只需要在其中一个关键帧上右击“选择相同关键帧”（见图 3-2-6）。

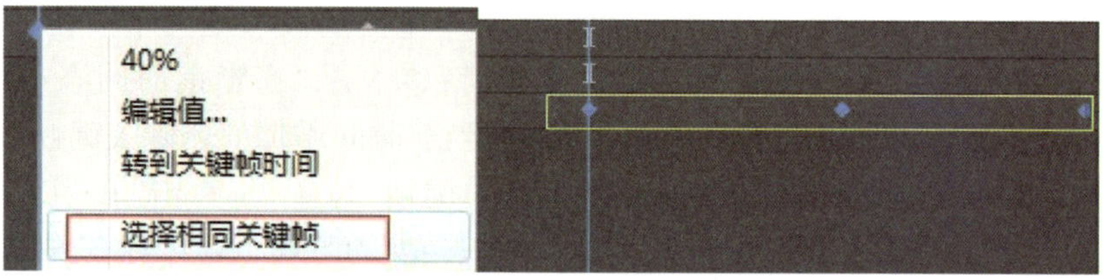

图 3-2-6 选择关键帧属性数值相同的关键帧

当要选择一个关键帧的前面或后面的所有关键帧时，只需在此关键帧上点击鼠标右键，在弹出的菜单中选择“选择前面的关键帧”或“选择跟随关键帧”命令即可（见图 3-2-7）。

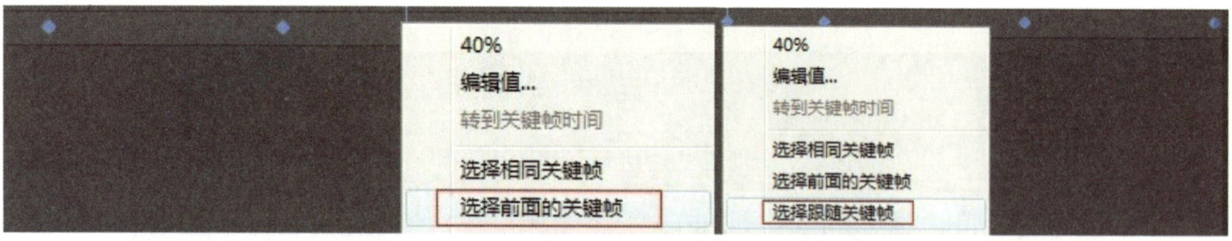

图 3-2-7 选择前面的关键帧和选择跟随关键帧

3.2.2 改变关键帧数值

可在需要改变数值的“关键帧”上双击，在弹出的对话框中输入相应的数值（见图 3-2-8）；也可在需要改变数值的“关键帧”上右击，在弹出的菜单中点击“编辑值”命令（见图 3-2-9）。

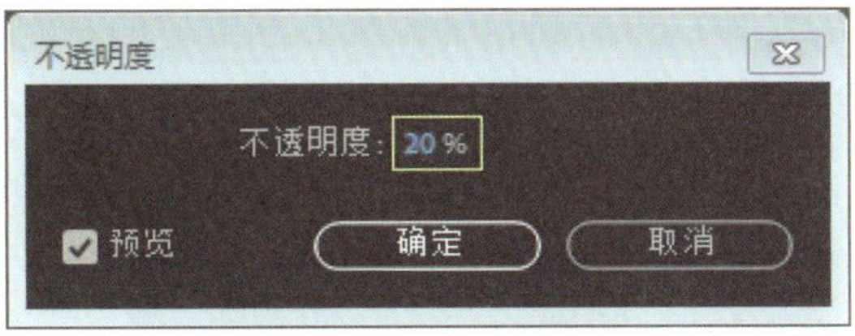

图 3-2-8 输入相应数值

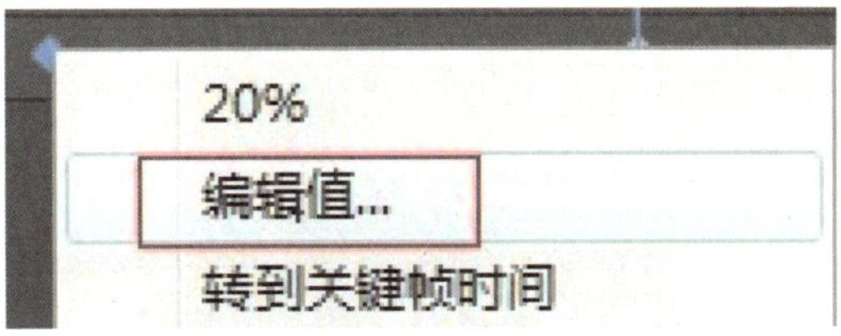

图 3-2-9 选择“编辑值”调节数值

3.2.3 快速选择时间指针

当需要将时间指针快速切换到所需要“关键帧”上时，可在所需要“关键帧”上右击，在弹出的菜单中选择“转到关键帧时间”，时间指针将快速切换到“关键帧”（见图 3-2-10）。

图 3-2-10 选择“转到关键帧时间”

3.2.4 调节关键帧动画速度

当需要对“关键帧动画”整体进行速度调节时，可以框选需要调速的所有关键帧（见图 3-2-11），按住“Alt”键拖至最后一个关键帧即可（见图 3-2-12）。

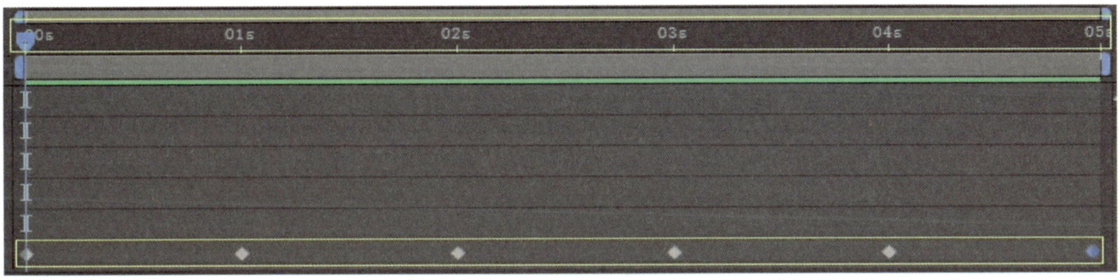

图 3-2-11 未调节动画速度

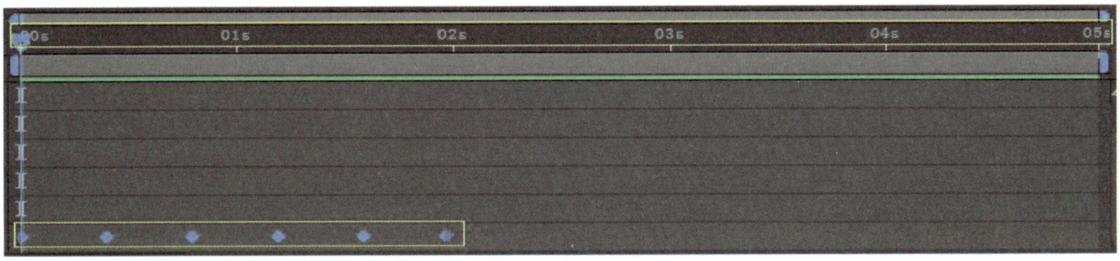

图 3-2-12 调节动画速度

3.2.5 复制粘贴关键帧

当需要对“关键帧动画”进行复制操作时，可选择需要复制的一个或多个关键帧，选择菜单“编辑”→“复制”命令，或按快捷键“Ctrl+C”，然后将时间指针标拖动到需要的时间位置（见图 3-2-13）；选择菜单“编辑”→“粘贴”命令或接快捷键“Ctrl+V”，可将关键帧粘贴到相应位置（见图 3-2-14）。

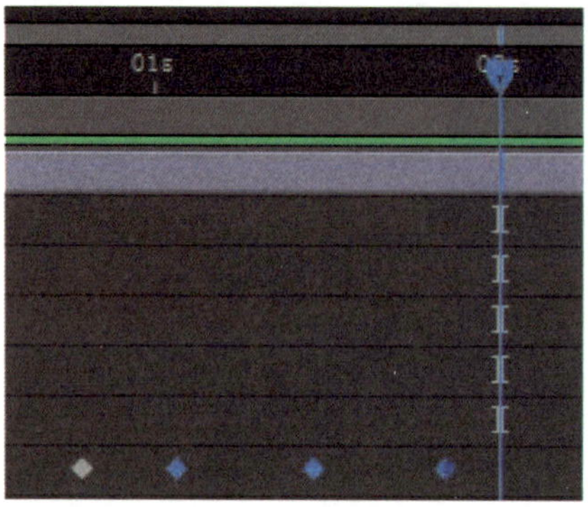

图 3-2-13　复制命令

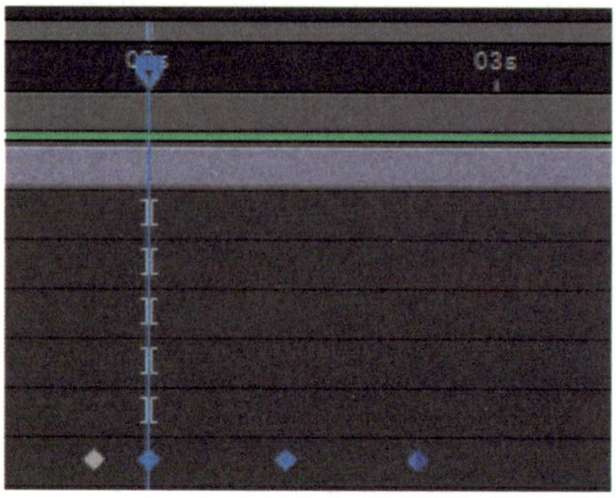

图 3-2-14　粘贴命令

3.2.6　删除关键帧

当需要对“关键帧”进行删除时，可选择需要删除的“关键帧”，选择菜单“编辑”→“清除”命令或是按“Delete”键；如果需要对全部的属性关键帧进行删除，可点击“时间变化秒表”，点击第一次是开始记录关键帧（见图 3-2-15），点击第二次是删除所有关键帧（见图 3-2-16）。

图 3-2-15　记录关键帧

图 3-2-16　删除所有关键帧

3.3　关键帧插值

插值是在两个已知值（关键帧值）之间填充未知数据的过程。After Effects 中关键帧插值就是在 After Effects 中某个属性上创建了两个关键帧，这两个关键帧将自动生成动画，动画是以几何规律来运动的（直线运动修改成曲线运动，或由默认的匀速运动修改成平滑变速运动等）。简单地说，就是在动画过程中自动插入了若干个点，这个过程就是关键帧插值。由于插值在关键帧之间生成属性值，因此插值也称为补间。关键帧之间的插值可以用于对运动、效果、图像调整等变化，以及对其他视觉元素和音频元素添加动画。关键帧插值方法不同，生成的动画效果就不同。在 After Effects 中关键帧插值分为临时关键帧插值和空间关键帧插值。

3.3.1　临时关键帧插值

在关键帧动画中可以通过控制运动的节奏达到动画最终效果的真实性。即在两个关键帧形成的动画时间上插入若干个点，则将这段时间分成了若干个时间点，也就是插入了若干个时间值。例如："位移"关键帧动画中素材的运动速度，是由素材的距离和时间来决定的，所以相同时间，距离越大，速度越快；相同距离，时间越短，速度越快。

当需要改变"图层"中的关键帧插值时，先选择需要调节的"属性值"层，再选择菜单"动画"→"关键帧插值"（见图 3-3-1），或接快捷键"Ctrl+Alt+K"，弹出"关键帧插值"对话框（见图 3-3-2）。

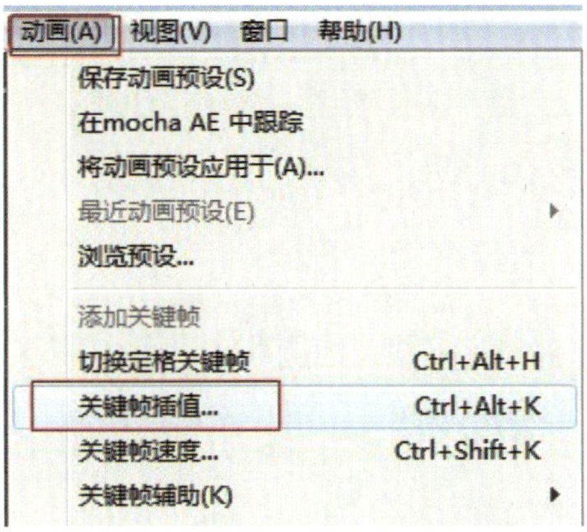

图 3-3-1　在菜单中选择"关键帧插值"

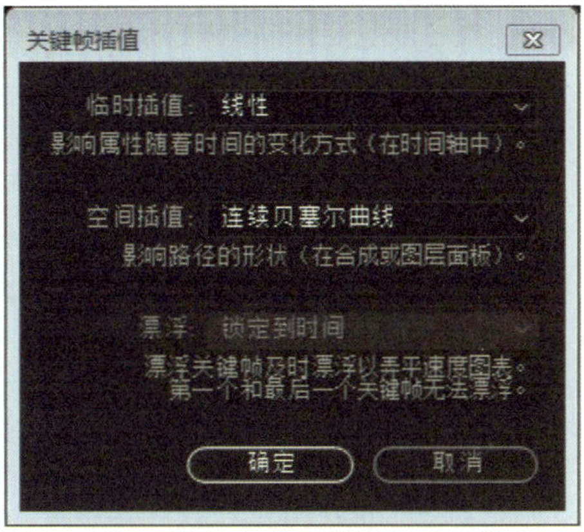

图 3-3-2　"关键帧插值"对话框

观察"临时插值"中的选项，包含"线性""贝塞尔曲线""连续贝塞尔曲线""自动贝塞尔曲线""定格"这些类型（见图 3-3-3），"临时插值"与"空间插值"的种类基本一致，这些内容放到下一节"空间插值"中再做介绍，这一节主要介绍"临时插值"的"图表编辑器"。贝塞尔曲线（见图 3-3-4）是应用于二维图形应用程序的数学曲线，通常用在矢量图软件绘画曲线，由线段与节点组成，拖动节点可以改变线段的样式从而影响动画的运动规律。在设置动画时，尽量使用最少的关键帧完成动画，所以一个复杂的运动可通过调整贝塞尔曲线完成。

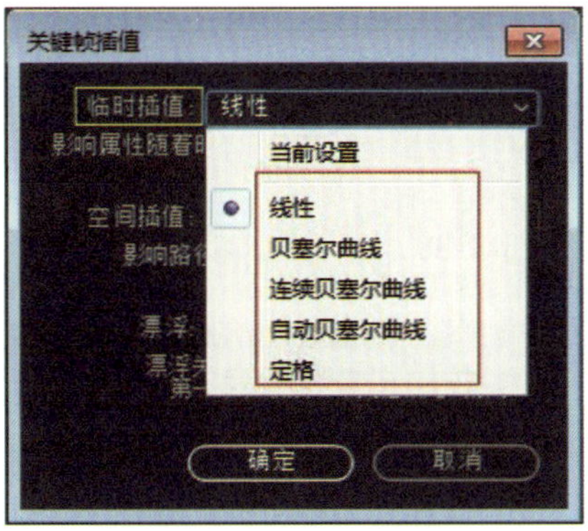

图 3-3-3　临时插值贝

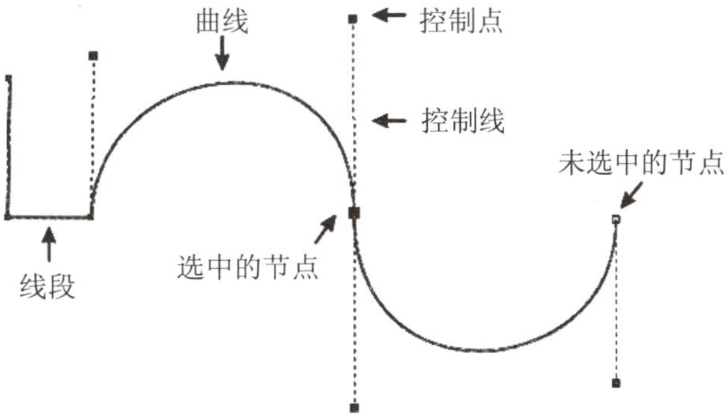

图 3-3-4　贝塞尔曲线

在 After Effects 中修改"临时插值"关键帧插值需要在"图表编辑器"中进行。选择需要修改的“临时插值”关键帧插值，点击“时间线”面板顶部的“图表编辑器”（见图 3-3-5），打开“图表编辑器”后显示的曲线就是当前属性的关键帧曲线。“图表编辑器”中的“横向”坐标代表时间，“纵向”坐标代表参数。在默认情况下，位移图表的纵坐标单位是像素，即每秒运动多少像素，是一种代表速度变化的曲线（“红线”代表“*X* 轴”“绿线”代表“*Y* 轴”，如果是三维图层，将会有一条“蓝线”代表“*Z* 轴”，所有产生的动画将由这 3 条曲线表示，曲线不同的弧度、不同的样式决定了动画不同的运动轨迹、不同的速度、不同的节奏）。

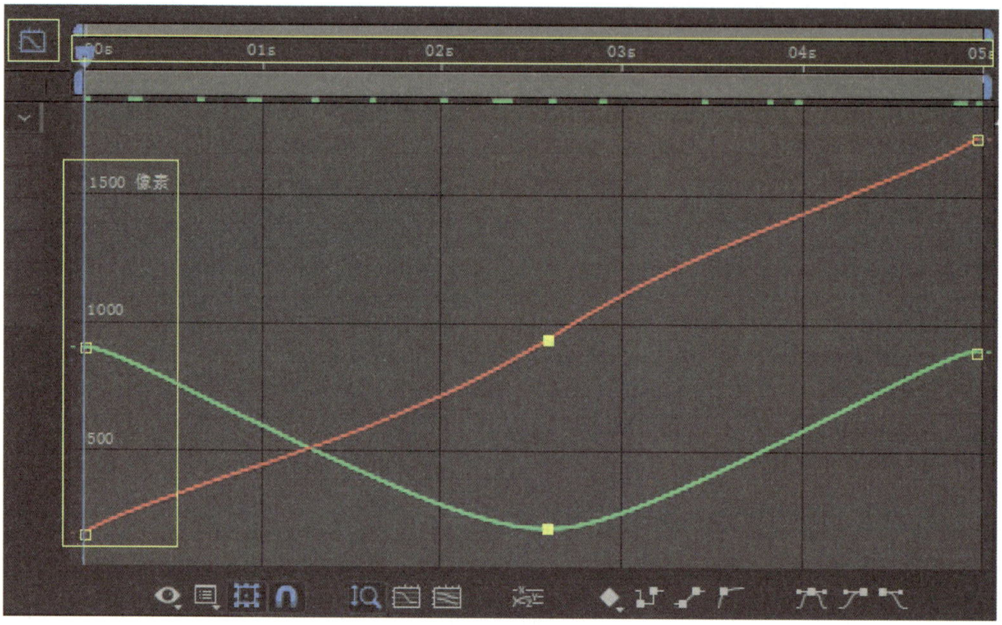

图 3-3-5 图表编辑器

“图表编辑器”底部提供了很多快捷键（见图 3-3-6），方便对“图表编辑器”进行操作。

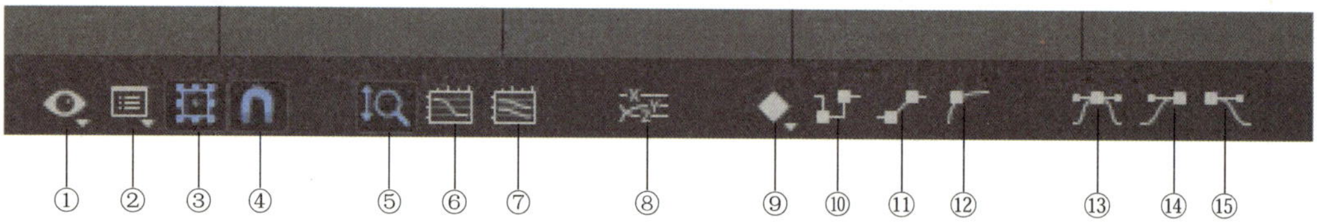

图 3-3-6 “图表编辑器底部快捷键”

①可显示“图表编辑器”中的控制器及属性（见图 3-3-7）。

②图表的显示内容，如显示速度曲线或数值曲线（见图 3-3-8）。

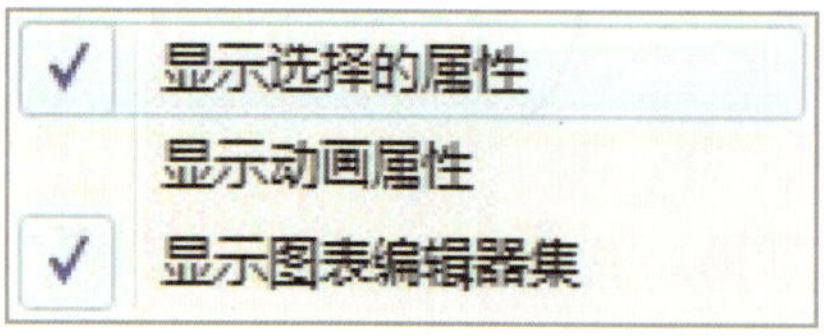

图 3-3-7 “图表编辑器”中的属性

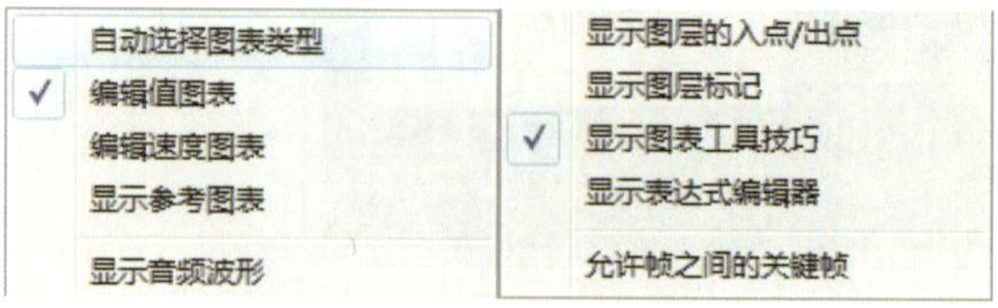

图 3-3-8 图表的显示内容

③为变换框选择多个关键帧时，可对其进行整体调节。

④用于在拖动关键帧时决定是否自动吸附到时间指示标所在的位置。

⑤为自动匹配高度，会自动缩放“图表编辑器”的最高点和最低点，与时间线高度一致。

⑥为匹配选择的关键帧，将选择的“图表编辑器”区域自动匹配到时间线的宽度和高度。

⑦为匹配所有关键帧，将所有的图表曲线区域自动匹配到时间线的宽度和高度。

⑧为分离轴向，可以将参数的每个轴向分离为一个单独参数。

⑨为编辑选择的关键帧，可编辑关键帧的时间差值或空间差值属性。

⑩用于将选择的关键帧转为“定格”类型（见图 3-3-9）。

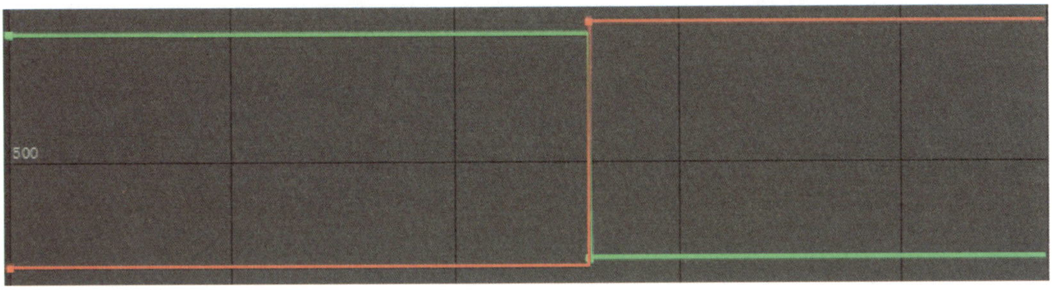

图 3-3-9　定格

⑪ 用于将选择的关键帧转为“线性”类型（见图 3-3-10）。

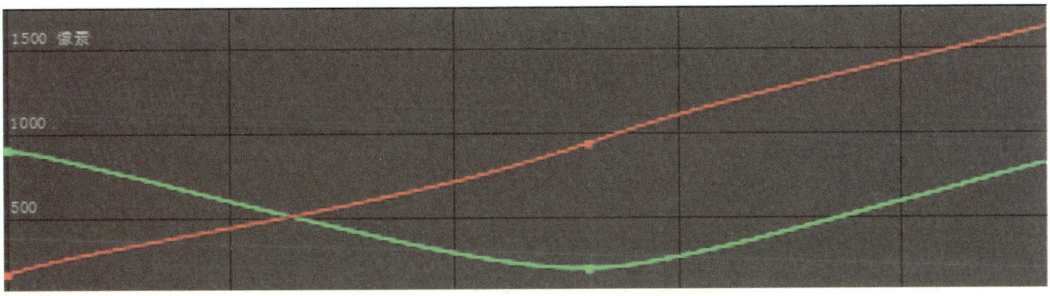

图 3-3-10　线性

⑫ 用于将选择的关键帧转为“自动贝塞尔曲线”类型（见图 3-3-11）。

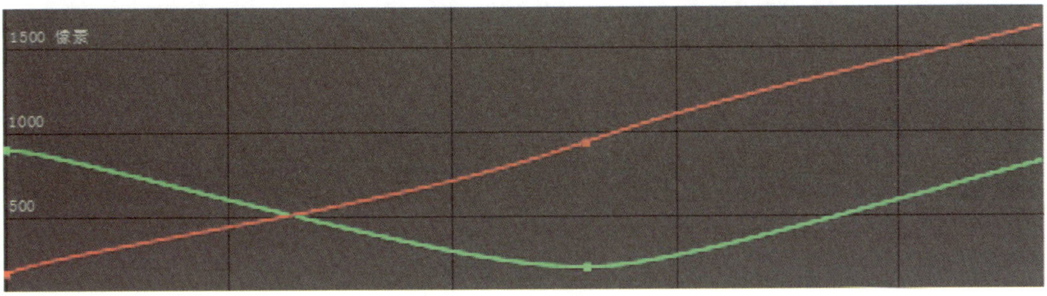

图 3-3-11　自动贝塞尔曲线

⑬ 用于改变曲线弧度与样式，动画将变为平缓进入或离开（见图 3-3-12）。

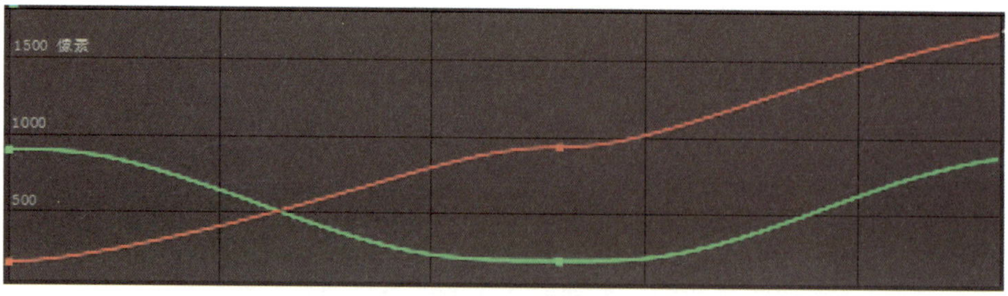

图 3-3-12 缓入缓出

⑭ 用于改变曲线弧度与样式，动画将变为平缓进入（见图 3-3-13）。

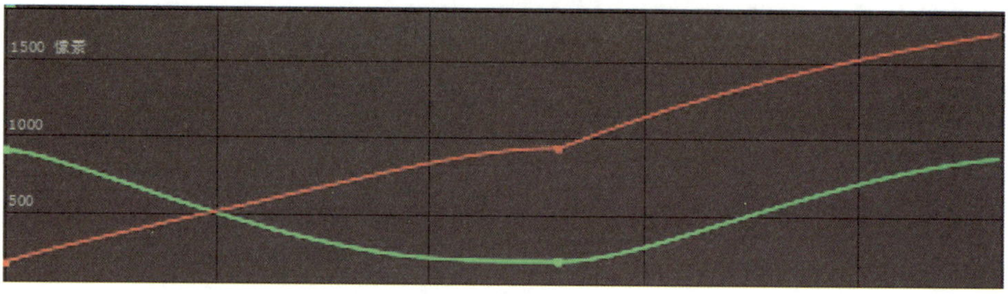

图 3-3-13 缓入

⑮ 用于改变曲线弧度与样式，动画将变为平缓离开（见图 3-3-14）。

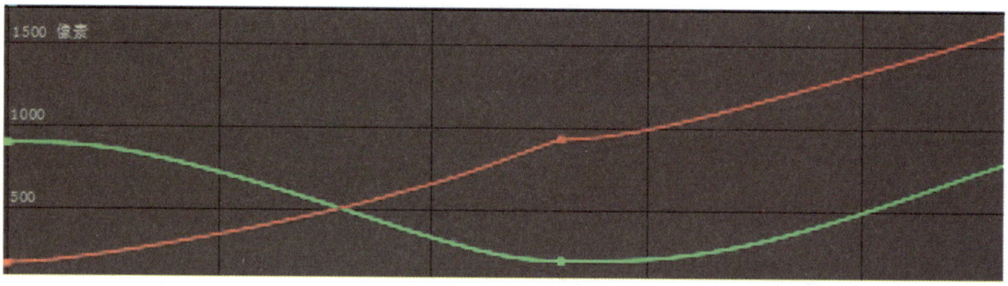

图 3-3-14 缓出

“缓入缓出”“缓入”“缓出”3 种类型是一种由“线性”到“贝塞尔曲线”的过渡，可以产生由静止到逐步加速的动画效果，或由运动逐步减速到静止的动画效果。如果对这 3 个选项产生的平缓动画效果不满意，还可以使用“贝塞尔曲线”进行修改，调整曲线到满意的效果为止。

在“时间线”面板上不同的关键帧有不同的显示方式，方便在制作过程中能够快速显示关键帧的类型（见图 3-3-15）。

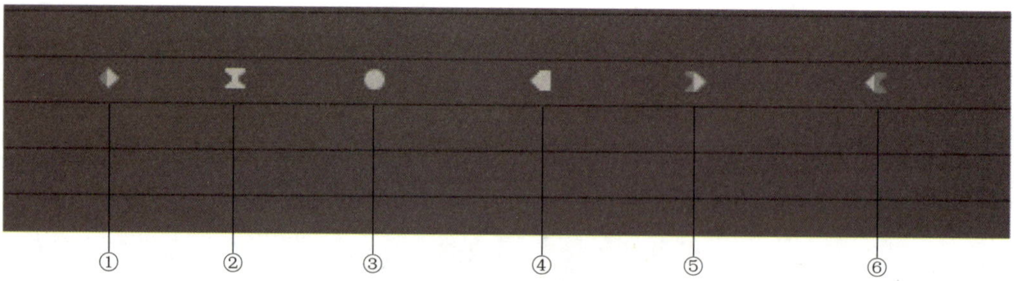

图 3-3-15 关键帧类型

①表示“线性”关键帧。

②表示“贝塞尔曲线”关键帧。

③表示“自动贝塞尔曲线”关键帧。

④表示“定格”关键帧。

⑤表示“缓入”关键帧。

⑥表示“缓出”关键帧。

3.3.2　空间关键帧插值

空间关键帧差值主要在关键帧的运动路径上（只有锚点、位置、特效控制点才有运动路径）。例如，在两个位置关键帧形成的路径上插入若干个点，则将这段路径分成了若干个位置点，也就是插入了若干个位置值（见图 3-3-16）。

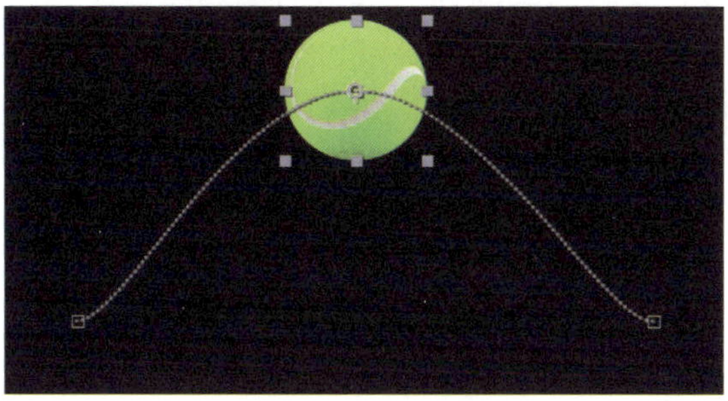

图 3-3-16　运动路径

如果需要将空间关键帧插值默认成“线性插值”，则选择菜单“编辑”→“首选项”→“常规”命令，勾选“默认的空间插值为线性”（见图 3-3-17），更改首选项设置不影响已存在的关键帧。观察“空间插值”中的选项，包含“线性”“贝塞尔曲线”“连续贝塞尔曲线”“自动贝塞尔曲线”这些类型（见图 3-3-18）。

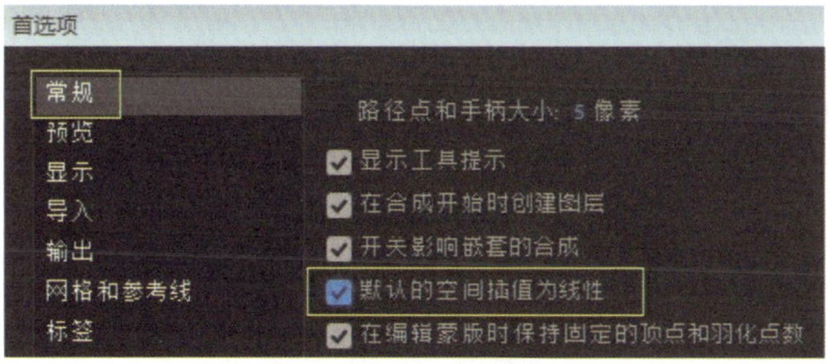

图 3-3-17　线性插值

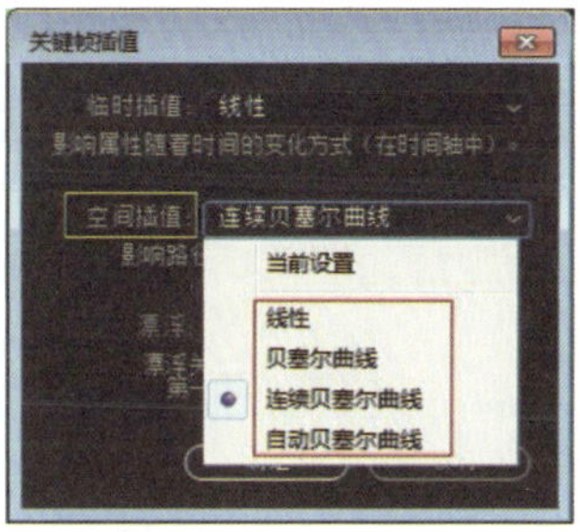

图 3-3-18　空间插值

“线性”即直线运动。运动路径中没有“贝塞尔曲线”调节手柄（见图 3-3-19）。

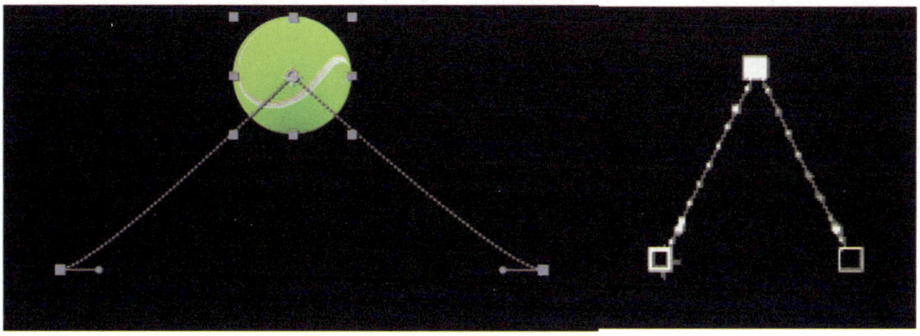

图 3-3-19　线性

“贝塞尔曲线”即曲线运动，运动路径中包含“贝塞尔曲线”调节手柄，可以通过两个手柄随意控制曲线的运动（见图 3-3-20）。

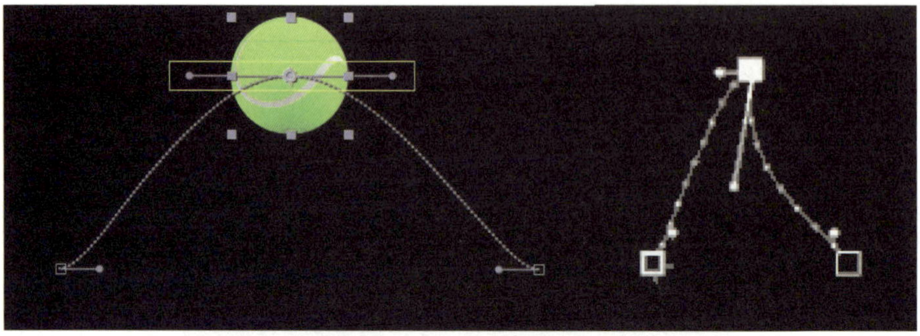

图 3-3-20 贝塞尔曲线

“连续贝塞尔曲线”是一种曲线运动，可以拖动两个调节手柄改变曲线长度，但是两个调节手柄之间的夹角始终为 180°，这样虽然贝塞尔曲线调节手柄的可控性有限，但是可以确保运动路径永远是平滑的（见图 3-3-21）。

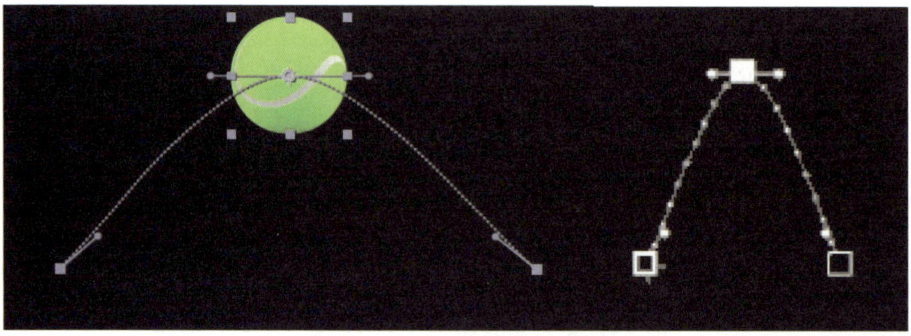

图 3-3-21 连续贝塞尔曲线

“自动贝塞尔曲线”是一种曲线运动（见图 3-3-22），两个调节手柄距离关键帧的长度相同，两个调节手柄之间的夹角始终为 180°。它多用于线性曲线变化，而且产生的关键帧曲线的效果平滑（“定格”只存在“临时插值”中，它的作用主要是突变性动画，类似“开关”的效果，关键帧之间没有过渡动画）。

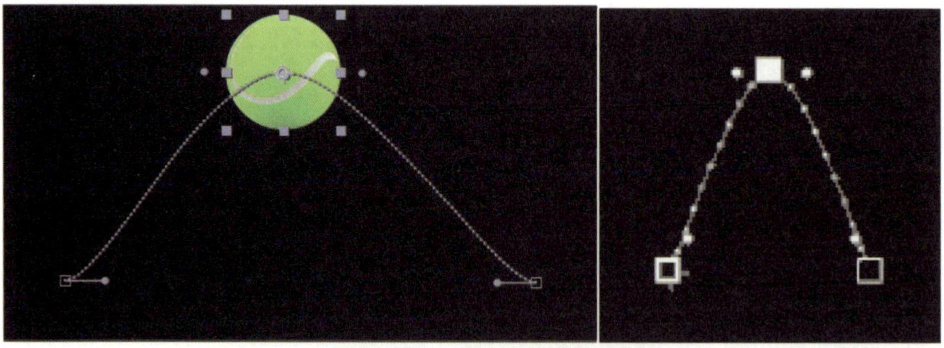

图 3-3-22 自动贝塞尔曲线

也可以这样理解，在 After Effects 中提供两种空间运动：一种是直线运动，通过“线性”关键帧插值产生；另一种是曲线运动，通过三种贝塞尔曲线关键帧插值产生。选择一种关键帧差值方式，就是制定一种运动类型。三种贝塞尔曲线关键帧插值在本质上并无差别，只是调整的方便程度不同，任何形状都可以通过贝塞尔曲线关键帧插值调整出来（按快捷键“Ctrl+Alt”的同时，在“线性”关键帧插值上点击，可以将“线性”关键帧插值转化为“自动贝塞尔曲线”；同时使用鼠标在“贝塞尔曲线”“连续贝塞尔曲线”“自动贝塞尔曲线”关键帧插值上调节，可以随意调节“贝塞尔曲线”手柄，从而改变曲线的运动规律）。

3.3.3　漂浮

在制作动画的软件中，想要手动调节多个关键帧之间的匀速运动是十分困难的，而“漂浮”创建了关键帧匀速运动的快捷方法，可以在多个关键帧中快速实现匀速运动效果，而且不影响关键帧参数，通过调整关键帧之间的距离实现匀速运动。

观察图 3-3-23 的“时间线”面板中的动画曲线，关键帧疏密不一，动画效果非匀速运动。

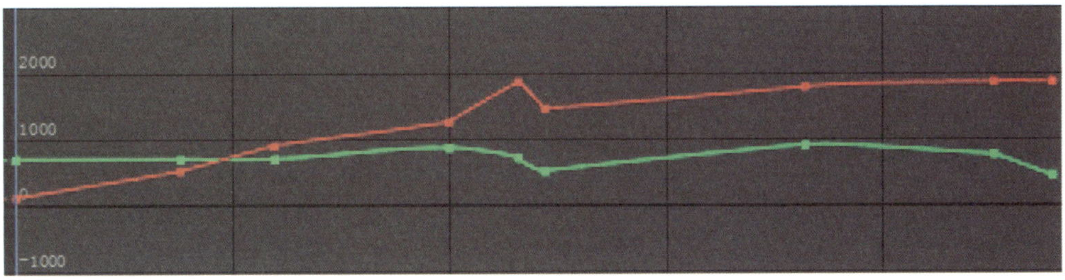

图 3-3-23　动画曲线

此时，先选择“图标编辑器”（见图 3-3-24）的关键帧（不要选择第一帧与最后一帧，如果选择的是第二个与第三个关键帧，则会在第一个到第四个关键帧之间产生匀速运动），再选择“关键帧插值”→“漂浮”→“漂浮穿梭时间”命令（见图 3-3-25）。

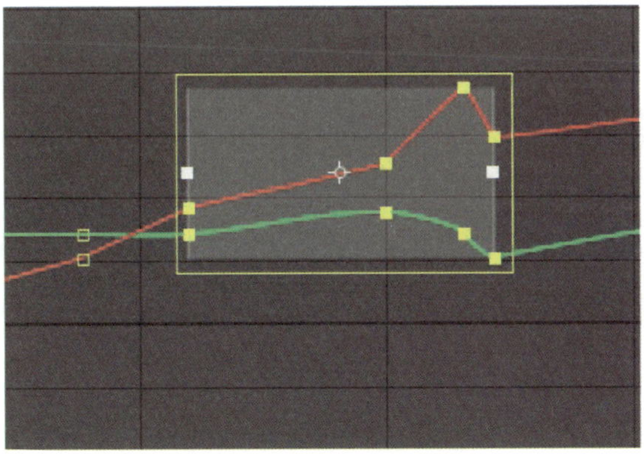

图 3-3-24　图标编辑器

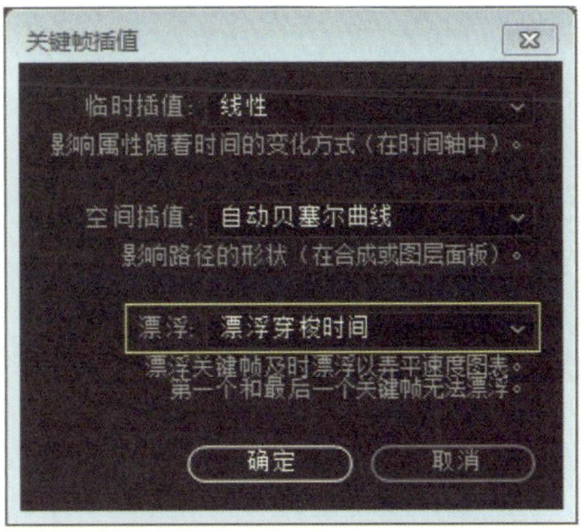

图 3-3-25　漂浮穿梭时间

观察“图标编辑器”（见图 3-3-26）上的关键帧的变化，在播放动画时观看动画的运动速度并与之前动画的运动速度作比较（见图 3-3-27）。

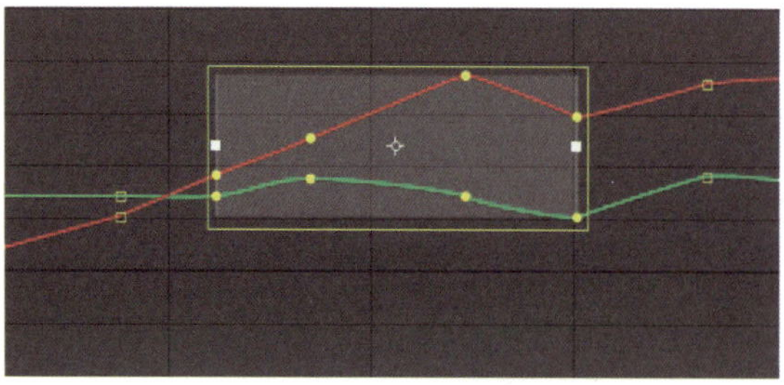

图 3-3-26 图标编辑器

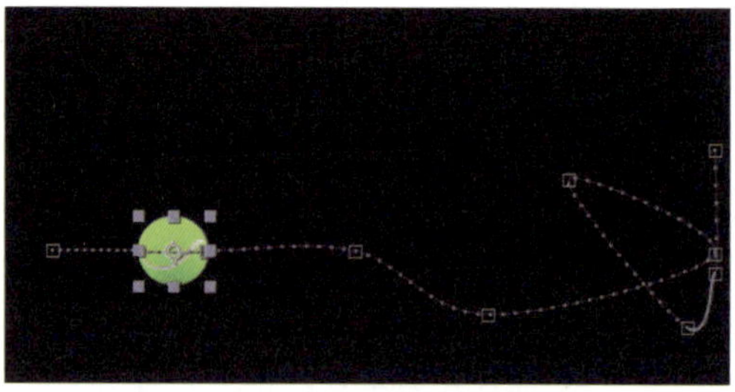

图 3-3-27 观察动画

3.4 关键帧的修改

在 After Effects 中使用关键帧创建完动画，观看动画的效果时可能会有很多不理想的地方，此时就需要对记录的关键帧进行修正，以获得最理想的动画效果。

3.4.1 动态草图

动态草图的效果类似“路径动画”，也是绘制一条“路径”，让素材沿着路径进行运动，但是产生的动画效果要比“路径动画”更灵活，操控也更便捷。创建动态草图的方法如下。

（1）创建合成组“动态草图”，其中“宽度”输入“1920”px，“高度”输入“1080”px，“持续时间”为 5 秒（见图 3-4-1），导入素材“火箭”到合成组之中，“缩放”属性输入“50.0，50.0”%，“旋转”属性输入“+90.0”，将素材“火箭”摆放到视图左下角的位置（见图 3-4-2）。

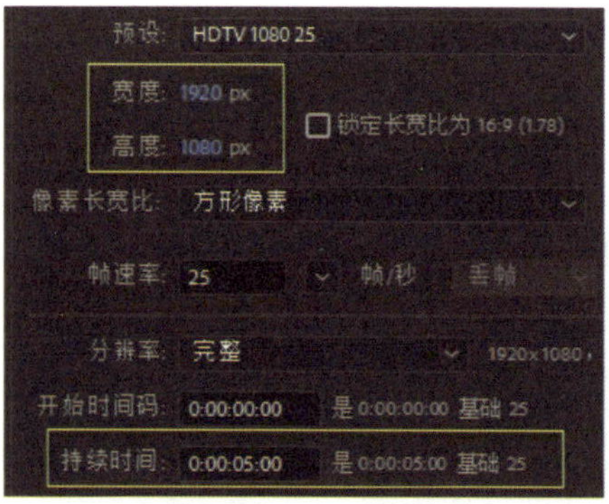

图 3-4-1 合成组

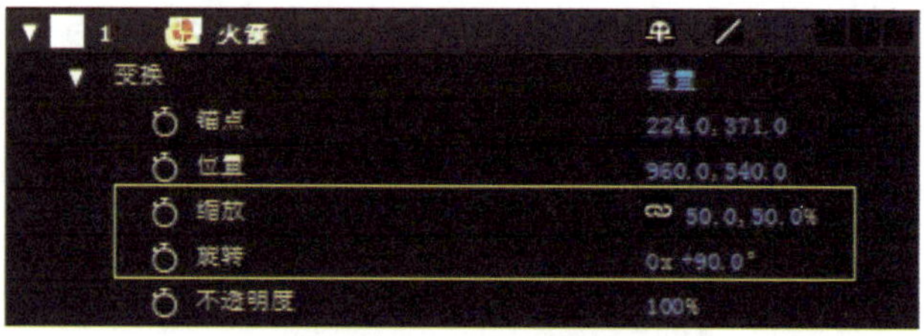

图 3-4-2 调节属性

（2）选择菜单“窗口”→“动态草图”命令（见图 3-4-3），将显示“动态草图”对话框。在对话框中，“平滑”属性输入“5”，选择素材“火箭”层，点击“开始捕捉”（见图 3-4-4）。

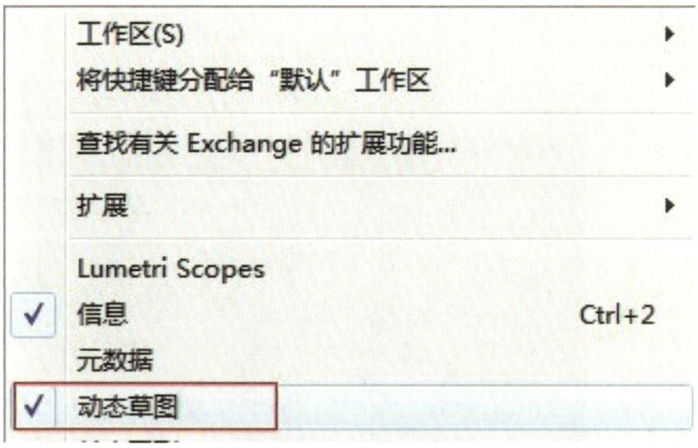

图 3-4-3 动态草图

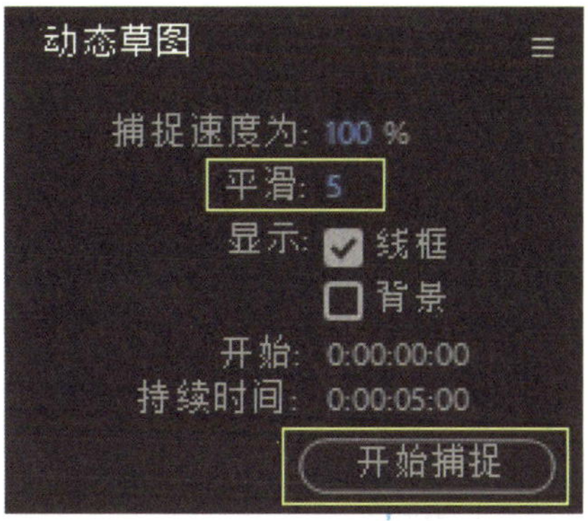

图 3-4-4 开始捕捉

（3）此时，鼠标变为“十”字显示，拖动鼠标绘制“路径”（鼠标的拖动速度与产生关键帧的速度相同）（见图 3-4-5），绘制完成后在“路径”上生成关键帧（见图 3-4-6）。

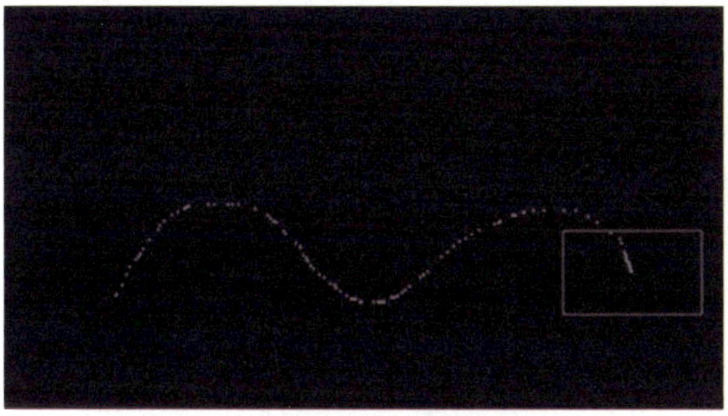

图 3-4-5 绘制路径

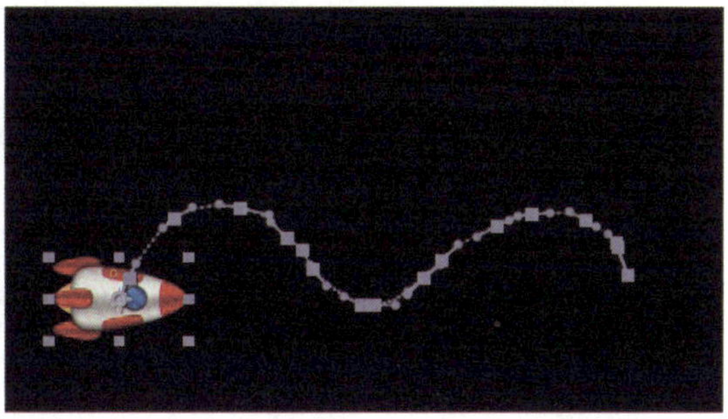

图 3-4-6 绘制完成

（4）在“路径”上生成关键帧可以转换“贝塞尔曲线”进行调节（见图 3-4-7），在“时间线”面板中拖动时间指针可以观看动画（见图 3-4-8）。

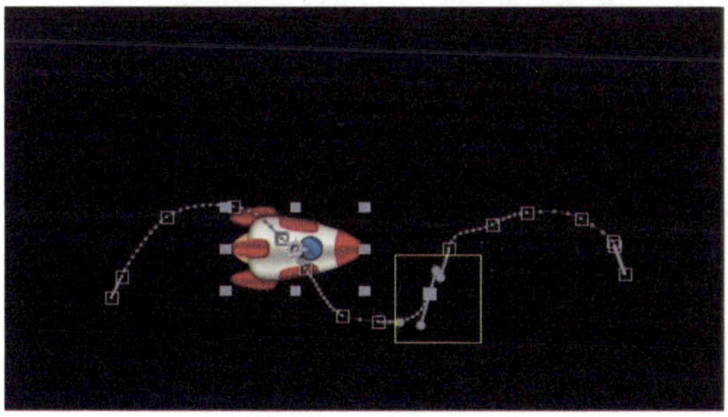

图 3-4-7 转换贝塞尔曲线

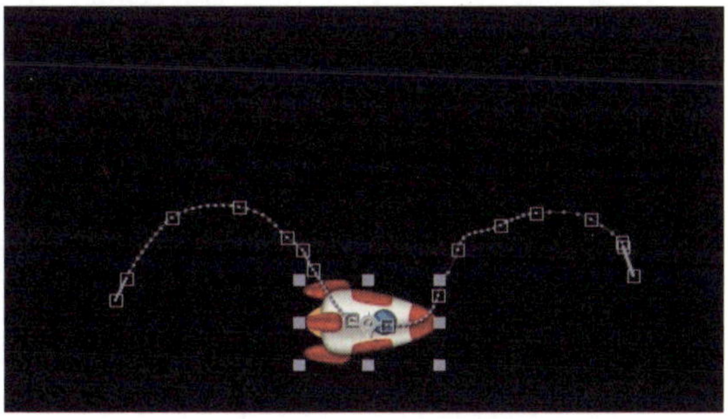

图 3-4-8 观看动画

3.4.2 自动定向

观看动画时发现素材的运动不是按照“路径”的方向。制作“位移”动画时常会产生这样的问题。在默认情况下，素材运动的方向不会与曲线方向一致，只能使用“旋转”属性数值的关键帧来修正方向，但是会加大工作量而且效果也并不理想，此时可以使用“自动定向”命令快速准确地修正方向。创建“自动定向”的方法如下。

（1）选择菜单“图层”→“变换”→“自动定向”命令（见图 3-4-9），在弹出的“自动定向”

对话框中选择“沿路径定向”选项(见图 3-4-10)。

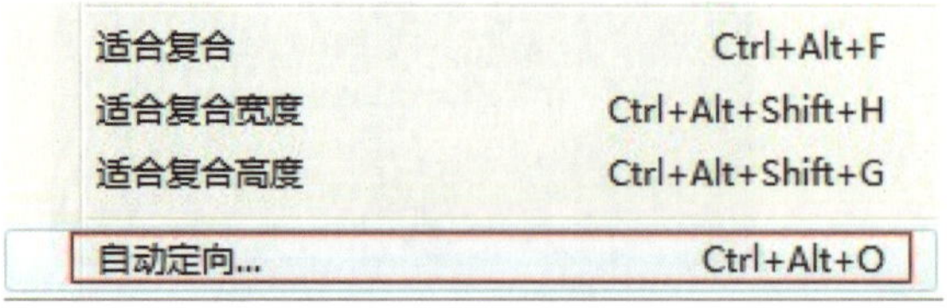

图 3-4-9 自动定向

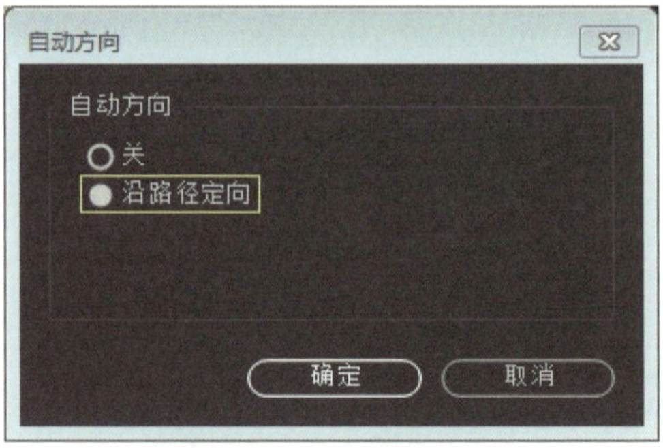

图 3-4-10 沿路径定向

(2)此时再播放动画,素材自动跟随曲线的方向进行移动(见图 3-4-11)。

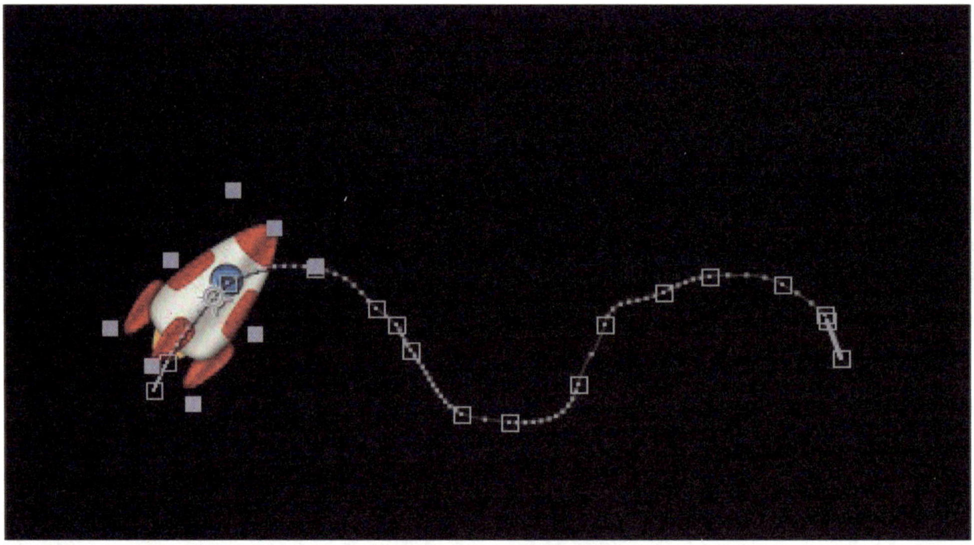

图 3-4-11 沿路径运动

3.4.3 平滑器

使用“动态草图”的命令完成的关键帧数量过多,会对动画的顺畅度有所影响,当然不只是“动态草图”命令,很多时候即使是手动记录关键帧也会出现同样的情况,如果进行手动修复,也是一项工作量巨大的任务。遇到类似情况,可以使用“平滑器”解决。例如,观察上面素材“火箭”的动画会发现动画并不顺畅,则可以使用“平滑器”。创建“平滑器”的方法如下。

(1)在“时间线”面板中选择素材“火箭”的“位置”属性(确保选择全部的关键帧)(见图 3-4-12),选择菜单“窗口”→“平滑器”命令(见图 3-4-13)。

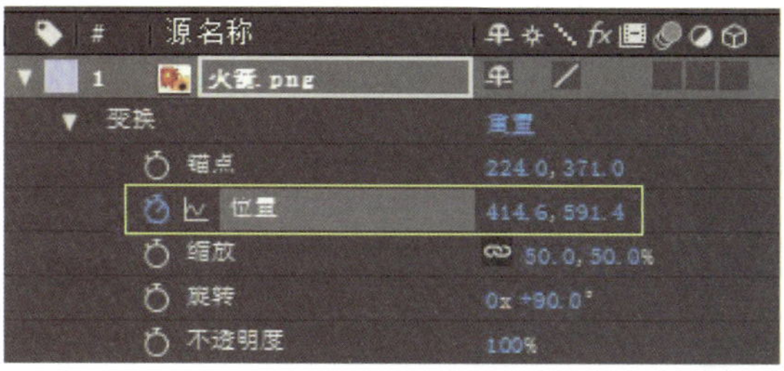

图 3-4-12　位置属性

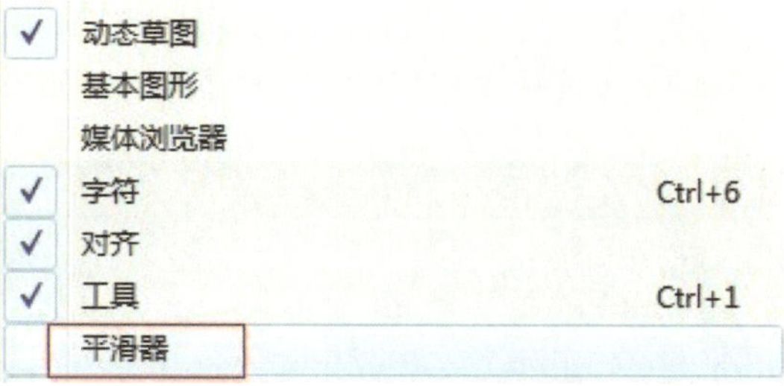

图 3-4-13　平滑器

（2）在弹出的“平滑器”对话框中，“容差”输入“10”，点击“应用”（如果选择多个属性或少于 3 个关键帧，平滑器功能无法使用）（见图 3-4-14），“合成”面板与“时间线”面板中关键帧自动减少（见图 3-4-15）。

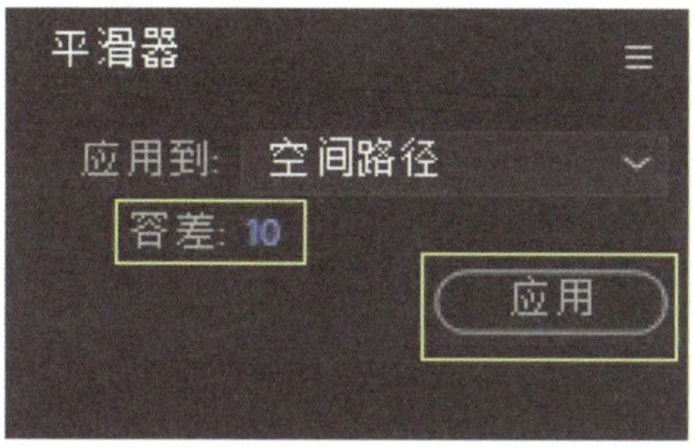

图 3-4-14　平滑器

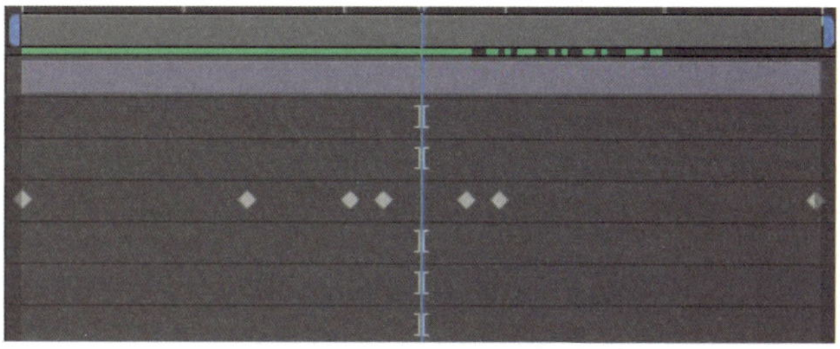

图 3-4-15　关键帧减少

（3）在“时间线”面板中拖动时间指针，观看动画并与之前的动画效果作对比（见图 3-4-16）。

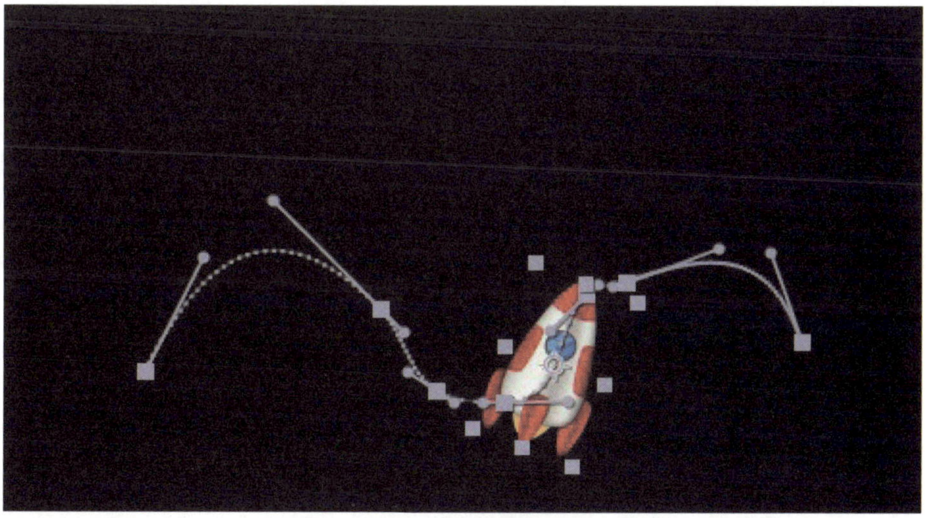

图 3-4-16　动画效果

3.4.4　摇摆器

“摇摆器”与“平滑器”的作用相反，是将素材的运动变为抖动，多用于为素材制作随机变化的关键帧。以素材“火箭”为例，要增添一些不规则的关键帧，手动创建虽然可以但是工作量较大，此时可以使用“摇摆器”创建抖动的动画效果。具体方法如下。

（1）在“时间线”面板中选择素材“火箭”的“位置”属性（确保选择全部的关键帧）（见图 3-4-17），选择菜单“窗口”→“摇摆器”命令（见图 3-4-18）。

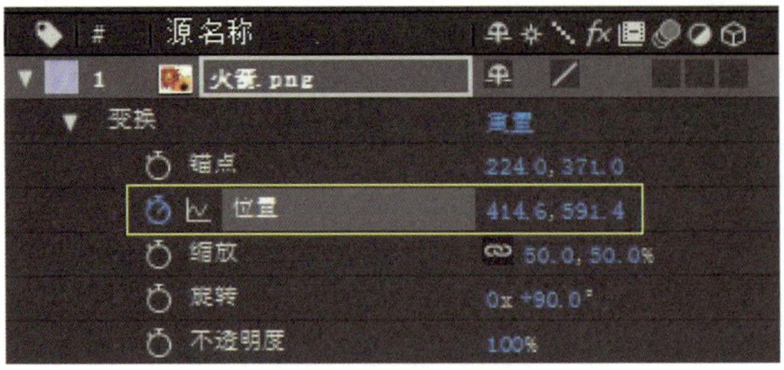

图 3-4-17　位置属性

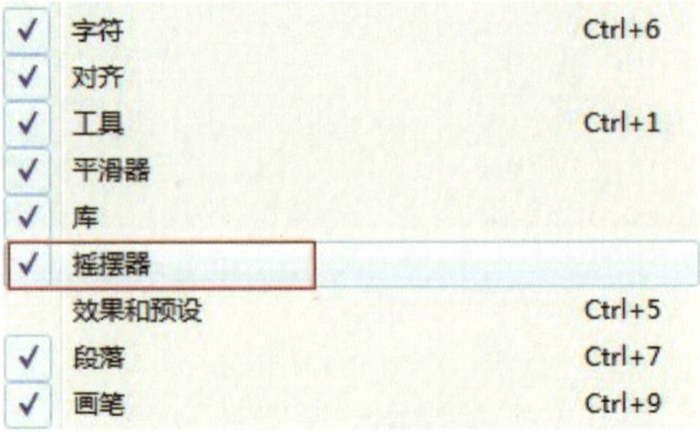

图 3-4-18　摇摆器

（2）弹出“摇摆器”对话框，“应用到”用于选择操作对象，对关键帧的空间路径或时间图表进行抖动操作；“杂色类型”用于选择抖动类型，可以选择“平滑”或“成锯齿状”，“平滑”比“成锯齿状”抖动平滑一些；“维数”代表抖动方向，“*X*”在水平方向抖动，“*Y*”在垂直方向抖动，“所有相同”是 *X* 方向始终与 *Y* 方向具有相同值抖动；“全部独立”是 *X*、*Y* 方向完全随机抖动；“频率”即每秒产生多少次数值变化；“数量级”是抖动振幅，即每次抖动的程度值，这个值与当前选择的参数的单位有关（见图 3-4-19）。将“应用到”选择“空间路径”，“杂色类型”选择“平滑”，“维数”选择“全部独立”，“频率”输入“10.0”，“数量级”输入“20.0”，点击“应用”（如果选择多个属性或少于两个的关键帧，摇摆器功能无法使用）（见图 3-4-20）。

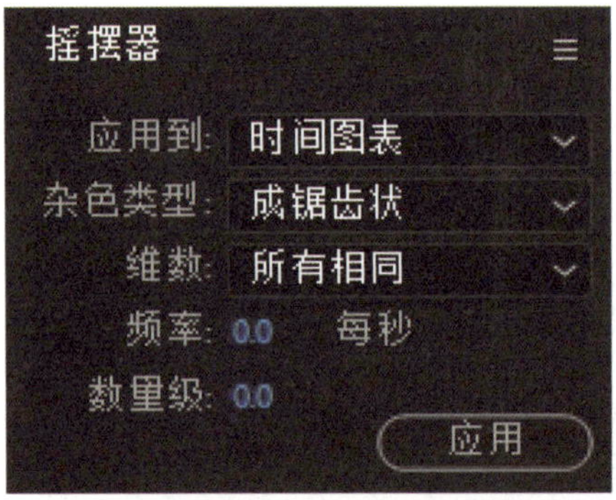

图 3-4-19　摇摆器

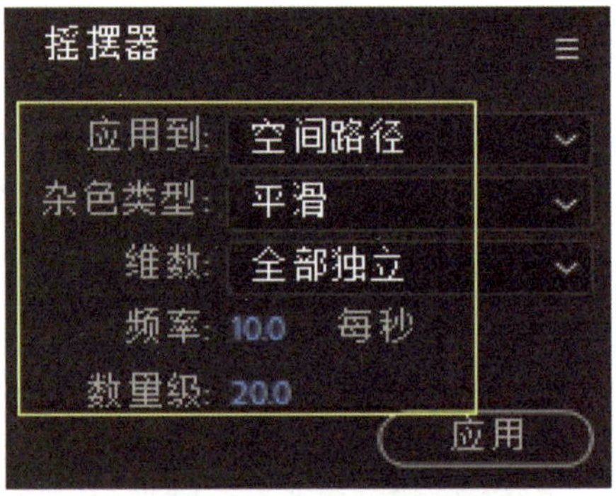

图 3-4-20　调节摇摆器

（3）观察“时间线”面板中的关键帧变化（见图 3-4-21），拖动时间指针播放动画，同时观看动画的运动效果（见图 3-4-22）。

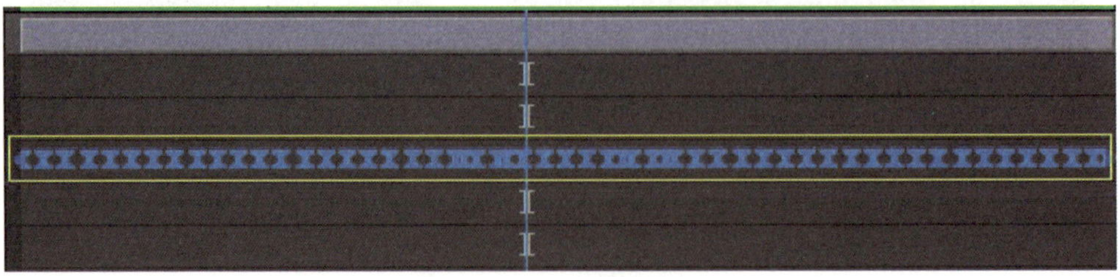

图 3-4-21　“时间线”面板

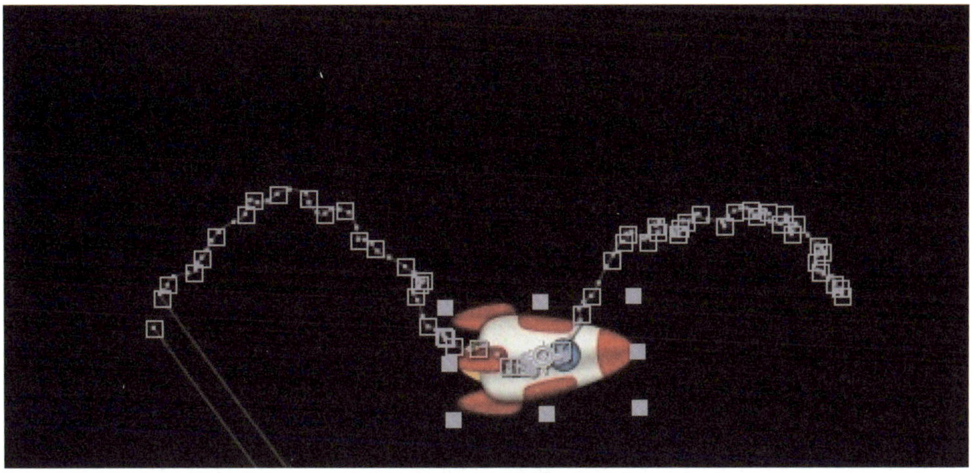

图 3-4-22　动画效果

3.4.5　时间重映射

时间重映射可以对视频的时间进行延长、压缩、倒放等操作，能自由地控制视频播放的速度。创建“时间重映射”的方法如下。

（1）创建“合成组”，其中“宽度”输入“720”px，“高度”输入“480”px，“持续时间”为 8 秒（见图 3-4-23），导入素材“游动”到“合成组”之中，调整好位置与大小（见图 3-4-24）。

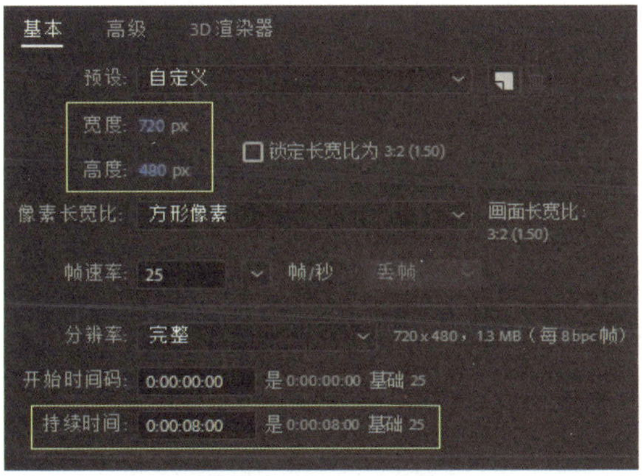

图 3-4-23　合成组

图 3-4-24　素材

（2）在“时间线”面板中选择素材“游动”层，选择菜单“图层”→“时间”→“时间重映射”命令（见图 3-4-25），在“时间线”面板中将出现“时间重映射”层（见图 3-4-26）。

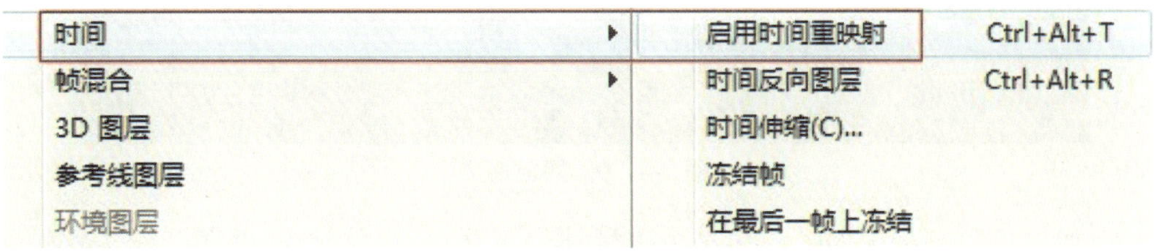

图 3-4-25　时间重映射

图 3-4-26 时间重映射层

（3）此时，在“时间线”面板中“00s”位置有第一个关键帧（见图 3-4-27），将时间指针拖至“06s”位置，记录第二个关键帧（见图 3-4-28）。

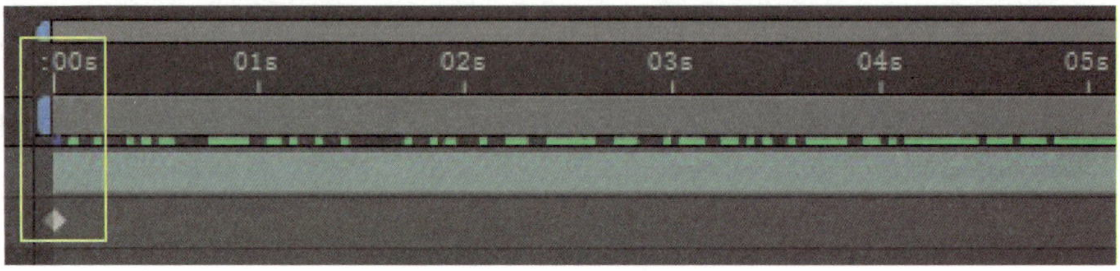

图 3-4-27 第一个关键帧

图 3-4-28 第二个关键帧

（4）拖动第二个关键帧到“03s”的位置（见图 3-4-29），此时播放动画，发现原来从“00s”至“06s”的视频，变成从“00s”至“03s”快速播放完成；原来从“06s”至“08s”的视频，变成从“03s”至“08s”慢速播放完成（见图 3-4-30）。

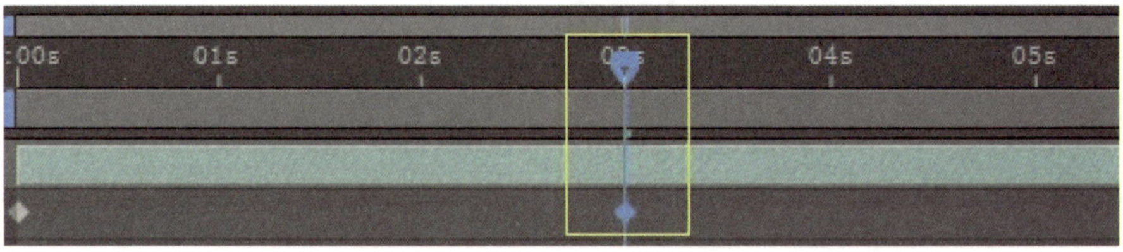

图 3-4-29 拖动第二个关键帧

图 3-4-30 播放速度

（5）如果将第一个关键帧与第二个关键帧位置互换，也就是说，将第二个关键帧放在“00s”位置，第一个关键帧放在“06s”位置，播放视频时视频将进行倒放（见图 3-4-31）。选择某一个关键帧，选择菜单“编辑”→“复制”命令，然后拖动时间指针到新的“时间上”，选择“粘贴”，复制出一个新的关键帧，而“复制”关键帧和“粘贴”关键帧之间的视频画面是静帧画面（见图 3-4-32）。

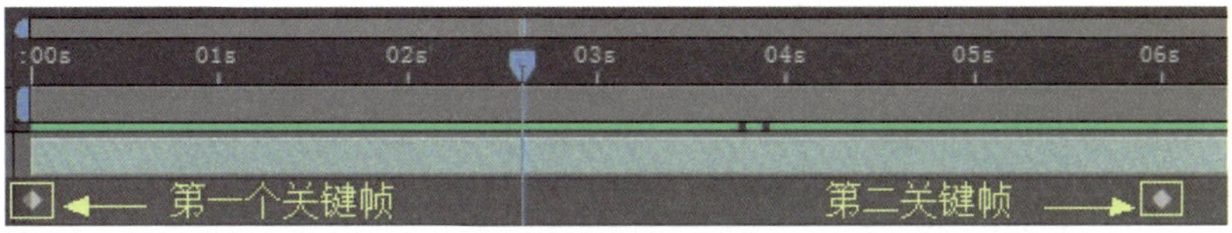

图 3-4-31　回放

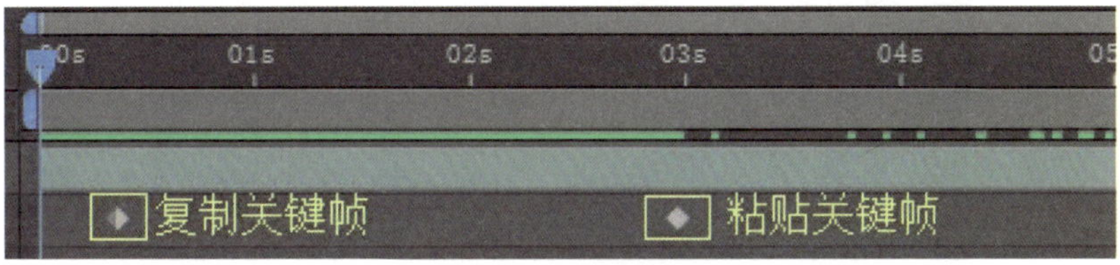

图 3-4-32　静帧画面

3.4.6　时间反向图层

“时间反向图层”是一个可以快速将视频进行倒放的命令。创建“时间反向图层”的方法如下。

（1）在“时间线”面板中选择素材“游动”层（见图 3-4-33），选择菜单“图层”→“时间”→“时间反向图层”命令（见图 3-4-34）。

图 3-4-33　素材

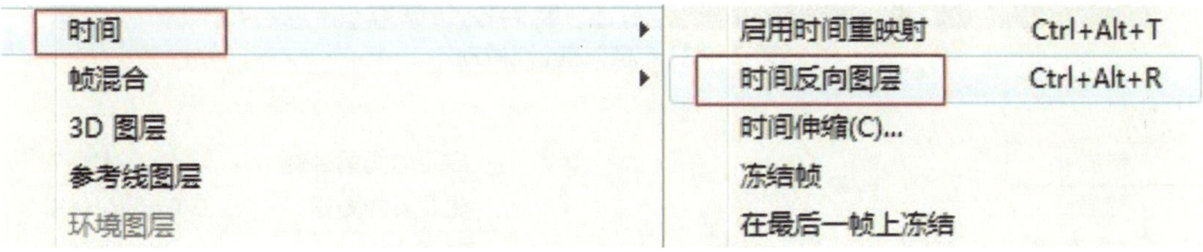

图 3-4-34　时间反向图层

（2）此时，“时间线”面板的显示发生变化（见图 3-4-35），播放时视频将倒放显示（见图 3-4-36）。

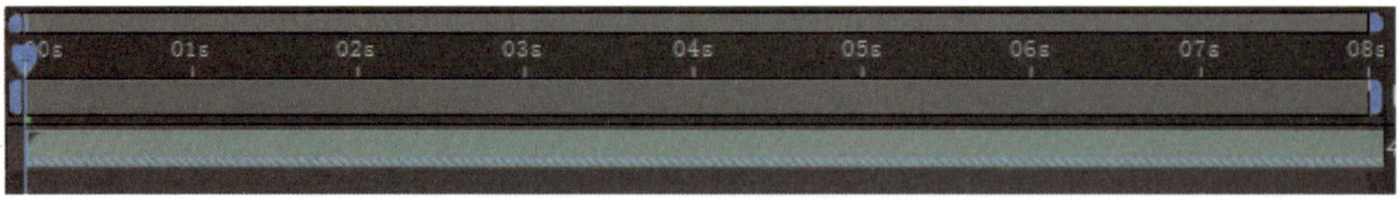

图 3-4-35 “时间线”面板

图 3-4-36 视频倒放显示

3.4.7 时间伸缩

时间伸缩可以将视频快速调节到一个特定速度进行播放。创建“时间伸缩”的方法如下。

（1）将素材“游动”导入 After Effects “时间线”面板中（见图 3-4-37），选择菜单“图层”→“时间”→“时间伸缩”命令（见图 3-4-38）。

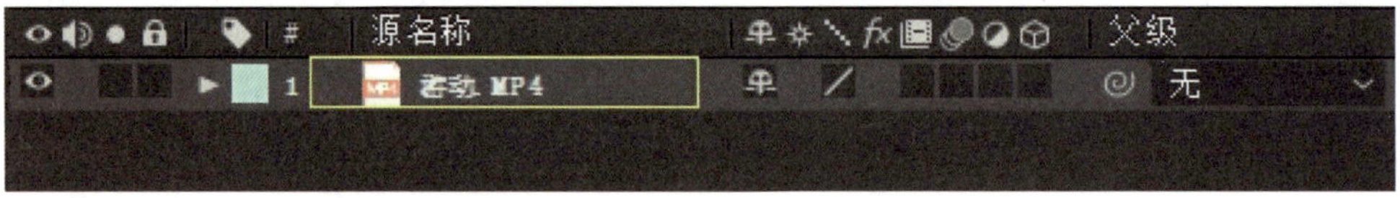

图 3-4-37 导入素材“游动”

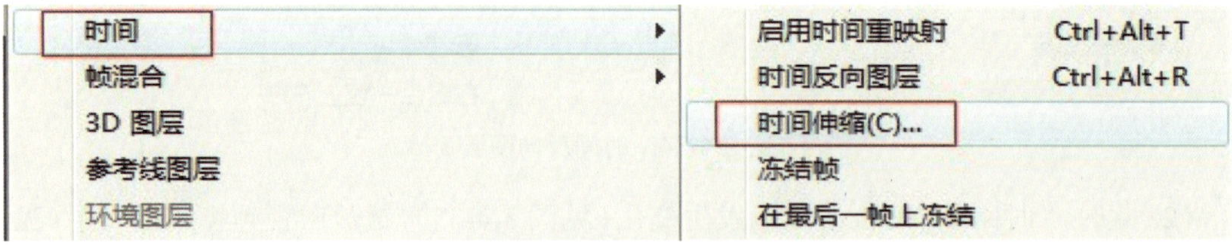

图 3-4-38 时间伸缩

（2）此时，“时间线”面板应显示“伸缩”命令（见图 3-4-39），如没有显示“伸缩”命令，点击“时间线”面板下方的“展开或折叠出点 / 入点”按钮（见图 4-4-40）。此时若还未显示，则右击“时间线”面板右上方，在弹出的菜单中选择“列数”，勾选“伸缩”命令（见图

3-4-41）。

图 3-4-39　伸缩

图 3-4-40　“展开或折叠出点 / 入点”按钮

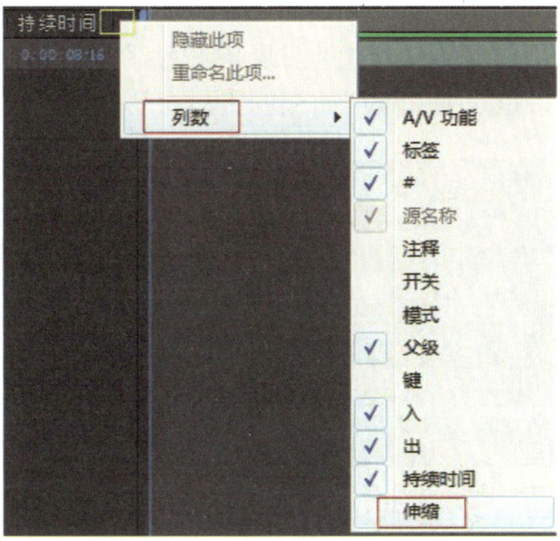

图 3-4-41　“列数”→“伸缩”命令

（3）点击“时间线”面板中的“伸缩”数值，弹出“时间伸缩”对话框，“拉伸因数”是拉伸的比例；“持续时间”是结束的时间。“原位定格”有 3 种类型：“图层进入点”是以入点为基准进行拉伸，也就是从左向右拉伸；“当前帧”是以时间指针的位置为基准进行拉伸，也就是两侧向中间拉伸；“图层输出点”是以出点为基准进行拉伸，也就是从右向左拉伸（见图 3-4-42），将“拉伸因数”输入“50”，勾选“图层进入点”，播放视频发现速度加快，但是画面内容未变化（见图 3-4-43）。

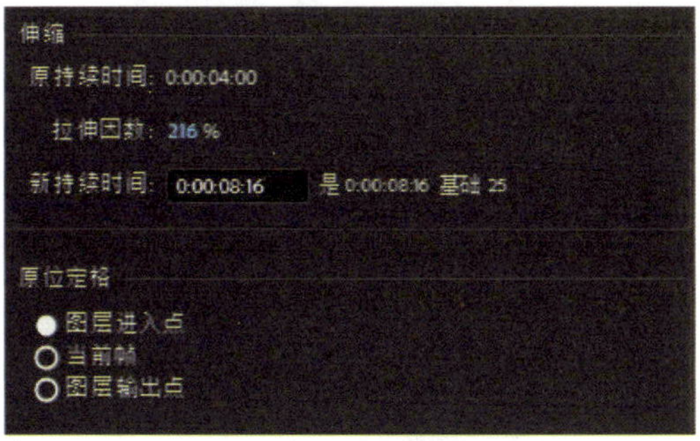

图 3-4-42　时间伸缩

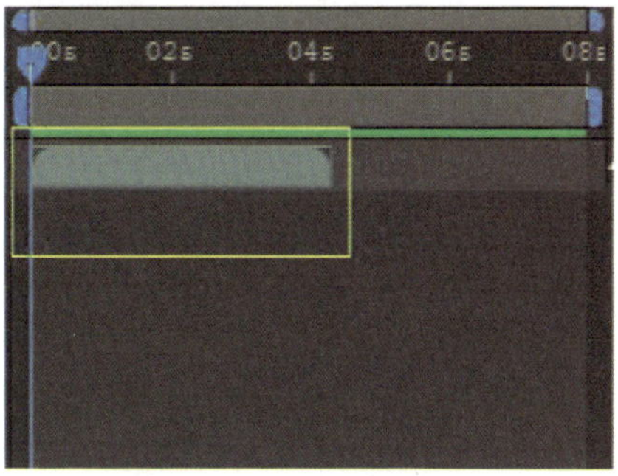

图 3-4-43　时间指针

（4）将“拉伸因数”输入“50”%，勾选“当前帧”（见图 3-4-44），将时间指针拖至“04s”位置（见图 3-4-45），观察“时间线”面板的素材层变化。

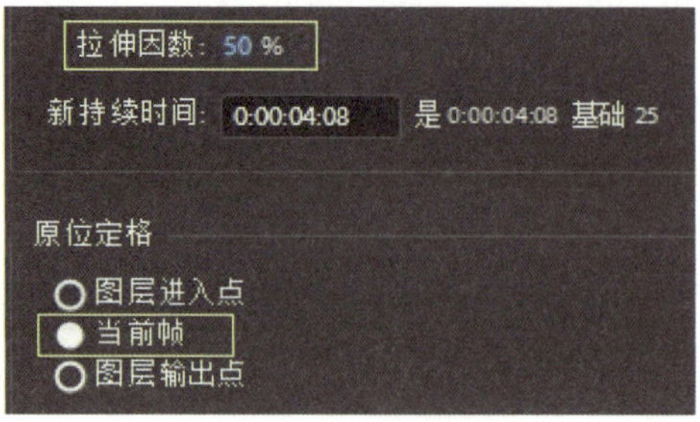

图 3-4-44 当前帧

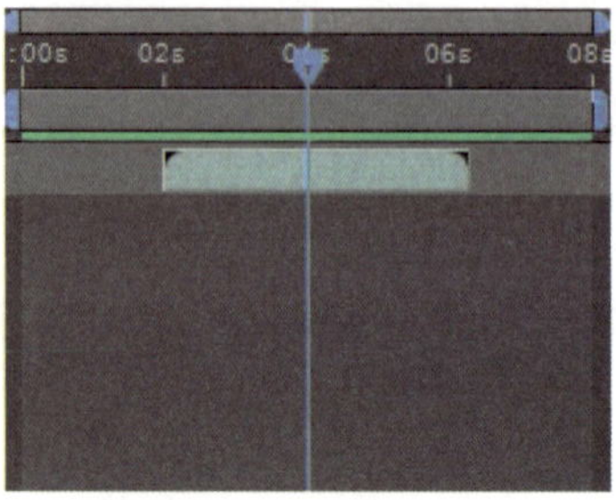

图 3-4-45 时间指针

（5）将“拉伸因数”输入“50”，勾选“图层输出点”（见图 3-4-46），将时间指针拖至“08s”位置（见图 3-4-47），观察“时间线”面板的素材层变化。

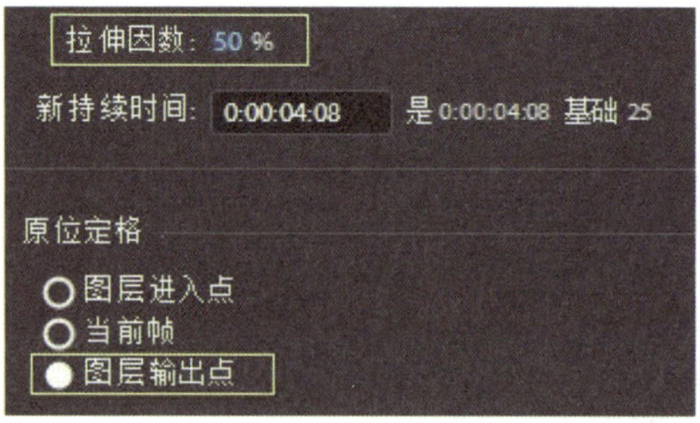

图 3-4-46 图层输出点

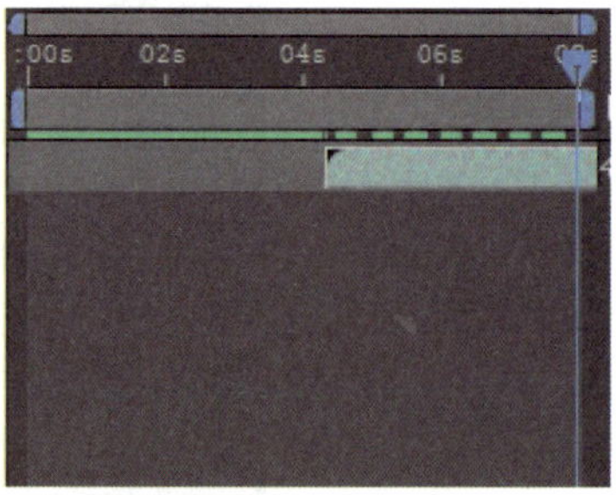

图 3-4-47 时间指针

3.4.8 冻结帧

冻结帧可以固定视频画面的某一帧，而且冻结后整个图层都将这一帧显示为当前帧。创建“冻结帧”的方法如下。

（1）将素材“游动”导入 After Effects“时间线”面板，拖动时间指针到素材“游动”的某一帧上（见图 3-4-48），选择菜单“图层”→“时间”→“冻结帧”命令（见图 3-4-49）。

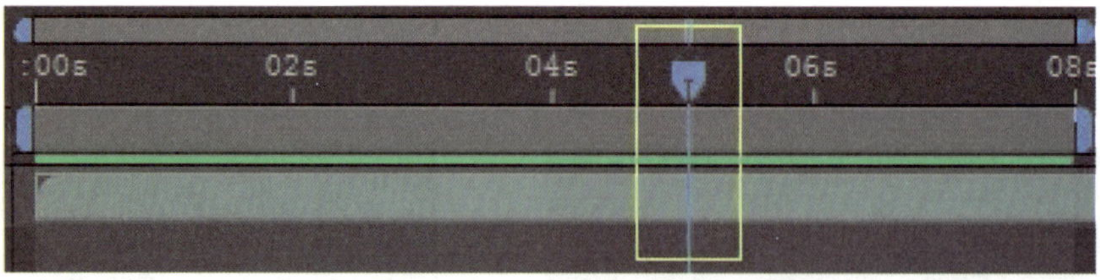

图 3-4-48 时间指针

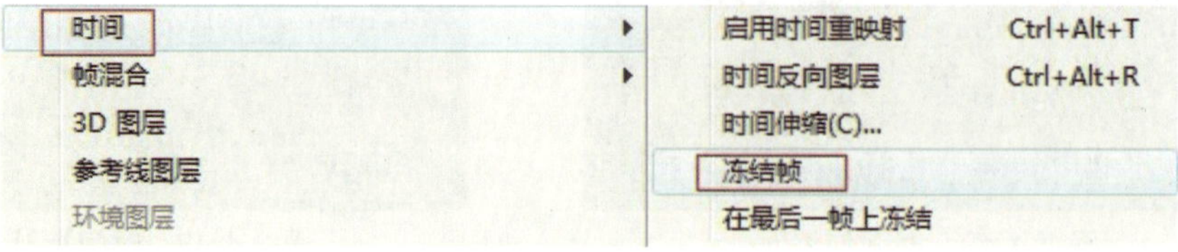

图 3-4-49 冻结帧

(2)在“时间线”面板中冻结此帧画面(如果对冻结效果不满意,可以选择该参数将其删除则取消冻结效果)(见图 3-4-50),播放视频将只显示这一帧画面(见图 3-4-51)。

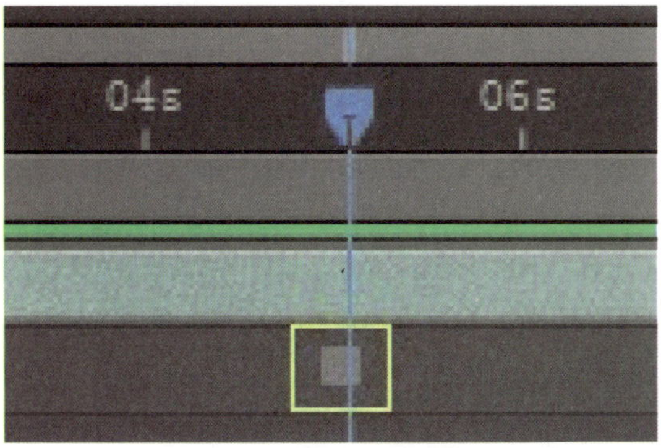

图 3-4-50　“时间线”面板

图 3-4-51　视频画面

3.4.9　在最后一帧上冻结

在最后一帧上冻结即冻结视频画面的最后一帧,冻结后整个图层都会将最后一帧显示为当前帧。创建“在最后一帧上冻结”的方法如下。

(1)将素材“游动”导入 After Effects“时间线”面板(见图 3-4-52),选择菜单“图层”→“时间”→“在最后一帧上冻结”(见图 3-4-53)。

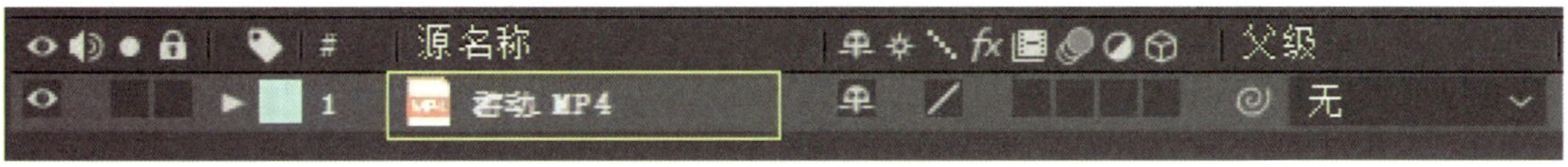

图 3-4-52　素材“游动”

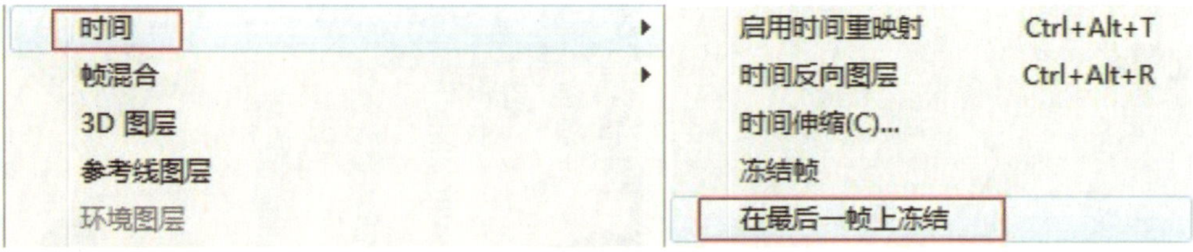

图 3-4-53　在最后一帧上冻结

(2)观察“时间线”面板上在第一帧位置和最后一帧位置上出现的两个关键帧,将最后一帧关键帧拖至“03s”位置(见图 3-4-54),播放视频,发现视频将在 3 秒内快速播放完成,此后时间指针虽然在播放,但是只显示最后一帧的画面内容(见图 3-4-55)。

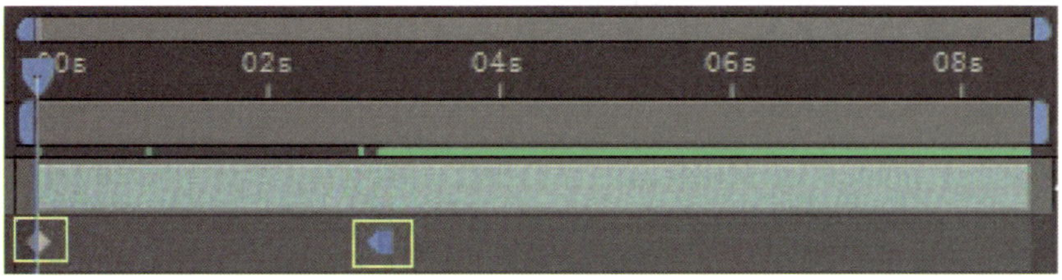

图 3-4-54　两个关键帧

图 3-4-55　最后一帧的层面内容

3.4.10　操控点动画

操控点动画也叫作“木偶动画”，可以快速创建运动效果，通过控制不同位置的“操控点”创建不同的运动效果，主要用于制作卡通形象的动画。创建“操控点”的方法如下。

（1）将素材“海鱼”导入 After Effects，并将其直接拖动到“时间线”面板中（见图 3-4-56），选择“菜单栏”中的“操控点工具”，在素材“海鱼”前后两个位置点击创建“操控点”（见图 3-4-57）。

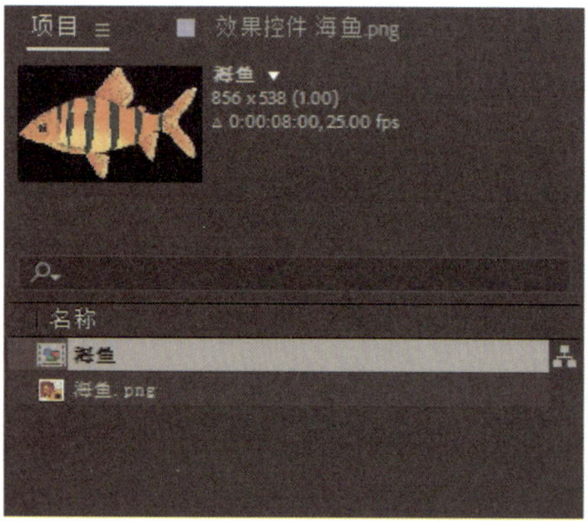

图 3-4-56　导入素材“海鱼”

图 3-4-57　创建控制点

（2）将鼠标切换成“选取工具”，拖动“操控点 1”产生动画（见图 3-4-58），在“时间线”面板中将素材“海鱼”的属性打开，可以在“操控点 1”“操控点 2”中创建关键帧动画（见图 3-4-59）。

图 3-4-58　拖动操控点 1

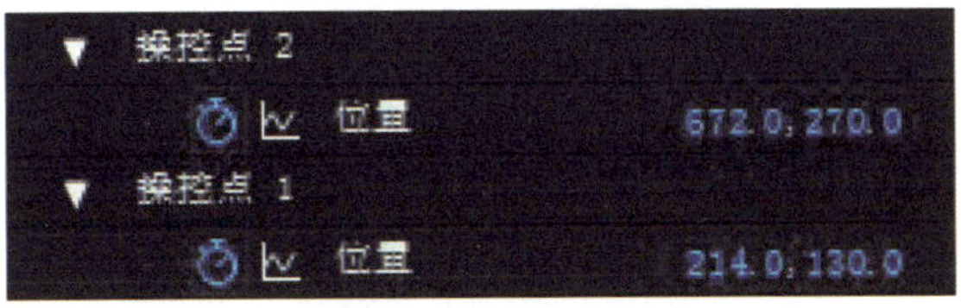

图 3-4-59　属性

（3）将素材“章鱼”（psd 格式文件）导入 After Effects，并将其直接拖动到“时间线”面板中（见图 3-4-60）。因为“章鱼”是分层的 psd 格式文件，所以在弹出“章鱼 .psd”的对话框中，“导入种类”选择“合成”，“图层选项”勾选“可编辑的图层样式”，点击“确定”（见图 3-4-61）。

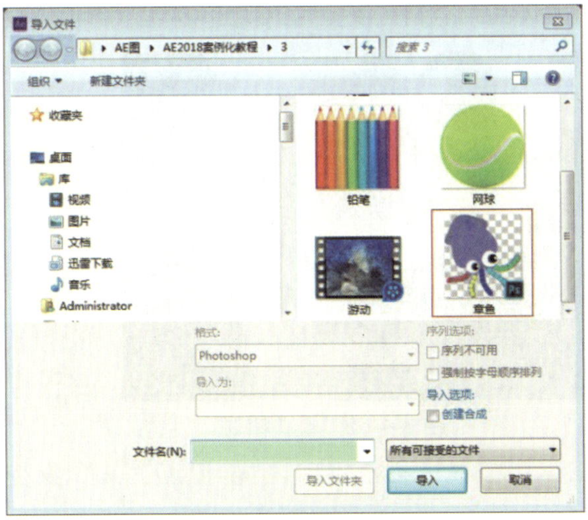

图 3-4-60　选择素材

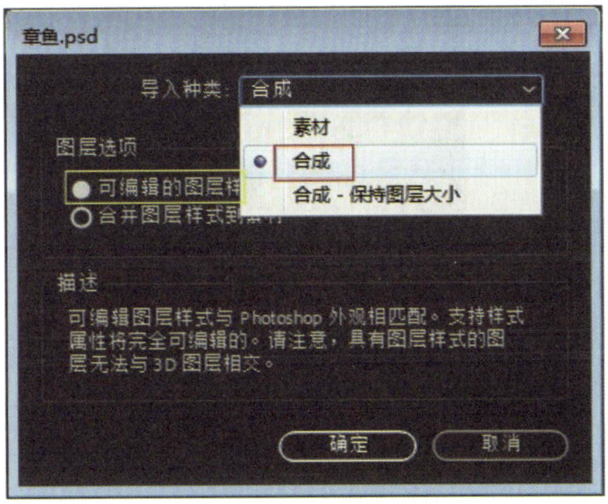

图 3-4-61　调节选项

（4）在“项目”面板中显示有“章鱼”合成组与“章鱼个图层”（见图 3-4-62），双击“章鱼”合成组，在“时间线”面板中得到“章鱼”图层（见图 3-4-63）。

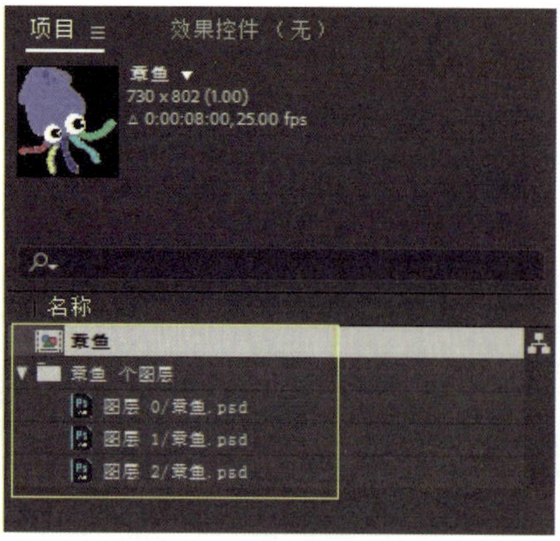

图 3-4-62　“项目”面板

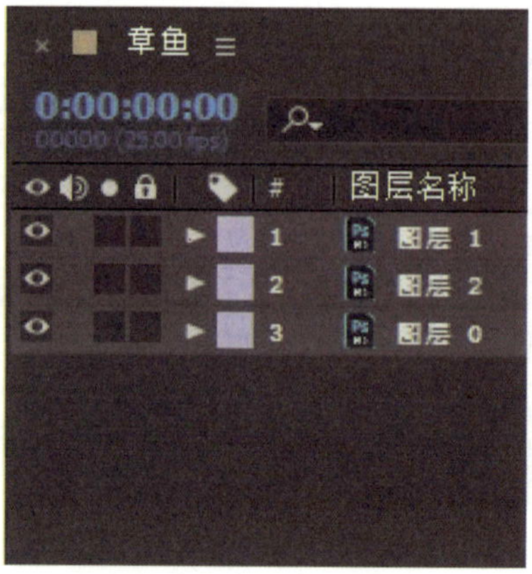

图 3-4-63　“章鱼”图层

（5）选择“菜单栏”中的“操控点工具”，在“时间线”面板中选择“ST”层，在素材“章鱼”的每个触角上点击创建“操控点”，在“时间线”面板中分别选择“Z”层与“Y”层创建“操控点”（见图 3-4-64），拖动触角的“操控点”进行移动，发现触角之间在重叠时出现错误（见图 3-4-65）。

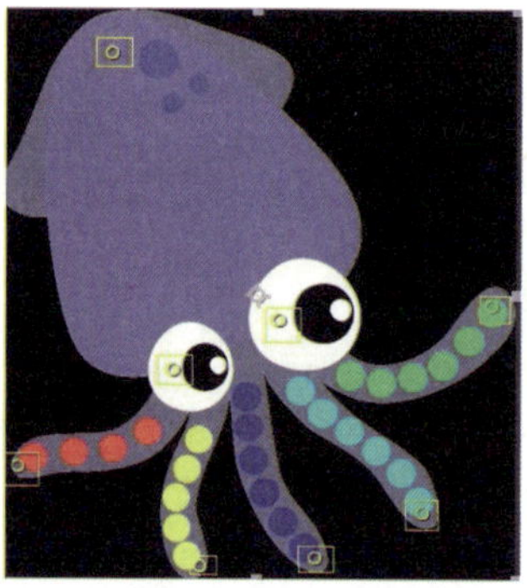

图 3-4-64　操控点

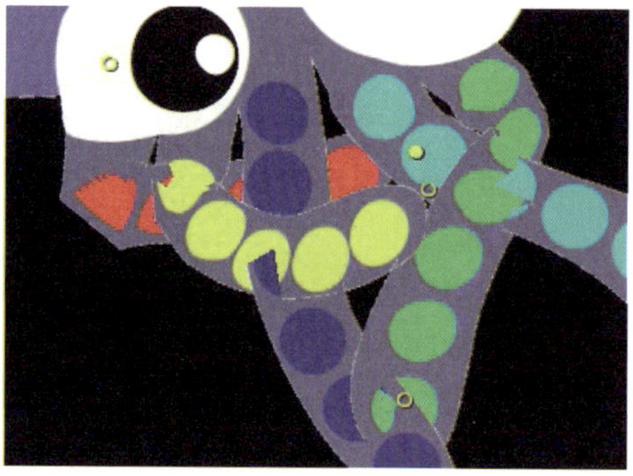

图 3-4-65　重叠错误

（6）此时，选择“菜单栏”中的“操控点工具”，按住鼠标左键出现“操控点工具”“操控叠加工具”“操控扑粉工具”）

，选择“操控叠加工具”（“操控叠加工具”用于修改操控点重叠位置的错误，添加大量的操控点会使图层中有些部分出现错误，通过设置“操控叠加工具”可以确保重叠位置的正确）；在触角上分别添加“操控叠加工具”（见图 3-4-66），在“时间线”面板中打开“ST”层的“效果”→“操控”→“网格 1”→“重叠”属性，调节 5 个“重叠”的“程度”数值（“前面”这个数值大，表示当前图像所在位置的像素会遮挡其他数值比较小的像素，通过对其调节可以排列图像的上下层关系；“程度”控制“操控叠加工具”点影响的范围，可以快选择一个控制面）（见图 3-4-67），观察“合成”面板中的效果（见图 3-4-68）。

图 3-4-66　操控叠加工具

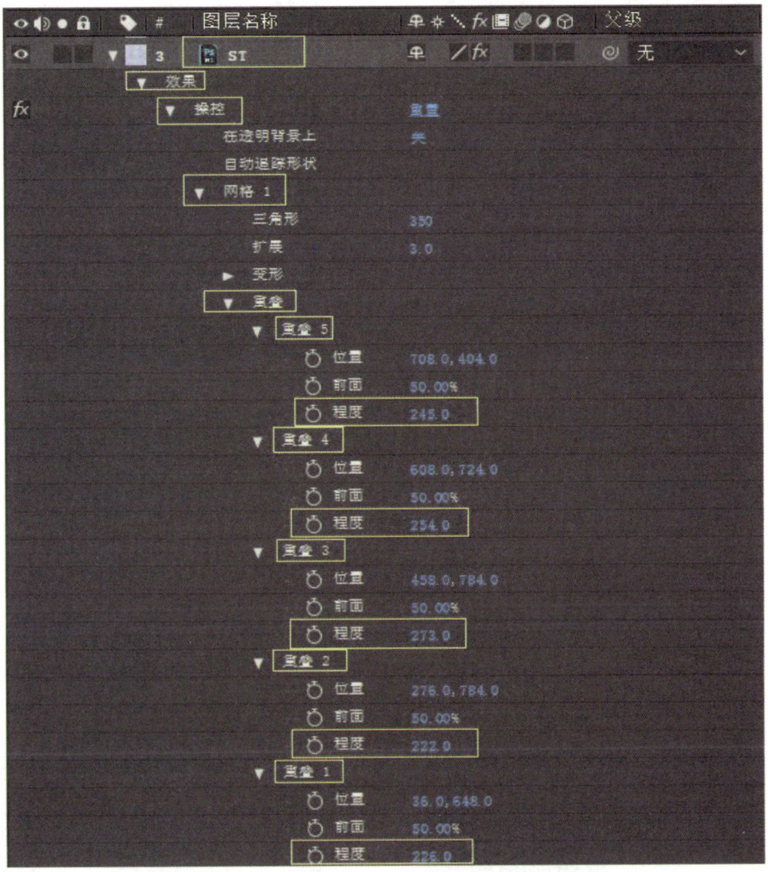

图 3-4-67　效果

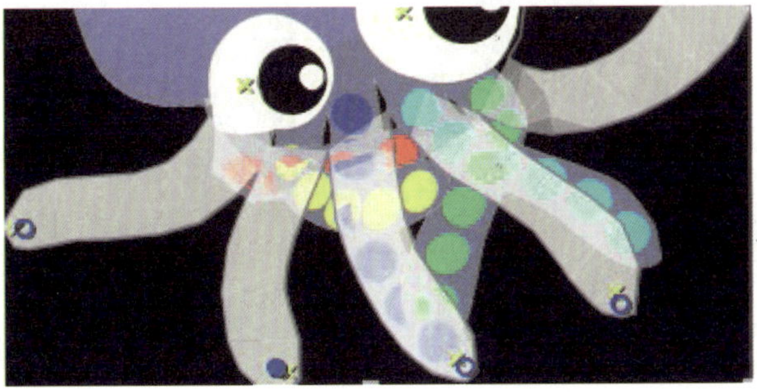

图 3-4-68　调节程度

（7）若发现触角重叠依然发生错误，选择相应“程度”属性调节数值（见图 3-4-69），此时可以观察重叠的最终效果（见图 3-4-70）。

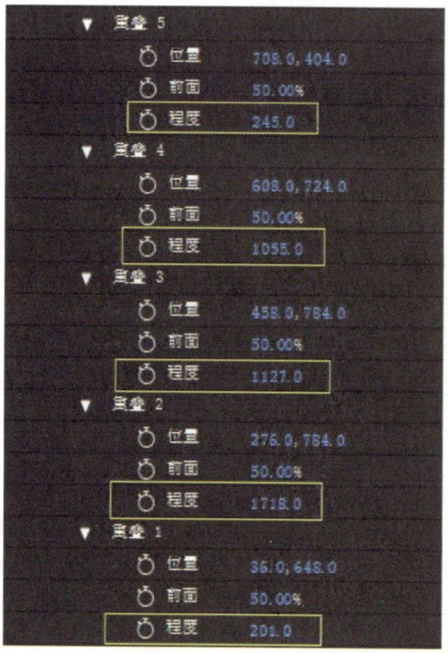

图 3-4-69　调节数值

图 3-4-70　重叠效果

（8）当使用“操控点”制作动画时，有些动画的运动过于“柔软”，出现的动画效果并不是需要的效果，此时可以选择“菜单栏”中“操控点工具”，按住鼠标左键出现“操控点工具”“操控叠加工具”“操控扑粉工具”

，选择“操控扑粉工具”（“操控扑粉工具”就是调节动画的“软硬”程度，通常是减弱当前图层的动画扭曲效果），以红色触角为例，在没有使用“操控扑粉工具”的情况下，调节红色触角动画观察柔软程度（见图 3-4-71），在红色触角中间位置创建“操控扑粉工具”点（见图 3-4-72）。

图 3-4-71　观察柔软程度

图 3-4-72　操控扑粉工具

（9）在“时间线”面板中打开“ST”层的“效果”→“操控”→“网格 1”→“硬度”→“扑粉 1”属性，在“程度”输入“50”（“数量”控制作用的大小，数值越大，受到“硬度”的影响越小；“程度”控制“操控扑粉工具”点影响的范围，可以快选择一个控制面）（见图 3-4-73），此时运动红色触角动画效果将会变得僵硬。播放动画，观察动画效果（见图 3-4-74）。

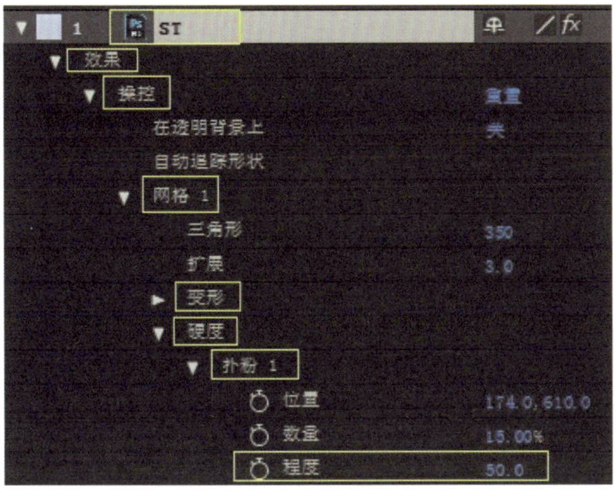

图 3-4-73 调节程度

图 3-4-74 观察动画效果

（10）最后可以根据所学习的知识调节素材“章鱼”的动画效果（见图 3-4-75）。

图 3-4-75 动画效果

3.5 蒙版的创建与使用

在上一章中介绍过“轨道遮罩”,“轨道遮罩”是一种基于图层与图层的结合而产生的遮罩效果。After Effects 中还有一种方式也能制作出类似的效果而且更灵活随意,这就是“蒙版”。蒙版是通过绘制的曲线经过不同的计算方法获得不同的蒙版效果。蒙版不是单独的图层,而是依附于图层,作为图层的属性存在。

3.5.1 创建蒙版

图形工具即“工具栏”中的“矩形工具”(“矩形工具”中的各种“图形工具”,都可以创建“蒙版”)可以创建出“矩形蒙版”,调节“矩形工具”的属性可得到各种蒙版效果,图形工具创建“蒙版”的方法如下。

(1)打开 After Effects,将素材“小鸟”导入,选择素材图层(见图 3-5-1),在“工具栏”中选择“矩形工具”,在素材层上进行绘制(见图 3-5-2)。

图 3-5-1 “小鸟”素材

图 3-5-2 进行绘制

(2)使用“图形工具”绘制“蒙版”时需要注意一点,必须先选择图层,再进行“蒙版”绘制(见图 3-5-3),否则“图形工具”只是绘制出矩形图形(见图 3-5-4)。

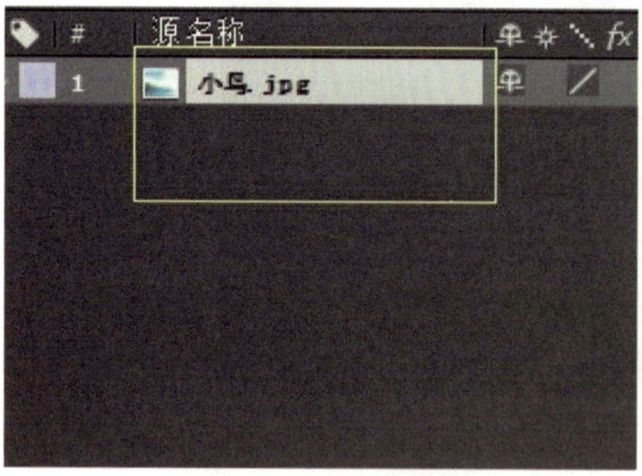

图 3-5-3 选择图层

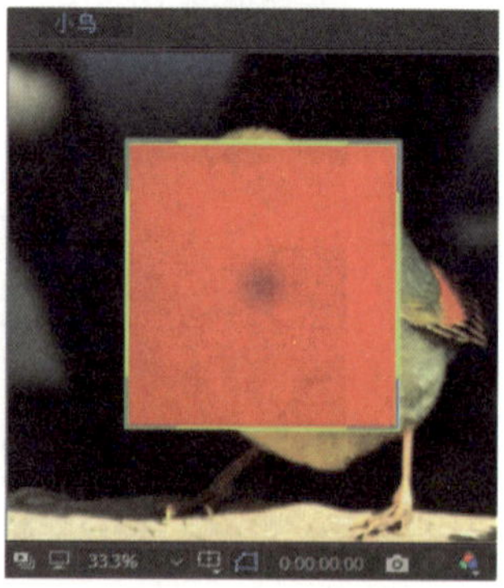

图 3-5-4 矩形图形

（3）在绘制“蒙版”过程中，如果需要绘制等比例的“正方形”（见图 3-5-5）、等比例的“正圆”（见图 3-5-6）等图形，需要按住“Shift”键再拖动鼠标进行绘制。

图 3-5-5　正方形

图 3-5-6　圆形

（4）如果需要从中心向外绘制“蒙版”，需要拖动鼠标进行绘制，再按住“Ctrl”键（见图 3-5-7）；如果需要从中心向外绘制等比例的“蒙版”，需要拖动鼠标进行绘制，再按住“Shift+Ctrl”键（见图 3-5-8）。

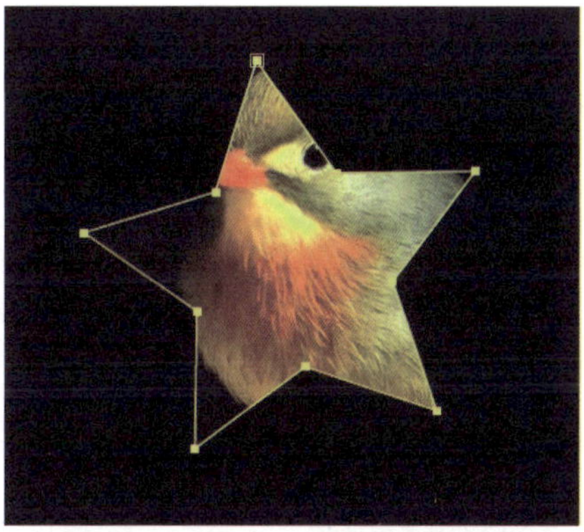

图 3-5-7　从中心绘制

图 3-5-8　从中心等比例绘制

（5）使用“钢笔工具”可以更灵活地绘制出各种样式的“蒙版”，在“工具栏”中使用鼠标点击“钢笔工具”，显示“钢笔工具”的全部命令（见图 3-5-9），使用“钢笔工具”创建曲线“蒙版”，需要绘制一条闭合的曲线（见图 3-5-10）。

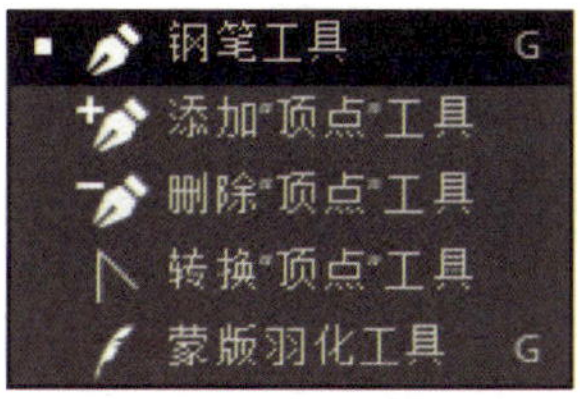

图 3-5-9　钢笔工具

图 3-5-10　闭合曲线

（6）“钢笔工具”中的每个工具都可以对绘制的曲线进行修改，用“添加‘顶点’工具”在曲线上点击，可以增加“锚点”控制曲线的样式（见图 3-5-11），用“删除‘顶点’工具”在“锚点”上点击，可以删除曲线上的锚点数量（见图 3-5-12）。

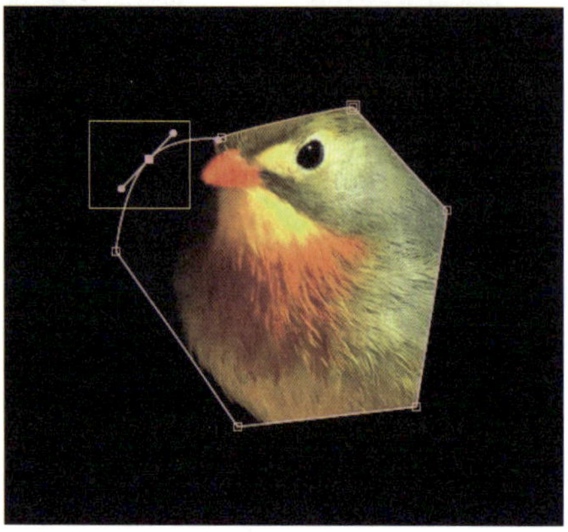

图 3-5-11　添加锚点

图 3-5-12　删除锚点

（7）用“转换‘顶点’工具”点击曲线上的“锚点”，可以将曲线上的“锚点”转换成贝塞尔手柄进行控制（见图 3-5-13）；“蒙版羽化命令”可以对创建的曲线进行羽化调节，将“蒙版羽化命令”放在任何一个“锚点”上，按住鼠标进行拖动，便可羽化“蒙版”内的内容（见图 3-5-14）。

图 3-5-13　转换锚点

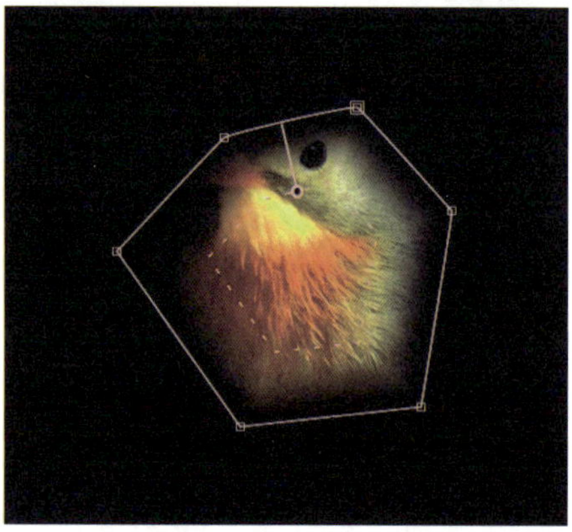

图 3-5-14　羽化遮罩

（8）在 After Effects 中，“钢笔工具”的使用方法与 PS 中的“钢笔工具”的使用方法基本一致。最终都是由“锚点”与“贝塞尔手柄”组合而成的，两个“锚点”之间形成一段曲线，曲线最终形状通过“贝塞尔手柄”进行控制（见图 3-5-15）。锚点有两种形态，即折角锚点与平滑锚点。通过“贝塞尔手柄”调节“锚点”可以使曲线更加平滑，按住“Alt”键可以只调节“贝塞尔手柄”的一个手柄（见图 3-5-16）。

图 3-5-15　曲线

图 3-5-16　锚点与贝塞尔手柄

3.5.2　蒙版的效果

“蒙版”创建完成后，在“时间线”面板上将显示“蒙版”的名称，默认按照序列号进行排列（见图 3-5-17）。

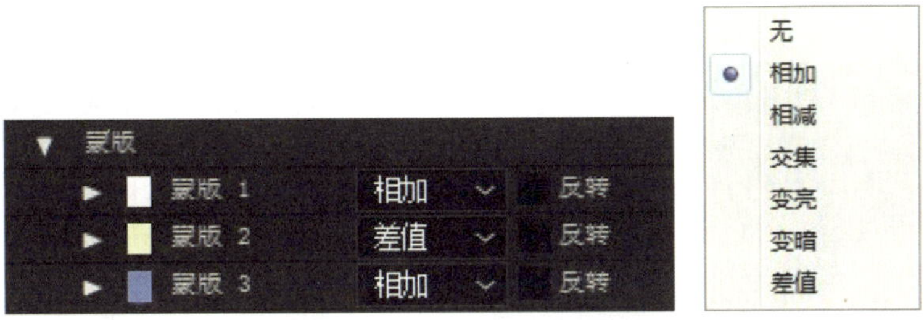

图 3-5-17　默认蒙版排列蒙版效果

按照不同的计算方式蒙版分为 7 种效果，分别是“无”“相加”“相减”“交集”“变亮”“变暗”“差值”。下面分别介绍这 7 种“蒙版”的效果。

（1）打开 After Effects 将素材“水纹”导入（见图 3-5-18），选择“工具栏”的“矩形工具”与“椭圆工具”绘制蒙版（见图 3-5-19）。

图 3-5-18　素材

图 3-5-19　绘制蒙版

（2）在“时间线”面板中打开素材“水纹”属性，选择“蒙版”中的“蒙版 1”“蒙版 2”，在“蒙版”效果中选择“无”（见图 3-5-20），在“合成”面板观察效果（见图 3-5-21）。

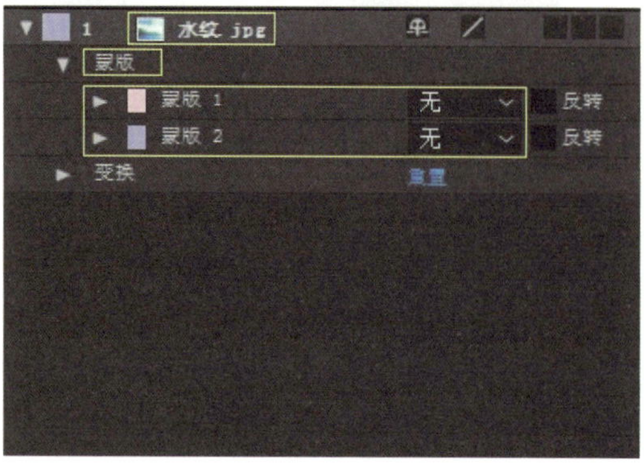

图 3-5-20　蒙版效果无

图 3-5-21　观察效果

（3）在“时间线”面板中打开素材“水纹”属性，选择“蒙版”“蒙版 1”“蒙版 2”，在“蒙版”效果中选择“相加”（见图 3-5-22），在“合成”面板观察效果（见图 3-5-23）。

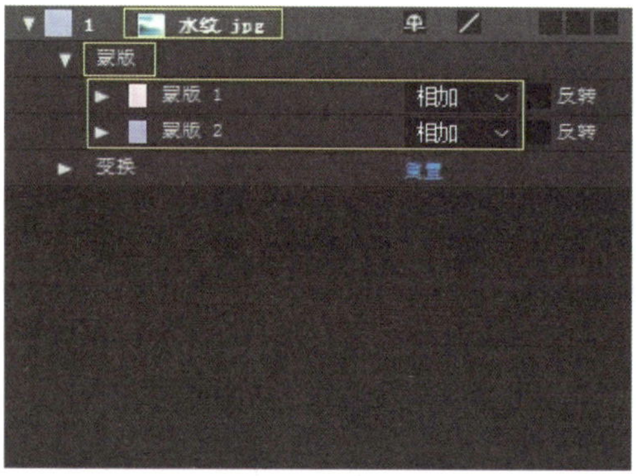

图 3-5-22　蒙版效果相加

图 3-5-23　观察效果

（3）在“时间线”面板中打开素材“水纹”属性，选择“蒙版”→“蒙版 1”“蒙版 2”，在“蒙版”效果中选择“相减”（见图 3-5-24），在“合成”面板观察效果（见图 3-5-25）。

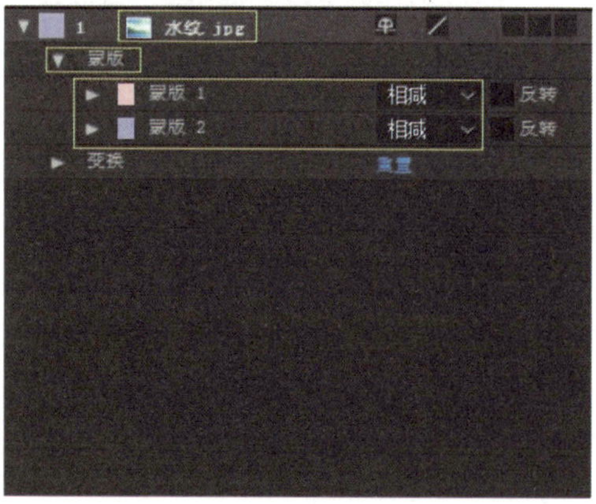

图 3-5-24　蒙版效果相减

图 3-5-25　观察效果

（4）在“时间线”面板中打开素材“水纹”属性，选择“蒙版”→“蒙版 1”“蒙版 2”，在“蒙版”效果中选择“交集”（见图 3-5-26），在“合成”面板观察效果（见图 3-5-27）。

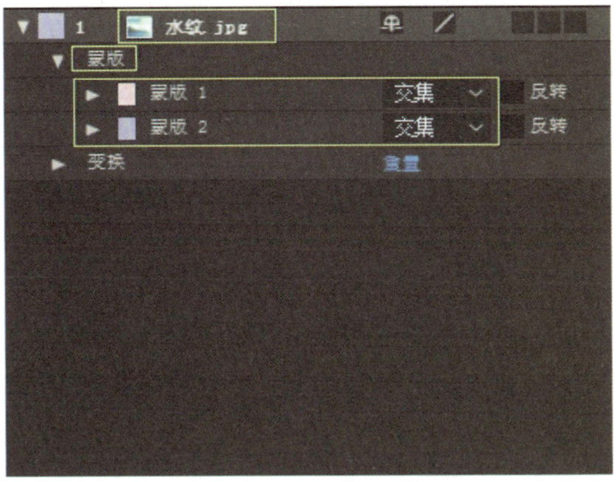

图 3-5-26　蒙版效果交集

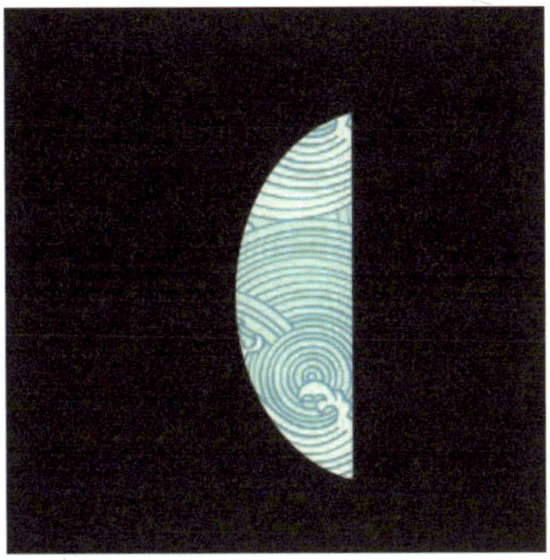

图 3-5-27　观察效果

（5）在“时间线”面板中打开素材“水纹”属性，选择“蒙版”→“蒙版 1”，在“蒙版”效果中选择“变亮”，这个“蒙版”效果在“蒙版不透明度”是“100”时效果与“相加”类似，将“蒙版 1”“蒙版 2”的“蒙版不透明度”输入“50”（见图 3-5-28），在“合成”面板观察效果（见图 3-5-29）。

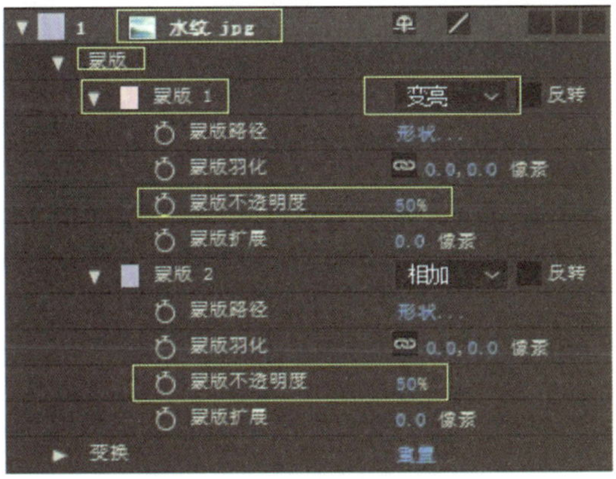

图 3-5-28　蒙版效果交集

图 3-5-29　观察效果

（6）在“时间线”面板中打开素材“水纹”属性，选择“蒙版”→“蒙版 1”“蒙版 2”，在“蒙版”效果中选择“变暗”，这个“蒙版”效果在“蒙版不透明度”是“100”时效果与“交集”类似，将“蒙版 1”“蒙版 2”的“蒙版不透明度”输入“50”（见图 3-5-30），在“合成”面板观察效果（见图 3-5-31）。

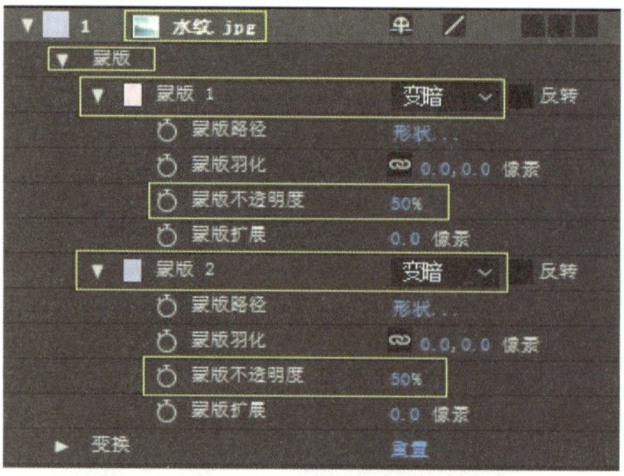

图 3-5-30 蒙版效果变暗

图 3-5-31 观察效果

（7）在“时间线”面板中打开素材“水纹”属性，选择“蒙版”→“蒙版 1”“蒙版 2”，在“蒙版”效果中选择“差值”（见图 3-5-32），在“合成”面板观察效果（见图 3-5-33）。

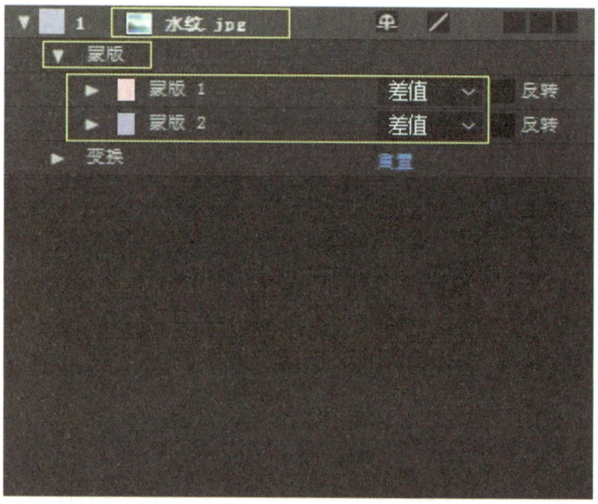

图 3-5-32 蒙版效果差值

图 3-5-33 观察效果

通过对“蒙版”效果的调节，发现“蒙版”只有 4 个属性选项，使用方法也十分简单，这 4 个属性分别是“蒙版路径”“蒙版羽化”“蒙版不透明度”“蒙版扩展”。“蒙版路径”记录了蒙版的形状变化，“蒙版路径”的使用方法如下。

（1）打开 After Effects，导入素材“草地”，在“工具栏”中选择“矩形工具”创建“矩形蒙版”，在“时间线”面板中打开蒙版的属性，点击“蒙版路径”的“蒙版形状”（见图 3-5-34），弹出“蒙版形状”对话框，可在“顶部”“底部”“右侧”“左侧”调节蒙版位置；在“单位”中调节计量单位；在“形状”中选择“矩形”或是“椭圆”（见图 3-5-35）。

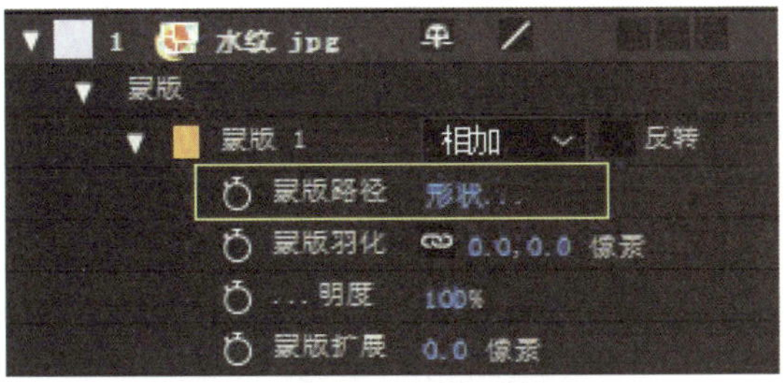

图 3-5-34　蒙版路径

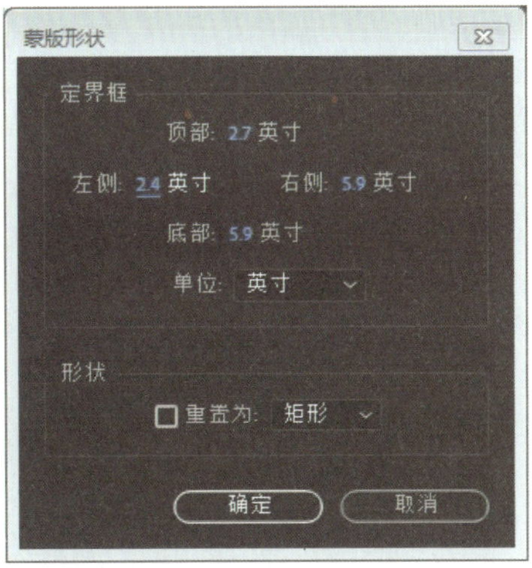

图 3-5-35　蒙版形状

(2)在实际操作时,更多的是使用“蒙版路径”制作动画。例如,在“工具栏”中选择“矩形工具”绘制“正方形蒙版”(先绘制矩形,然后按“Shift”键)(见图 3-5-36),将时间指针拖至“00s”位置,打开蒙版属性,点击“蒙版路径”的“时间变化秒表”(见图 3-5-37)。

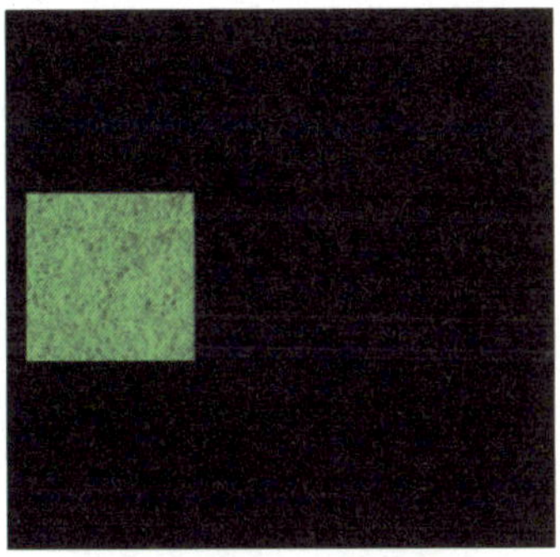

图 3-5-36　正方形蒙版

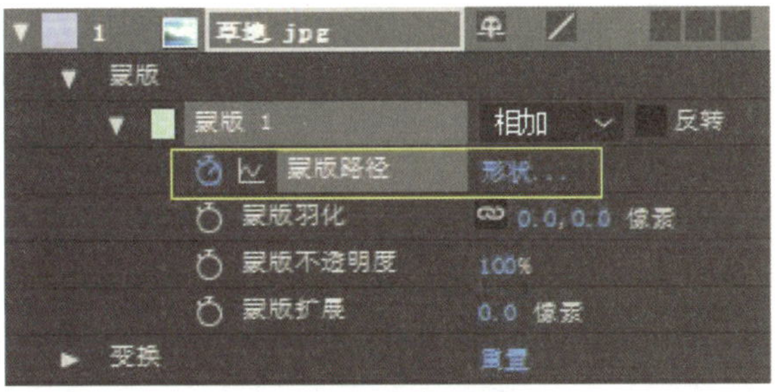

图 3-5-37　蒙版路径

(3)在“工具栏”中选择“椭圆工具”绘制“正圆形蒙版”(先绘制圆形,然后按“Shift”键)(见图 3-5-38),将时间指针拖至“03s”位置,打开蒙版属性,点击“蒙版路径”的“时间变化秒表”(见图 3-5-39)。

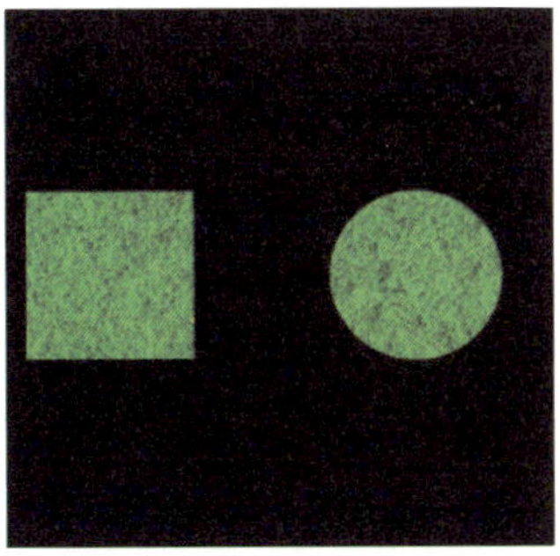

图 3-5-38　正圆形蒙版

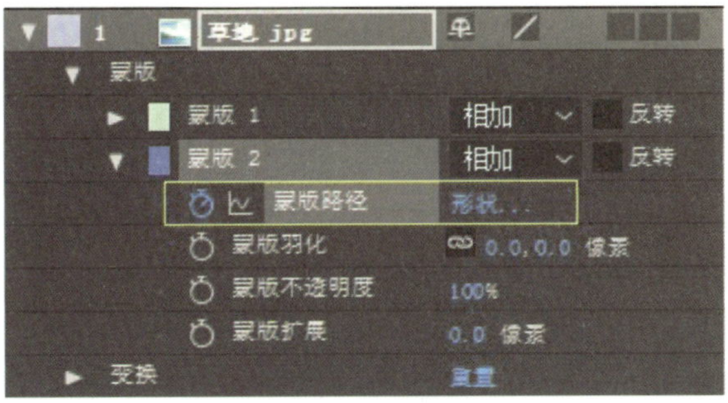

图 3-5-39　蒙版路径

（4）选择“蒙版 2”中的“蒙版路径”，点击菜单中“编辑”→“复制”，再选择“蒙版 1”中的“蒙版路径”，点击菜单中的“编辑”→“粘贴”（见图 3-5-40），观察此时关键帧的变化（见图 3-5-41）。

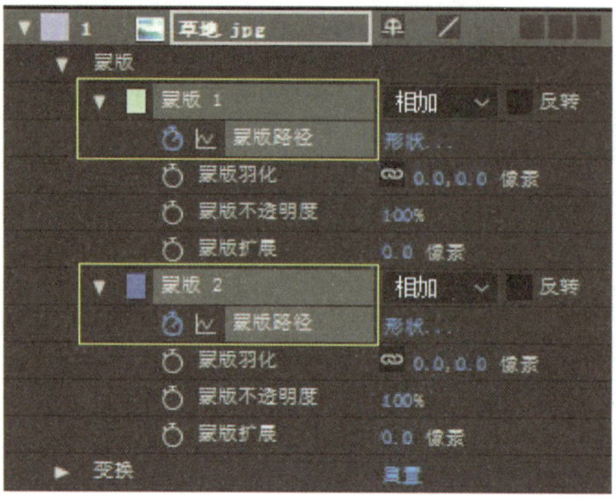

图 3-5-40　复制粘贴关键帧

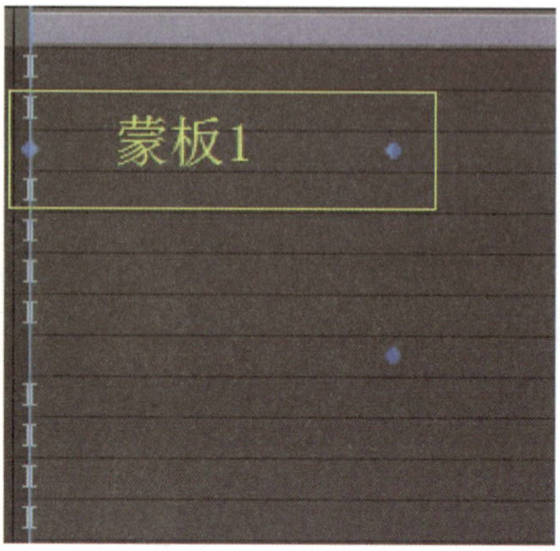

图 3-5-41　关键帧

（5）选择“蒙版 2”，按“Delete”键将其删除（见图 3-5-42），此时拖动时间指针观察动画效果（见图 3-5-43）。

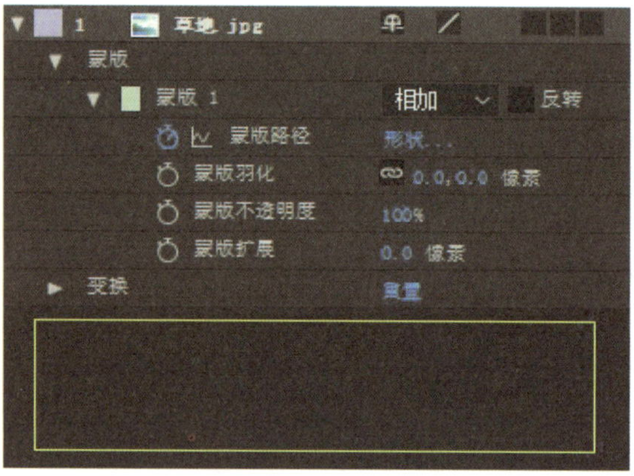

图 3-5-42　删除蒙版 2

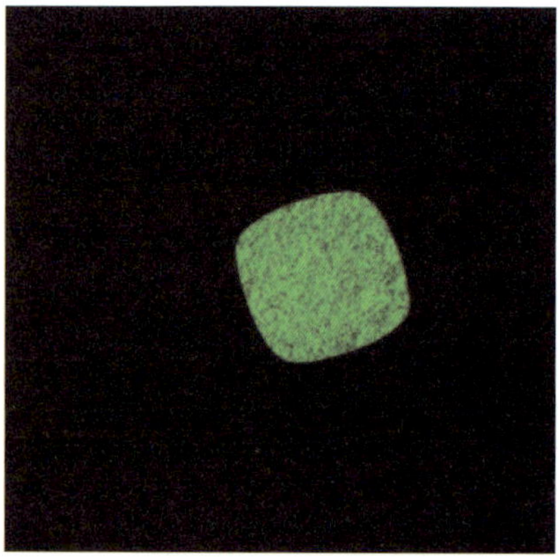

图 3-5-43　动画效果

“蒙版羽化”可通过调节数值柔和边缘，使边缘具备较好的融合效果。“蒙版羽化”的使用方法如下。

（1）打开 After Effects，导入素材“梦幻”，在“工具栏”中选择“椭圆工具”创建“圆形蒙版”（见图 3-5-44），在“时间线”面板将时间指针拖至“00s”位置，再打开蒙版的属性，点击“蒙版羽化”的“时间变化秒表”（见图 3-5-45）。

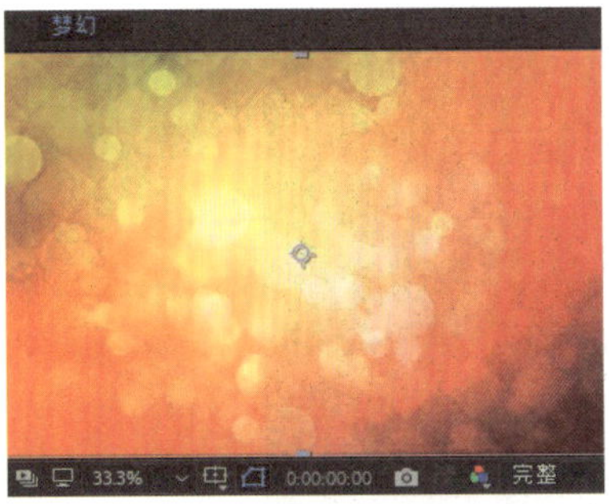

图 3-5-44　素材

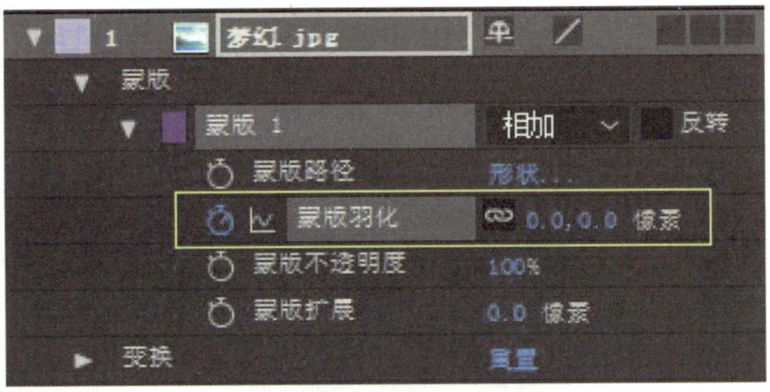

图 3-5-45　时间变化秒表

（2）将时间指针拖至“03s”位置，在“蒙版羽化”输入数值“100”（见图 3-5-46），拖动时间指针观察动画效果（见图 3-5-47）。

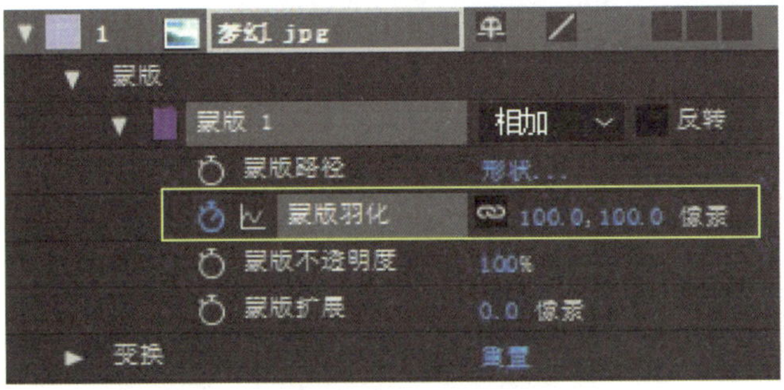

图 3-5-46　蒙版羽化

图 3-5-47　观察动画

“蒙版透不明度”用于设置蒙版的半透明效果。“蒙版透明度”使用方法如下。

（1）将时间指针拖至“00s”位置，在“蒙版透不明度”中输入数值“0”，点击“时间变化秒表”（见图 3-5-48），再将时间指针拖至“03s”位置，在“蒙版透不明度”中输入数值“100”（见图 3-5-49）。

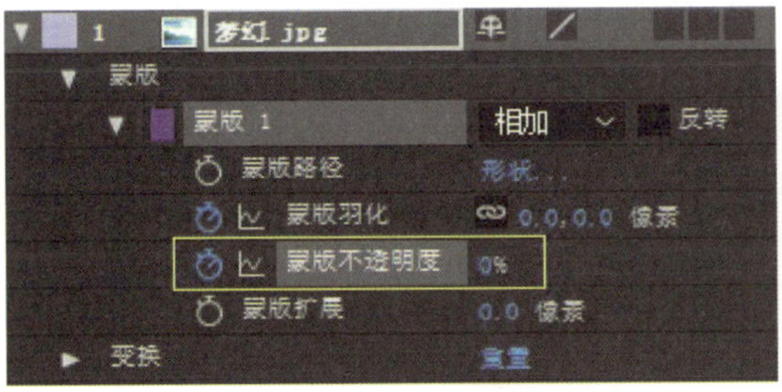

图 3-5-48　输入数值 0

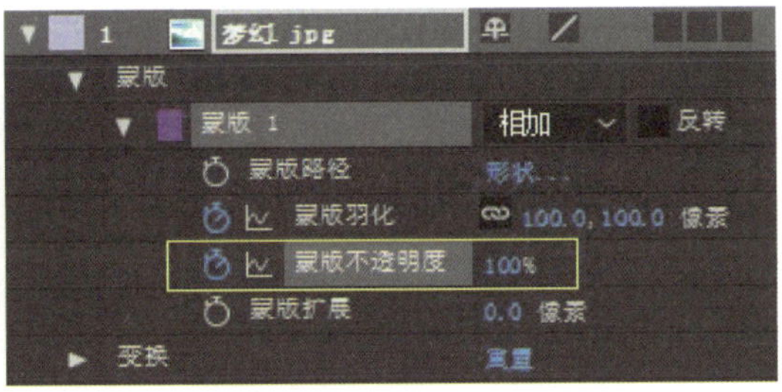

图 3-5-49　输入数值 100

（2）此时可以拖动时间指针，观察动画效果（见图 3-5-50）。

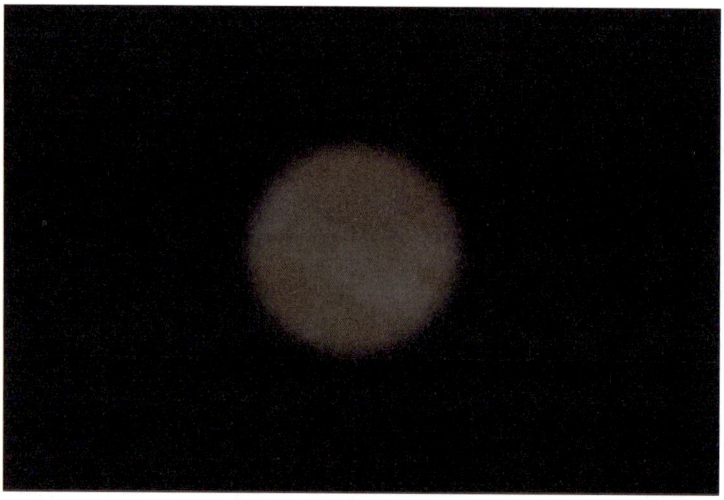

图 3-5-50 动画效果

“蒙版扩展”可以收缩或扩展蒙版的大小。“蒙版扩展”使用方法如下。

（1）将时间指针拖至“00s”位置，点击“蒙版扩展”的“时间变化秒表”（见图 3-5-51），将时间指针拖至“03s”位置，在“蒙版透不明度”中输入数值“500”（见图 3-5-52）。

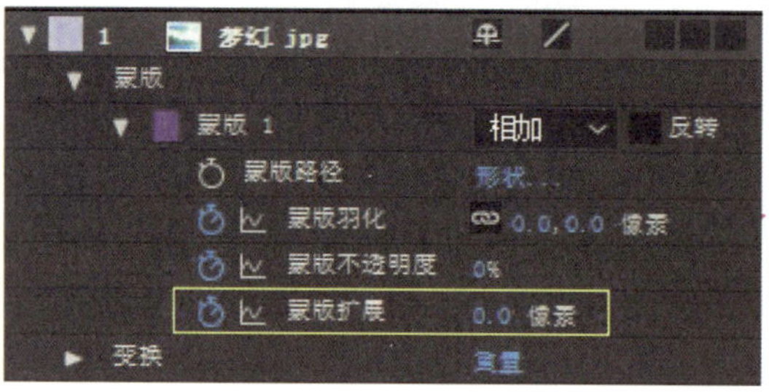

图 3-5-51 输入数值 0

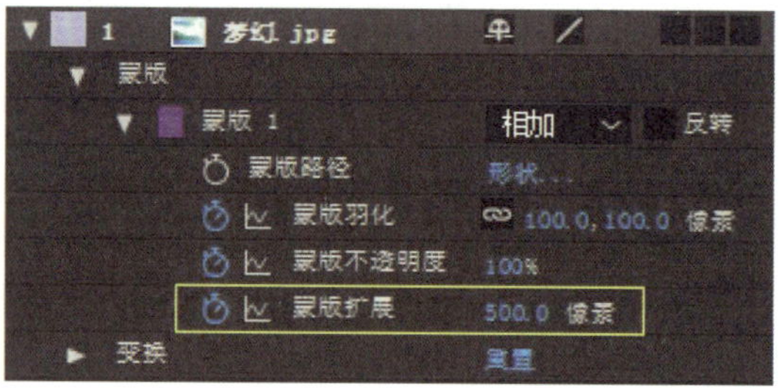

图 3-5-52 输入数值 500

（2）此时可以拖动时间指针，观察动画效果（见图 3-5-53）。

图 3-5-53 动画效果

3.6　After Effects 中关键帧的运用

关键帧是动画制作的基础，可以说没有关键帧就不会产生动画。关键帧说起来非常简单，就是对素材（物体）运动的一个记录，但是想取得理想的动画效果，关键帧的使用与调节就非常重要了，因为衡量一个动画的好坏就是运动的规律与节奏，而规律与节奏是否流畅又归于记录的关键帧是否合理。由此可见，关键帧对于动画的重要性。

3.6.1　案例——开动的汽车

（1）打开 After Effects，点击菜单“合成”→“新建合成”命令，在弹出的“合成设置”对话框中，将“合成名称”填写“开动的汽车”，不勾选“锁定长宽比为 5 ： 2（2.50）”，“宽度”填写“1800”px，“高度”填写“720”px，“持续时间”填写“0:00:10:00”（见图 3-6-1），将素材“场景”“汽车”“车轮”分别导入合成组“开动的汽车”之中，同时调节大小与位置（见图 3-6-2）。

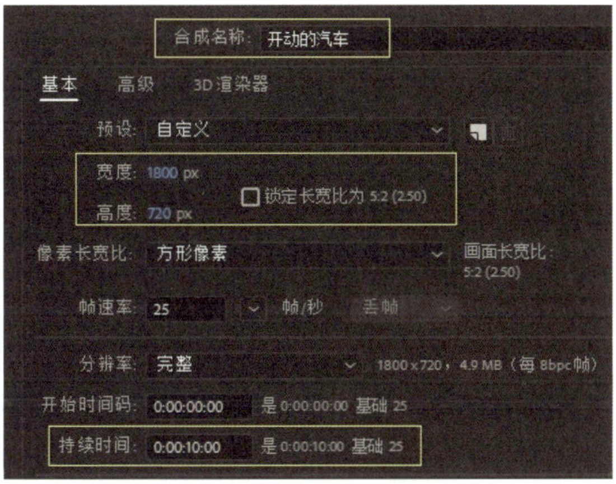

图 3-6-1　合成设置

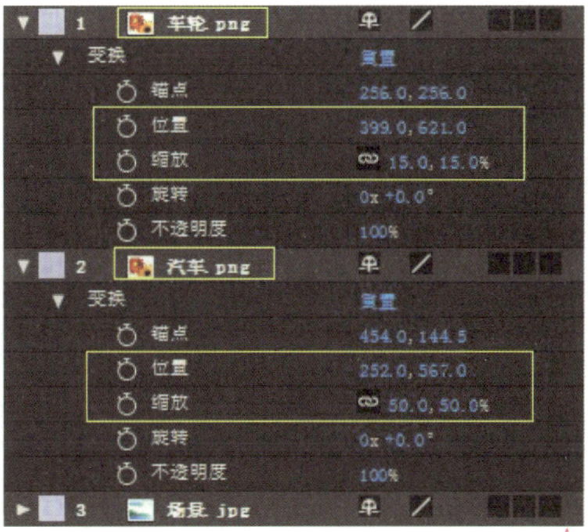

图 3-6-2　调节大小与位置

（2）选择素材“车轮”，点击菜单“编辑”→“复制”“粘贴”，得到新的素材“车轮”，右击素材“车轮”，选择“重命名”将名称改成“新车轮”，调节其到相应的位置（见图 3-6-3），将时间指针拖至“00s”位置，选择素材“汽车”，点击属性“位置”的“时间变化秒表”（见图 3-6-4）。

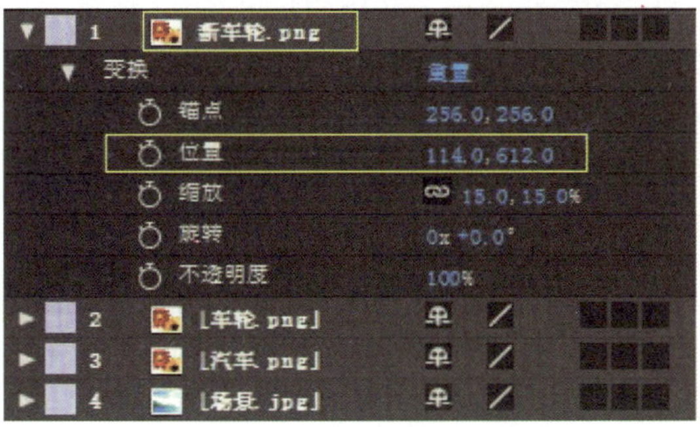

图 3-6-3　复制车轮

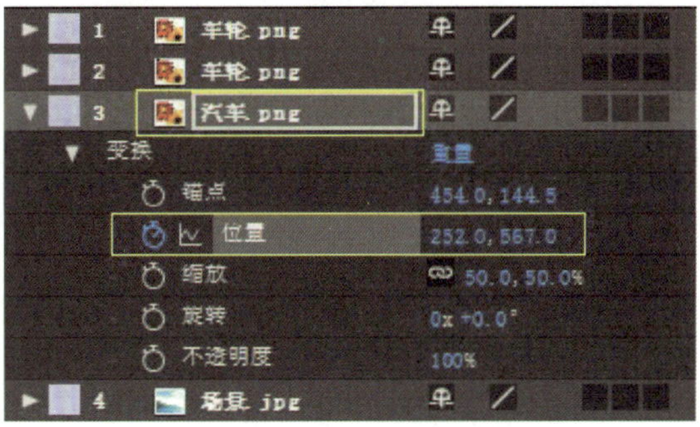

图 3-6-4　位置属性

(3)将时间指针拖至“10s”位置，选择素材“汽车”，在“位置”属性中输入数值“1560.0，576.0”（见图 3-6-5）。此时，拖动时间指针，素材“汽车”将产生动画（见图 3-6-6）。

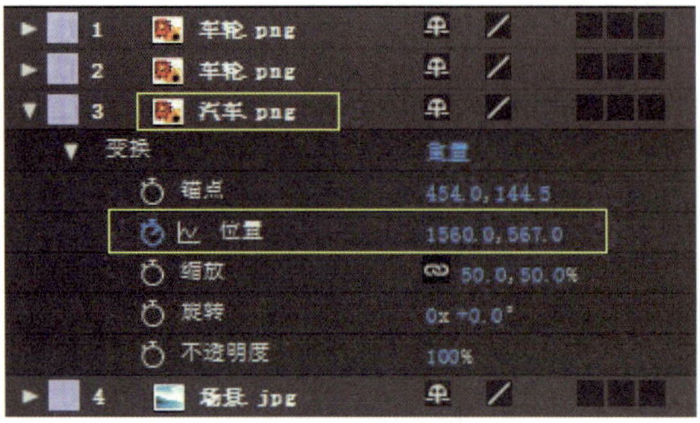

图 3-6-5 位置属性

图 3-6-6 产生动画

(4)将时间指针拖至“00s”位置，选择素材“车轮”，点击属性中“位置”的“时间变化秒表”（见图 3-6-7）；将时间指针拖至“10s”位置，选择素材“车轮”，在“位置”属性中输入数值“1700.0，621.0”（见图 3-6-8）。

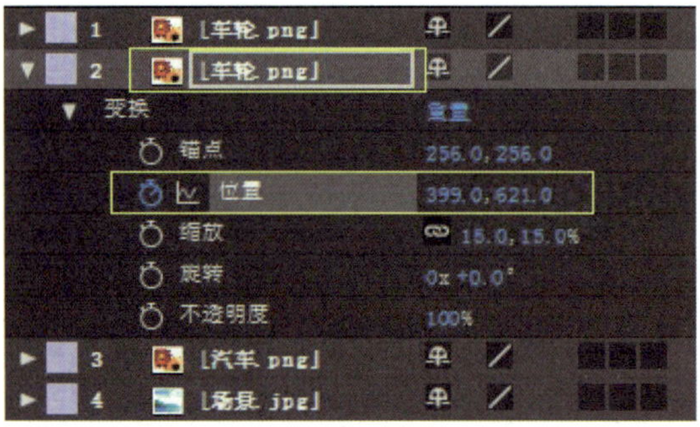

图 3-6-7 车轮位置

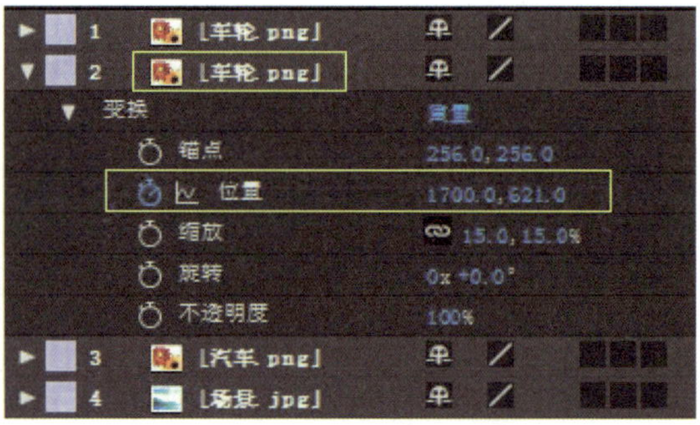

图 3-6-8 调节位置

(5)将时间指针拖至“00s”位置，选择素材“车轮”，点击属性中“位置”的“时间变化秒表”（见图 3-6-9）；将时间指针拖至“10s”位置，选择素材“车轮”，在“位置”属性中输入数值“1700，621”（见图 3-6-10）。

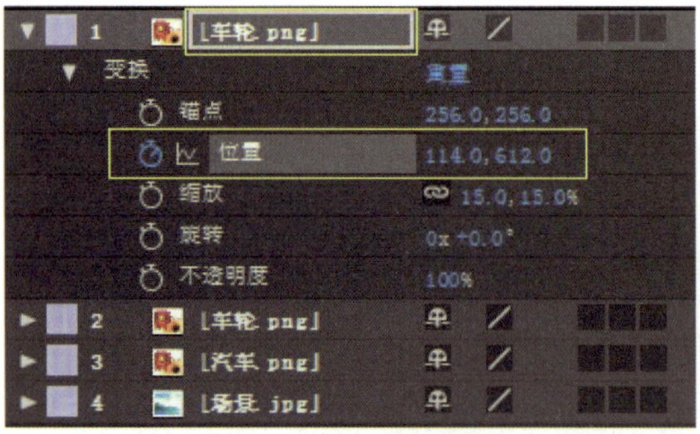

图 3-6-9 车轮位置

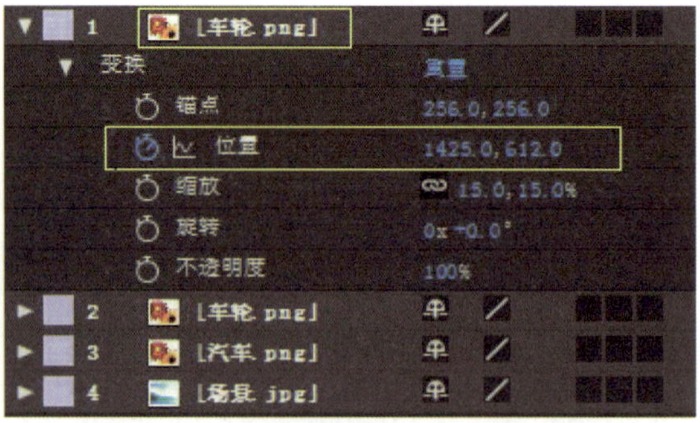

图 3-6-10 调节位置

(6)虽然生成了动画效果，但是“车轮”运动时没有旋转，动画看起来十分不真实，下面将调节“车轮”的旋转效果。将时间指针拖至“00s”位置，选择素材“车轮”，点击属性中“旋转”的“时间变化秒表”（见图 3-6-11）；将时间指针拖至“10s”位置，选择素材“车轮”，在“旋转”属性中输入数值“5x+0.0°”（见图 3-6-12）。

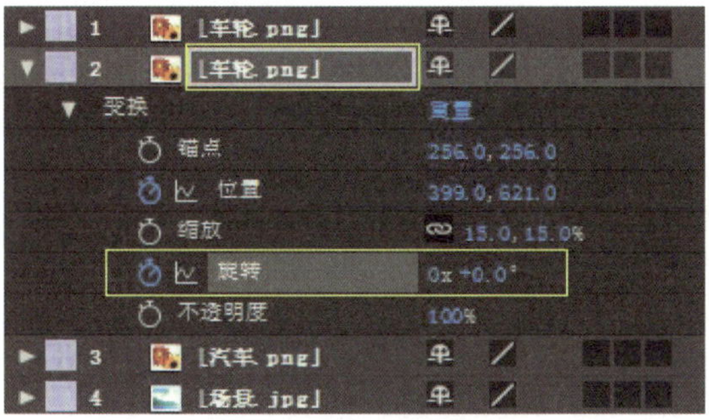

图 3-6-11　车轮旋转

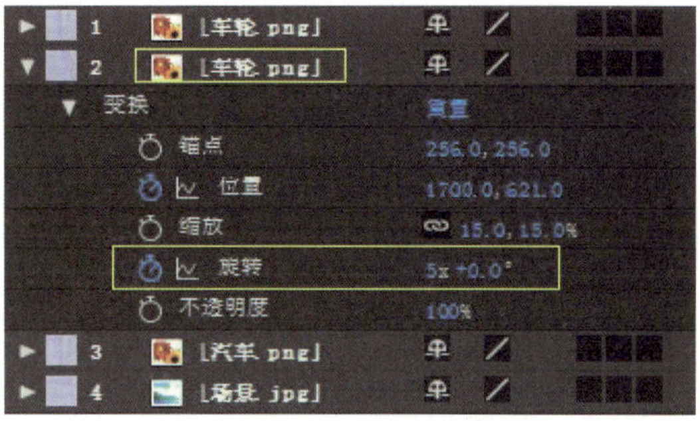

图 3-6-12　调节旋转

（7）将时间指针拖至“00s”位置，选择素材“车轮”，点击属性中“旋转”的“时间变化秒表”（见图 3-6-13）；将时间指针拖至“10s”位置，选择素材“车轮”，在“旋转”属性中输入数值“5x+0.0°”（见图 3-6-14）。

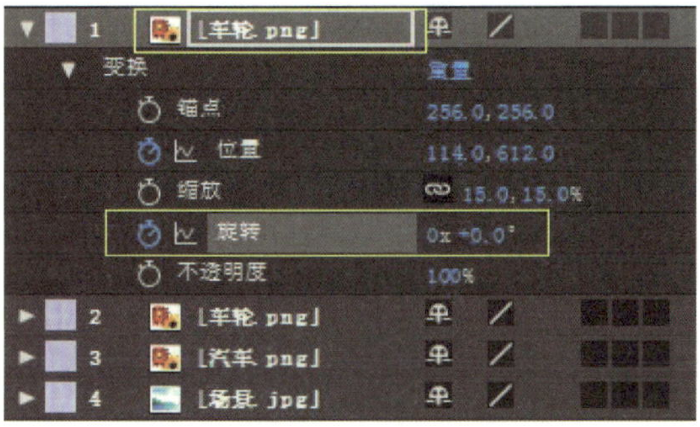

图 3-6-13　“车轮”旋转

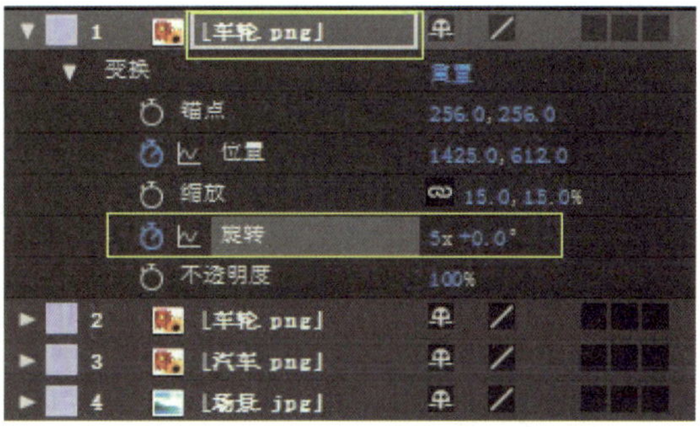

图 3-6-14　调节旋转

（8）此时将产生一个汽车缓慢行驶的动画。如果想要汽车运行速度变快，选择所有的关键帧，拖至 1 秒位置（距离不变的条件下，时间越长，速度越慢；时间越短，速度越快）（见图 3-6-15）；如果想使速度变快的效果更强烈，可以选择“运动模糊”（“运动模糊”效果的显示包括两方面：一是除了选择每个图层的“运动模糊”，还需要选择总的“运动模糊”，否则效果将不会显示；二是“运动模糊”效果的显示与动画本身的运动速度有关，如果运动速度过慢，也不会显示出“运动模糊”）（见图 3-6-16）。

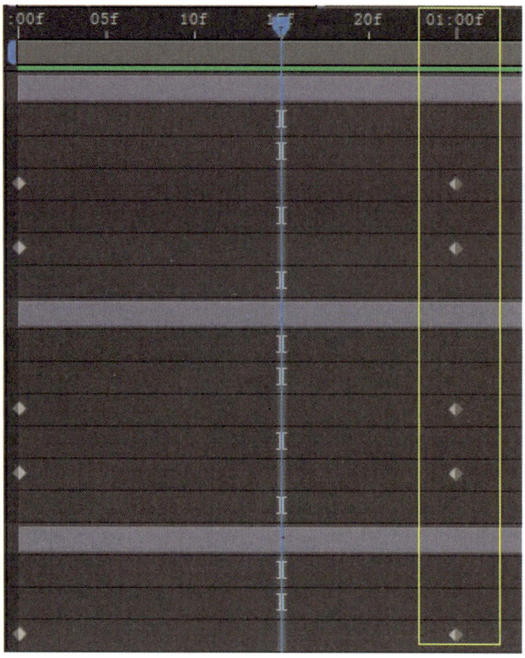

图 3-6-15　调节关键帧

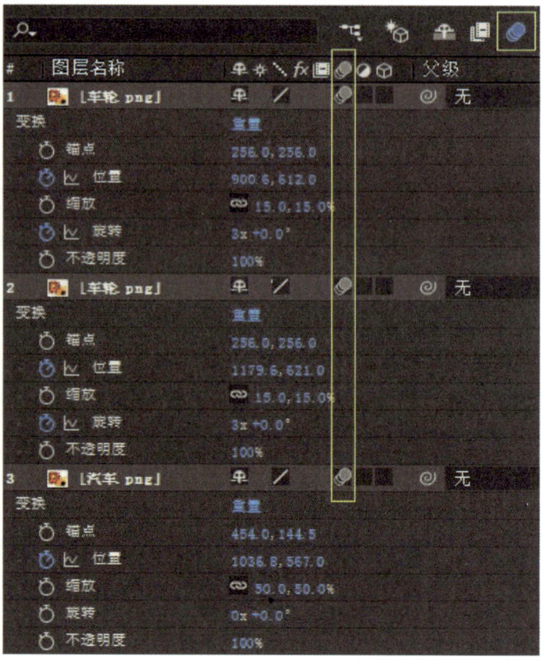

图 3-6-16　运动模糊

（9）再次播放动画，汽车的运动速度变快，同时产生运动模糊效果，观察最终动画效果（图 3-6-17）。

图 3-6-17　动画效果

3.6.2　案例——图像变换

（1）打开 After Effects，点击菜单“合成”→“新建合成”命令，在弹出的“合成设置”对话框中，将“合成名称”填写“图像变换”，不勾选“锁定长宽比为 8 ∶ 5（1.60）”，“宽度”填写“1440”px，“高度”填写“900”px，“持续时间”填写“0:00:05:00”（见图 3-6-18），将素材“山花 1”“山花 2”导入“图像变换”合成组（见图 3-6-19）。

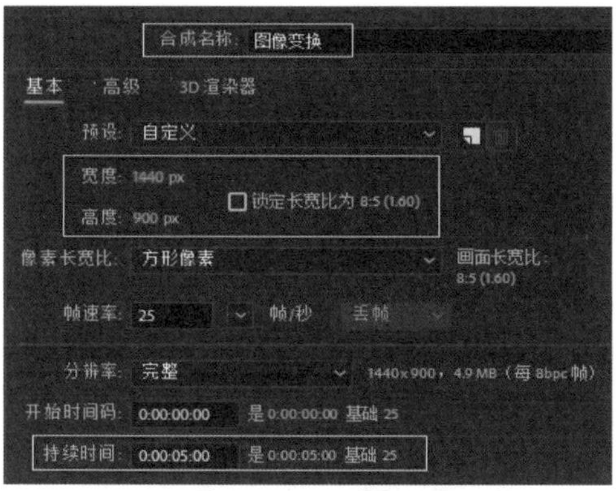

图 3-6-18　新建合成

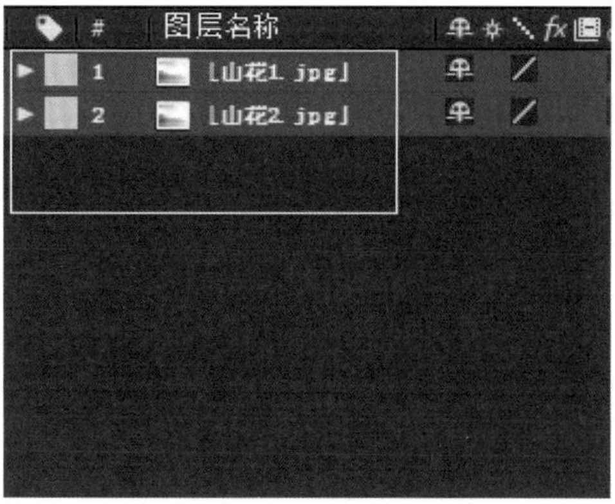

图 3-6-19　导入素材

（2）再次点击菜单“合成”→“新建合成”命令，在弹出的“合成设置”对话框中，将“合成名称”填写“轨道蒙版”，不勾选“锁定长宽比为 8 ∶ 5（1.60）”，“宽度”填写“1440”px，“高度”填写“900”px（见图 3-6-20），在“轨道蒙版”合成组右击选择“新建”→“纯色”，在弹出的“纯色设置”对话框中将“名称”填写“蒙版”，“宽度”填写“1440”px，“高度”填写“900”px，“颜色”填写“FFFFFF”（或点击“制作合成大小”）（见图 3-6-21）。

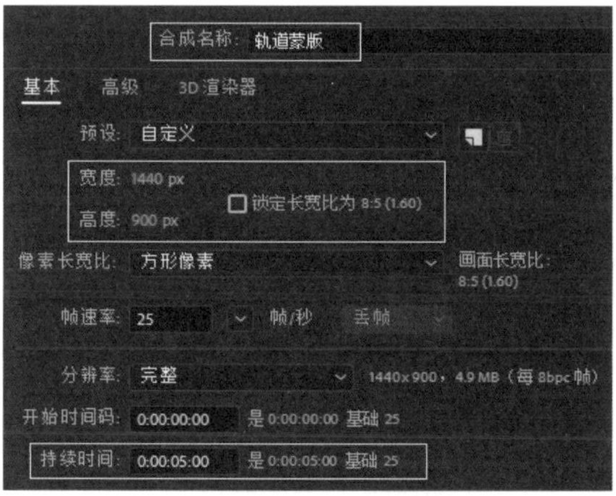

图 3-6-20　合成设置

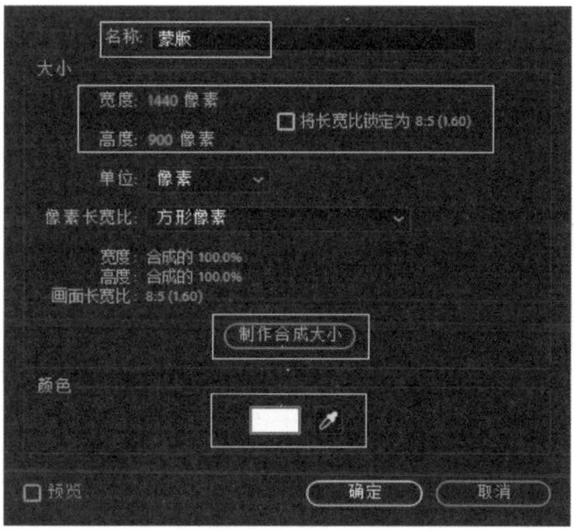

图 3-6-21　纯色

（3）选择“蒙版”层，点击“编辑”菜单中“复制”“粘贴”得到两个“蒙版”层，更改名称为“蒙版 1”“蒙版 2”“蒙版 3”（选择蒙版层，按“Enter”键即可重命名）（见图 3-6-22）。

分别打开 3 个“蒙版”层的属性，在“蒙版 1”的“位置”输入数值“400，450”，“缩放”输入数值“20，100”（关闭约束比例）；在“蒙版 2”的“位置”输入数值“1120，450”“缩放”输入数值“10，100”（关闭约束比例）；在“蒙版 3”的“位置”输入数值“850，450”“缩放”输入数值“10，100”（关闭约束比例）（见图 3-6-23）。

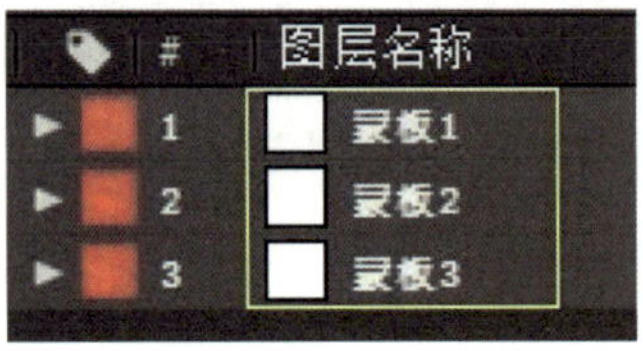

图 3-6-22　3 个蒙版

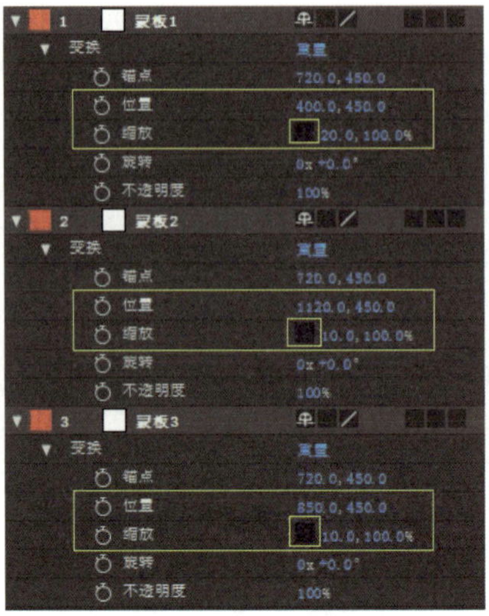

图 3-6-23　调节蒙版

（4）在“项目”面板中将“轨道蒙版”合成组，拖入“时间线”面板的“图像变换”合成组中，放在素材“山花 1”“山花 2”层之上（见图 3-6-24）。将时间指针拖至 0 秒位置，打开“轨道蒙版”合成组属性，点击“位置”的“时间变化秒表”，将时间指针拖至 10 秒位置，点击“在当前时间添加或移除关键帧”（见图 3-6-25）。

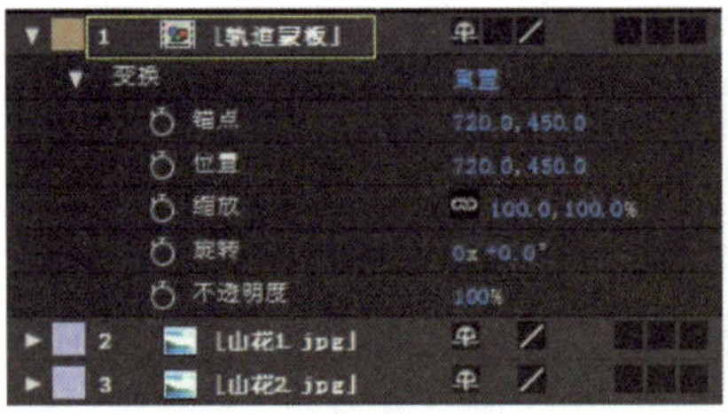

图 3-6-24　轨道蒙版

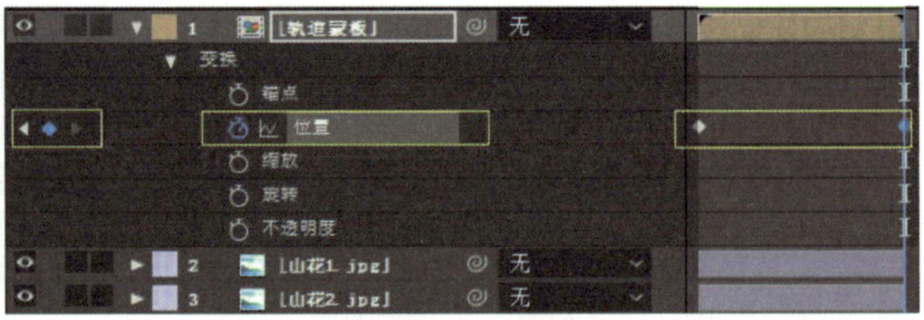

图 3-6-25　关键帧

（5）选择菜单“窗口”→“摇摆器”命令（见图 3-6-26），选择“轨道蒙版”合成组属性“位置”，在弹出的“摇摆器”窗口中，“维数”选择“X”，“数量级”输入数值“200”，点击“应用”（见图 3-6-27）。

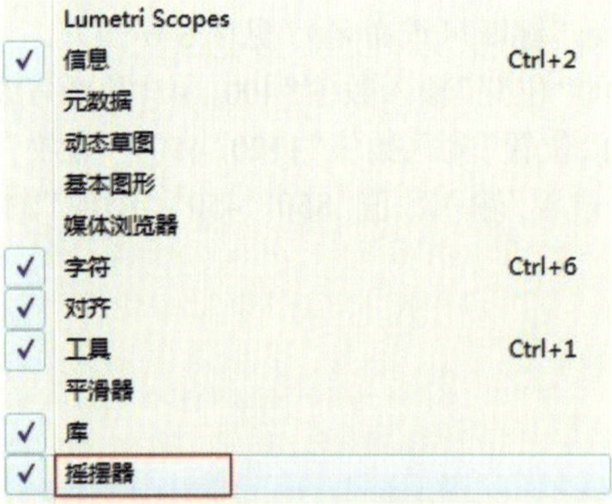

图 3-6-26　摇摆器

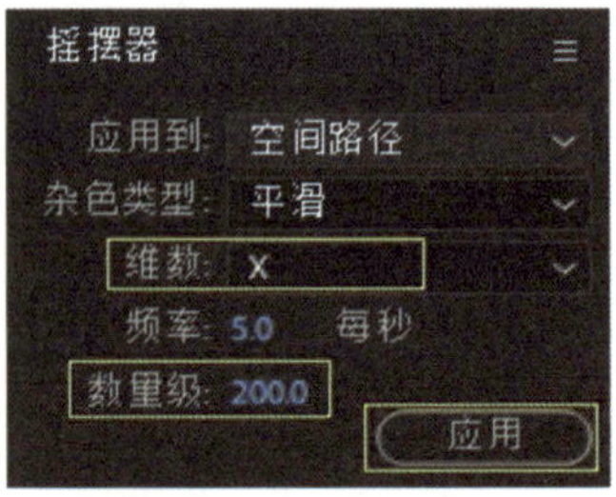

图 3-6-27　调节摇摆器

（6）观察“时间线”面板的关键帧样式（见图 3-6-28），“时间线”面板若没有出现“轨道蒙版”选项，点击下方“展开或折叠转换控制窗格”。在素材“山花 1”中选择“轨道蒙版”的“Alpha 轨道蒙版”（见图 3-6-29）。

图 3-6-28　关键帧样式

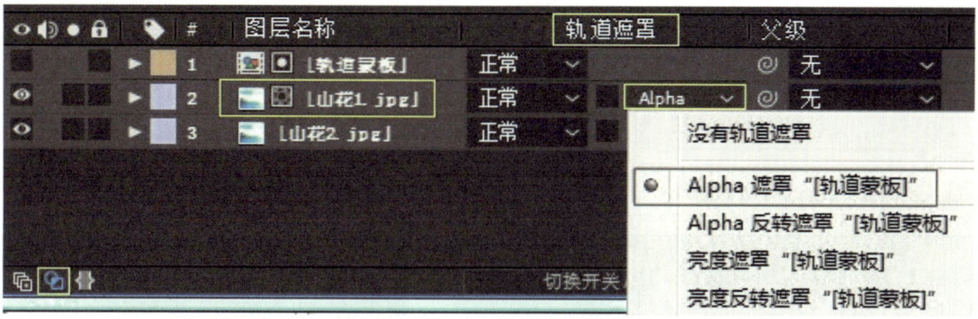

图 3-6-29　Alpha 轨道蒙版

（7）播放动画，观察最终效果（见图 3-6-30）。

图 3-6-30　最终效果

3.6.3　案例——扫描飞机

（1）打开 After Effects，点击菜单“合成”→“新建合成”命令，在弹出的“合成设置”对话框中，将“合成名称”填写“扫描飞机”，不勾选“锁定长宽比为 8 ∶ 5（1.60）”，“宽度”填写“1440”px，“高度”填写“900”px，“持续时间”填写“0:00:15:00”（见图 3-6-31），将素材“飞机”导入“扫描飞机”合成组（见图 3-6-32）。

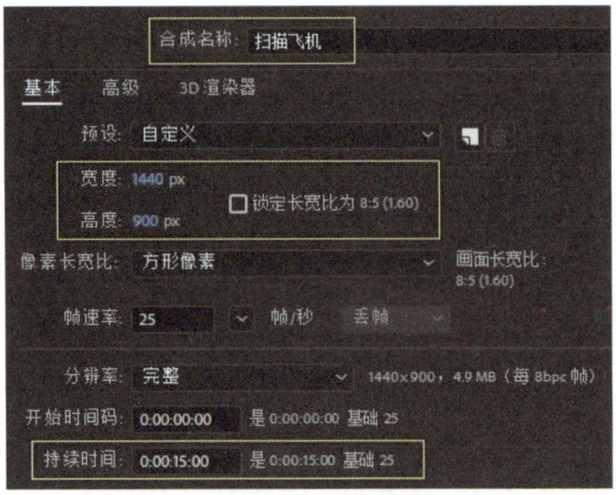

图 3-6-31　新建合成

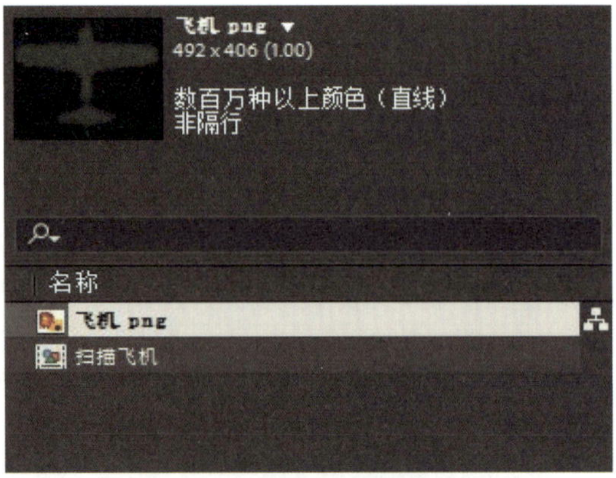

图 3-6-32　素材飞机

（2）打开素材“飞机”的属性，在“位置”输入数值“66，639”，“缩放”输入数值“25，25”，“旋转”输入数值“0x+80°”（见图 3-6-33），观察“合成”面板中素材“飞机”的位置（见图 3-6-34）。

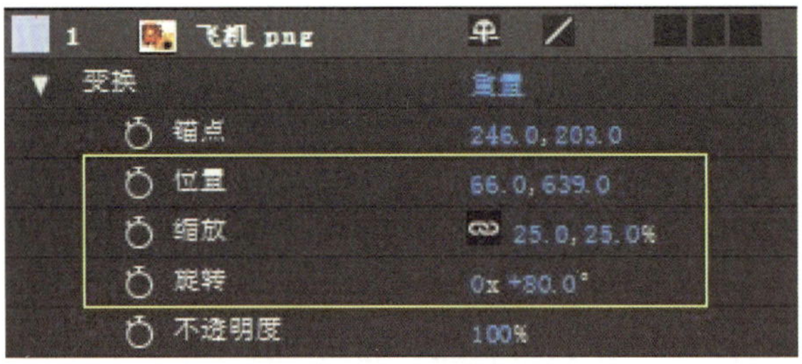

图 3-6-33　调节素材

图 3-6-34　“合成”面板

（3）将时间指针拖至 0 秒位置，点击“位置”的“时间变化秒表”（见图 3-6-35），将时间指针拖至 15 秒位置，在“位置”输入数值“1328，406”（见图 3-6-36）。

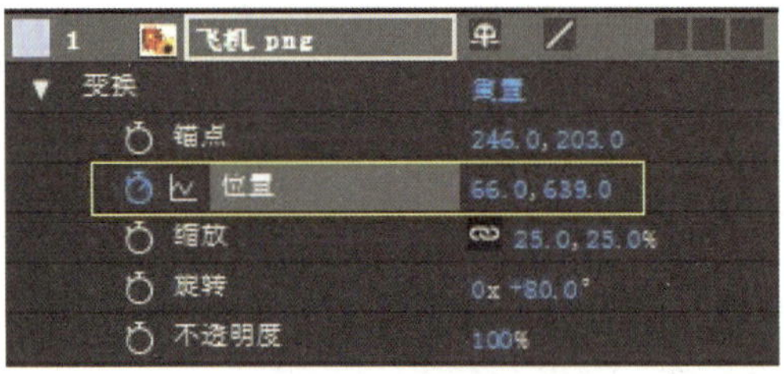

图 3-6-35　时间变化秒表

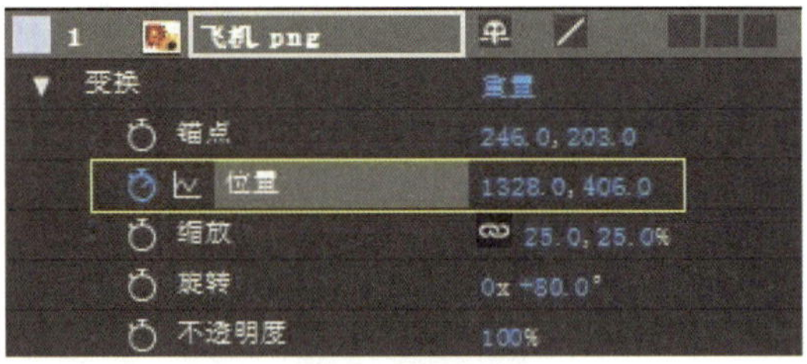

图 3-6-36　位置

（4）在“工具栏”选择“钢笔工具”（不要选择“飞机”层），绘制出一个三角形（见图 3-6-37），将其“描边”关闭，点击“填充颜色”，在弹出的“渐变编辑器”中将颜色调成“#2B4C00”（见图 3-6-38）。

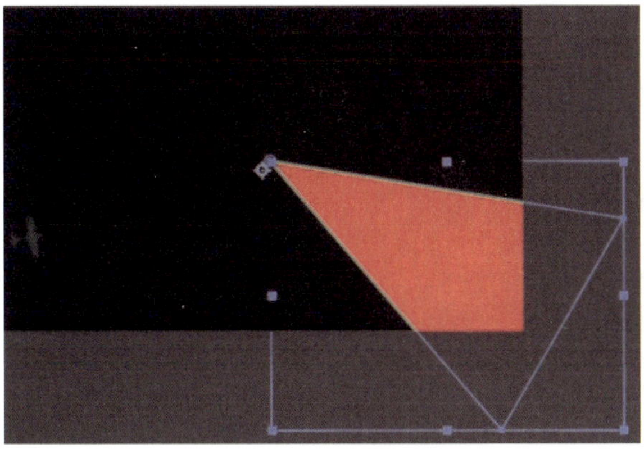

图 3-6-37　钢笔工具

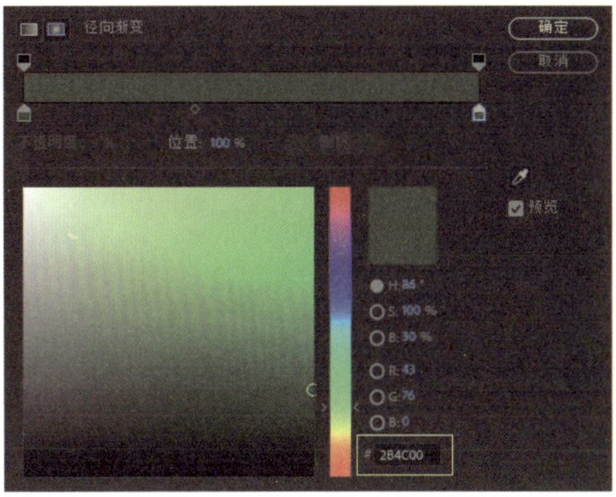

图 3-6-38　渐变编辑器

（5）在“时间线”面板中打开“形状图层 1”的“变换”属性，在“不透明度”中输入数值“50”，将时间指针拖至 0 秒位置，点击“旋转”的“时间变化秒表”（见图 3-6-39）；将“时间指针”拖至 15 秒位置，在“旋转”输入数值“10x+0°”（见图 3-6-40）。

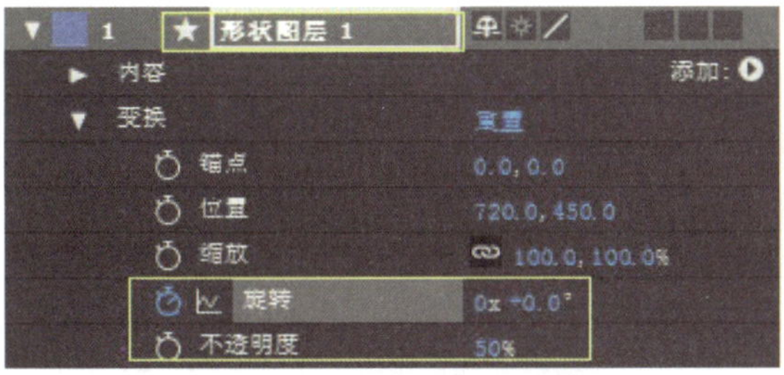

图 3-6-39　形状图层 1

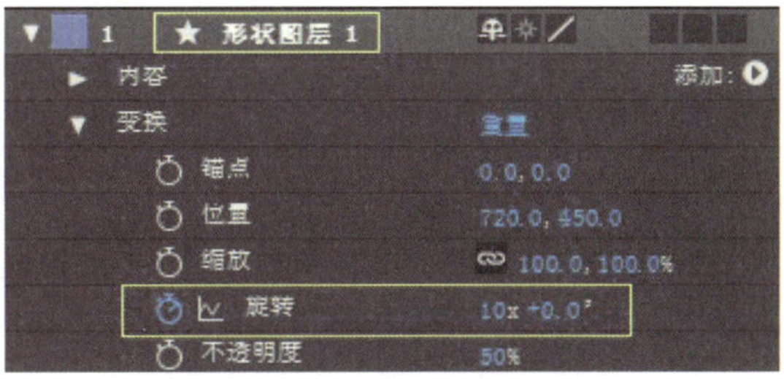

图 3-6-40　旋转

（6）选择“形状图层 1”，在菜单中点击“效果”→“模糊和锐化”→“高斯模糊”，在“效果控件”面板的“模糊度”中输入数值“100”（见图 3-6-41），将素材“飞机层”的“轨道蒙版”选择“Alpha 遮罩形状图层 1”（见图 3-6-42）。

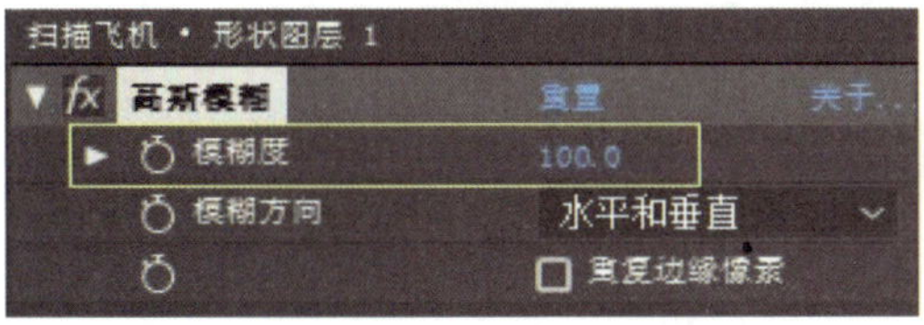

图 3-6-41　模糊度

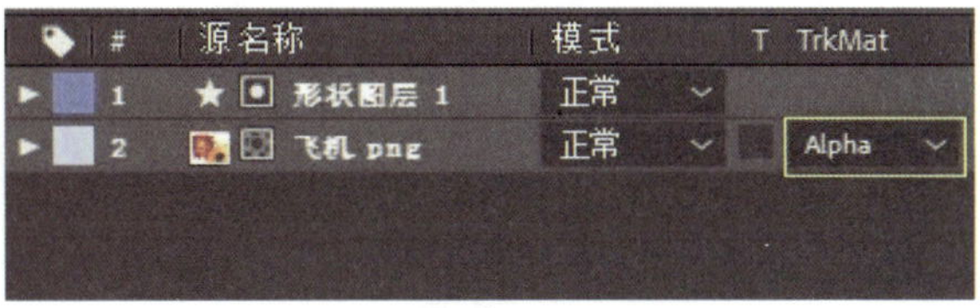

图 3-6-42　模糊度

（7）点击菜单“合成”→“新建合成”命令，在弹出的“合成设置”对话框中，将“合成名称”填写“合成”，不勾选“锁定长宽比为 8 ∶ 5（1.60）”，“宽度”填写“1440”px，“高度”填写“900”px，“持续时间”填写“0:00:15:00”（见图 3-6-43），将素材“地图”“坐标”导入“合成”合成组（见图 3-6-44）。

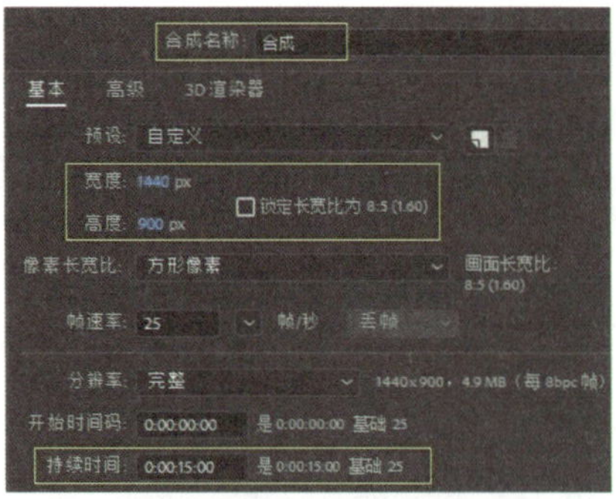

图 3-6-43 新建合成

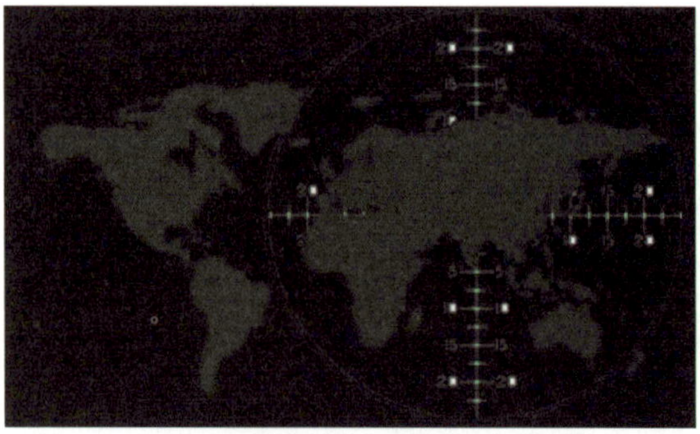

图 3-6-44 素材

（8）在“项目”面板中选择“扫描飞机”合成组，将其拖至“时间线”面板中，放在素材“地图”“坐标”之上，将“扫描飞机”合成组的“模式”选择“相加”（若未显示“模式”，点击“时间线”面板下方的“展开或折叠转换控制窗格”）（图 3-6-45）。在“时间线”面板中右击选择“新建”→“纯色”，在弹出的“纯色设置”对话框中，“名称”输入“纯色 1”，“宽度”输入数值“1800”，“高度”输入数值“1200”（略大于合成组），“颜色”选择“#395600”（见图 3-6-46）。

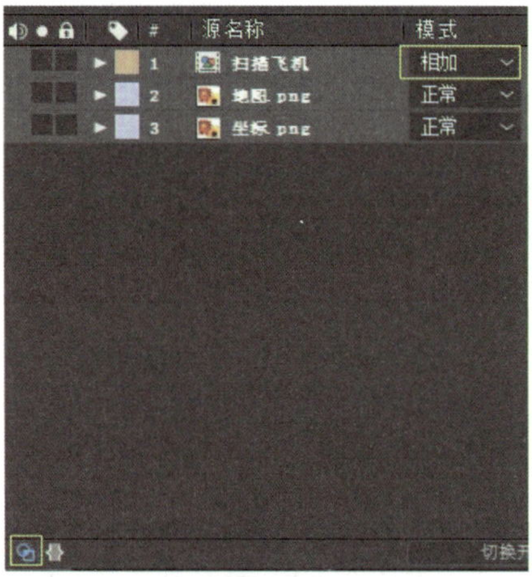

图 3-6-45 模式

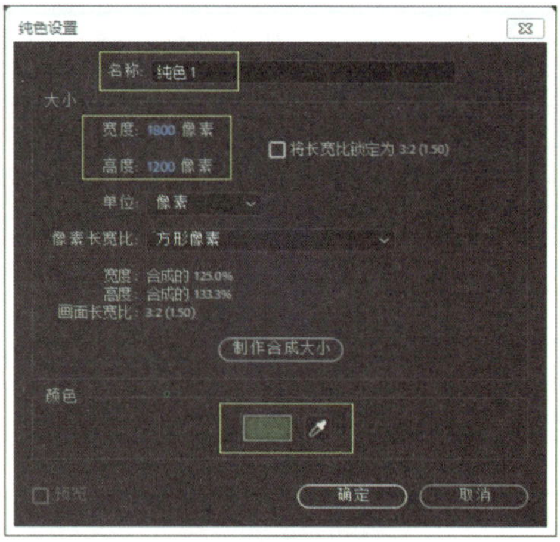

图 3-6-46 纯色设置

（9）将“纯色 1”层放在“扫描飞机”合成组之下（见图 3-6-47），选择“纯色 1”层，在“工具栏”中选择“钢笔工具”，绘制出一个三角形（见图 3-6-48）。

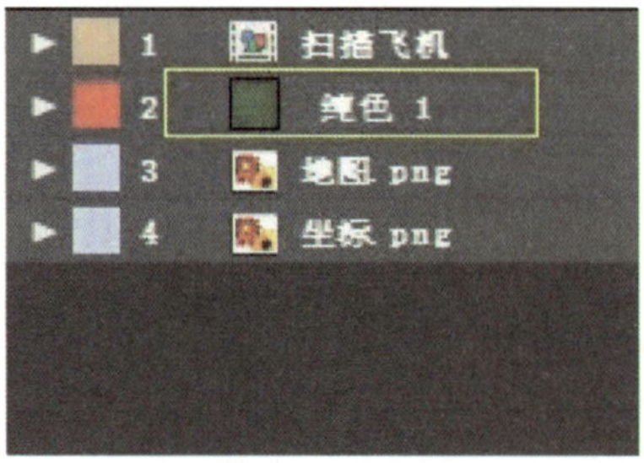

图 3-6-47 纯色 1

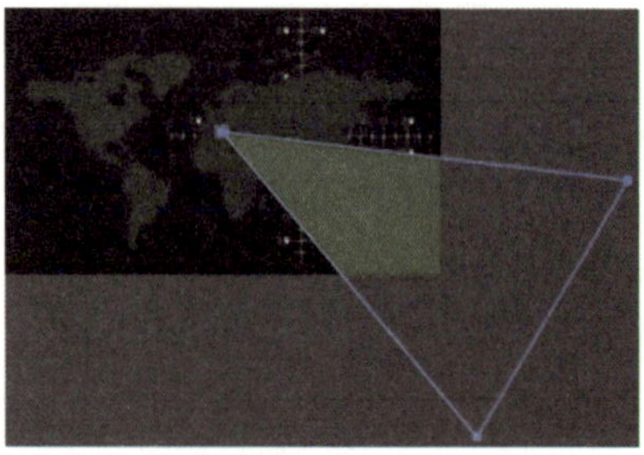

图 3-6-48 钢笔工具

（10）打开“纯色 1”层属性，选择“蒙版”→“蒙版 1”，在“蒙版羽化”中输入数值“100，100”，“蒙版不透明度”中输入数值“80”（见图 3-6-49），观察“合成”面板中的动画效果（见图 3-6-50）。

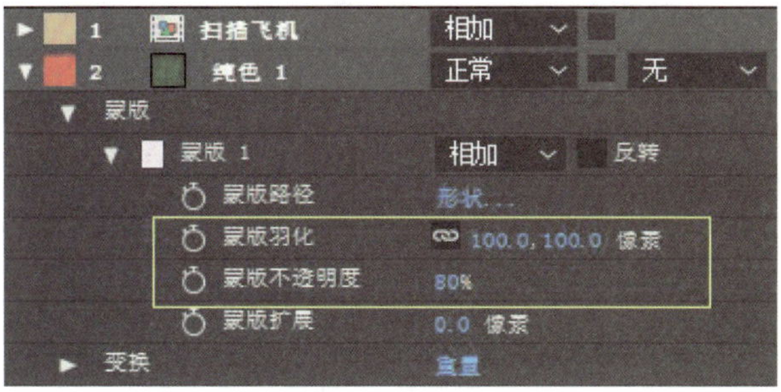

图 3-6-49　纯色 1

图 3-6-50　动画效果

（11）将时间指针拖至 0 秒位置，点击“旋转”的“时间变化秒表”（见图 3-6-51），将时间指针拖至 15 秒位置，在“旋转”输入数值“10x+0.0° ”（见图 3-6-52）。

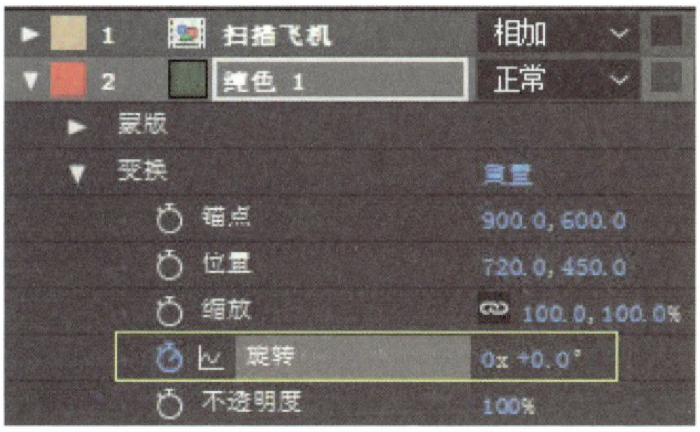

图 3-6-51　旋转

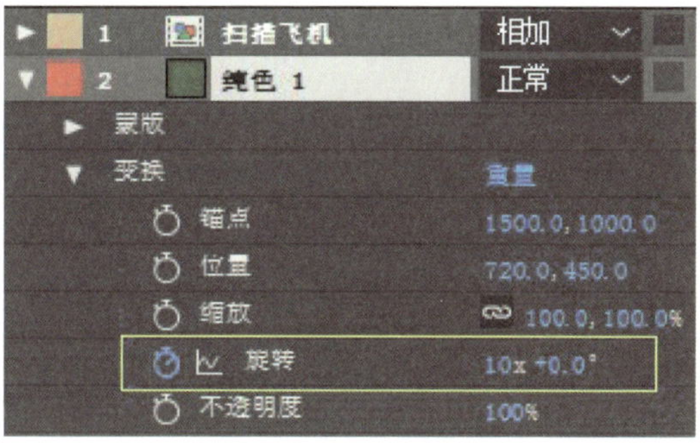

图 3-6-52　旋转

（12）将“纯色 1”合成组的“模式”选择“相加”（见图 3-6-53），在“时间线”面板中右击选择“新建”→“纯色”，在弹出的“纯色设置”对话框中，“ 名称”输入“纯色 2”，点击“制作合成大小”（见图 3-6-54）。

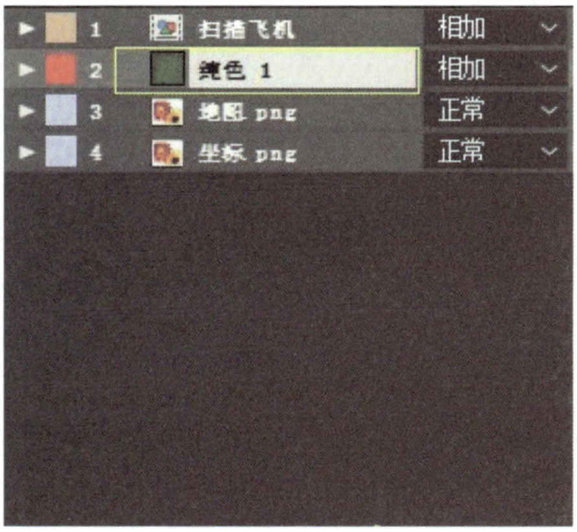

图 3-6-53　模式

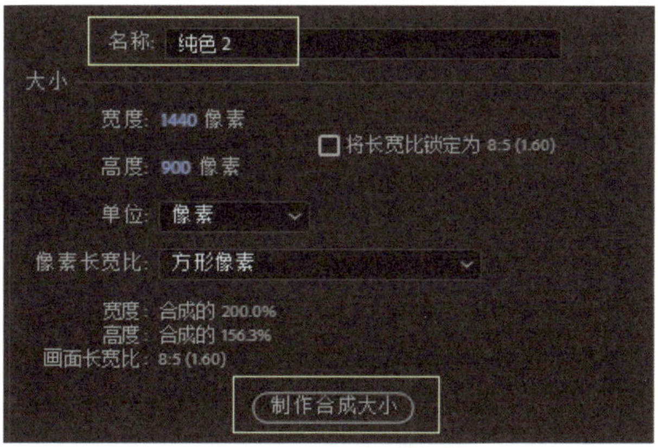

图 3-6-54　纯色设置

（13）将“纯色 2”放在“纯色 1”之下，在“模式”中选择“相加”（见图 3-6-55），播放动画观察最终效果（见图 3-6-56）。

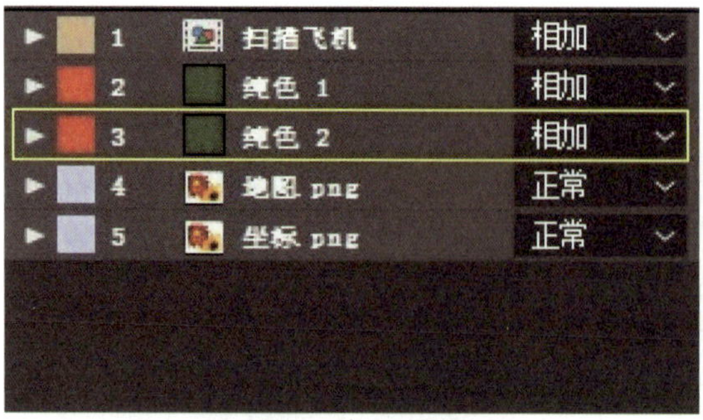

图 3-6-55　模式

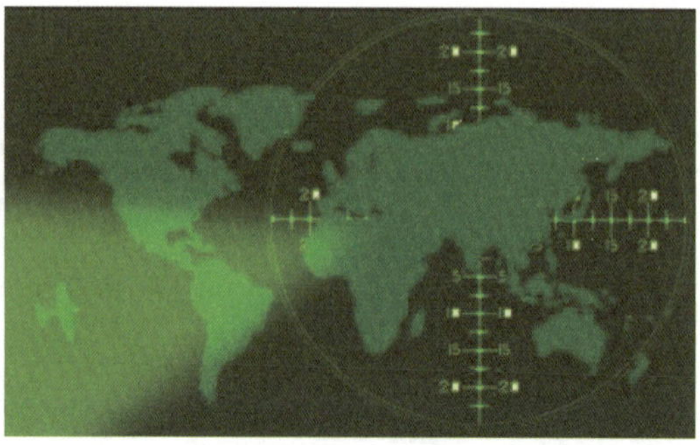
图 3-6-56　最终效果

第 4 章 After Effects 的效果

知识重点

课程思政

- 掌握 After Effects 效果的基础属性。
- 熟悉 After Effects 预设动画的使用。
- 熟悉 After Effects 插件的使用。

引言

本章主要介绍 After Effects 中效果的应用方法，能够在制作特效合成的项目中熟练准确地使用。After Effects 作为一款主流的特效合成软件，特效效果是其重要的组成部分，这些效果不但可以应用在图像、视频上，还可以应用在音频层上（此外，还有许多第三方的软件公司，开发出大量的效果插件，为 After Effects 中的特效效果增色不少）。通过对本章内容的学习，大家可以掌握特效的操作方法，为后续的项目制作建立良好的基础。

4.1 使用 After Effects 的效果的基本流程

制作一个 After Effects 项目离不开特效的支持，所以特效的调节与操作会影响到项目的最终效果。在 After Effects 中添加“效果”十分简便，只需要点击菜单“效果”，在弹出的内置“效果”类型（见图 4-1-1）中选择需要的“效果”名称即可（每一个内置“效果”类型中又包含若干个“效果”名称，点击“效果”名称即给素材添加“效果”）。After Effects 拥有的“效果”类型不单单这些内置效果，现在所显示的“效果”类型只是冰山一角，如果在 After Effects 中安装“插件”，则会在菜单“效果”中生成更多的“效果”类型（见图 4-1-2），为使用者提供更多的精彩特效效果。确定“效果”名称后，将在“效果控件”面板生成出“效果”的属性，通过属性调节，可以生成丰富多彩的特效效果（以“彩色浮雕”效果为例）。

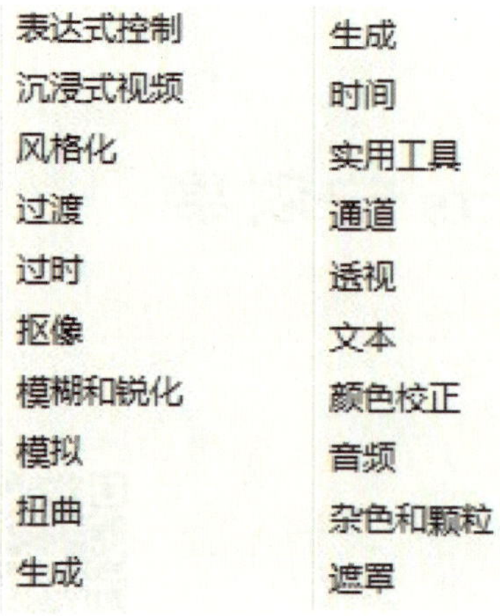

图 4-1-1 内置效果

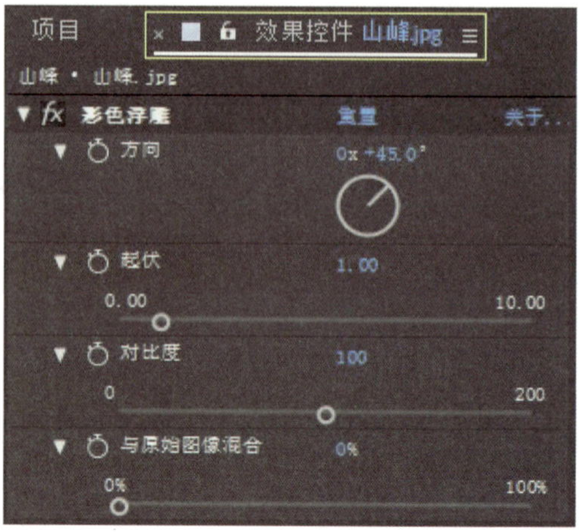

图 4-1-2 效果控件

“效果控件”面板的使用十分简单，“特效开关”按钮可以隐藏特效效果，再次单击可将特效效果开启；“重置”是将属性数值归为起始的数值；“关于”是对所选择的“效果”进行说明；“时间变化秒表”是对属性进行动画关键帧的制作。“更多”是对“效果控件”面板的不同属性数值进行调节，从而使特效效果产生变化。例如，将“起伏”属性调节为“10”（见图 4-1-3），观察“合成”面板中的素材变化（见图 4-1-4）。

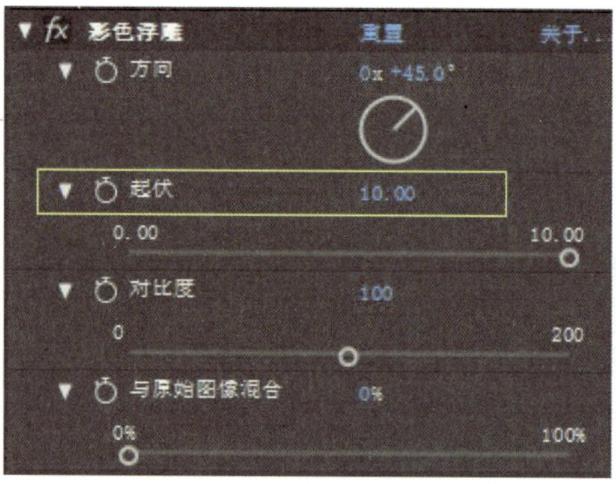

图 4-1-3 调节起伏属性

图 4-1-4 素材变化

制作“效果”的基本流程如下。

（1）在 After Effects 中导入素材“山峰”，将其拖至“时间线”面板中（见图 4-1-5），在“合成”面板中观察素材变化（见图 4-1-6）。

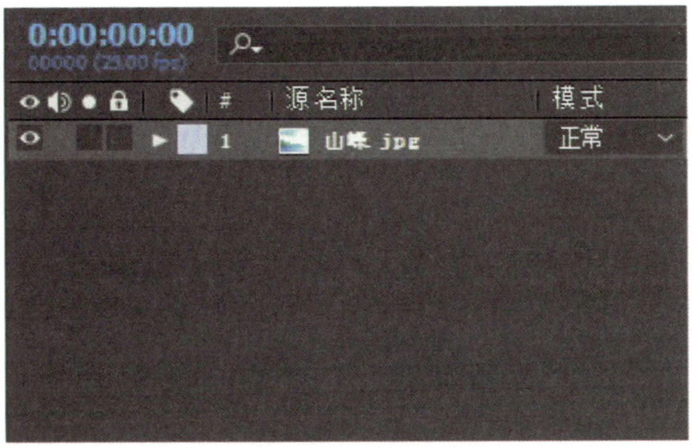

图 4-1-5　“时间线”面板

图 4-1-6　“合成”面板

（2）在菜单中选择“效果”→“模拟”→“碎片”命令（见图 4-1-7），此时观察“合成”面板中素材的变化（见图 4-1-8）。

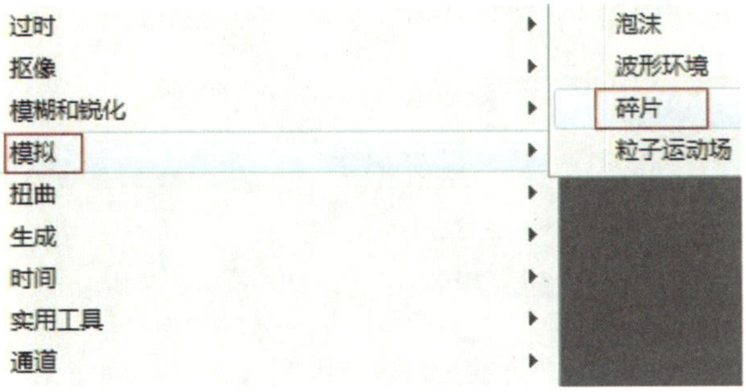

图 4-1-7　碎片命令

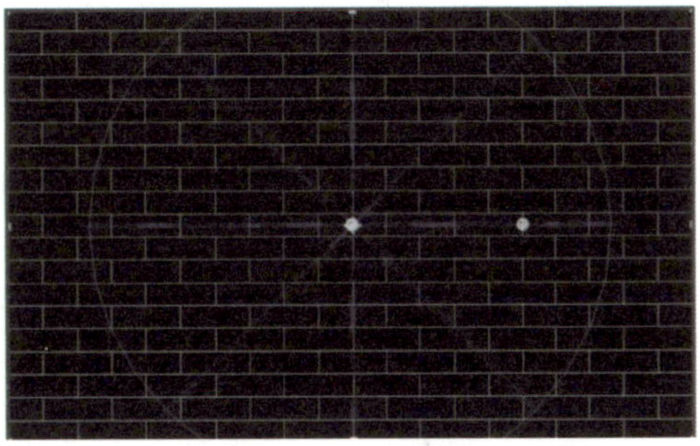

图 4-1-8　素材变化

（3）在“效果控件”面板中出现“碎片”效果的调节属性（见图 4-1-9），在“碎片”效果的“视图”中，选择“已渲染”（见图 4-1-10）。

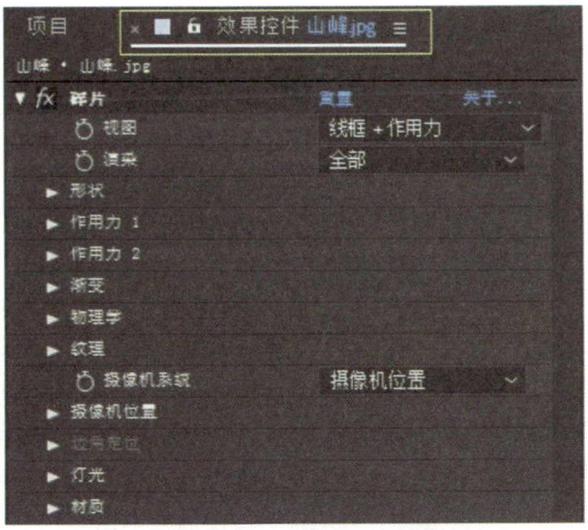

图 4-1-9　调节属性

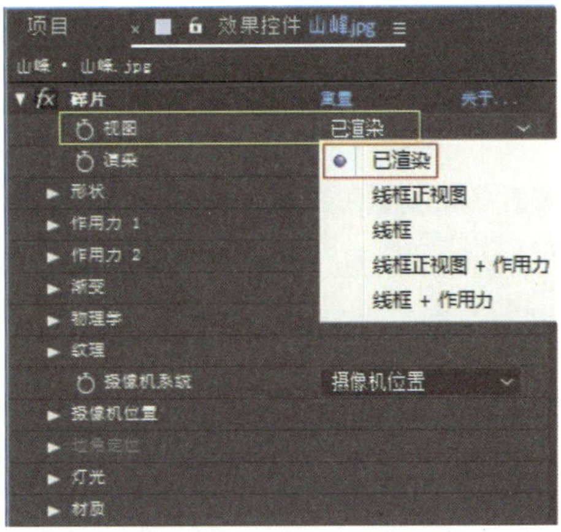

图 4-1-10　选择“已渲染”

（4）将时间指针调节到“5”帧的位置（图 4-1-11），观察“合成”面板中的素材变化（见图 4-1-12）。

图 4-1-11　调节时间指针

图 4-1-12　素材变化

（5）点击“时间变化秒表”对“碎片”进行动画效果的制作，将时间指针调节到“0”秒的位置，点击“碎片”效果中“形状”→“重复”属性的“时间变化秒表”；将时间指针调节到“2”秒的位置，更改“重复”属性的数值即可自动记录关键帧（最终输入数值是“10”）（见图 4-1-13），在“时间线”面板中播放生成的动画（见图 4-1-14）。

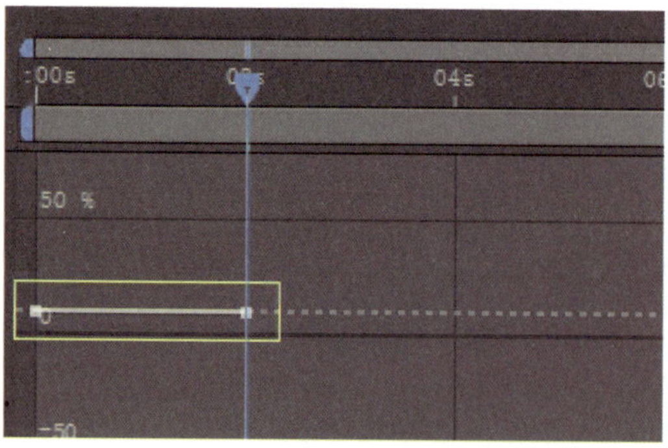

图 4-1-13　调节关键帧

图 4-1-14　播放动画

（6）同时，可以调节“碎片”效果的各种属性，对特效效果进行变换。例如，在“形状”→“图案”中选择“六边形”（见图 4-1-15），观察“合成”面板中的素材变化（见图

4-1-16）。

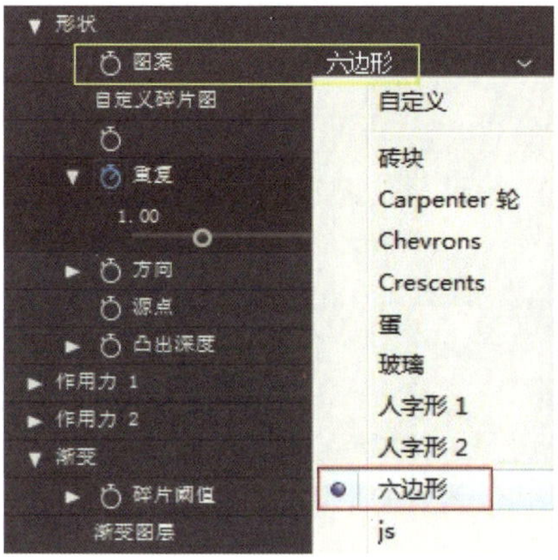

图 4-1-15　六边形

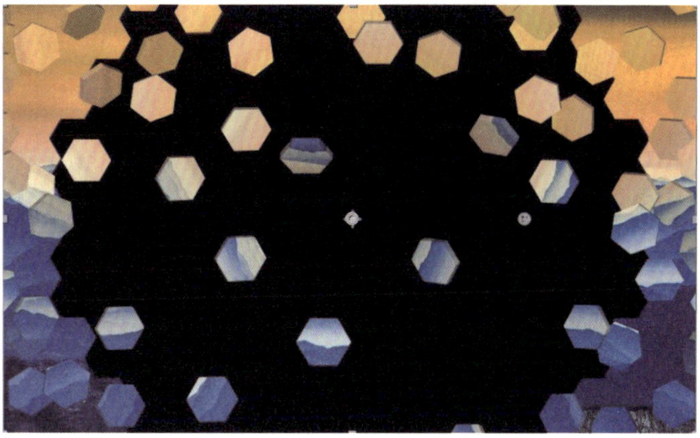

图 4-1-16　素材变化

（7）在 After Effects 中可以同时为一个素材添加若干特效效果。例如，选择菜单的“效果”→“扭曲”→“湍流置换”（见图 4-1-17），观察“合成”面板中的素材变化（见图 4-1-18）。

图 4-1-17　湍流置换

图 4-1-18　素材变化

（8）在“效果控件”面板中将“湍流置换”→“数量”的属性调节为“150”（见图 4-1-19），拖动时间指针观察素材的变化（见图 4-1-20）。

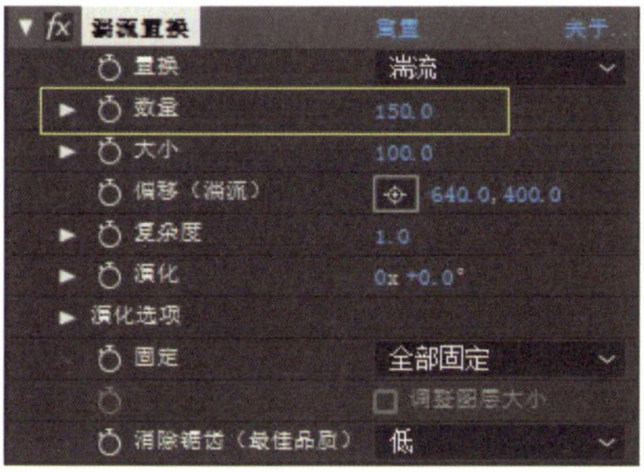

图 4-1-19　调节属性

图 4-1-20　素材变化

（9）一个素材上可以添加若干个效果，这些效果也可以在“效果控件”面板中调换位置，以产生不同的效果。将“碎片”调节至“湍流置换”下方（见图 4-1-21），观察素材的变化（见图 4-1-22）。

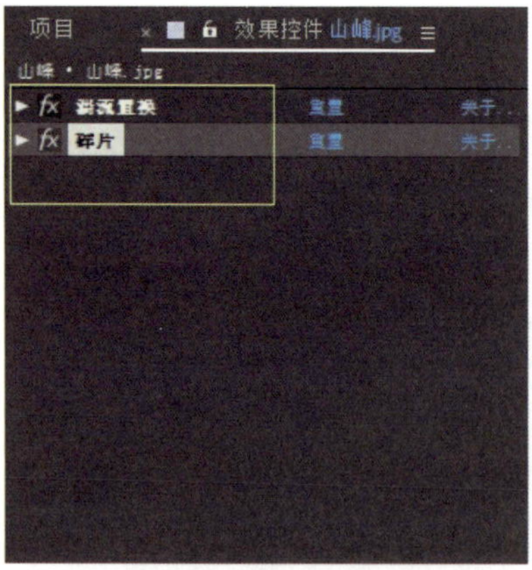

图 4-1-21 调换位置

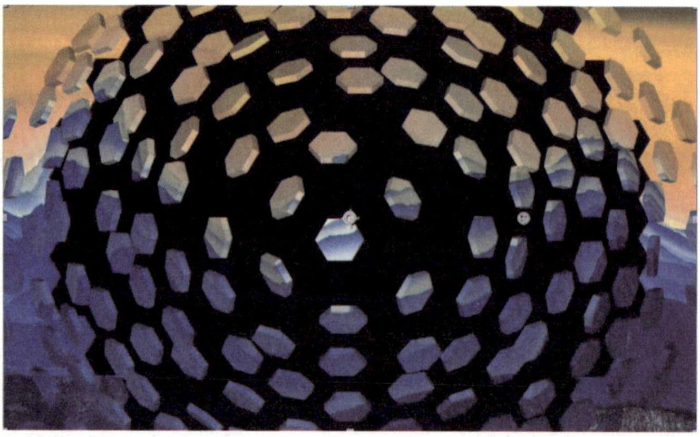

图 4-1-22 素材的变化

4.2 After Effects 中的内置效果

虽然 After Effects 中包含许多内置效果，这些效果的属性也不尽相同，但是调节方法与操作步骤十分类似。由于本教材篇幅有限，不能将全部效果进行介绍，所以选取部分常用的且具有代表性的效果进行讲解。

4.2.1 马赛克

该效果可以将素材处理为马赛克色块效果。

（1）将素材“飞翔”（见图 4-2-1）导入 After Effects，在“时间线”面板中选择素材“飞翔”，点击菜单“效果”→“风格化”→“马赛克”命令（见图 4-2-2）。

图 4-2-1 素材“飞翔”

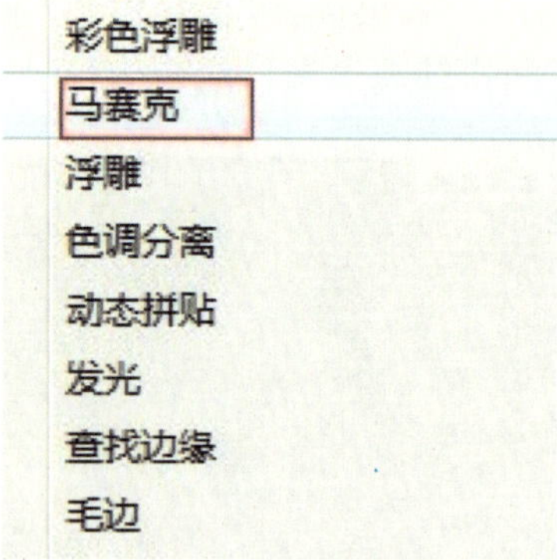

图 4-2-2 马赛克效果

（2）在“合成”面板中观察素材变化（见图 4-2-3），在“效果控件”面板中显示“马赛克”效果的各项属性（见图 4-2-4）。

图 4-2-3　素材变化

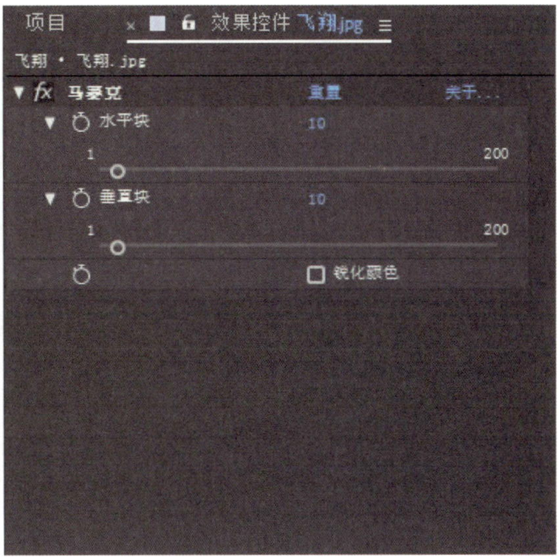

图 4-2-4　效果属性

（3）在“马赛克”效果属性中，“水平块”“垂直块”用于调节马赛克色块的水平与垂直数值；勾选“锐化颜色”后马赛克色彩增强，效果更接近于原始图像亮度。将“水平块”“垂直块”属性输入数值“120”，勾选“锐化颜色”（见图 4-2-5），观察“合成”面板中的素材变化（见图 4-2-6）。

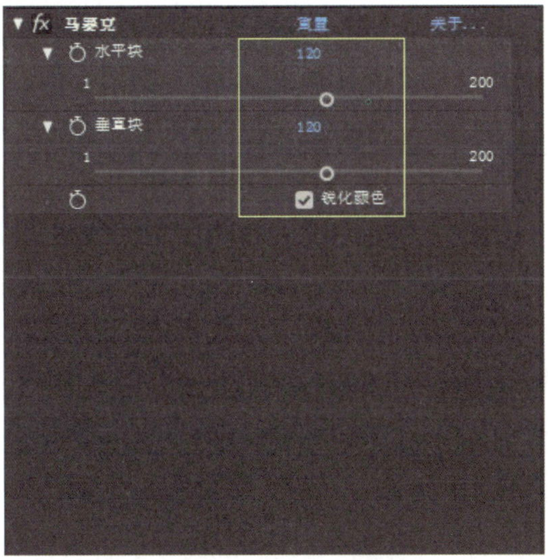

图 4-2-5　效果属性

图 4-2-6　素材效果

4.2.2　浮雕

该效果可以将素材处理为石雕效果。

（1）将素材“字帖”导入 After Effects（见图 4-2-7），在“时间线”面板中选择素材“字帖”，点击菜单“效果”→“风格化”→“浮雕”命令（见图 4-2-8）。

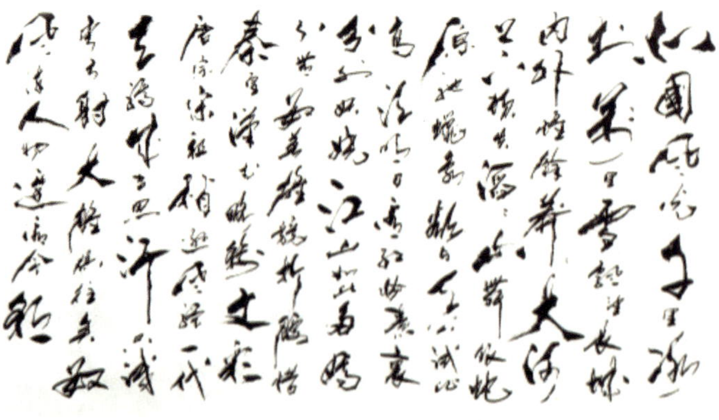

图 4-2-7 素材“字帖”

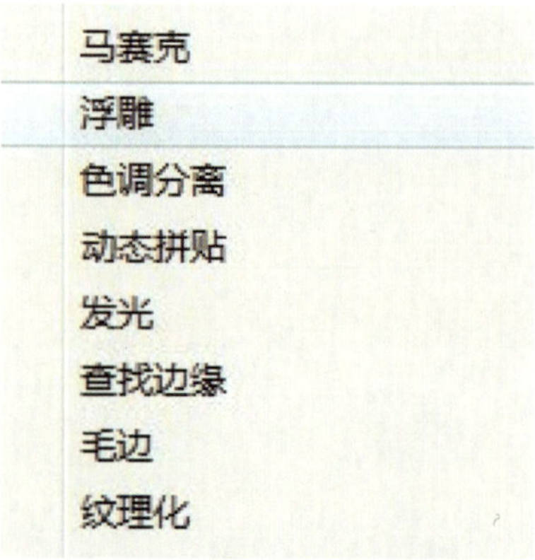

图 4-2-8 浮雕效果

（2）在“合成”面板中观察素材变化（见图 4-2-9），在“效果控件”面板中显示“马赛克”效果的各项属性（见图 4-2-10）。

图 4-2-9 素材变化

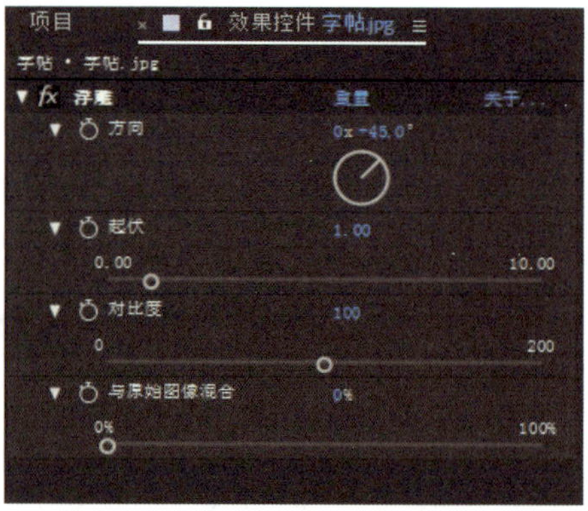

图 4-2-10 效果属性

（3）“浮雕”效果属性中，“方向”用于调节浮雕凸起方向；“起伏”用于调节浮雕厚度大小；“对比度”用于调节模拟光照强度；“与原始图像混合”用于将浮雕效果与原始图像的透明度混合。将“方向”输入数值“75”，“起伏”输入数值“3”，“对比度”输入数值“150”（见图 4-2-11），观察“合成”面板中的素材变化（见图 4-2-12）。

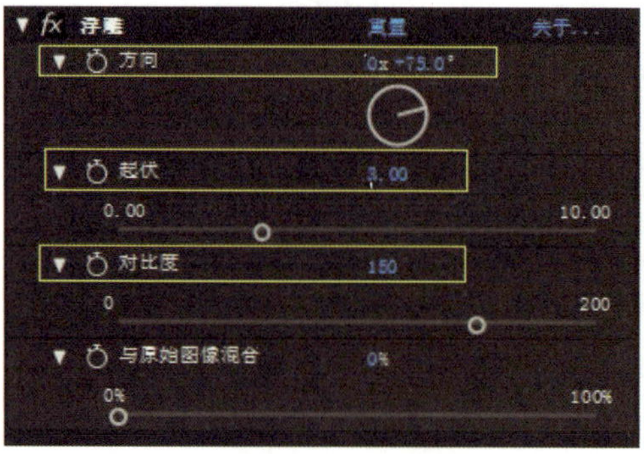

图 4-2-11 效果属性

图 4-2-12 素材效果

4.2.3 块溶解

该效果可以将素材处理为块状效果进行过渡。

（1）将素材“古城”导入 After Effects（见图 4-2-13），在“时间线”面板中选择素材“古城”，点击菜单“效果”→“过渡”→“块溶解”命令（见图 4-2-14）。

图 4-2-13　素材“古城”

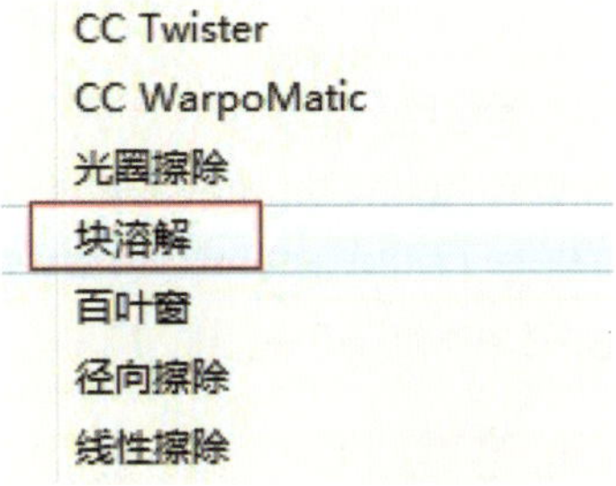

图 4-2-14　块溶解效果

（2）在“效果控件”面板中显示“块溶解”效果的各项属性，“块溶解”效果属性中，“过渡完成”用于调节块状效果的过渡变化；“块宽度”“块高度”用于调节块状效果的大小；“羽化”用于调节块状效果的虚化程度；“柔化边缘”用于调节块状效果的质量。将“过渡完成”属性输入数值“20”，“块宽度”“块高度”属性输入数值“5”，“羽化”属性输入数值“10”，勾选“柔化边缘（最佳品质）”（见图 4-2-15），观察“合成”面板中素材的变化（见图 4-2-16）。

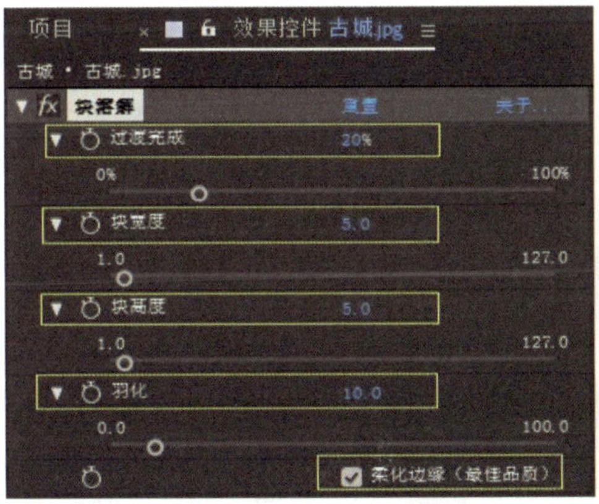

图 4-2-15　效果属性

图 4-2-16　素材效果

（3）“块溶解”效果用于关键帧的制作更能突出效果。例如：在“时间线”面板中将时间指针拖至 0 秒位置，点击“过渡完成”的“时间变化秒表”；将时间指针拖至 5 秒位置，将“过渡完成”属性数值输入“100”（见图 4-2-17），播放动画，观察“合成”面板中素材的过渡效果（见图 4-2-18）。

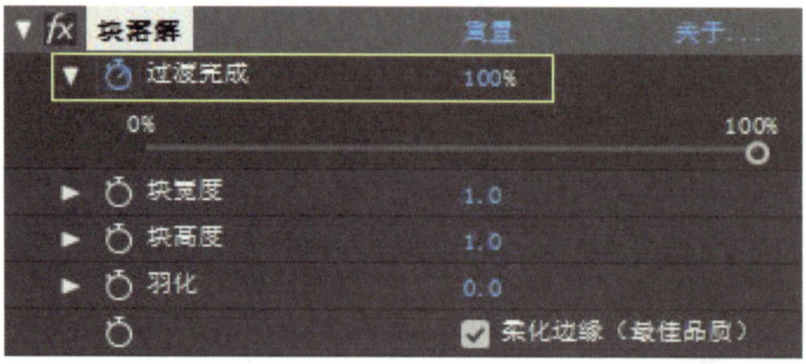

图 4-2-17 调节属性

图 4-2-18 素材动画

4.2.4 百叶窗

该效果可以将素材处理成类似百叶窗的效果进行过渡。

（1）将素材“油画”导入 After Effects（见图 4-2-19），在“时间线”面板中选择素材“油画”，点击菜单“效果”→“过渡”→“百叶窗”命令（见图 4-2-20）。

图 4-2-19 素材“古城”

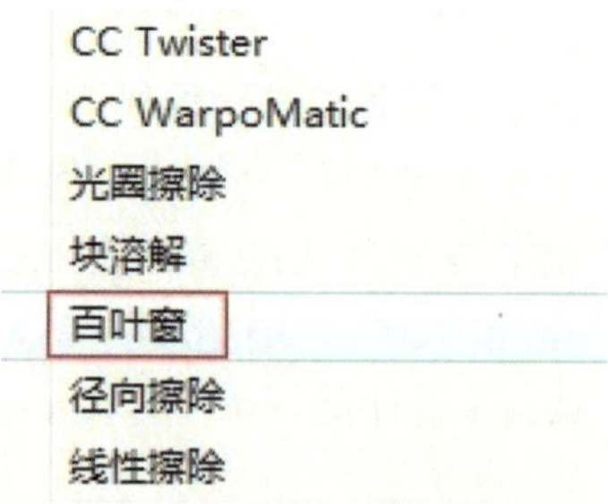

图 4-2-20 百叶窗效果

（2）在“效果控件”面板中显示“百叶窗”效果的各项属性，“百叶窗”效果属性中，“过渡完成”用于调节百叶窗效果的过渡变化；“方向”用于调节百叶窗效果的角度；“宽度”用于调节百叶窗效果的间距距离；“羽化”用于调节百叶窗效果的虚化程度。将“过渡完成”属性输入数值“50”，“方向”属性输入数值“45”，“宽度”属性输入数值“50”，“羽化”属性输入数值“20”（见图 4-2-21），观察“合成”面板中的素材变化（见图 4-2-22）。

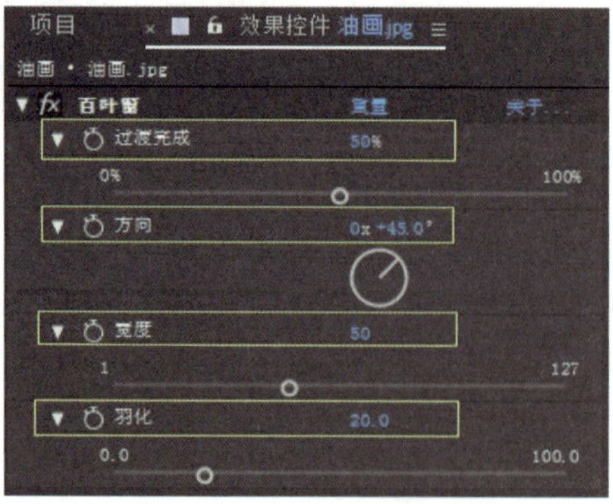

图 4-2-21 效果属性

图 4-2-22 素材效果

（3）“块溶解”效果用于关键帧的制作更能突出效果。例如：在“时间线”面板中将时间指针拖至 0 秒位置，点击“过渡完成”的“时间变化秒表”；将时间指针拖至 5 秒位置，将“过渡完成”属性输入数值“50”（见图 4-2-23），播放动画，在“合成”面板中观察素材的过渡效果（见图 4-2-24）。

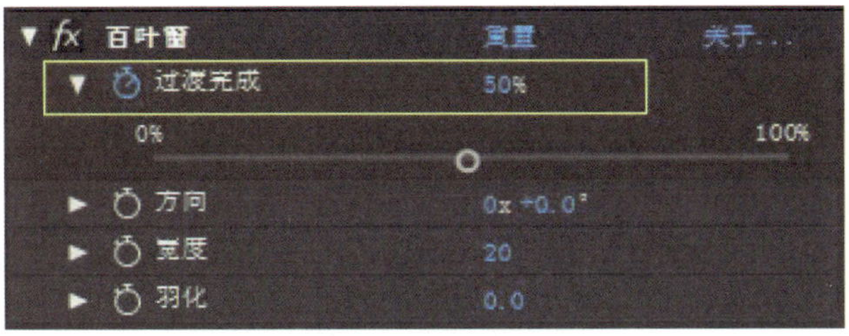

图 4-2-23　调节属性

图 4-2-24　素材动画

4.2.5　减少交错闪烁

该效果通过虚化减少素材中的瑕疵。

（1）将素材“风光”导入 After Effects（见图 4-2-25），在“时间线”面板中选择素材“风光”，点击菜单“效果”→“过时”→“减少交错闪烁”命令（见图 4-2-26）。

图 4-2-25　素材“风光”

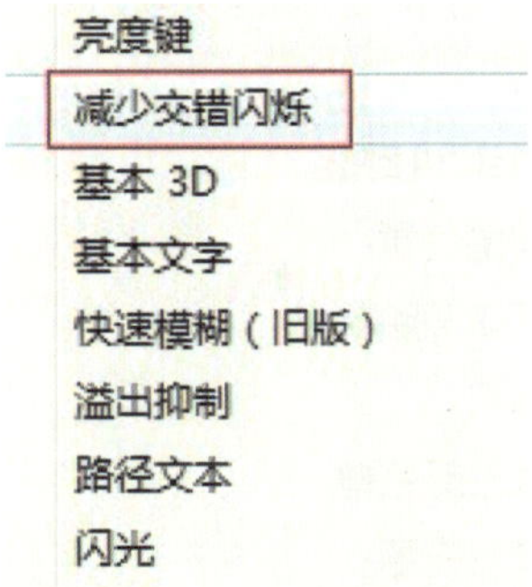

图 4-2-26　减少交错闪烁效果

（2）在“效果控件”面板中显示“减少交错闪烁”效果的属性，“减少交错闪烁”效果属性中，“柔和度”用于调节减少交错闪烁效果的程度；将“柔和度”属性输入数值“10”（见图 4-2-27），观察“合成”面板中的素材变化（见图 4-2-28）。

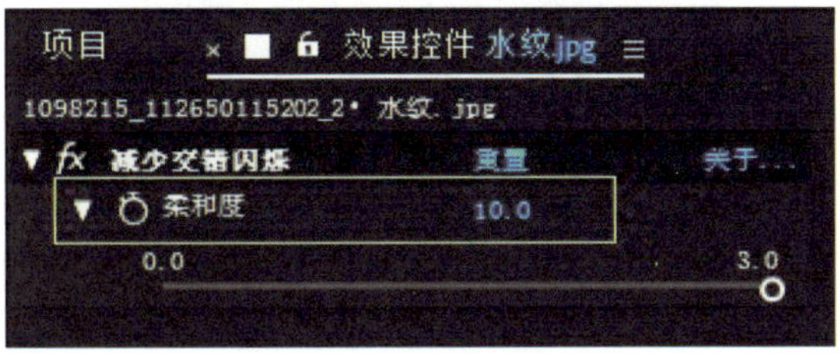

图 4-2-27　调节属性

图 4-2-28　素材效果

4.2.6　KeyLight(1.2)

该效果用于去除背景图案，得到素材的 Alpha 通道。

（1）将素材“喷泉”导入 After Effects（注意勾选“ImporterJPEG 序列”）（见图 4-2-29），观察“合成”面板中的素材变化（见图 4-2-30）。

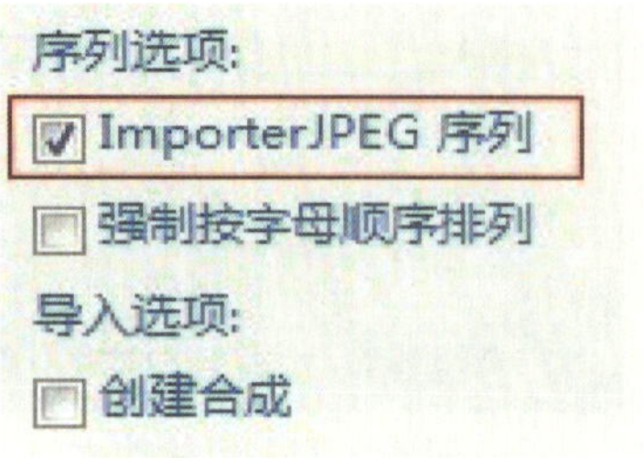

图 4-2-29　素材“喷泉”

图 4-2-30　观察素材

（2）在“时间线”面板中选择素材“喷泉”，点击菜单“效果”→“抠图”→“Keylight（1.2）”命令（见图 4-2-31），在“效果控件”面板中显示“Keylight（1.2）”效果的各项属性（见图 4-2-32）

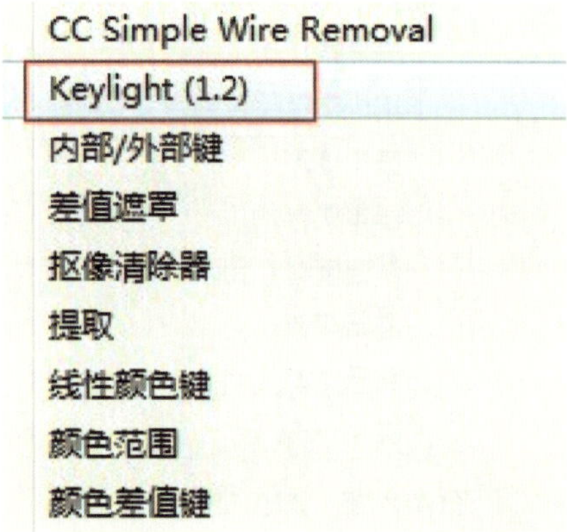

图 4-2-31　Keylight(1.2)效果

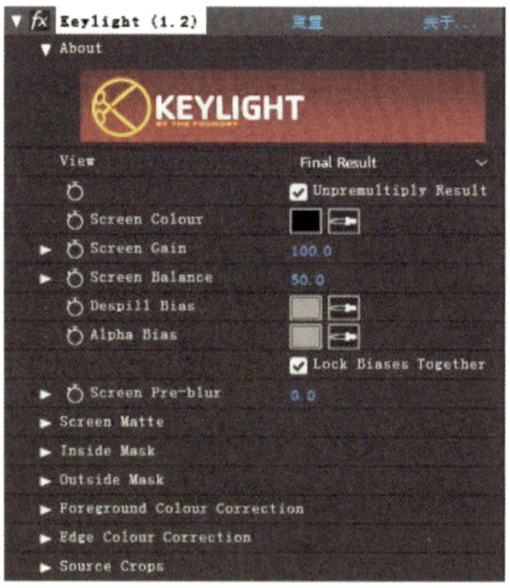

图 4-2-32　属性

（3）点击“Source Colour”的吸管，再点击“合成”面板中的背景颜色（见图 4-2-33），观察“合成”面板中的素材变化（见图 4-2-34）。

图 4-2-33　点击背景

图 4-2-34　抠除背景

（4）将“背景”图像导入 After Effects，并将其拖动至“时间线”面板中素材“喷泉”的下方（见图 4-2-35），观察“合成”面板中的素材“喷泉”，已经抠除背景（见图 4-2-36）。

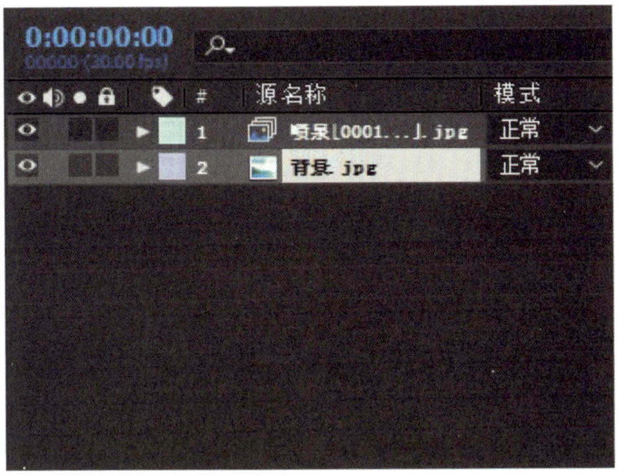

图 4-2-35　摆放素材

图 4-2-36　“合成”面板

（5）“Keylight（1.2）”虽然属性较多，但多是细微调整命令，下面将介绍其中最重要的 4 个选项。“View”可以调节遮罩的模式；“Screen Colour”用于选取背景颜色；“Screen Pre-blur”用于虚化素材，使之更好地与背景融合；“Clip Black”与“Clip White”向内与向外细化素材的边缘图像（见图 4-2-37）。通过这几个属性就可以得到一个非常完美的带有 Alpha 通道的素材（见图 4-2-38）。

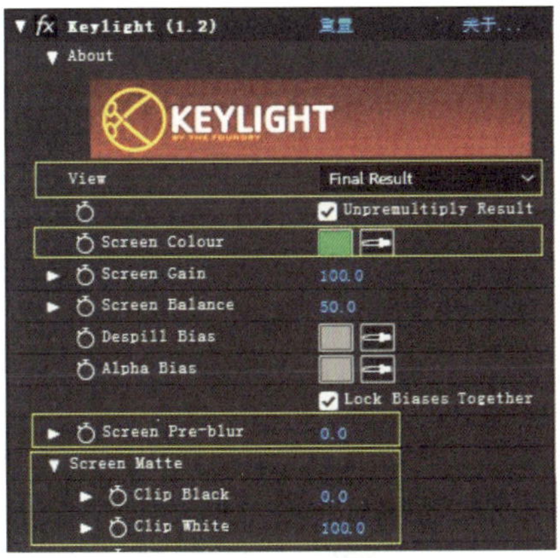

图 4-2-37　调节属性

图 4-2-38　Alpha 通道

4.2.7　方向模糊

该效果可以将模糊效果规定在某个方向，形成一种运动模糊效果。

（1）将素材“奔跑”导入 After Effects，观察“合成”面板中的素材（见图 4-2-39），在“时间线”面板中选择素材“奔跑”，点击菜单“效果”→“模糊与锐化”→“定向模糊”命令（见图 4-2-40）。

图 4-2-39　素材“奔跑”

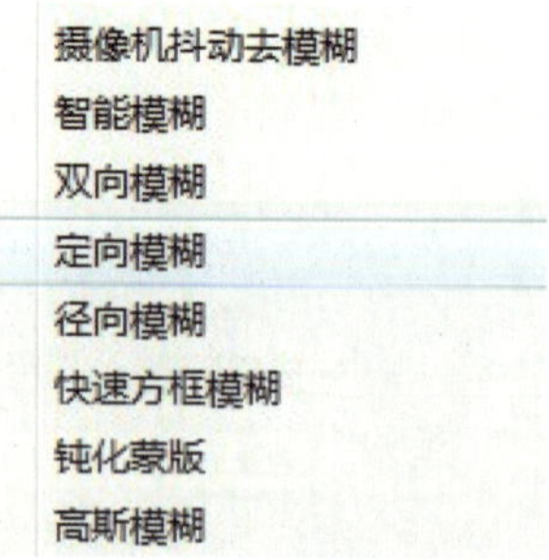

图 4-2-40　定向模糊效果

（2）“效果控件”面板中显示“定向模糊”效果的各项属性，在“定向模糊”效果属性中，“方向”用于调节模糊角度；“模糊长度”用于调节模糊的程度。将“方向”属性输入数值“-90”，“模糊长度”属性输入数值“50”（见图 4-2-41），在“合成”面板中观察素材的变化（见图 4-2-42）。

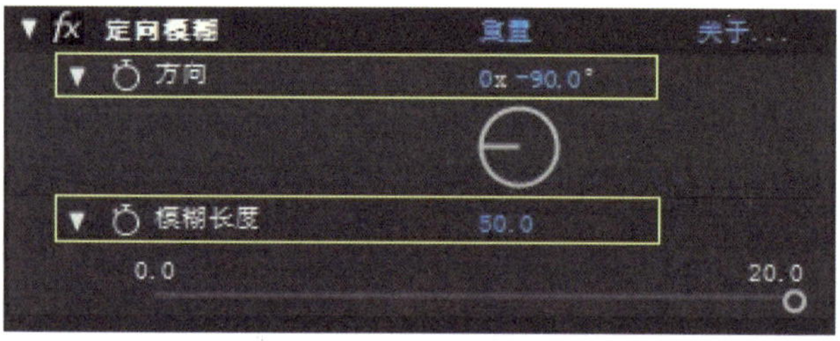

图 4-2-41　调节属性

图 4-2-42　素材效果

4.2.8　高斯模糊

该效果可以模糊图像或清除噪波。

（1）将素材“大树”导入 After Effects，观察“合成”面板中的素材（见图 4-2-43），在“时间线”面板中选择素材“大树”，点击菜单“效果”→“模糊与锐化”→“高斯模糊”命令（见图 4-2-44）。

图 4-2-43　素材大树

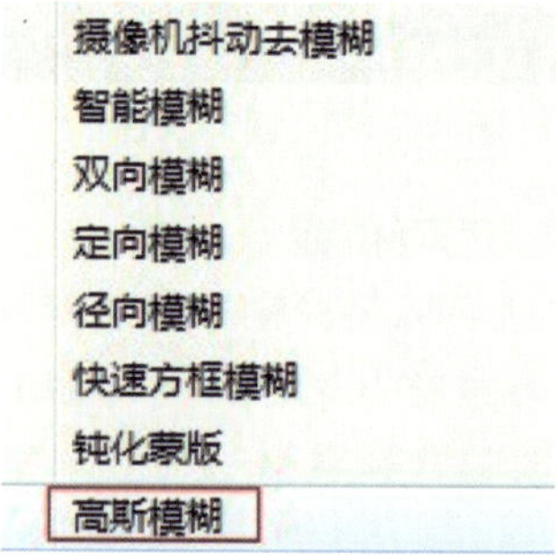

图 4-2-44　高斯模糊效果

（2）“效果控件”面板中显示“高斯模糊”效果的各项属性，在“高斯模糊”效果属性中，“模糊度”用于调节模糊的程度；“模糊方向”用于调节模糊的角度，分“水平和垂直”“水平”“垂直”3 种；勾选“重复边缘像素”后，图像的边缘不会受到“高斯模糊”的影响。在“模糊度”属性输入数值“10”（见图 4-2-45），在“合成”面板中观察素材的变化（见图 4-2-46）。

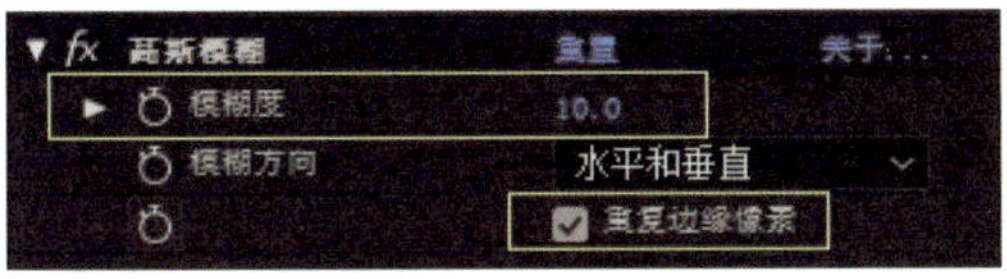

图 4-2-45　调节属性

图 4-2-46　素材效果

4.2.9　锐化

该效果与模糊效果的作用相反，可以增强画面对比，使画面更加清晰。

（1）将素材“花蕊”导入 After Effects，观察“合成”面板中的素材（见图 4-2-47），在“时间线”面板中选择素材“花蕊”，点击菜单“效果”→“模糊与锐化”→“锐化”命令（见图 4-2-48）。

图 4-2-47　素材“花蕊”

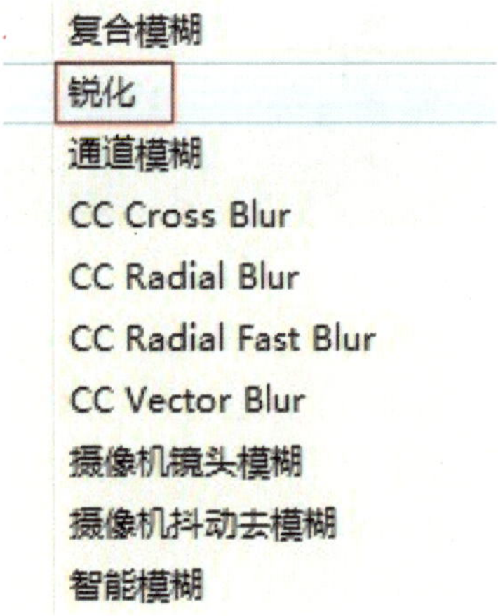

图 4-2-48　锐化效果

（2）“效果控件”面板中显示“锐化”效果的属性，在“锐化”效果属性中，“锐化量”用于调节锐化的程度。在“锐化量”属性中输入数值“100”（见图 4-2-49），在“合成”面板中观察素材的变化（见图 4-2-50）。

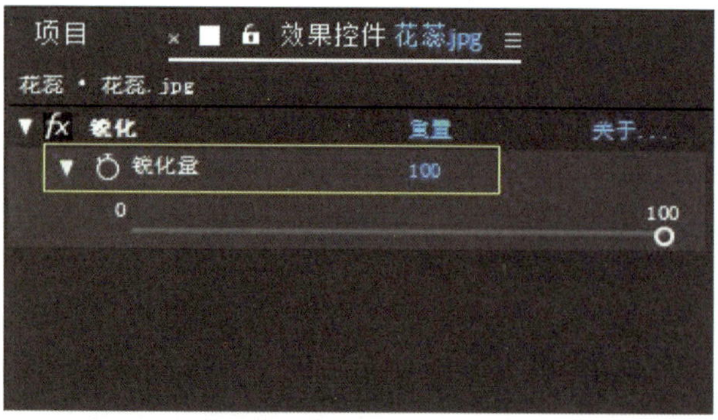

图 4-2-49 调节属性

图 4-2-50 素材效果

4.2.10 CC Pixel Polly

该效果可以分割图像，产生画面破碎效果。

（1）将素材“大地”导入 After Effects，观察“合成”面板中的素材（见图 4-2-51），在“时间线”面板中选择素材“大地”，点击菜单“效果”→“模拟”→“CC Pixel Polly”命令（见图 4-2-52）。

图 4-2-51 素材“大地”

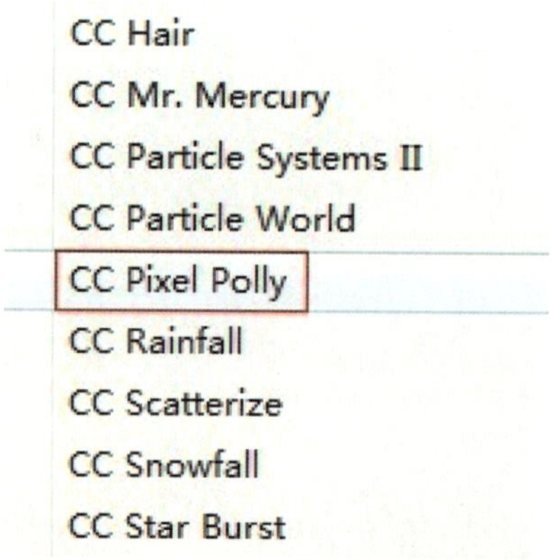

图 4-2-52 CC Pixel Polly 效果

（2）“效果控件”面板中显示“CC Pixel Polly”效果的属性，在“CC Pixel Polly”效果属性中，“Force”用于设置产生破碎时的力量值；“Gravity”用于设置碎片下落时的重力；“Spinning”用于设置碎片的旋转角度；“Force Center”用于设置破碎时力量的中心点位置；“Direction Randomness”用于设置破碎时碎片的随机方向；“Speed Randomness”用于设置碎片运动时速度的随机快慢；“Grid Spaxing”用于设置碎片大小；“Object”用于设置产生的碎片样式，包括“Polygon”表示以三角形的碎片显示出素材中的相对色彩；“Textured Polygon”以三角形的碎片显示出素材中的图像；“Square”表示以正方形的碎片显示出素材中的相对色彩；“Textured Square”表示以正方形的碎片显示出素材中的图像；勾选该项“Enable Depth Sort”，可以改变碎片之间的遮挡关系；“Start Time”用于调节产生碎片的起始时间（见图 4-2-53）。在“时间线”面板中拖动时间指针，观察“合成”面板中素材的变化（见图 4-2-54）。

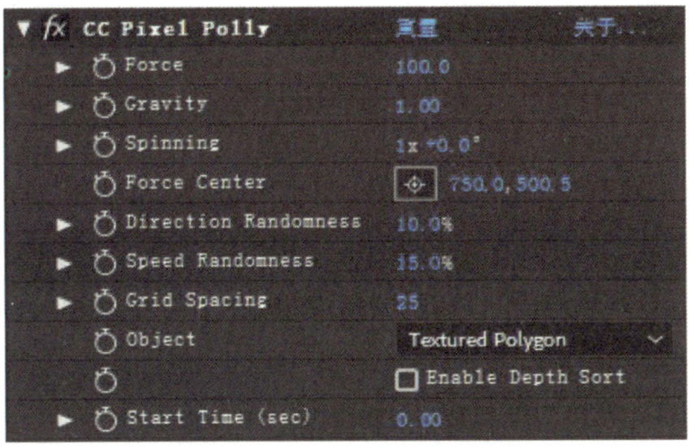

图 4-2-53　属性数值

图 4-2-54　素材效果

4.2.11　CC Scatterize

该效果可以将素材变化成细小颗粒状，通过调节产生绚丽的效果。

（1）将素材“雪花”导入 After Effects，观察“合成”面板中的素材（见图 4-2-55），在“时间线”面板中选择素材“雪花”，点击菜单“效果”→“模拟”→“CC Scatterize”命令（见图 4-2-56）。

图 4-2-55　素材“雪花”

图 4-2-56　CC Scatterize 效果

（2）“效果控件”面板中显示“CC Scatterize”效果的属性，在“CC Scatterize”效果属性中，“Scatter”用于设置粒子的分散程度；“Right Twist”表示以图像右侧为开始端进行旋转；“Left Twist”表示以图像左侧为开始端进行旋转；“Transfer Mode”用于选择颗粒之间的叠加模式，包括“Composite”复合叠加 、“Screen”屏幕叠加 、“Add” 相加叠加、“Alpha Add”通道叠加，将“Scatter”属性输入数值“5”，“Right Twist” 属性输入数值“115”，“Left Twist” 属性输入数值“-200”，在“Transfer Mode”中选择“Screen”（见图 4-2-57）。在“时间线”面板中拖动时间指针，观察“合成”面板中素材的变化（见图 4-2-58）。

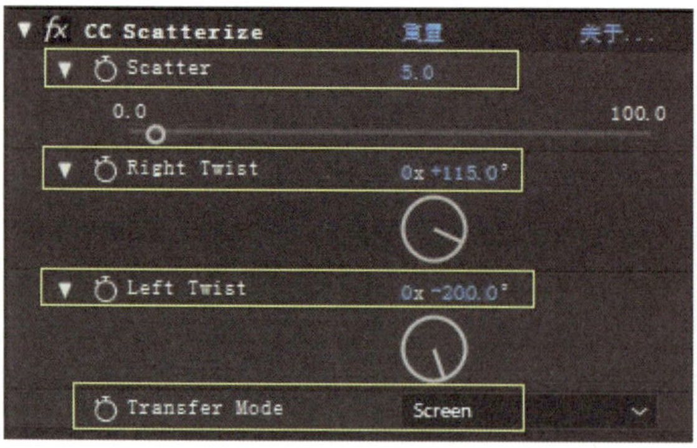

图 4-2-57 调节属性

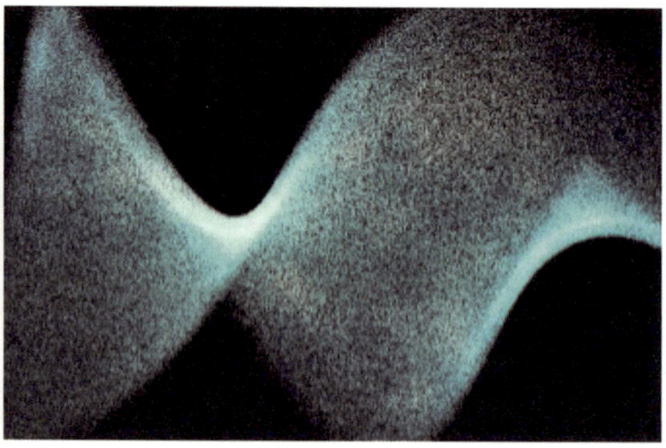

图 4-2-58 素材效果

4.2.12 CC Smear

该效果可以定义素材中涂抹效果的位置。

（1）将素材“雪山”导入 After Effects，观察“合成”面板中的素材（见图 4-2-59），在“时间线”面板中选择素材“雪山”，点击菜单“效果”→“扭曲”→“CC Smear”命令（见图 4-2-60）。

图 4-2-59 素材“雪山”

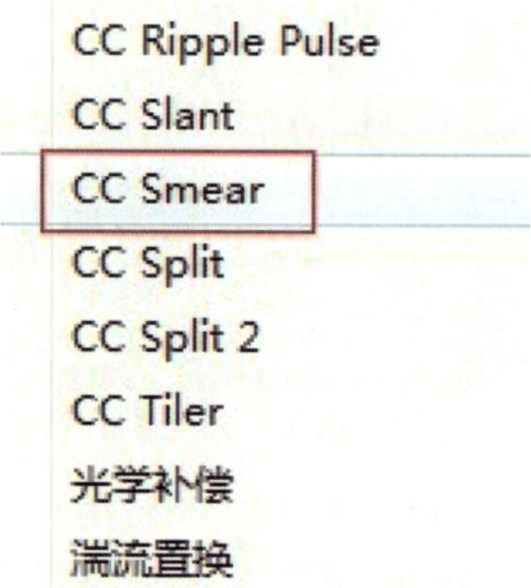

图 4-2-60 CC Smear 效果

（2）“效果控件”面板中显示“CC Smear”效果的属性，在“CC Smear”效果属性中，“From”用于设置涂抹的起始位置；“To”用于设置涂抹的结束位置；“Reach”用于设置涂抹效果的距离；“Radius”用于设置涂抹效果的半径。将“From”属性输入数值“1000，800”，“To”属性输入数值“996，488”，“Reach”属性输入数值“100”，“Radius”属性输入数值“300”（见图 4-2-61），在“合成”面板中观察素材的变化（见图 4-2-62）。

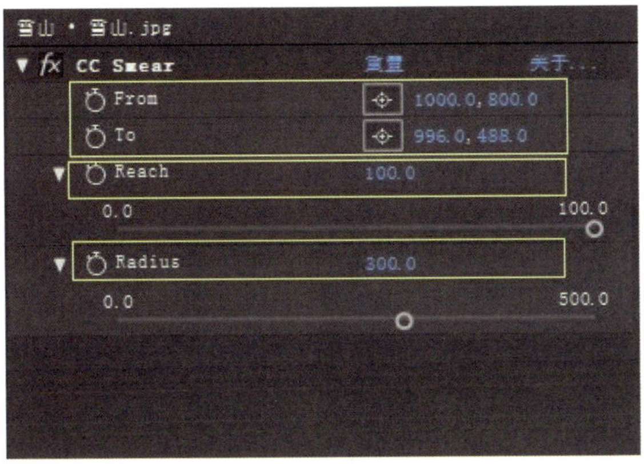

图 4-2-61　调节属性

图 4-2-62　素材效果

4.2.13　CC Tiler

该效果可以将素材产生无限制的缩放

（1）将素材“点赞”导入 After Effects，观察“合成”面板中的素材（见图 4-2-63），在“时间线”面板中选择素材“点赞”，点击菜单“效果”→“扭曲”→“CC Tiler”命令（见图 4-2-64）。

图 4-2-63　素材“点赞”

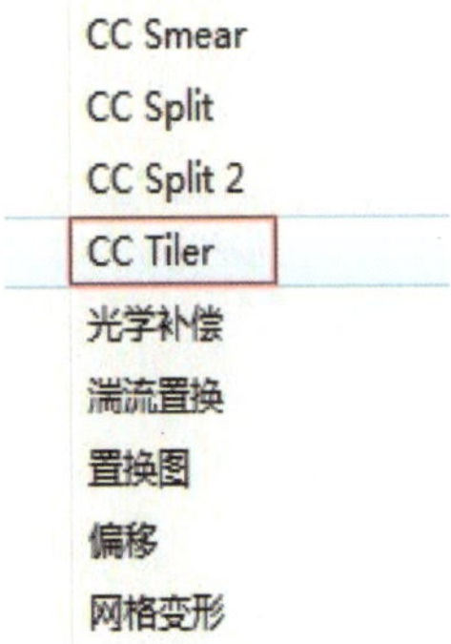

图 4-2-64　CC Tiler 效果

（2）“效果控件”面板中显示“CC Tiler”效果的属性，在“CC Tiler ”效果属性中，“Scal”用于设置缩放素材的多少；“Center”用于设置缩放中心点位置；“Blend w.Original”表示与原素材的融合程度。将“Scal”属性输入数值“10”，“Blend w.Original” 属性输入数值“20”（见图 4-2-65），在“合成”面板中观察素材的变化（见图 4-2-66）。

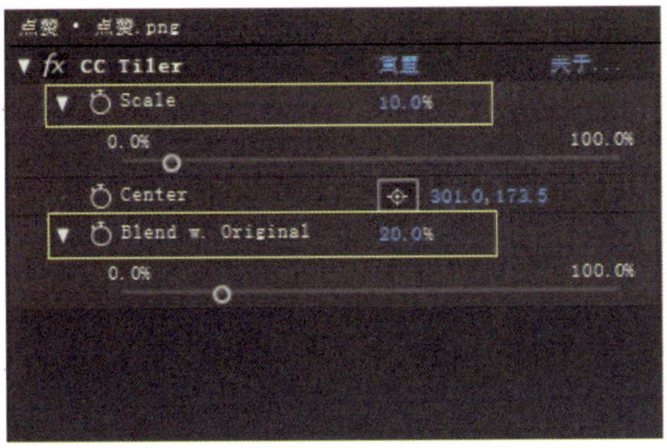

图 4-2-65　调节属性

图 4-2-66　素材效果

4.2.14　镜头光晕

该效果可以在素材上产生类似太阳光晕的效果。

(1)将素材“海边”导入 After Effects(见图 4-2-67),在“时间线”面板中选择素材“海边”,点击菜单“效果”→“生成”→“镜头光晕”命令(见图 4-2-68)。

图 4-2-67　素材“海边”

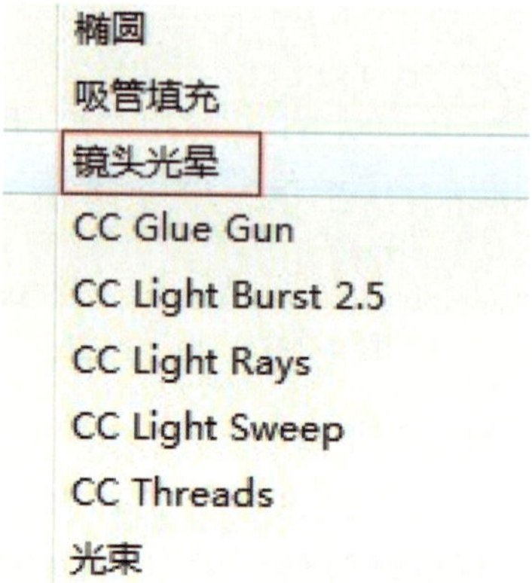

图 4-2-68　镜头光晕效果

(2)在“合成”面板中观察素材变化(见图 4-2-69),在“效果控件”面板中显示“镜头光晕”效果的各项属性(见图 4-2-70)。

图 4-2-69　素材变化

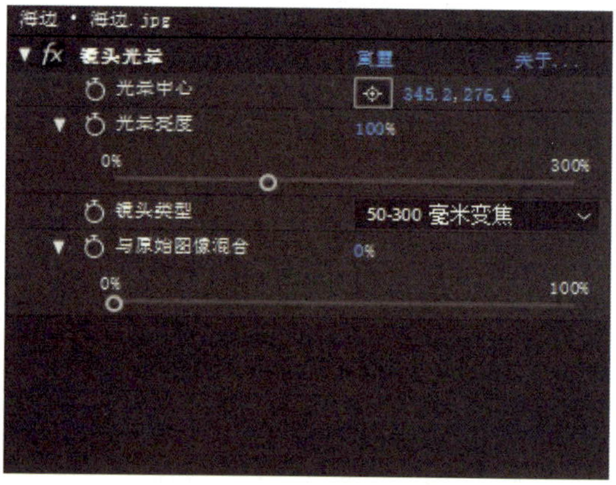

图 4-2-70　效果属性

(3)在“镜头光晕”效果属性中,“光晕中心”用于调节光晕的位置;“光晕亮度”用于调节光晕的明暗;“镜头类型”用于调节模拟镜头的型号;“与原始图像混合”表示与原始素材的混合程度。将“光晕中心”输入数值“238, 196”,“光晕亮度”输入数值“128”,“镜头类型”输入数值“35 毫米定焦”(见图 4-2-71),观察“合成”面板中的素材变化(见图 4-2-72)。

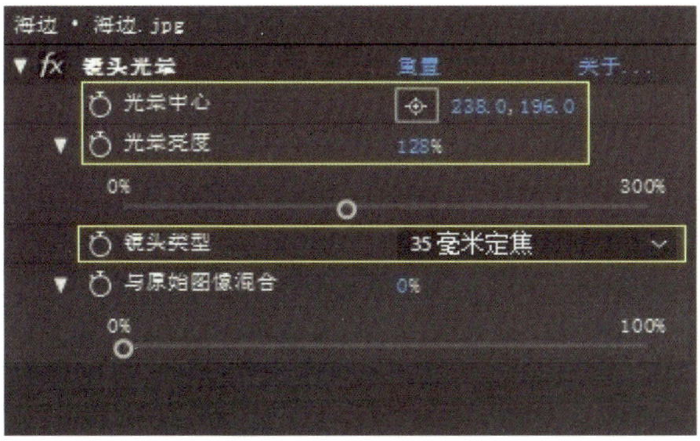

图 4-2-71　调节属性

图 4-2-72　素材效果

4.2.15　四色渐变

该效果可以生成一个四种颜色的渐变效果，可以与素材进行混合生成效果。

（1）将素材“黑白”导入 After Effects（见图 4-2-73），在“时间线”面板中选择素材“黑白”，点击菜单“效果”→“生成”→“四色渐变”命令（见图 4-2-74）。

图 4-2-73　素材“黑白”

图 4-2-74　四色渐变效果

（2）在“合成”面板中观察素材变化（见图 4-2-75），在“效果控件”面板中显示“四色渐变”效果的各项属性（见图 4-2-76）。

图 4-2-75　素材变化

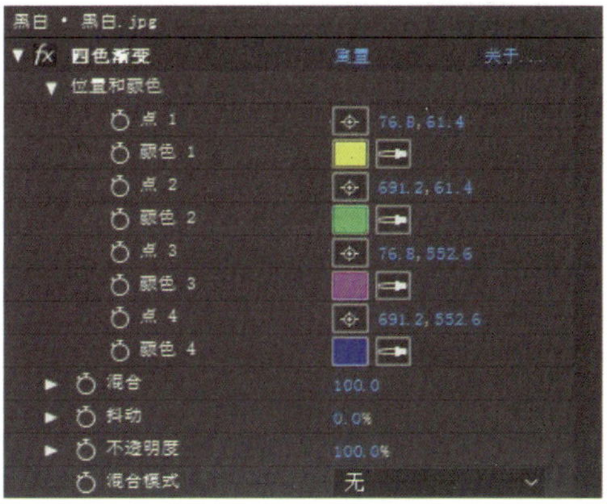

图 4-2-76　四色渐变属性

（3）在“四色渐变”效果属性中，“位置和颜色”中有 4 个“点”，可以分别设定颜色的位置。4 个“颜色”，可以分别设定颜色的数值；“混合”表示“四色渐变”与原始素材在颜色之间创造出更加柔和的融合过渡的程度；“抖动”是“四色渐变”中的噪点值，只影响结合发生的区域；“不透明度”表示“四色渐变”的透明度值；“混合模式”用于控制“四色渐变”与原始素材的混合效果，有多种模式可以选择。将“混合”输入数值“5”，“不透明度”输入数值“90”，“混合模式”选择“滤色”（见图 4-2-77），观察“合成”面板中素材的变化（见图 4-2-78）。

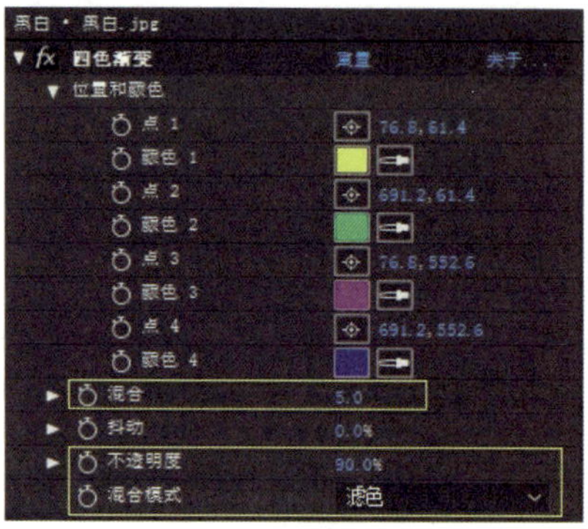

图 4-2-77 调节属性

图 4-2-78 素材效果

4.2.16 残影

该效果可以使一个图层中不同时间的素材组合在一起，产生拖尾效果。

（1）将素材“球框”“篮球”“球场”导入 After Effects（见图 4-2-79），在“时间线”面板中按鼠标右键，在弹出的对话框中选择“新建”→“调整图层”，创建后将其放置最上层（如果应用于视频素材，视频中必须有运动的物体，效果才会显现；如果应用于运动的图层，需要添加到调整图层；矢量图层和文字图层可以直接添加此效果）（见图 4-2-80）。

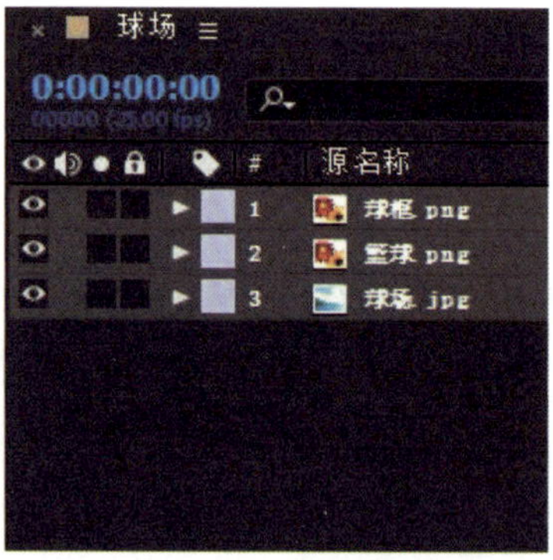

图 4-2-79 导入素材

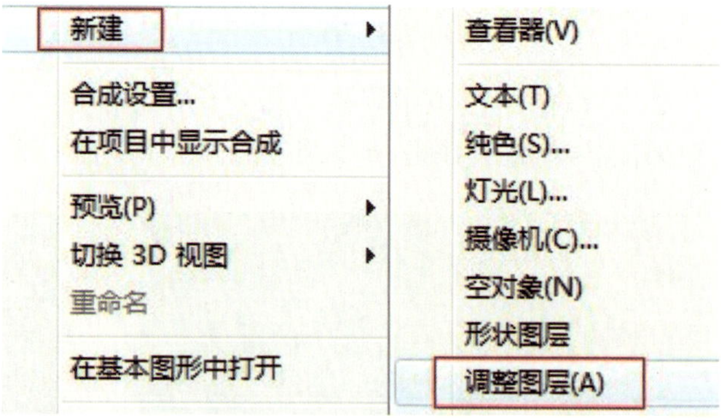

图 4-2-80 残影效果

（2）将时间指针放置 0 秒位置，点击素材“篮球”的“位置属性”→“时间变化秒表”，将时间指针放置 3 秒位置，在素材“篮球”的“位置属性”中输入数值“459，392”；将时间指针放置 6 秒位置，在素材“篮球”的“位置属性”中输入数值“891，683”（见图 4-2-81）。在“时间线”面板中选择素材“调整图层”，点击菜单“效果”→“时间”→“残影”命令（见图

4-2-82）。

图 4-2-81　动画效果

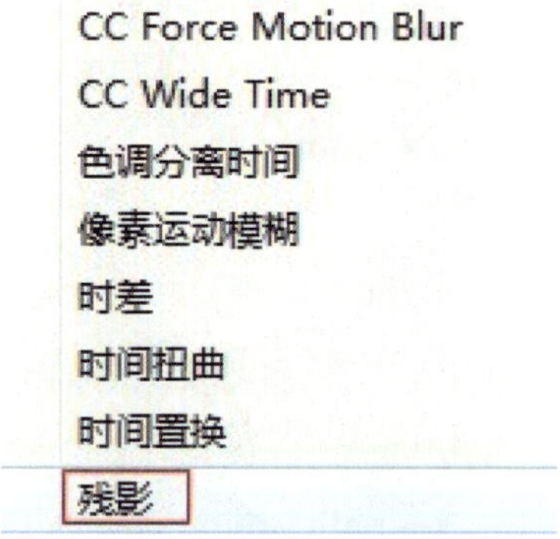

图 4-2-82　残影效果

（3）“效果控件”面板中显示“残影”效果的属性，在“残影”效果属性中，“残影时间（秒）”表示残影之间以秒为单位的时间，负值将从之前的帧创建残影；正值将从即将到来的帧创建残影；“残影数量”表示残影的数目；“起始强度”表示残影序列中第一个图像的不透明度；“衰减”表示残影的不透明度与残影序列中位于它前面的残影的不透明度比率；“残影运算符”表示用于合并残影的运算方法。在“残影时间（秒）”属性中输入数值“-0.2”；“残影数量”属性输入数值“6”；“起始强度”属性输入数值“1”；“衰减”属性输入数值“0.6”；“残影运算符”属性输入数值“最小值”（见图 4-2-83），播放动画，观察“合成”面板效果（见图 4-2-84）。

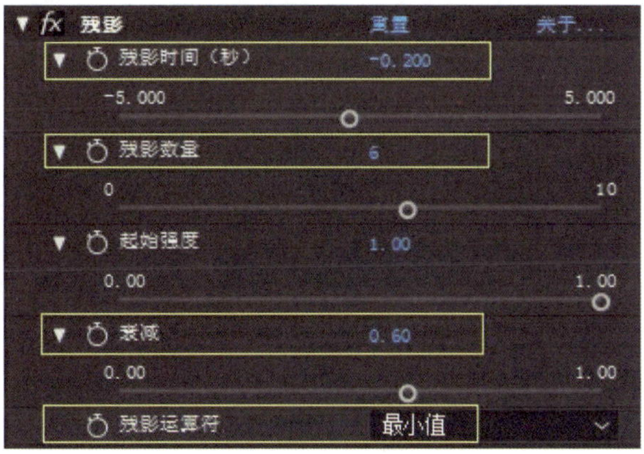

图 4-2-83　调节属性

图 4-2-84　素材效果

4.2.17　Cineon 转换器

该效果提供对 Cineon 帧（Cineon 是由柯达公司开发的一种格式）的颜色转换控制。

（1）将素材“肖像”导入 After Effects（见图 4-2-85），在“时间线”面板中选择素材“肖像”，点击菜单“效果”→“实用工具”→“Cineon 转换器”命令（见图 4-2-86）。

图 4-2-85 素材“肖像”

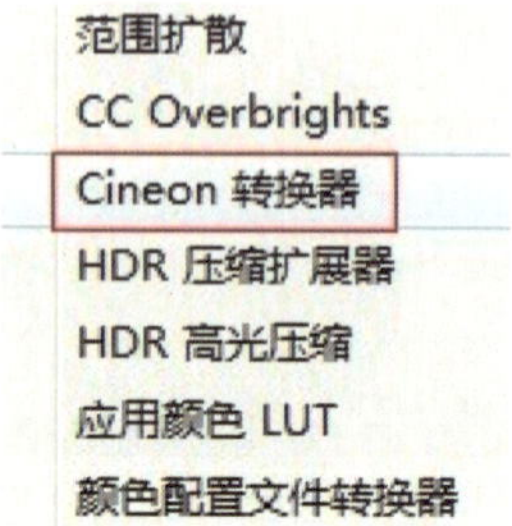

图 4-2-86 Cineon 转换器效果

（2）在“合成”面板中观察素材变化（见图 4-2-87），在“效果控件”面板中显示“Cineon 转换器”效果的各项属性（见图 4-2-88）。

图 4-2-87 素材变化

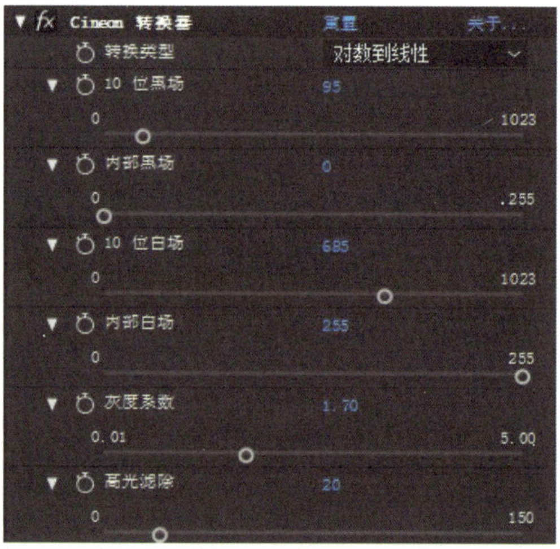

图 4-2-88 效果属性

（3）在“Cineon 转换器”效果属性中，“转换类型”有“对数到线性”“线性到对数”“对数到对数”3 种类型；“10 位黑场”用于转换 10-bpc 对数 Cineon 图层的黑场（最低密度）；“内部黑场”用于 After Effects 中的图层的黑场；“10 位白场”用于转换 10-bpc 对数 Cineon 图层的白场（最高密度）；“内部白场”用于图层的白场；“灰度系数”用于分别增大或减小灰度系数以使中间调变亮或变暗；“高光滤除”用于校正高光的滤除值，处理高光区域过亮，或是高光显示为白斑等状况。将“10 位黑场”属性输入数值“25”，“10 位白场”属性输入数值“735”，“内部白场”属性输入数值“255”，“灰度系数”属性输入数值“1.55”，“高光滤除”属性输入数值“65”（见图 4-2-89），观察“合成”面板效果（见图 4-2-90）。

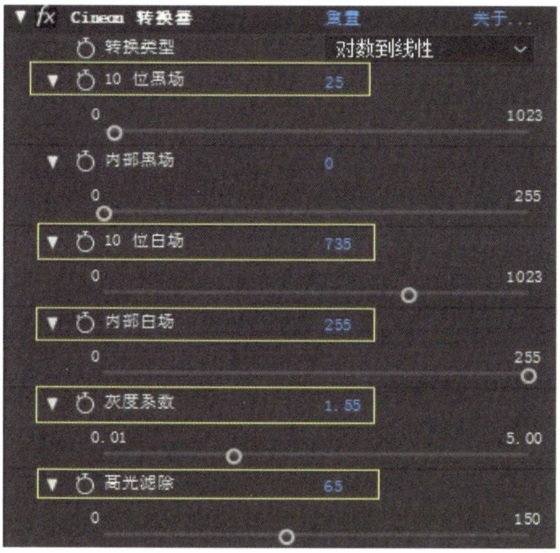

图 4-2-89　调节属性

图 4-2-90　素材效果

4.2.18　反转

该效果可以提取图像的不同通道的效果。

（1）将素材“地球”导入 After Effects（见图 4-2-91），在“时间线”面板中选择素材“地球”，点击菜单“效果”→“通道”→“反转”命令（见图 4-2-92）。

图 4-2-91　素材“地球”

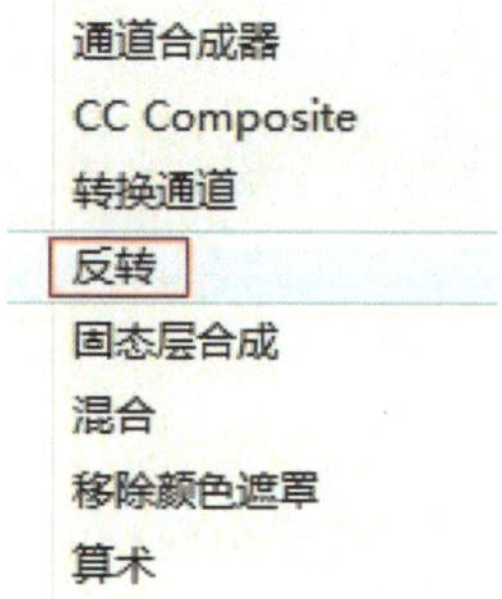

图 4-2-92　反转效果

（2）在“合成”面板中观察素材变化（见图 4-2-93），在“效果控件”面板中显示“反转”效果的各项属性（见图 4-2-94）。

图 4-2-93 素材变化

图 4-2-94 反转属性

（3）在“效果控件”面板中显示“反转”效果的属性，在“反转”效果属性中，“通道”包含可以提取的各种通道；“与原始图像混合”表示通道效果与原始图像的混合程度。在“通道”属性中选择“饱和度”，“与原始图像混合”属性输入数值“50”（见图 4-2-95），观察“合成”面板效果（见图 4-2-96）。

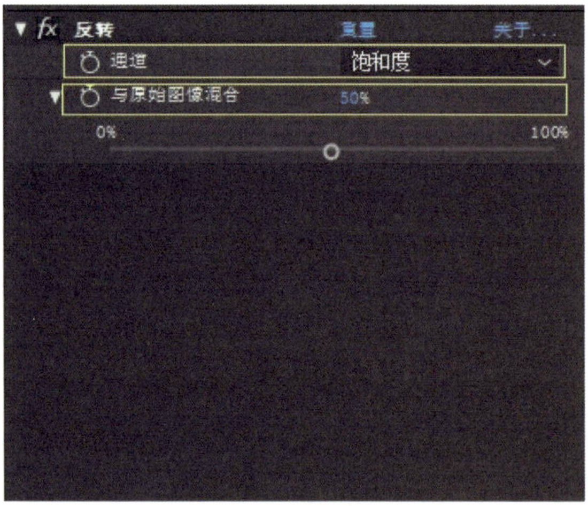

图 4-2-95 调节属性

图 4-2-96 素材效果

4.2.19 投影

该效果可以模拟出素材的阴影效果。

（1）将素材“镂空”导入 After Effects（见图 4-2-97），在“时间线”面板中右击，在弹出对话框中选择“新建”→“纯色”层，创建后将其放置在最下层（见图 4-2-98）。

图 4-2-97　素材“镂空”

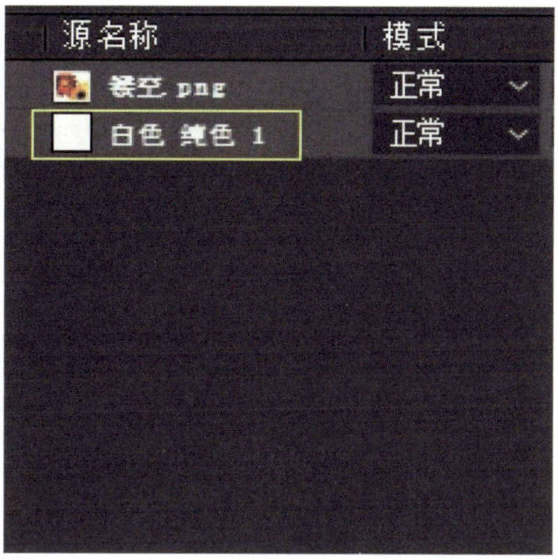

图 4-2-98　纯色层

（2）在“时间线”面板中选择素材“镂空”，点击菜单“效果”→“透视”→“投影”命令（见图 4-2-99），在“合成”面板中观察素材的变化（见图 4-2-100）。

图 4-2-99　透视效果

图 4-2-100　素材效果

（3）在“效果控件”面板中显示“投影”效果的属性，在“投影”效果属性中，“阴影颜色”可以调节阴影的颜色；“不透明度”可以调节阴影的透明度；“方向”用于调节阴影的投射角度；“距离”用于调节阴影与素材之间的位置；“柔和度”用于调节阴影虚化度；勾选“仅阴影”选项将只显示出阴影。将“阴影颜色”属性中的色号输入“#FF0000”，“距离”属性输入数值“40”，“柔和度”属性输入数值“70”（见图 4-2-101），在“合成”面板中观察素材的变化（见图 4-2-102）。

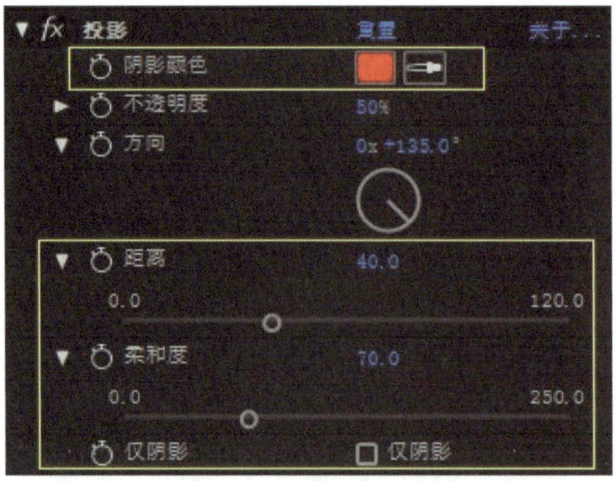

图 4-2-101 调节属性

图 4-2-102 素材效果

4.2.20 亮度和对比度

该效果直接调整图像的亮度，不会对图像色彩产生影响。

（1）将素材“山川”导入 After Effects（见图 4-2-103），在“时间线”面板中选择素材“山川”，点击菜单“效果”→“颜色校正”→“亮度和对比度”命令（见图 4-2-104）。

图 4-2-103 素材“山川”

图 4-2-104 亮度和对比度效果

（2）在“效果控件”面板中显示“亮度和对比度”效果的属性，在“亮度和对比度”效果属性中，“亮度”可以调节素材的明暗度；“对比度”可以调节素材的饱和度；勾选“使用旧版”选项将使用旧的计算方式，支持 HDR 格式。在“亮度”属性中输入数值“100”，“对比度”属性输入数值“85”（见图 4-2-105），在“合成”面板中观察素材的变化（见图 4-2-106）。

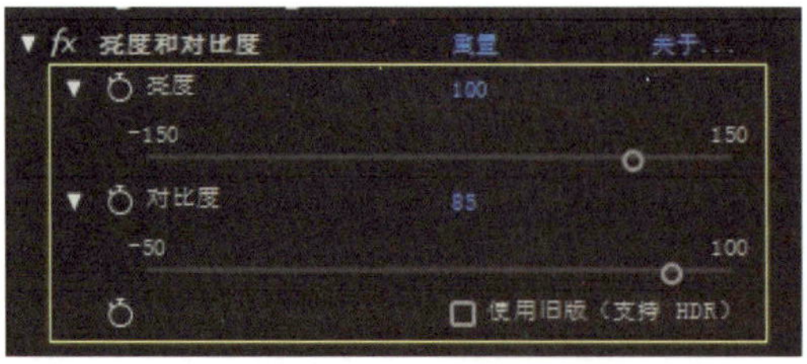

图 4-2-105 调节属性

图 4-2-106 素材效果

4.2.21　自然饱和度

该效果可以调整素材的鲜艳程度。

（1）将素材“小鸟”导入 After Effects（见图 4-2-107），在“时间线”面板中选择素材“小鸟”，点击菜单“效果”→“颜色校正”→“自然饱和度”命令（见图 4-2-108）。

图 4-2-107　素材“小鸟”

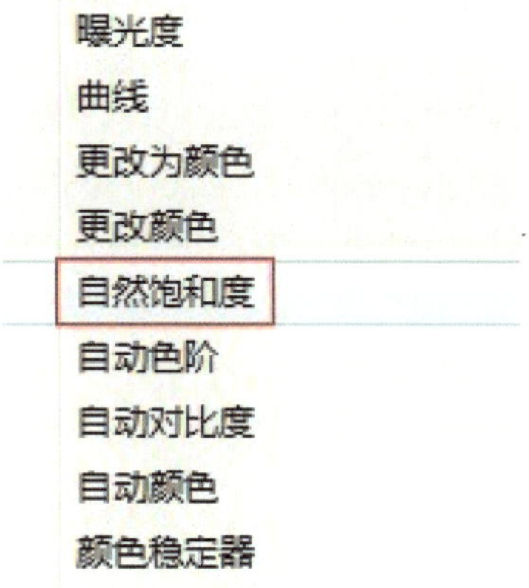

图 4-2-108　调节属性

（2）在“效果控件”面板显示“自然饱和度”效果的属性，在“自然饱和度”效果属性中，“自然饱和度”可以智能调节素材的饱和度强度；“饱和度”可以提升素材中所有饱和度的强度（两者的区别是，“饱和度”会将色彩全部变得鲜艳，鲜艳的程度是一致的，“自然饱和度”会优先增加颜色较淡区域的饱和度，使整体画面的饱和度提升得更加自然）。在“自然饱和度”属性中输入数值“80”，“饱和度”属性输入数值“40”（见图 4-2-109），在“合成”面板中观察素材变化（见图 4-2-110）。

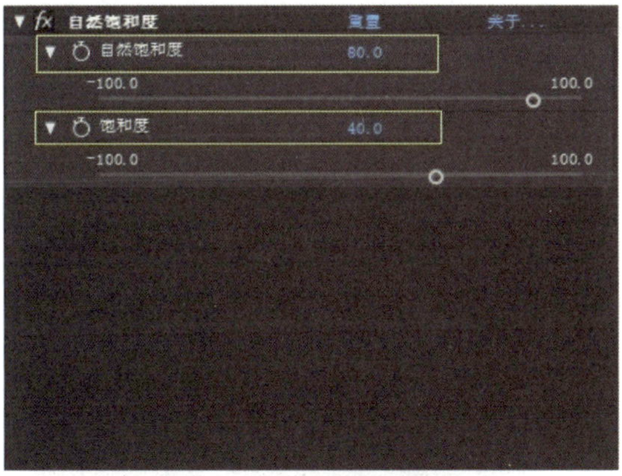

图 4-2-109　调节属性

图 4-2-110　素材效果

4.2.22　中间值

该效果通过搜索亮度相近的像素，清除与相邻像素差异过大的像素，并用搜索到的像素替换中心像素，形成一种虚化的效果。

（1）将素材“晚霞”导入 After Effects（图 4-2-111），在“时间线”面板中选择素材“晚霞”，点击菜单“效果”→“杂色和颗粒”→“中间值”命令（见图 4-2-112）。

图 4-2-111　素材“晚霞”

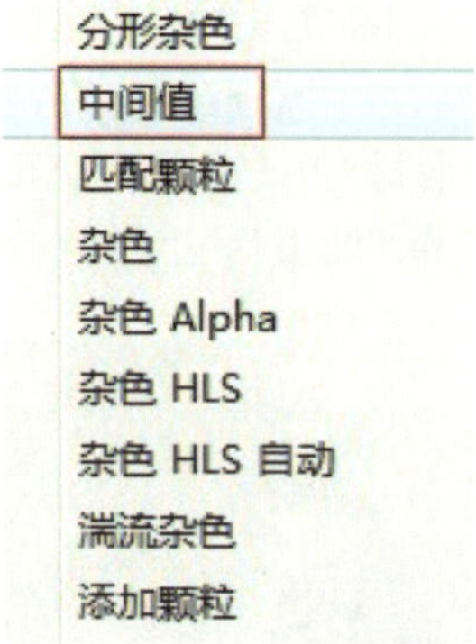

图 4-2-112　中间值效果

（2）在“效果控件”面板中显示“中间值”效果的属性，在“中间值”效果属性中，“半径”用于控制搜索像素范围的大小；勾选“在 Alpha 通道上运算”选项将在 Alpha 通道上进行中间值的计算。将“半径”属性输入数值“8”（见图 4-2-113），在“合成”面板中观察素材变化（见图 4-2-114）。

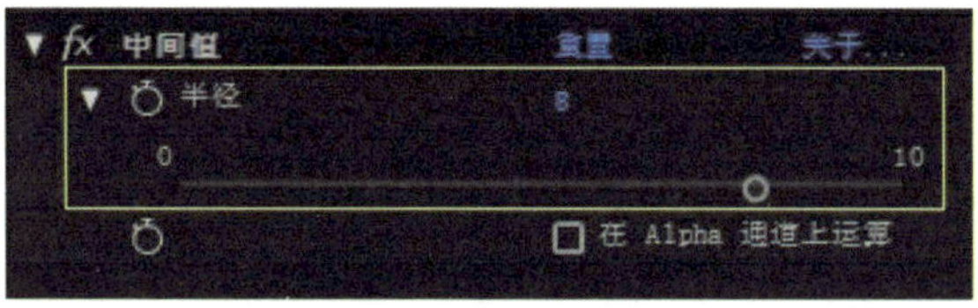

图 4-2-113　调节属性

图 4-2-114　素材效果

4.2.23　简单阻塞工具

该效果可以修改绘制出遮罩的形状与范围。

（1）将素材“石头”导入 After Effects（见图 4-2-115），选择素材“石头”层，之后在“工具栏”中选择“钢笔工具”，在“合成”面板中绘制遮罩（见图 4-2-116）。

图 4-2-115　素材“石头”

图 4-2-116　绘制遮罩

（2）在“时间线”面板中选择素材“石头”，点击菜单“效果”→“遮罩”→“简单阻塞工具”命令（如图 4-2-117），“效果控件”面板出现“简单阻塞工具”效果的属性，“简单阻塞工具”效果属性中，“视图”包含“最终输出”（绘制完成后遮罩的样式）、“遮罩”（绘制的遮罩部分用白色显示），“阻塞遮罩”用于控制遮罩范围的大小（见图 4-2-118）。

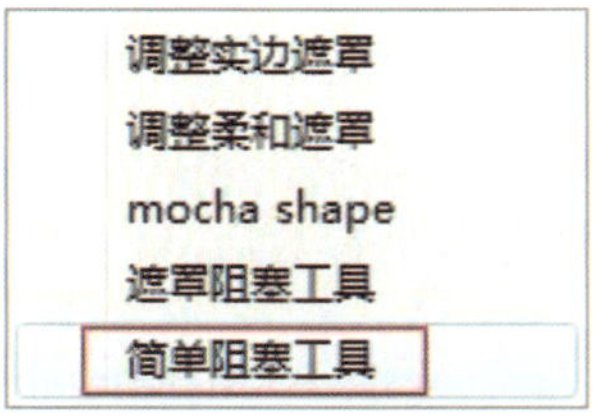

图 4-2-117　简单阻塞工具

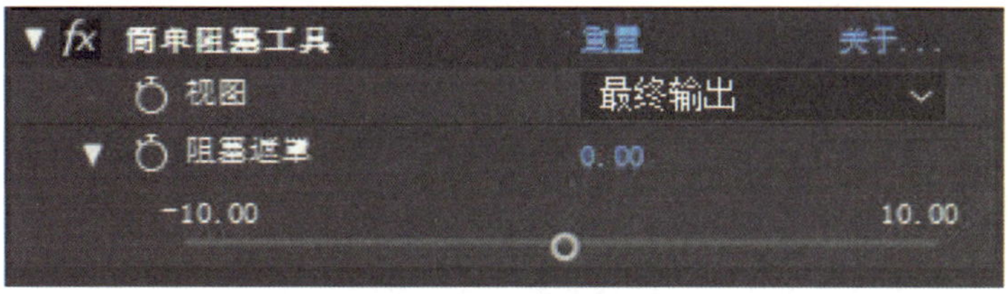

图 4-2-118　效果属性

（3）将“阻塞遮罩”属性输入数值“100”（见图 4-2-119），在“合成”面板中观察素材效果（见图 4-2-120）。

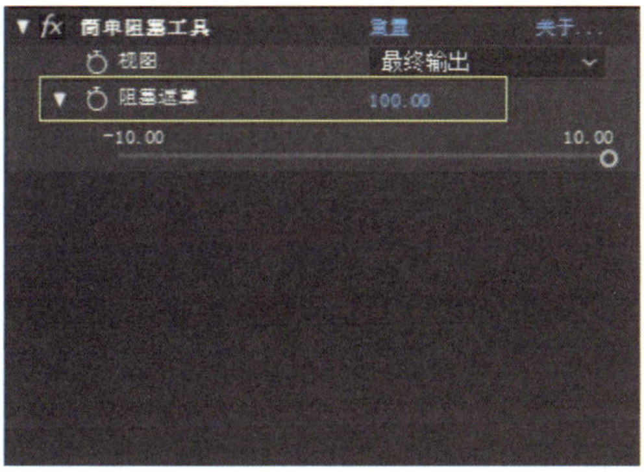

图 4-2-119　调节属性

图 4-2-120　素材效果

4.3　After Effects 中的动画预设效果

动画预设是 After Effects 中已经内置完成的动画效果，这些效果由一个或多个效果产生，大家可以直接调用这些效果。After Effects 中包括上百种动画预设，可以将它们应用到图层之上并根据需要进行修改（其中包括许多文本动画预设）。在完成项目时，既能提高工作效率，又能丰富动画效果。

4.3.1　动画预设分类

After Effects 提供的动画预设主要包括以下几种（见图 4-3-1）。

（1）Backgrounds：提供动画背景预设，一般添加在时间线底层的固态层上。

（2）Behaviors：提供图层的运动特性控制。

（3）Image-Creative：提供色彩调整方式，该组动画预设需要添加到图片或视频素材上。

（4）Image-Special Effects：提供一些特殊的图像处理方式（见图 4-3-2），该组动画预设需要添加到图片或视频素材上。

（5）Image-Utilities：提供一些实用的图像处理方式，例如反转 Alpha 通道、图像水平或垂直翻转等。

（6）Shapes：提供一些创建完成的形状图案，需要添加在形状图层上，或在未选择任何图层的状态下，直接双击动画预设创建形状图层。

（7）Sound Effects：提供音频效果预设，可直接为图层产生音效。

（8）Synthetics：提供合成效果，例如细胞运动、闪电等。

（9）Text：提供繁多的文本动画。

（10）Transform：提供分离层的 X、Y、Z 轴参数预设，层轴分离为多个参数后，可以更方便地设置表达式连接。

（11）Transitions - Dissolves：提供多种溶解转场效果。

（12）Transitions - Movement：提供多种移动转场效果。

（13）Transitions - Wipes：提供多种擦除转场效果。

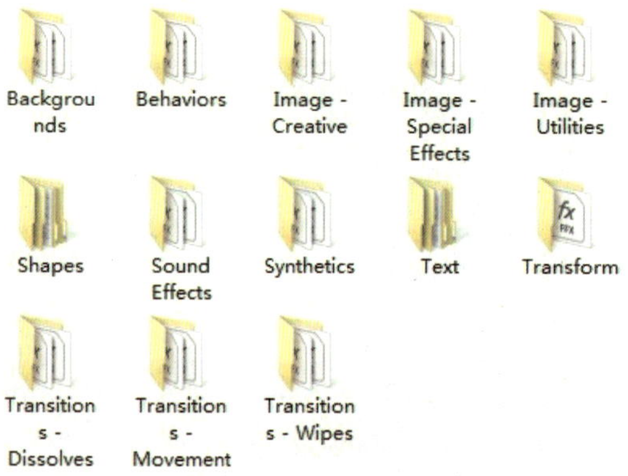

图 4-3-1　动画预设分类

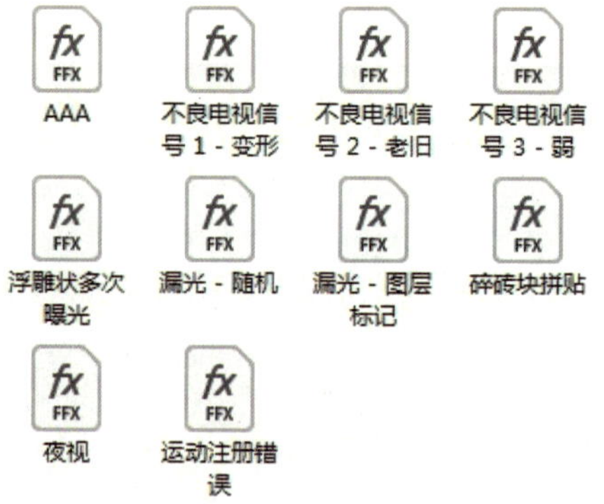

图 4-3-2　Image - Special Effects 文件夹中效果

4.3.2　添加或删除动画预设

添加动画预设：选择需要添加动画预设的图层，双击动画预设，可以添加动画预设，或是直接将动画预设拖动到图层上。

删除动画预设：在“效果控制”面板上选择相应的效果，按“Delete”键即可删除或在“效果控制”面板上选择相应的效果，右击选择“全部移除”。

常用的操作方法如下。

（1）将素材“水果”导入 After Effects（见图 4-3-3），在“时间线”面板点击素材“水果”层，选择菜单中“动画”→“将动画预设应用于”命令（见图 4-3-4）。

图 4-3-3　素材“水果”

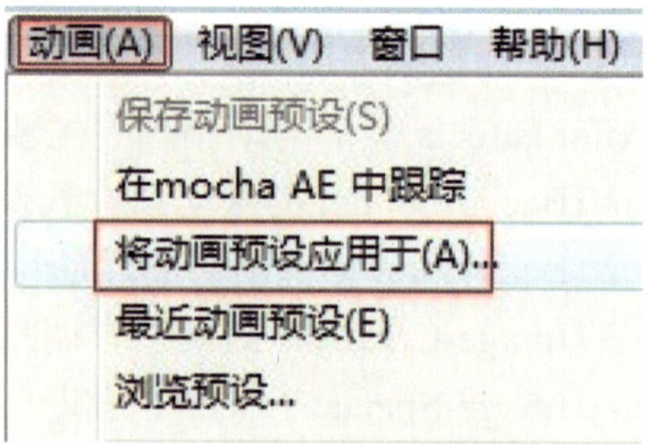

图 4-3-4　将动画预设应用于

（2）在弹出的对话框中点击“Adobe”文件夹（见图 4-3-5），在弹出的对话框中选择“Image - Special Effects”文件夹中的“碎砖块拼贴”（见图 4-3-6）。

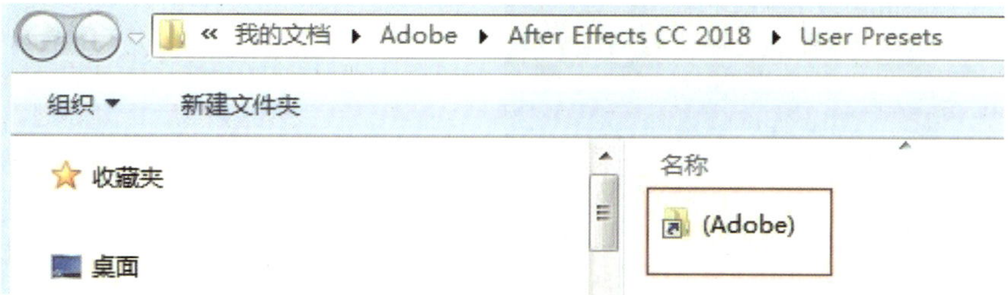

图 4-3-5　文件夹

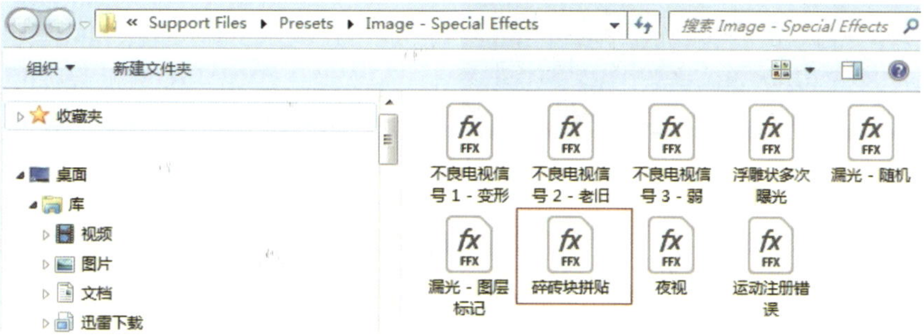

图 4-3-6　选择碎砖块拼贴效果

（3）在“合成”面板中观察素材效果（图 4-3-7），在“效果控件”面板中观察可调节的属性（可通过调节属性修改效果）（图 4-3-8）。

图 4-3-7　素材效果

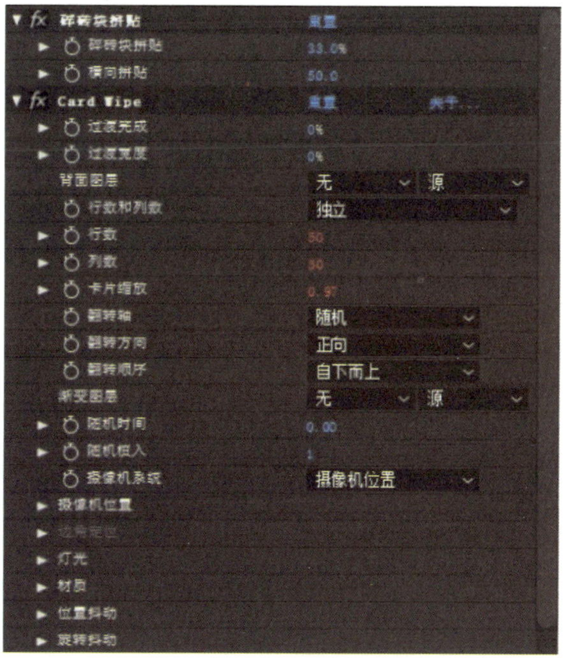

图 4-3-8　调节属性

（4）如果需要删除动画预设，可选择要删除的效果（见图 4-3-9），按“Delete”键或右击选择“全部移除”（见图 4-3-10）。

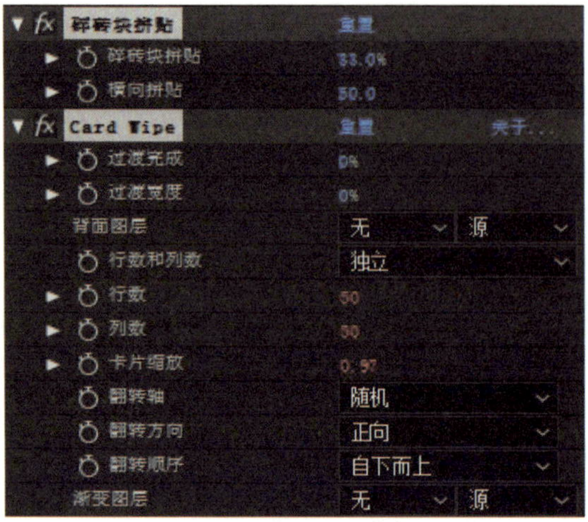

图 4-3-9 选择效果

图 4-3-10 选择全部移除

（5）在“效果控件”面板上选择全部效果，点击菜单“动画”→“保存动画预设”（见图 4-3-11），在弹出的对话框中的“文件名”中输入名称“AAA”（见图 4-3-12）。

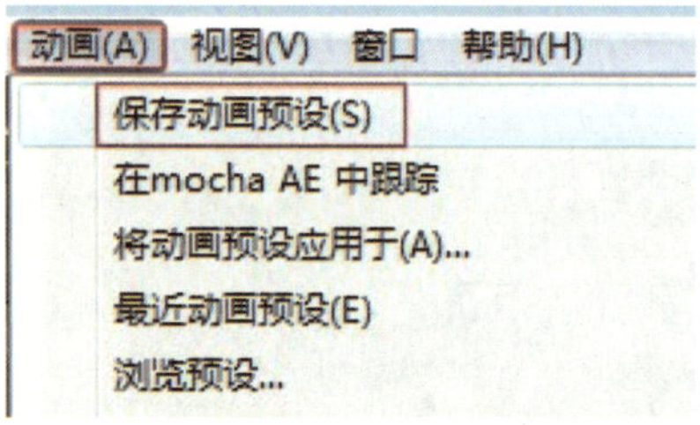

图 4-3-11 保存动画预设

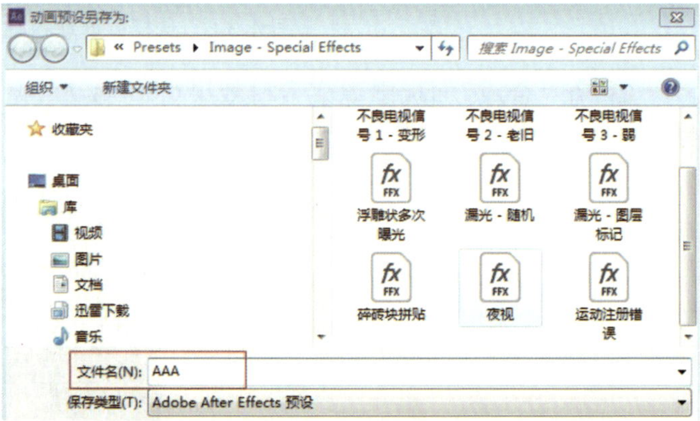

图 4-3-12 文件名

（6）当再次选择动画预设时，就会显示出名称“AAA”的动画预设（见图 4-3-13），点击即可出现相应动画预设效果（“AAA”动画预设与“碎砖块拼贴”一致，所以素材效果相同）（见图 4-3-14）。

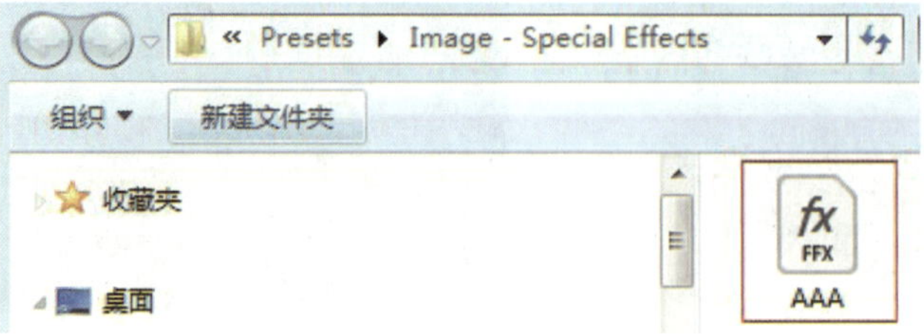

图 4-3-13 动画预设

图 4-3-14　动画预设效果

4.4　After Effects 中效果的运用

效果是 After Effects 特效制作的基础，After Effects 中更是内置多种效果供大家选择使用（此外还有大量第三方的效果插件，支持在 After Effects 中运行使用），通过单独使用，或是配合 After Effects 中其他功能的使用，可以给素材添加视觉效果，丰富画面效果的同时，也尽其所能实现现实拍摄中不能完成的绚丽效果（效果有时被误译为滤镜，其实滤镜和效果之间还是有区别的：滤镜可永久修改素材特性，也就是说滤镜对素材有破坏；效果属性可随时间改变，或进行动画处理，因此更改没有破坏性）。

4.4.1　案例实战——撕碎海报

（1）点击Ae的快捷图标，打开 After Effects 软件，导入“海报”素材（见图 4-4-1），点击菜单“合成”→“新建合成”命令或者按快捷键“Ctrl+N”，在弹出的“合成设置”对话框中，将“合成名称”填写“海报”，“宽度”填写“800 px”，“高度”填写“600 px”，“持续时间”填写“0:00:05:00”（见图 4-4-2）。

图 4-4-1　素材海报

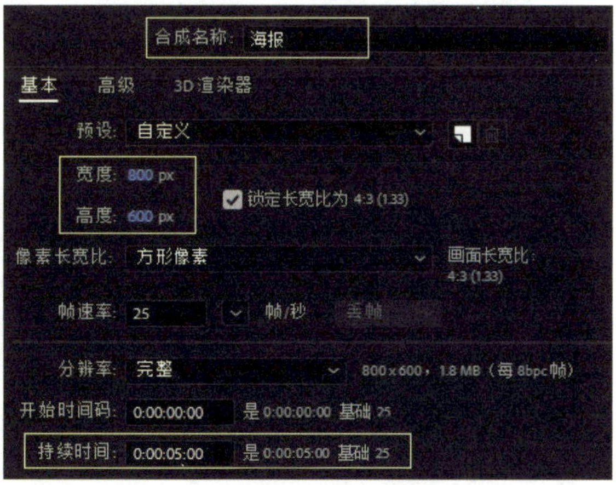

图 4-4-2　合成设置

（2）点击菜单“合成”→“新建合成”命令或者按快捷键“Ctrl+N”，在弹出的“合成设置”对话框中，将“合成名称”填写“撕碎海报”，“宽度”填写“800 px”，“高度”填写“600 px”，“持续时间”填写“0:00:05:00”（见图 4-4-3），将“雪山”素材拖入“海报”合成组（见图 4-4-4）。

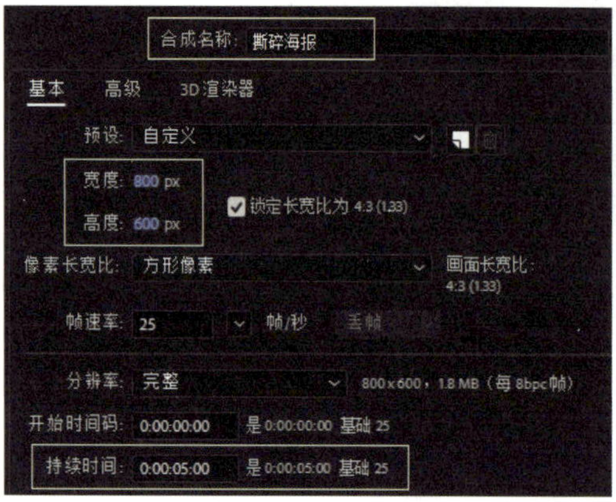

图 4-4-3 合成设置

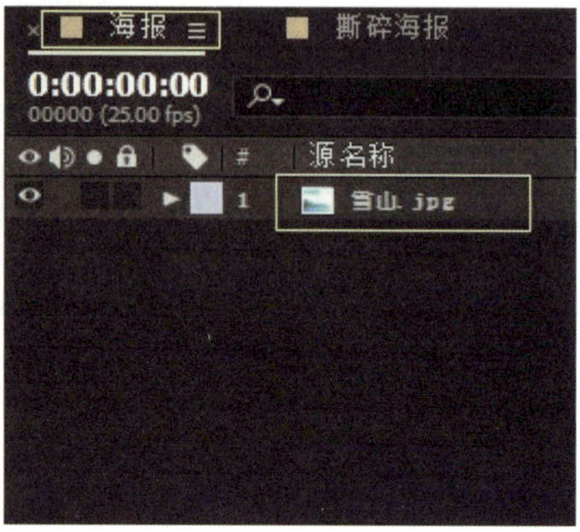

图 4-4-4 海报合成组

（3）先点击“海报”合成组中的“雪山”层，之后在“工具栏”中选择“钢笔工具”（见图 4-4-5），在“雪山”层上绘制撕碎的锯齿状边缘（见图 4-4-6）。

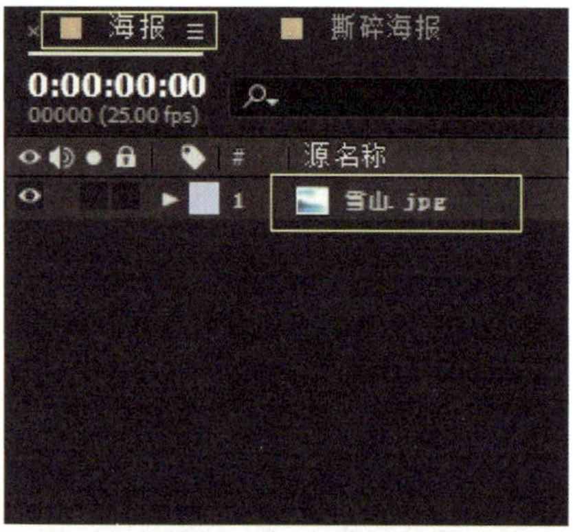

图 4-4-5 点击素材

图 4-4-6 绘制边缘

（4）将“海报”合成组拖至“撕碎海报”合成组中（见图 4-4-7），再将“雪山”素材拖至“撕碎海报”合成组中，放在“海报”层下方（见图 4-4-8）。

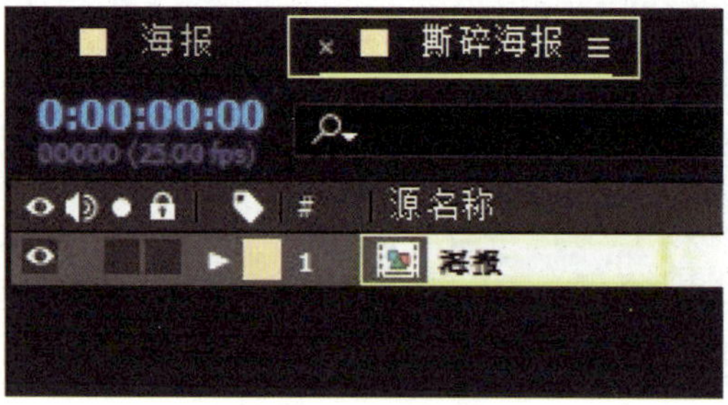

图 4-4-7 海报合成组

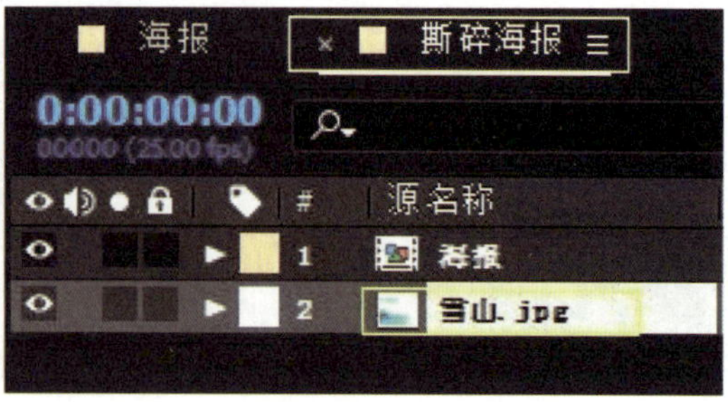

图 4-4-8 “雪山”素材

（5）在“撕碎海报”合成组中，右击在弹出的对话框中选择“新建”→“纯色”命令（见图 4-4-9），在“纯色设置”中，“名称”输入“背景”，“颜色”输入“#FFFFFF”（见图 4-4-10）。

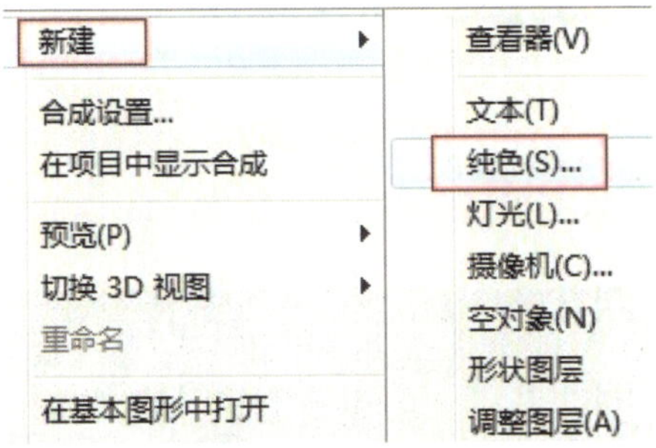

图 4-4-9　纯色命令

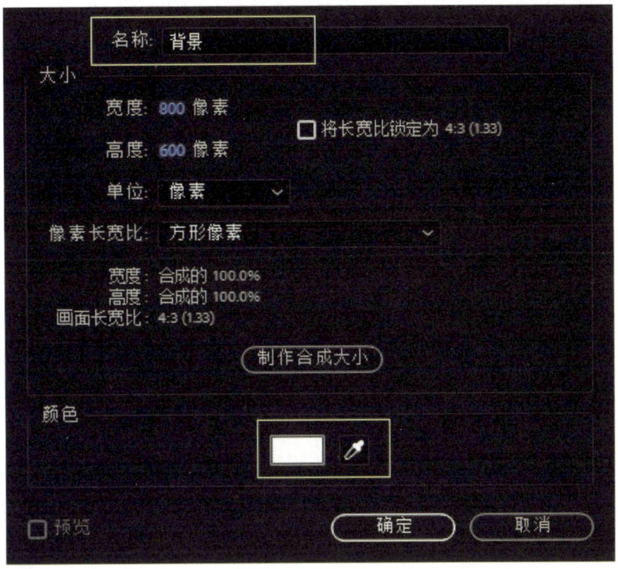

图 4-4-10　纯色设置

（6）将“背景”层拖至“雪山”层下方（见图 4-4-11），选择“海报”合成组，点击“雪山”素材的三角，打开其属性，点击“蒙版”选择菜单中“编辑”→“复制”命令或按快捷键“Ctrl+C”（见图 4-4-12）。

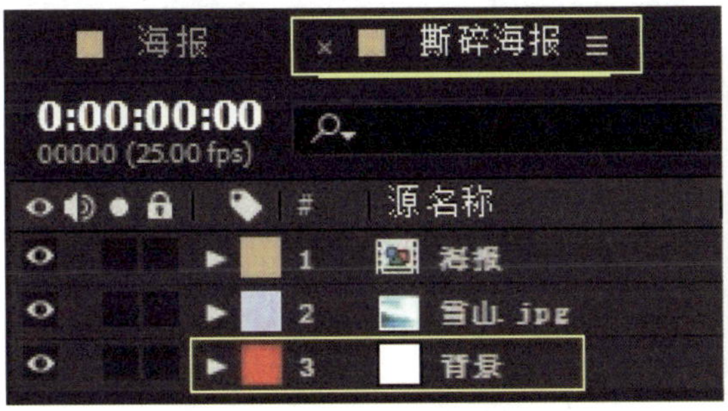

图 4-4-11　背景层

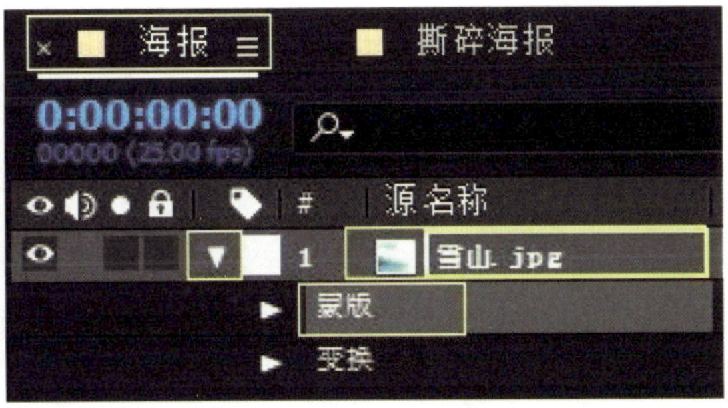

图 4-4-12　蒙版

（7）在“撕碎海报”合成组中选择“雪山”层（见图 4-4-13），选择菜单中“编辑”→“粘贴”命令或按快捷键“Ctrl+V”，此时在“雪山”素材上出现绘制撕碎的锯齿状边缘（图 4-4-14）。

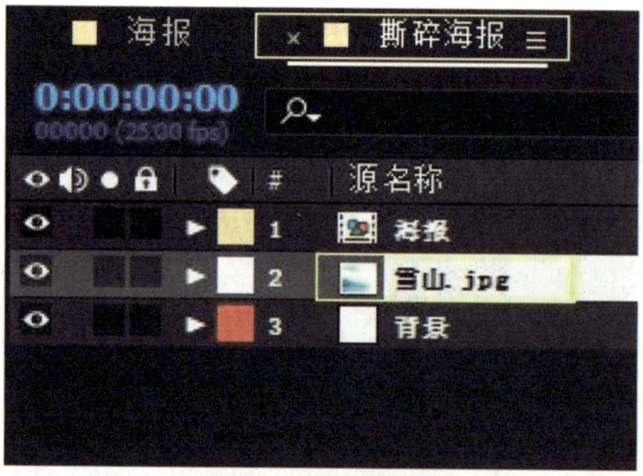

图 4-4-13　选择素材

图 4-4-14　粘贴蒙版

（8）选择“撕碎海报”合成组中“海报”层，点击菜单“效果”→“扭曲”→“CC Page Turn”效果（见图 4-4-15），在“效果控件”面板中得到“CC Page Turn”效果的选项（见图 4-4-16）。

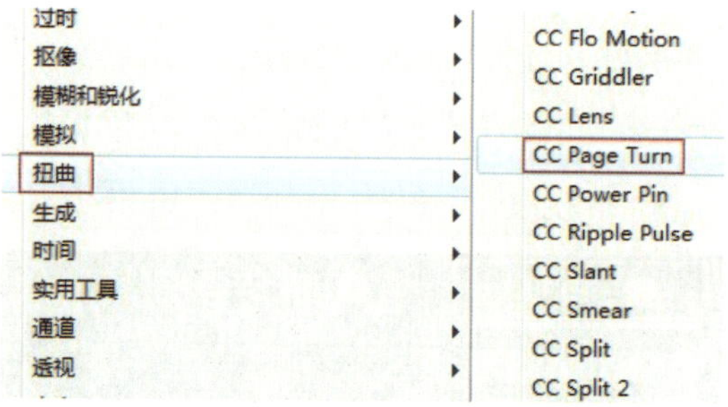

图 4-4-15　CC Page Turn 效果

图 4-4-16　效果选项

（9）在“CC Page Turn”效果中，“Controls”选择“Classic UI”，“Fold Position”输入“620，83”，“Fold Direction”输入“200”，“Light Direction”输入“10”，“Back Opacity”输入“100”（见图 4-4-17），在“合成”面板中观察效果（见图 4-4-18）。

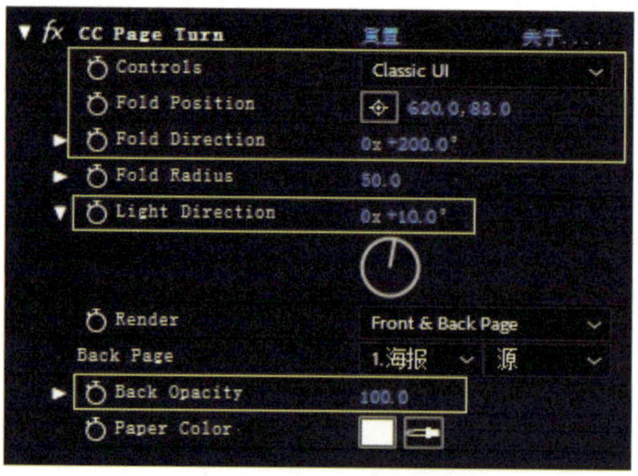

图 4-4-17　设置效果

图 4-4-18　观察效果

（10）在“时间线”面板将时间指针拖至 0 秒位置（见图 4-4-19），点击“Fold Position”的“时间变化秒表”记录关键帧（见图 4-4-20）。

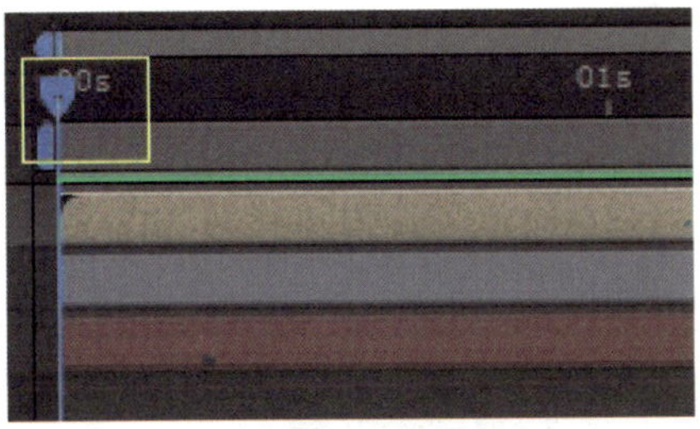

图 4-4-19　0 秒位置

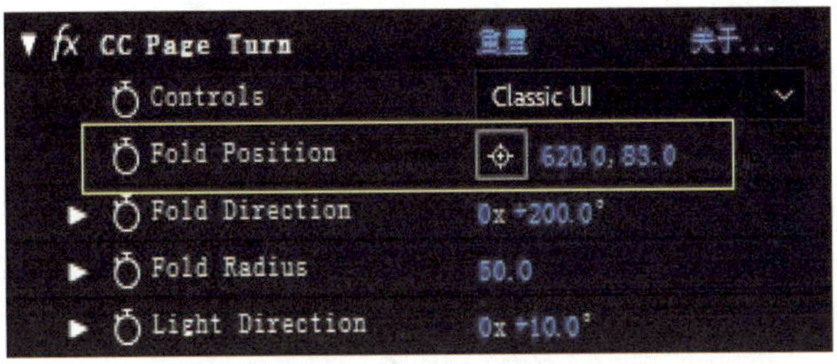

图 4-4-20　时间变化秒表

（11）在“时间线”面板将时间指针拖至 3 秒位置（见图 4-4-21），在“Fold Position”输入“450，750”（见图 4-4-22）。

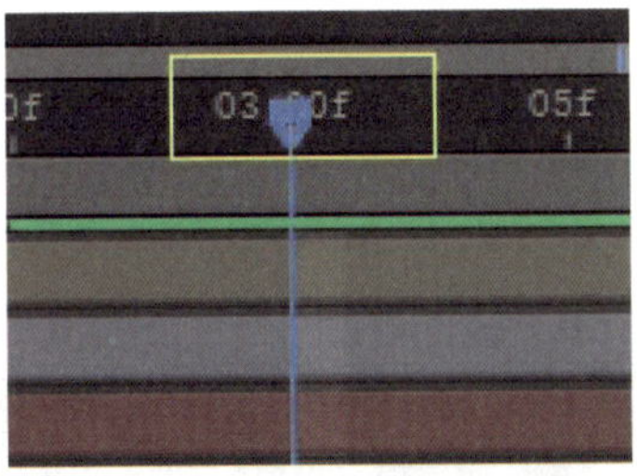

图 4-4-21　3 秒位置

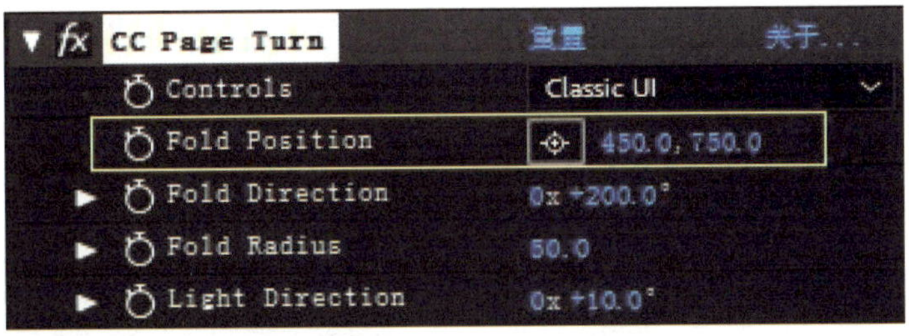

图 4-4-22　输入数值

（12）选择“雪山层”，点击菜单“效果”→“透视”→“投影”效果（见图 4-4-23），在“效果控件”面板中得到“投影效果”选项，“不透明度”输入“75%”，“方向”输入“200”，“距离”输入“8”，“柔和度”输入“30”（见图 4-4-24）。

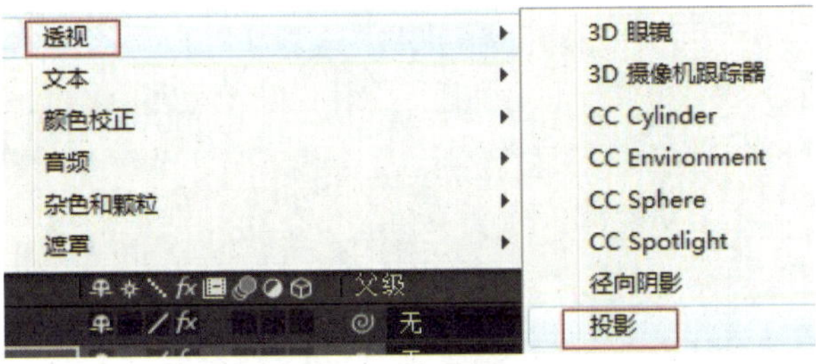

图 4-4-23　投影效果

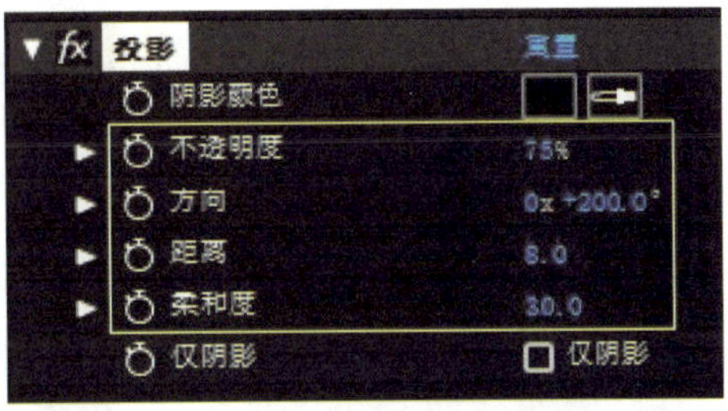

图 4-4-24　调节设置

（13）在“撕碎海报”合成组中打开“雪山层”的“蒙版”，勾选“蒙版 1”中的“反转”（见图 4-4-25），此时播放动画，观察最终效果（见图 4-4-26）。

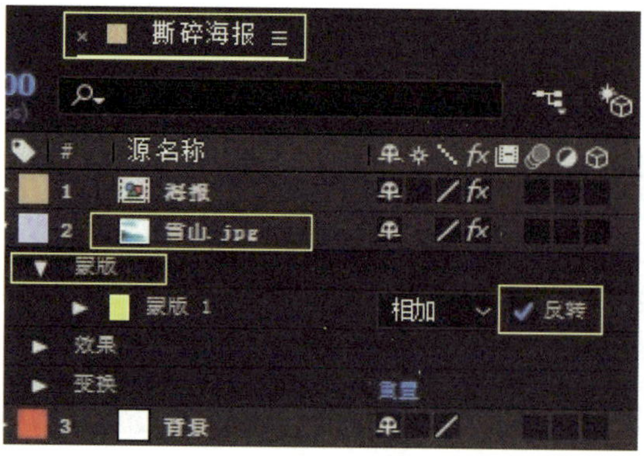

图 4-4-25 勾选翻转

图 4-4-26 最终效果

4.4.2 案例——伤口愈合

（1）点击的快捷图标，打开 After Effects 软件，导入“头像”“伤口”素材（见图 4-4-27），点击菜单“合成”→“新建合成”命令或者按快捷键“Ctrl+N”，在弹出的“合成设置”对话框中，将“合成名称”填写“伤口愈合”，“宽度”填写“800 px”，“高度”填写“715 px”，不勾选“锁定长宽比为 160 ∶ 143（1.12）”，“持续时间”填写“0:00:05:00”，“颜色”输入“#FFFFFF”（见图 4-4-28）。

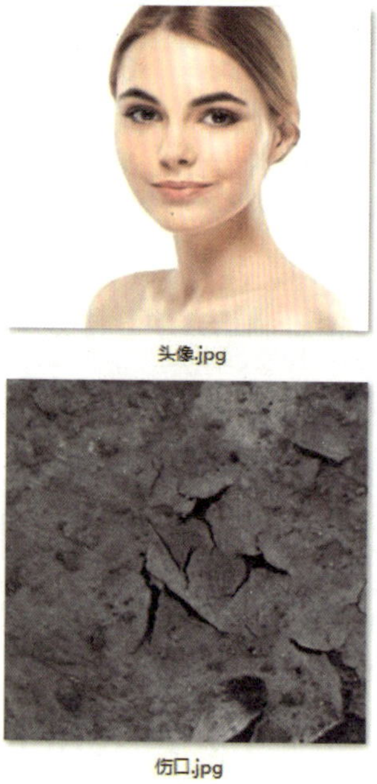

图 4-4-27 导入素材

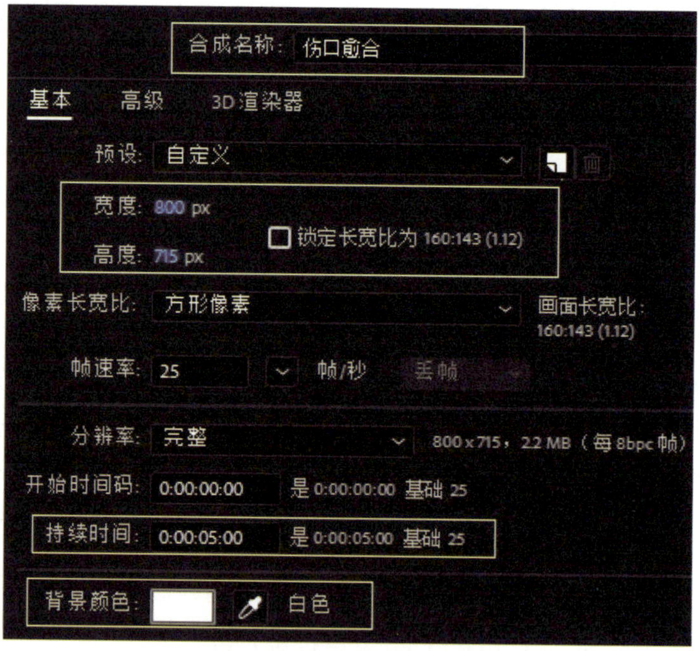

图 4-4-28 伤口愈合合成组

（2）继续创建“合成组”，将“合成名称”填写“伤口动画”，“宽度”填写“800 px”，“高度”填写“715 px”，不勾选“锁定长宽比为 160 ∶ 143（1.12）”，“持续时间”填写“0:00:05:00”，“颜色”输入“#FFFFFF”（见图 4-4-29）；将“合成名称”填写“伤口”，“宽度”填写“800 px”，“高度”填写“715 px”，不勾选“锁定长宽比为 160 ∶ 143（1.12）”，“持续时间”填写“0:00:05:00”，“颜色”输入“#FFFFFF”（见图 4-4-30）。

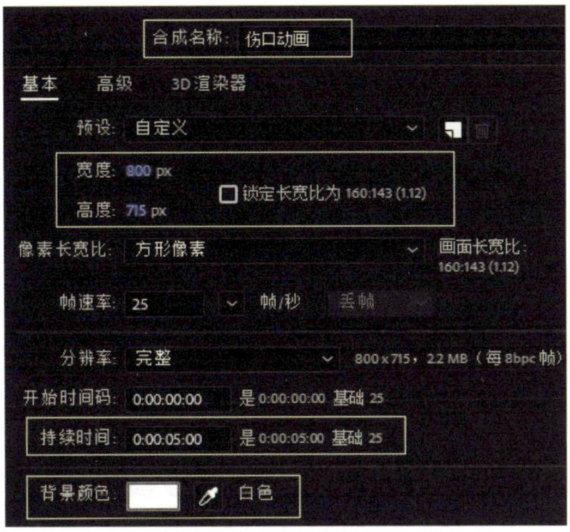

图 4-4-29　伤口动画合成组

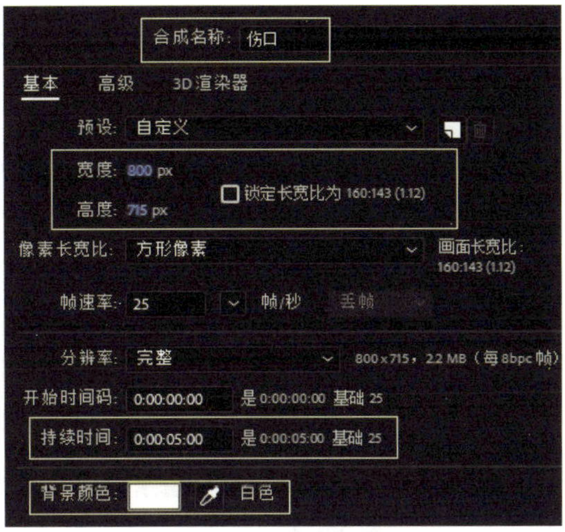

图 4-4-30　伤口合成组

（3）在“伤口”合成组中，右击在弹出的对话框中选择“新建”→“纯色”命令（见图 4-4-31）；在“纯色设置”中，“宽度”填写“300 px”，“高度”填写“300 px”，不勾选“锁定长宽比为 1 ∶ 1（1.00）”，“颜色”输入“#000000”（见图 4-4-32）。

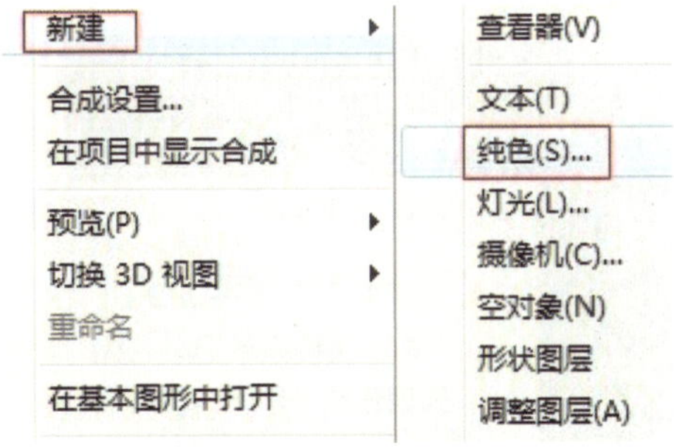

图 4-4-31　纯色命令

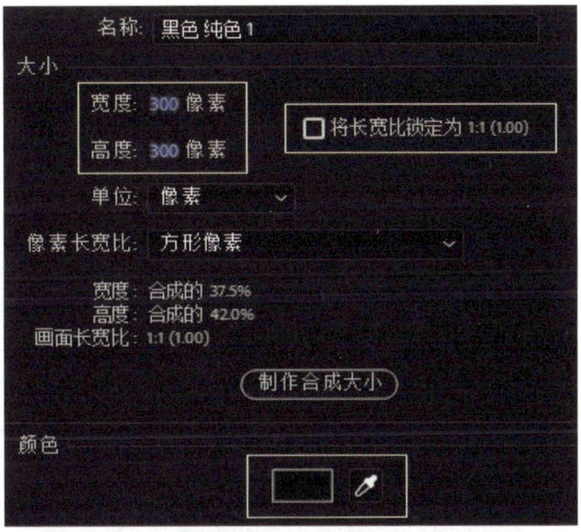

图 4-4-32　纯色设置

（4）将“伤口”素材拖至“伤口”合成组中，将其放在“黑色 纯色 1”层之上（见图 4-4-33），先点击“黑色 纯色 1”层，之后在“工具栏”中选择“钢笔工具”，绘制出伤口图案的位置（见图 4-4-34）。

图 4-4-33 素材伤口

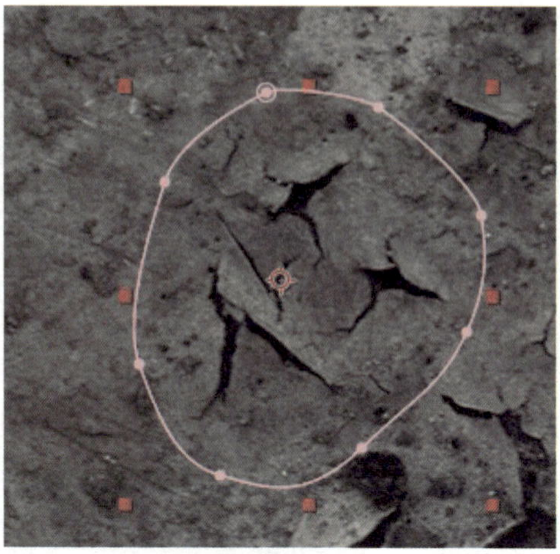

图 4-4-34 框选图案

（5）选择“黑色 纯色 1”层的“轨道蒙版”（若“轨道蒙版”未显示，点击下方展开或折叠“转换控制”窗格）（见图 4-4-35），在“轨道蒙版”中选择“亮度反转遮罩”（见图 4-4-36）。

图 4-4-35 轨道蒙版

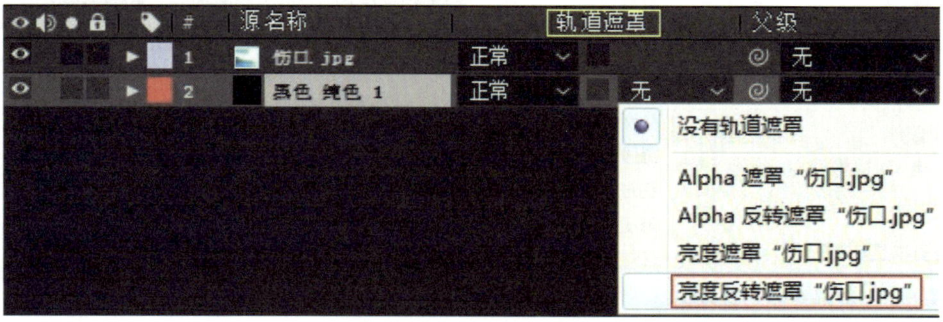

图 4-4-36 亮度反转遮罩

（6）选择“伤口”层，点击“效果”→“颜色校正”→“曲线”效果，在“效果控件”中调节曲线（见图 4-4-37），得到“伤口”效果（见图 4-4-38）。

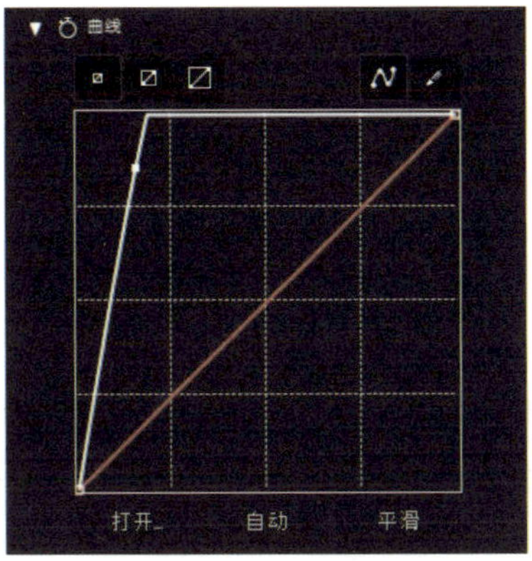

图 4-4-37　调节曲线

图 4-4-38　伤口效果

（7）将“伤口”合成组拖至“伤口动画”合成组中，在“变换”属性中“位置”输入“467，333.5”，“缩放”输入“78%”，“旋转”输入“28”（见图 4-4-39），选择“伤口动画”合成组中的“伤口”层，点击菜单“效果”→“遮罩”→“简单阻塞工具”效果（见图 4-4-40）。

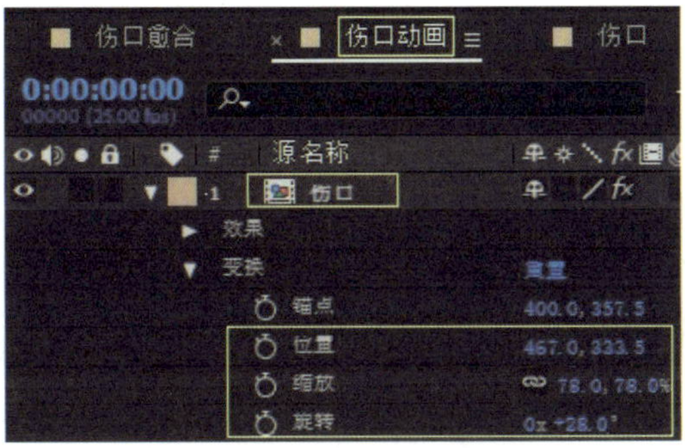

图 4-4-39　拖动伤口合成组

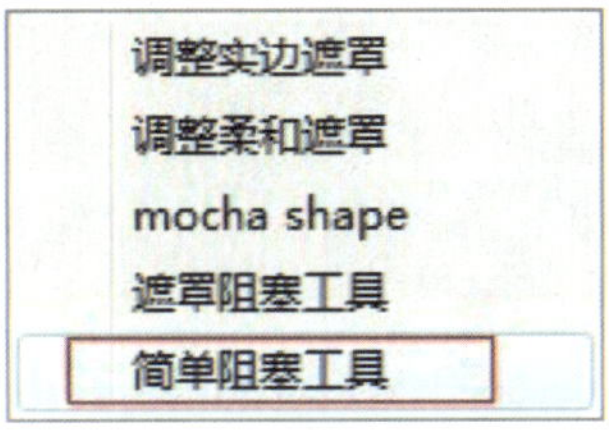

图 4-4-40　简单阻塞工具

（8）将时间指针拖至 0 秒位置（见图 4-4-41），在“效果控制”面板中点击“简单阻塞工具”中“阻塞遮罩”的“时间变化秒表”（见图 4-4-42）。

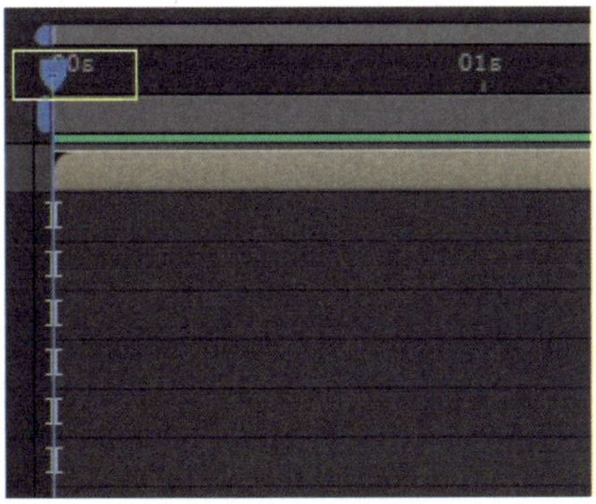

图 4-4-41　0 秒位置

图 4-4-42　时间变化秒表

（9）将时间指针拖至 3 秒位置（见图 4-4-43），在“阻塞遮罩”输入“1.5”（见图 4-4-44）。

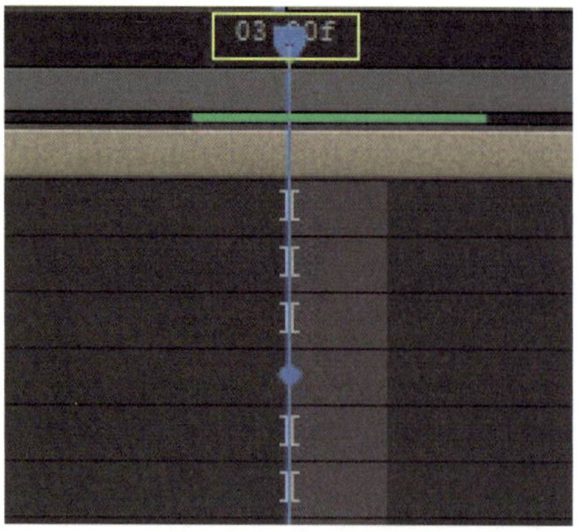

图 4-4-43　3 秒位置

图 4-4-44　输入数值

（10）将时间指针拖至 4 秒位置（见图 4-4-45），在“阻塞遮罩”输入“7”（见图 4-4-46）。

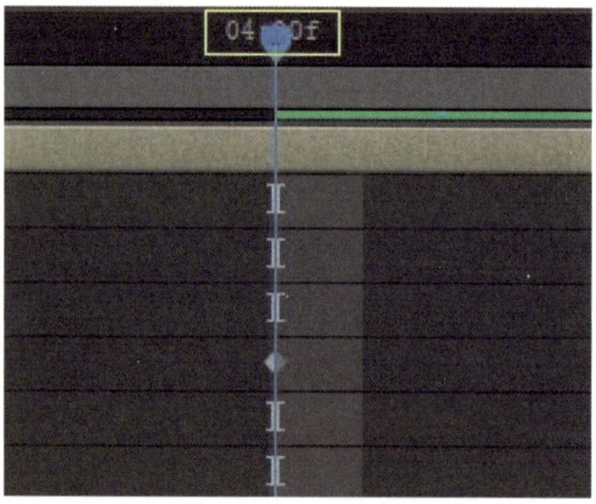

图 4-4-45　4 秒位置

图 4-4-46　输入数值

（11）将“头像”素材与“伤口动画”合成组拖至“伤口愈合”合成组中，并放至相应位置，观察“合成”面板中的效果（见图 4-4-47）；选择“头像”素材，点击菜单“效果”→“风格化”→“CC　Glass”效果（见图 4-4-48）。

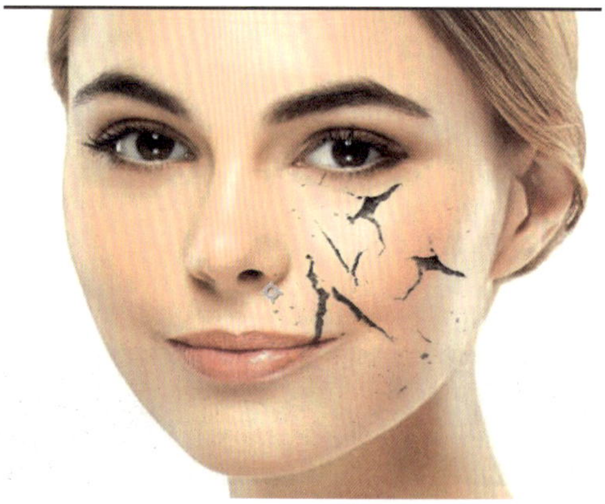

图 4-4-47　合成效果

图 4-4-48　CC　Glass 效果

（12）观察“合成”面板中的“CC　Glass”效果（见图 4-4-49），将“Surface”中 “Bump Map”选择“1. 伤口动画”，“Property”选择“Alpha”，“Softness”输入“0”，“Height”输入

“-5”，“Displacement”输入“50”(见图 4-4-50)。

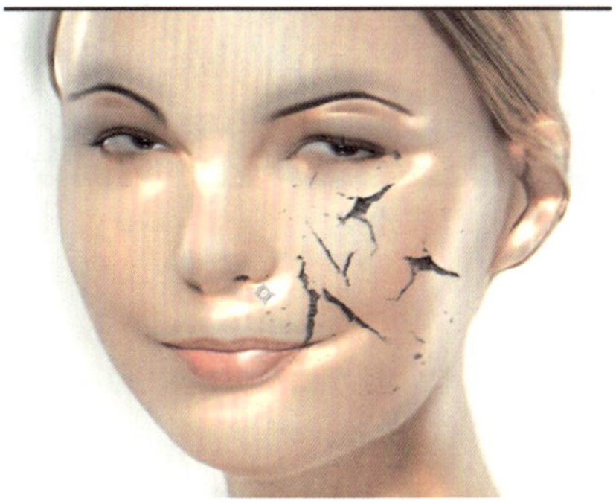

图 4-4-49　CC Glass 效果

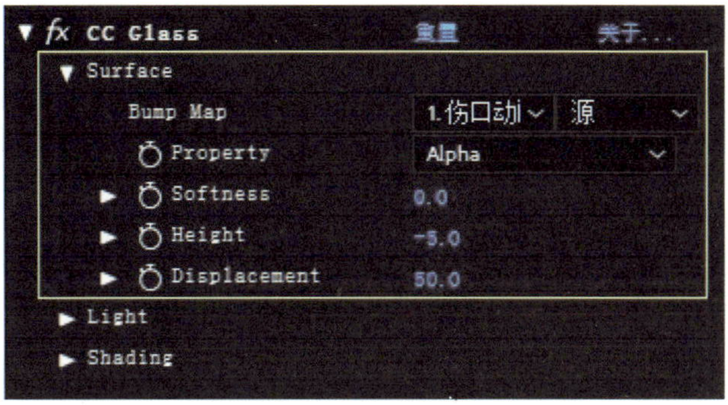

图 4-4-50　调节效果

(13)在“伤口动画”层的“模式”中选择“经典颜色加深”(若“模式”未显示，点击展开或折叠“转换控制”窗格)(见图 4-4-51)，观察“合成”面板中的效果(见图 4-4-52)。

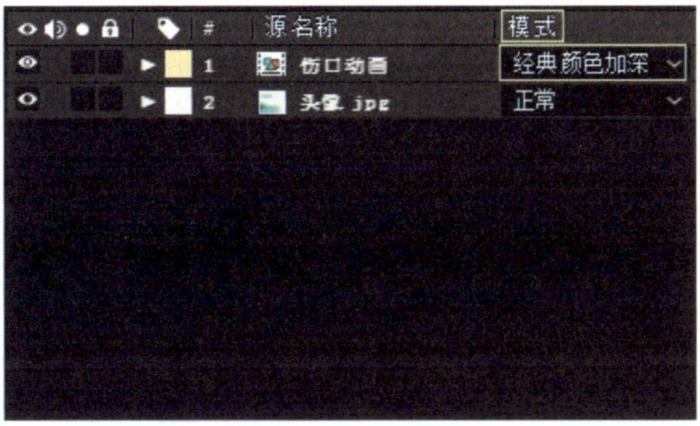

图 4-4-51　模式

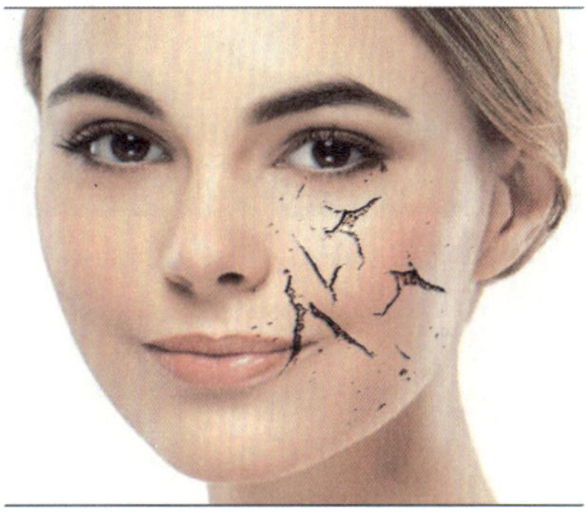

图 4-4-52　观察效果

(14)选择“伤口动画”层，点击菜单“效果”→“颜色校正”→“色调”效果(见图 4-4-53)，点“将黑色映射到”色块，在弹出的对话框中输入“#400000”(图 4-4-54)。

图 4-4-53　色调效果

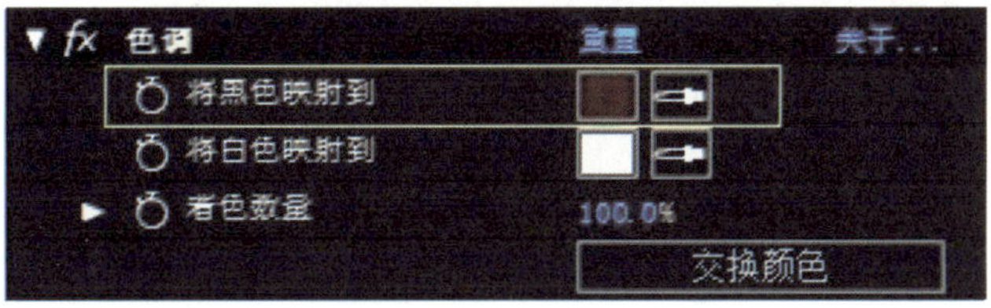

图 4-4-54　调节效果

(15)选择“伤口动画”层，点击菜单“效果”→“模糊和锐化”→“CC Radial Fast Blur”效果(见图 4-4-55)，将“Amount”输入“5”，“Zoom”选择“Brightest”(见图 4-4-56)。

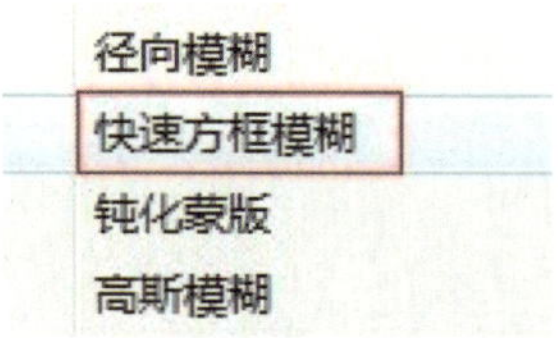

图 4-4-55 CC Radial Fast Blur

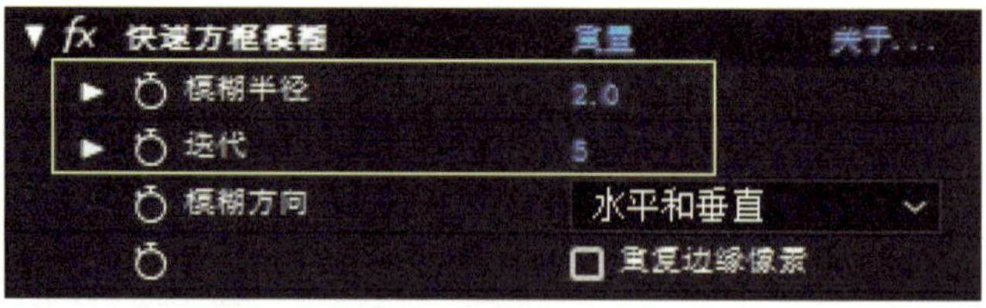

图 4-4-56 调节效果

（16）选择“伤口动画”层，选择菜单中“编辑”→“复制”命令或按快捷键“Ctrl+C”，再选择菜单中“编辑”→“粘贴”命令或按快捷键“Ctrl+V”，得到新“伤口动画”层（见图 4-4-57），选择菜单“效果”→“风格化”→“发光”效果（见图 4-4-58）。

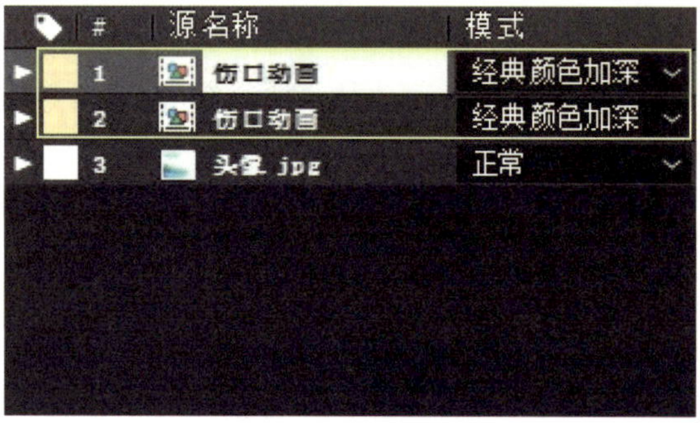

图 4-4-57 粘贴复制

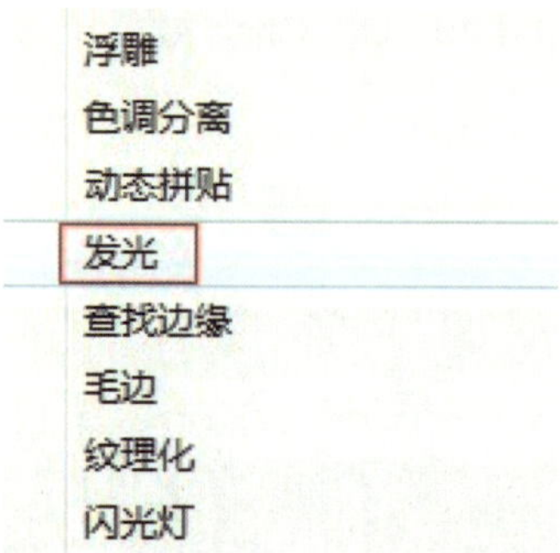

图 4-4-58 模式

（17）将“发光”效果中的“发光半径”输入“2”，其余数值不变（见图 4-4-59），播放动画，观察最终效果（可在“伤口动画”合成组中适当调节“伤口”层的位置比例）（见图 4-4-60）。

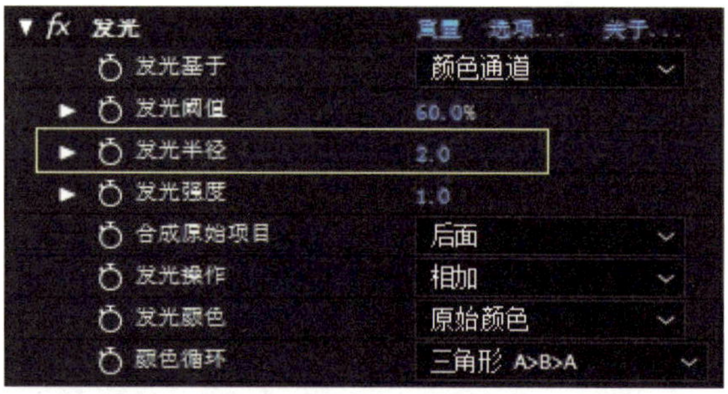

图 4-4-59 调节效果

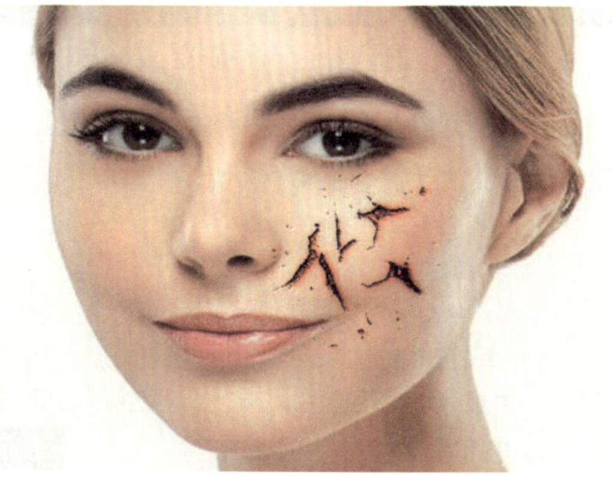

图 4-4-60 最终效果

4.4.3 玄幻文字

（1）点击 Ae 的快捷图标，点击菜单“合成”→“新建合成”命令或者按快捷键“Ctrl+N”，在弹出的“合成设置”对话框中，将“合成名称”填写“玄幻文字”，“宽度”填写“720 px”，“高度”填写“576 px”，“持续时间”填写“0:00:10:00”，“颜色”输入“#000000”（见图 4-4-61）；再次创建合成组，在弹出的“合成设置”对话框中，将“合成名称”填写“文字”，“宽度”填写“720 px”，“高度”填写“576 px”，“持续时间”填写“0:00:10:00”，“颜色”输入

“#000000”（见图 4-4-62）。

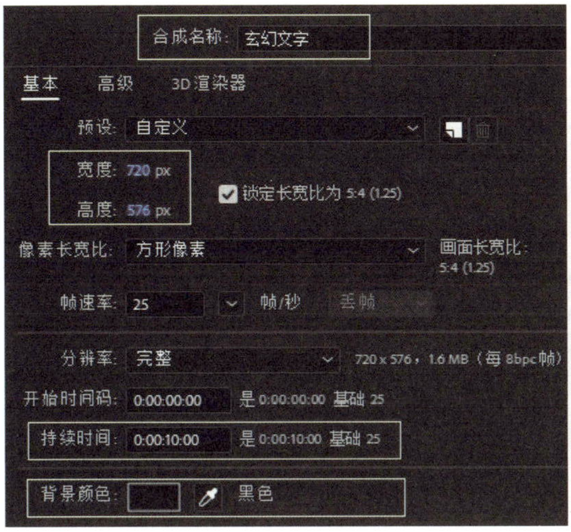

图 4-4-61　玄幻文字

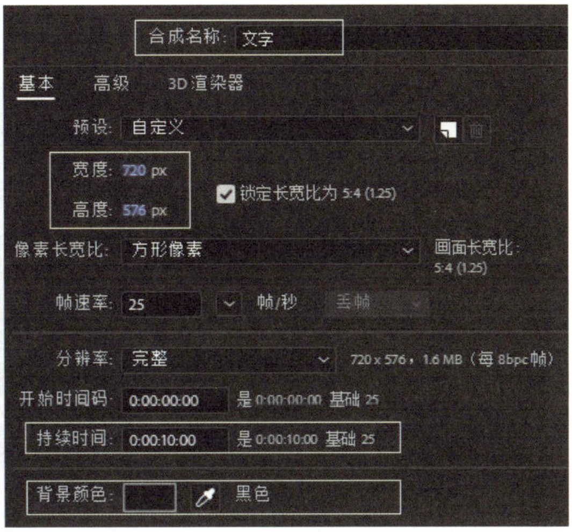

图 4-4-62　文字

（2）将素材“玄”字导入 After Effects 中（见图 4-4-63），并将其拖至“文字”合成组（见图 4-4-64）。

图 4-4-63　素材

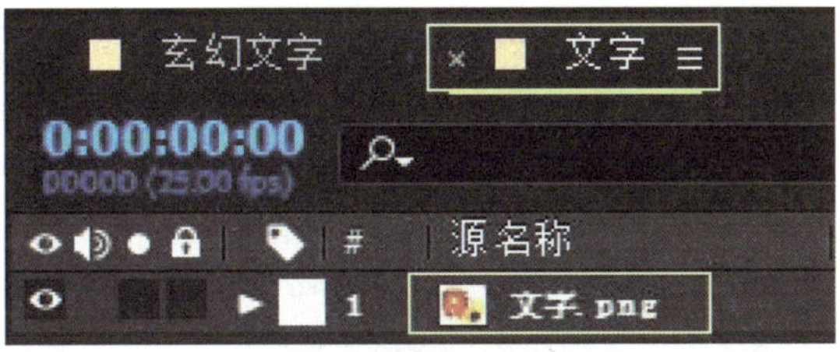

图 4-4-64　文字合成组

（3）观察“合成”面板效果，此时显示的是黑色（背景与素材全是黑色）（见图 4-4-65），点击“合成”面板下方的“切换透明网格”，此时背景透明，显示出素材“玄”字（见图 4-4-66）。

图 4-4-65　显示黑色

图 4-4-66　显示素材

（4）点击“文字”合成组中“文字”层，选择菜单“效果”→“生成”→“写入”效果（见图4-4-67），在“效果控件”面板中，“画笔位置”输入“260，162”，“画笔大小”输入“25”（见图4-4-68）。

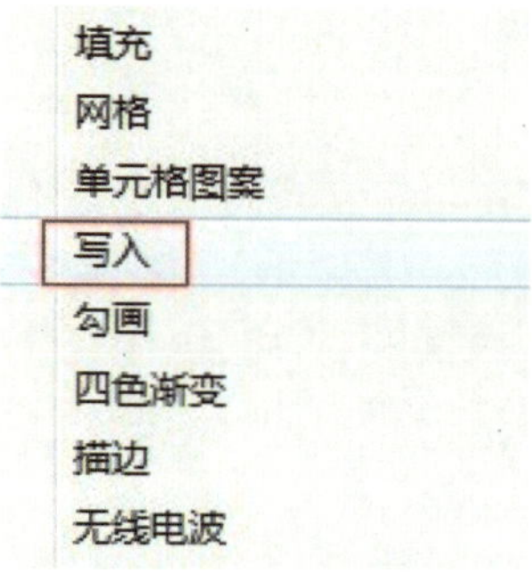

图 4-4-67　写入效果

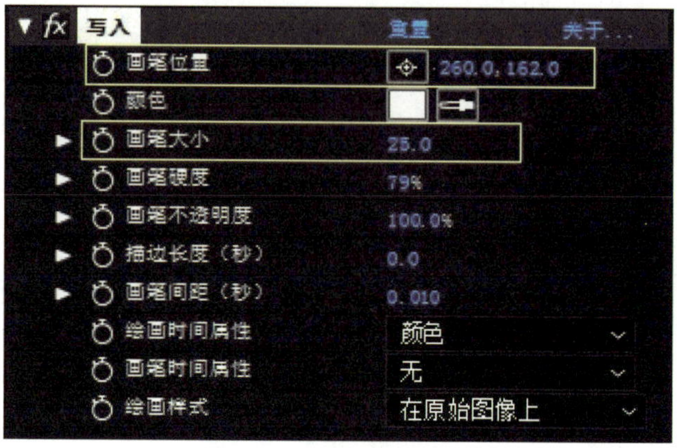

图 4-4-68　调节效果

（5）将时间指针拖至0秒位置（见图4-4-69），点击“画笔位置”的“时间变化秒表”记录关键帧（见图4-4-70）。

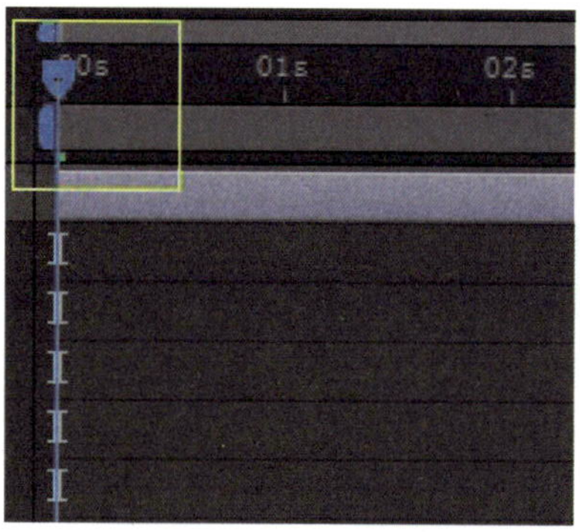

图 4-4-69　0 秒位置

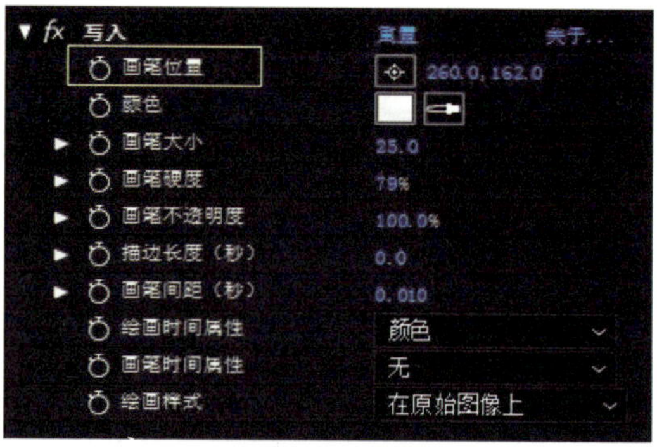

图 4-4-70　时间变化秒表

（6）将时间指针拖至1秒位置（见图4-4-71），在“合成”面板中按照“玄”字笔画拖动“坐标点”，“画笔位置”输入“339，146”（见图4-4-72）。

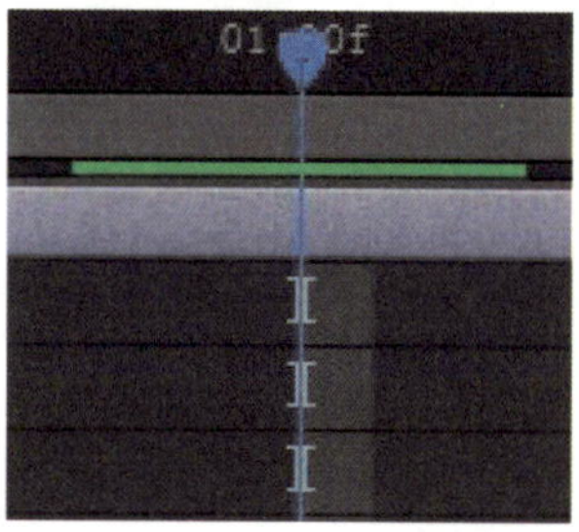

图 4-4-71　1 秒位置

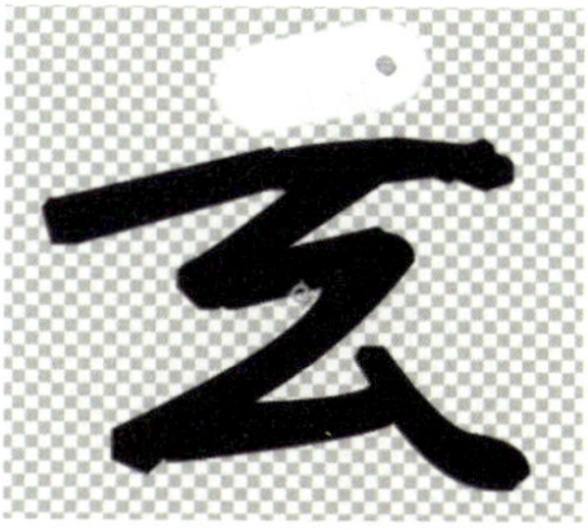

图 4-4-72　拖动“坐标点”

（7）将时间指针拖至1秒10帧位置（见图4-4-73），在“合成”面板中按照“玄”字笔画拖动“坐标点”，“画笔位置”输入“120，204”（见图 4-4-74）。

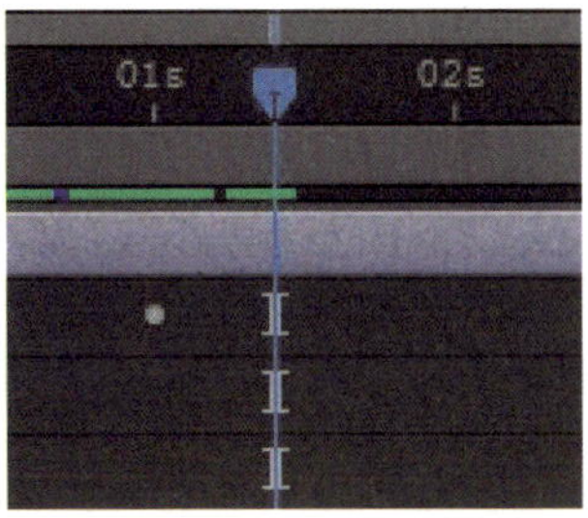

图 4-4-73　1 秒 10 帧位置

图 4-4-74　拖动“坐标点”

（8）将时间指针拖至 1 秒 12 帧位置（见图 4-4-75），在“合成”面板中按照“玄”字笔画拖动“坐标点”，“画笔位置”输入“103，247”（见图 4-4-76）。

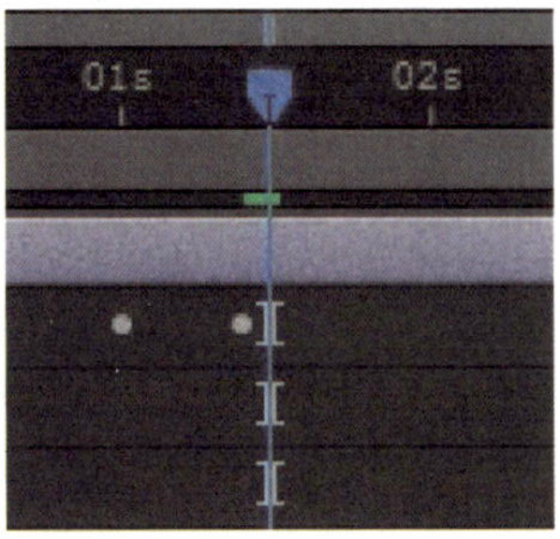

图 4-4-75　1 秒 12 帧位置

图 4-4-76　拖动“坐标点”

（9）将时间指针拖至 2 秒 12 帧位置（见图 4-4-77），在“合成”面板中按照“玄”字笔画拖动“坐标点”，“画笔位置”输入“314，199”（见图 4-4-78）。

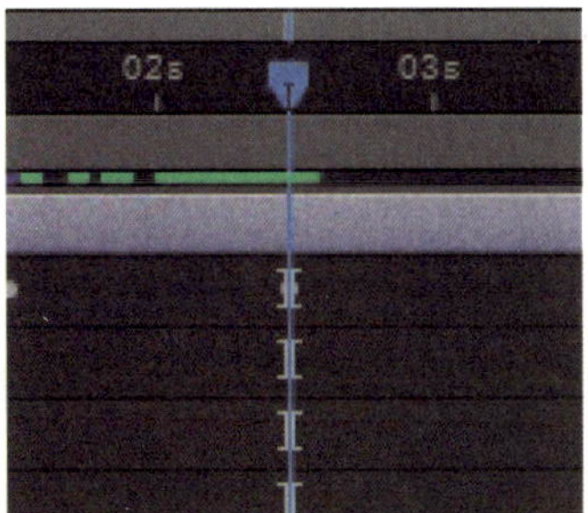

图 4-4-77　2 秒 12 帧位置

图 4-4-78　拖动坐标点

（10）将时间指针拖至 3 秒位置（见图 4-4-79）在“合成”面板中按照“玄”字笔画拖动“坐标点”，“画笔位置”输入“410，206”（见图 4-4-80）。

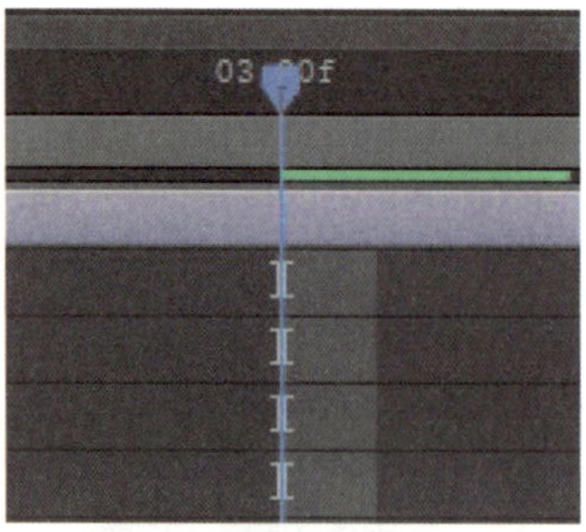

图 4-4-79 3 秒位置

图 4-4-80 拖动坐“标点”

（11）将时间指针拖至 3 秒 5 帧位置（见图 4-4-81），在“合成”面板中按照“玄”字笔画拖动“坐标点”，“画笔位置”输入“344，199”（见图 4-4-82）。

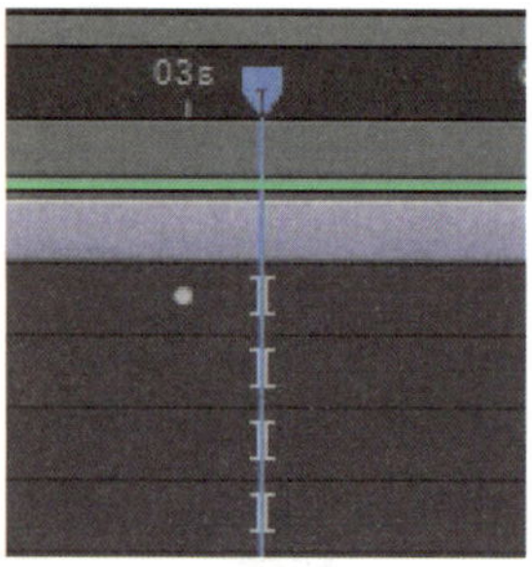

图 4-4-81 3 秒 5 帧位置

图 4-4-82 拖动坐标点

（12）将时间指针拖至 3 秒 15 帧位置（见图 4-4-83），在“合成”面板中按照“玄”字笔画拖动“坐标点”，“画笔位置”输入“231，280”（见图 4-4-84）。

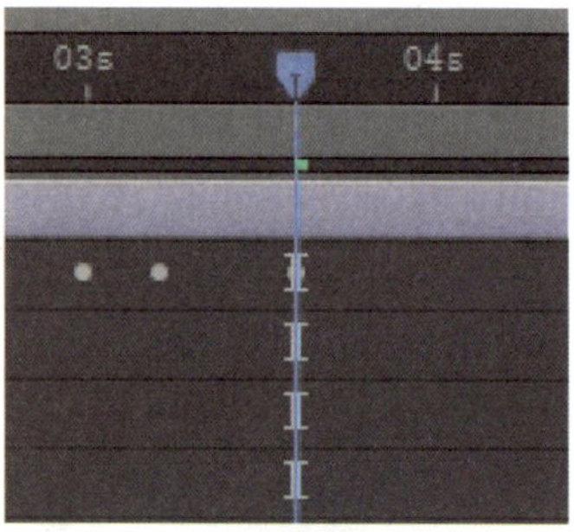

图 4-4-83 3 秒 15 帧位置

图 4-4-84 拖动“坐标点”

（13）将时间指针拖至 4 秒位置（见图 4-4-85），在“合成”面板中按照“玄”字笔画拖动“坐标点”，“画笔位置”输入“340，261”（见图 4-4-86）。

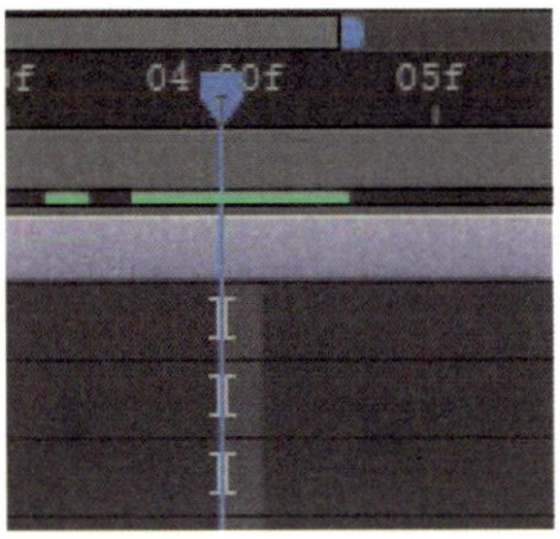

图 4-4-85　4 秒位置

图 4-4-86　拖动坐标点

（14）将时间指针拖至 5 秒位置（见图 4-4-87），在“合成”面板中按照“玄”字笔画拖动“坐标点”，“画笔位置”输入“252，338”（见图 4-4-88）。

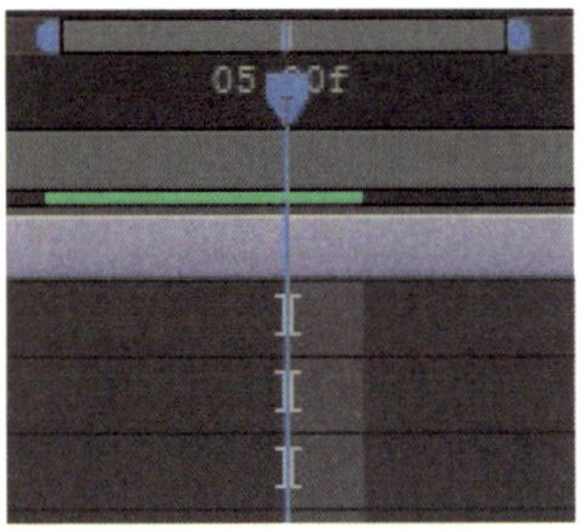

图 4-4-87　5 秒位置

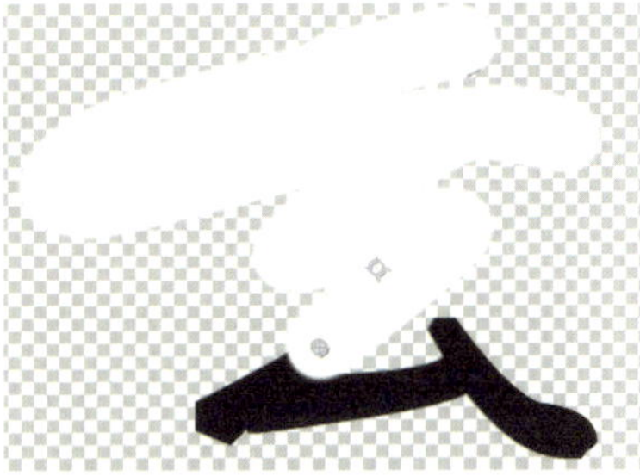

图 4-4-88　拖动“坐标点”

（15）将时间指针拖至 5 秒 10 帧位置（见图 4-4-89），在“合成”面板中按照“玄”字笔画拖动“坐标点”，“画笔位置”输入“186，382”（见图 4-4-90）。

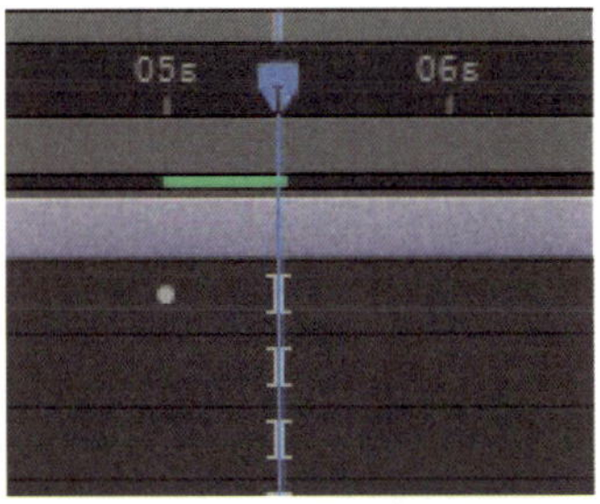

图 4-4-89　5 秒 10 帧位置

图 4-4-90　拖动“坐标点”

（16）将时间指针拖至 6 秒位置（见图 4-4-91），在“合成”面板中按照“玄”字笔画拖动“坐标点”，“画笔位置”输入“316，366”（见图 4-4-92）。

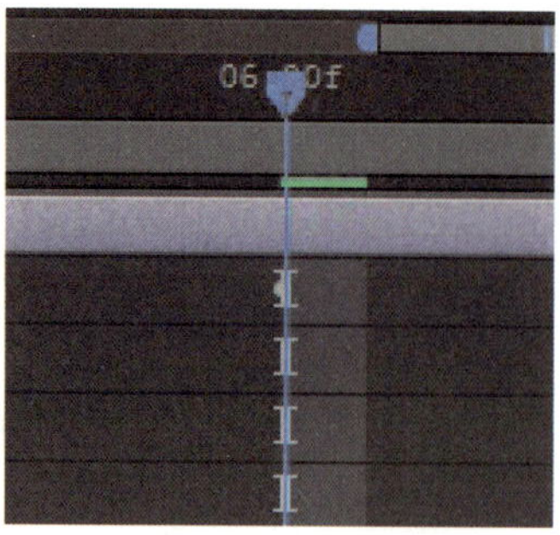

图 4-4-91　6 秒位置

图 4-4-92　拖动坐标点

(17)将时间指针拖至 6 秒 5 帧位置(见图 4-4-93),在“合成”面板中按照“玄”字笔画拖动“坐标点”,“画笔位置”输入“329,335”(见图 4-4-94)。

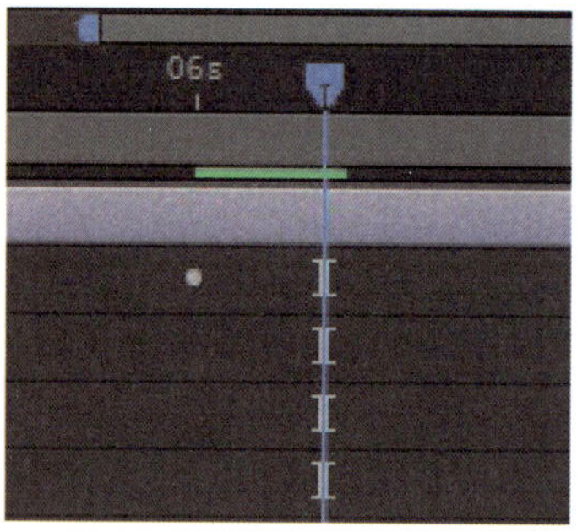

图 4-4-93　6 秒 5 帧位置

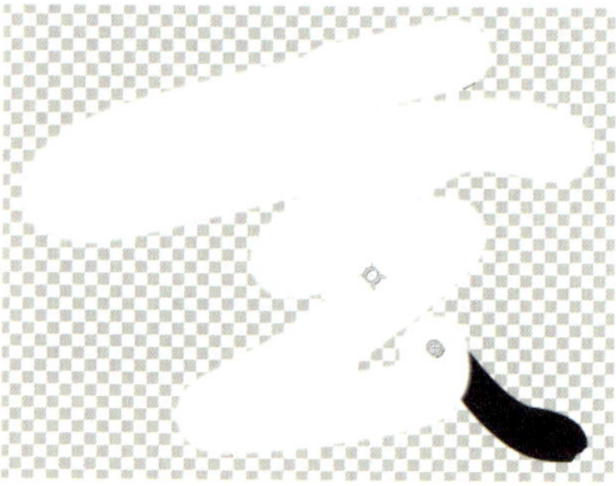

图 4-4-94　拖动“坐标点”

(18)将时间指针拖至 7 秒位置(见图 4-4-95),在“合成”面板中按照“玄”字笔画拖动“坐标点”,“画笔位置”输入“409,399”(见图 4-4-96)。

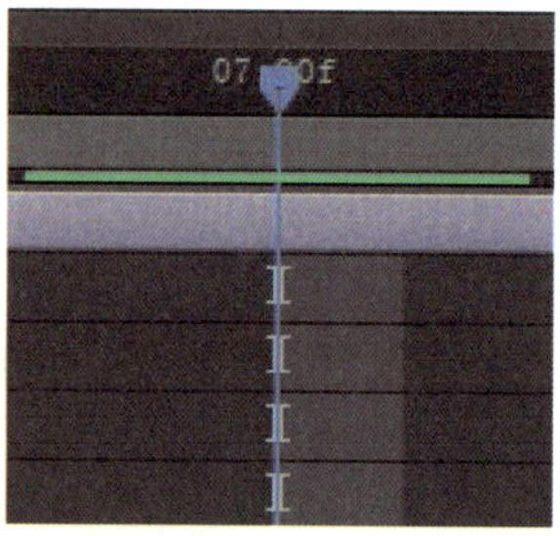

图 4-4-95　7 秒位置

图 4-4-96　拖动坐标点

(19)在“效果控件”面板中将“写入”效果的“绘画样式”选择“显示原始图像”(见图 4-4-97),观察在“合成”面板中出现文字的书写动画效果(见图 4-4-98)。

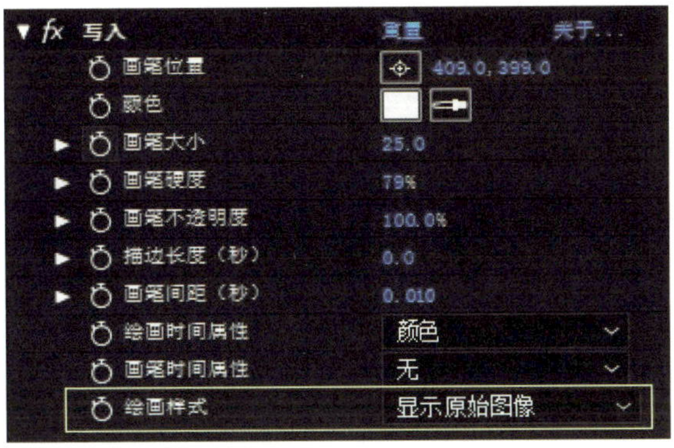

图 4-4-97　绘画样式

图 4-4-98　动画效果

（20）选择菜单“效果”→“生成”→“填充”效果（见图 4-4-99），将“颜色”输入“#FFFFFF”（见图 4-4-100）。

图 4-4-99　填充

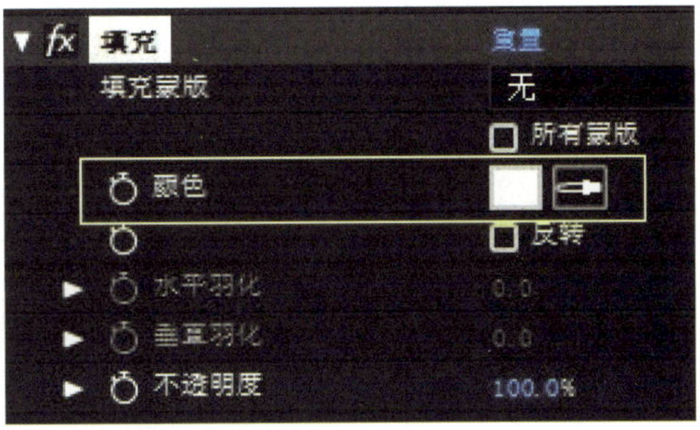

图 4-4-100　颜色

（21）将素材“宣纸”导入 After Effects，并放入“玄幻文字”合成组中（见图 4-4-101）；将“文字”合成组拖至“玄幻文字”合成组中，放在“宣纸”层之上（见图 4-4-102）。

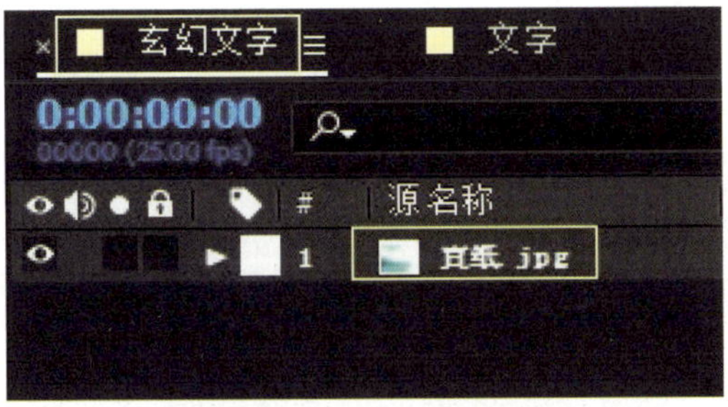

图 4-4-101　素材宣纸

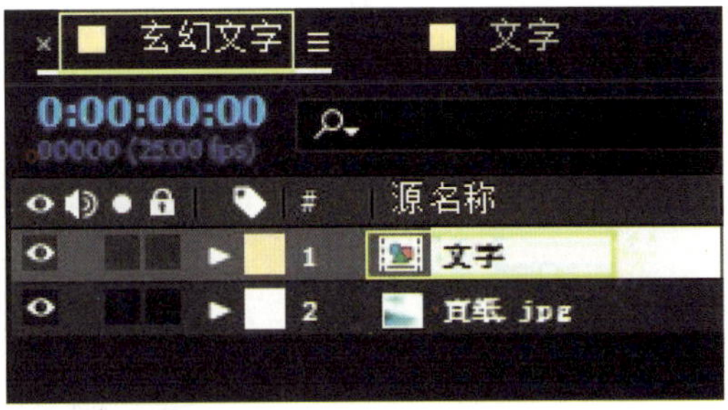

图 4-4-102　合成组

（22）选择“玄幻文字”合成组织中“文字”层，点击菜单“效果”→“模糊和锐化”→“高斯模糊”效果（见图 4-4-103），在“效果控件”面板中将“高斯模糊”的“模糊度”输入“5”（见图 4-4-104）。

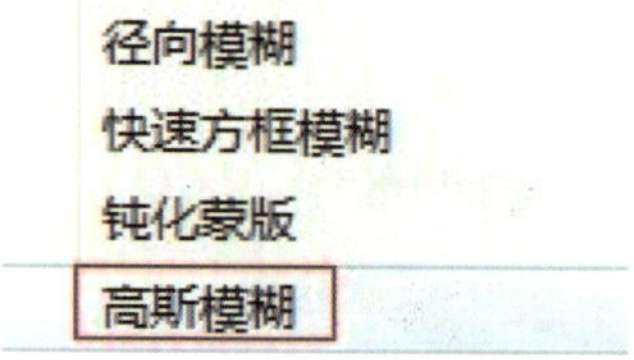

图 4-4-103　高斯模糊

图 4-4-104　调节效果

（23）选择菜单“效果”→“风格化”→“发光”效果（见图 4-4-105），在“效果控件”面板中将“发光”的“发光阈值”输入“30%”，“发光半径”输入“25”，“发光强度”输入“3”，“发光颜色”输入“A 和 B 颜色”，“颜色 A”输入“#FFF600”，“颜色 B”输入“#FF0000”（见图 4-4-106）。

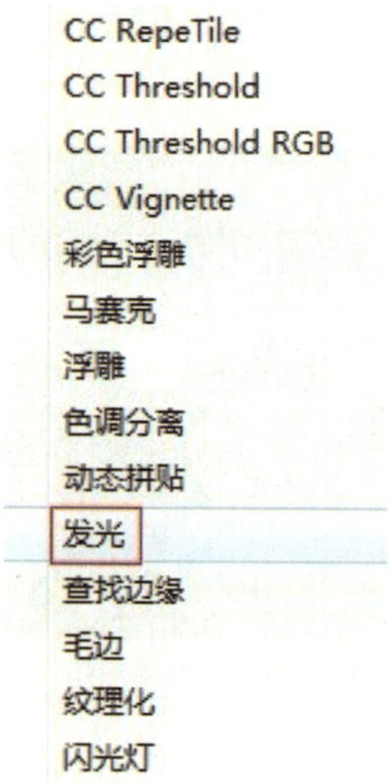

图 4-4-105　发光

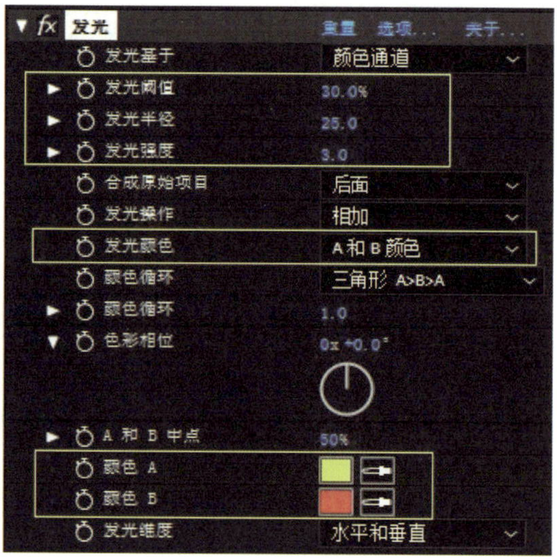

图 4-4-106　调节效果

（24）选择菜单“效果”→“扭曲”→“波纹”效果（见图 4-4-107），在“效果控件”面板中将“发光”的“半径”输入“20”，“波形宽度”输入“15”，“波形高度”输入“15”（见图 4-4-108）。

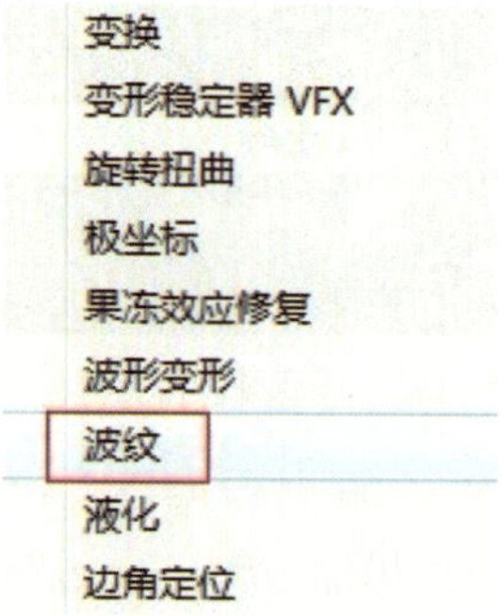

图 4-4-107　波纹

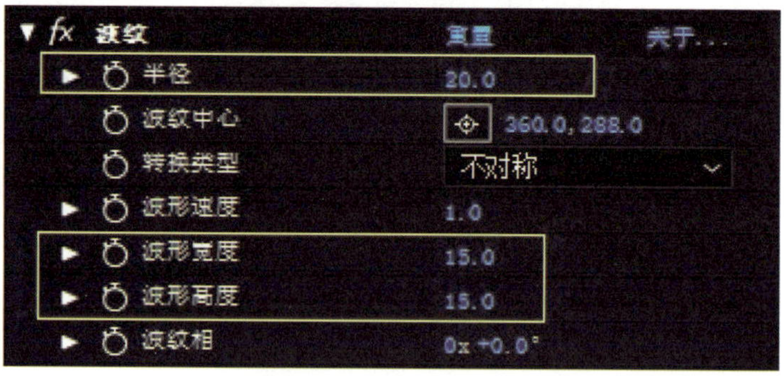

图 4-4-108　调节效果

（25）播放动画，观察最终效果（见图 4-4-109）。

图 4-4-109　最终效果

第 5 章　文字的动画

知识重点

- 掌握 After Effects 文字的创建与编辑。
- 掌握文字动画的制作方法与技巧。

课程思政

引言

After Effects 中的文字动画效果十分丰富(文字动画包括文字创建、文字排列和文字关键帧等操作),但也是容易被人们忽略的地方。在使用 After Effects 进行操作时,人们往往更注重炫目的效果和逼真的合成,文字动画这只“丑小鸭”却很难引起重视。在 After Effects 中文字有着丰富的选项与效果,文字不仅仅担负着补充说明画面内容的作用,而且运用得当还能成为提升画面美感的辅助元素。只要文字动画应用得体,完全可以为项目增色。

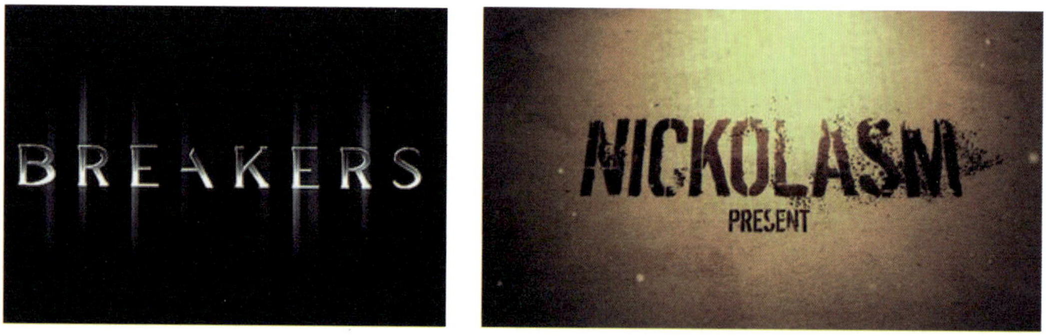

文字动画欣赏

5.1　After Effects 中的文字

After Effects 中的文字也称文字层,和大多数的软件一样,文字层属于矢量图层。在 After Effects 中文字层默认连续栅格化,所以当对其进行放大或缩小操作时,文字的边缘会保持平滑不被破坏。文字层既可以在效果或合成中使用，也可以单独对文字层进行关键帧动画，乃至可以分别对每一个文字的颜色、尺寸或位置进行编辑。作为一个图层，文字层的使用与其他图层级的使用方法没有太大区别。

5.1.1　文字的创建与选择

文字的创建有很多方法，例如导入文字、滤镜创建文字等。但最常使用的方法是通过“文字工具”选项进行文字的创建。在“工具栏”面板中，点击“文字工具”即可创建文字。此时，若按住鼠标左键不放，将会弹出一个扩展工具栏，其中包含两个子工具，分别为“横排文字工具”T 横排文字工具 Ctrl+T和“竖排文字工具”↓T 直排文字工具 Ctrl+T，两者使用的方法相同，唯一的区别是“横排文字工具”是将文字进行“横向”显示，“竖排文字工具”是将文字进行“竖向”显示。

点击“横排文字工具”T 横排文字工具 Ctrl+T后，出现“文字工具光标”表明可以输入“横向”文字；点击“竖排文字工具”↓T 直排文字工具 Ctrl+T后，出现“文字工具光标”表明可以输入“竖向”文字（见图 5-1-1）。

图 5-1-1　横排与竖排

创建和选择文字的操作方法如下。

（1）打开 After Effects 软件，点击菜单“合成”→“新建合成”命令或者按快捷键“Ctrl+N”，创建“合成组”使用默认设置（见图 5-1-2）。在“工具栏”面板点击“文字工具”，移动至“合成”面板中，出现“文字工具光标”后，输入文字“梦开始的地方”，创建出“点文本”（见图 5-1-3）。

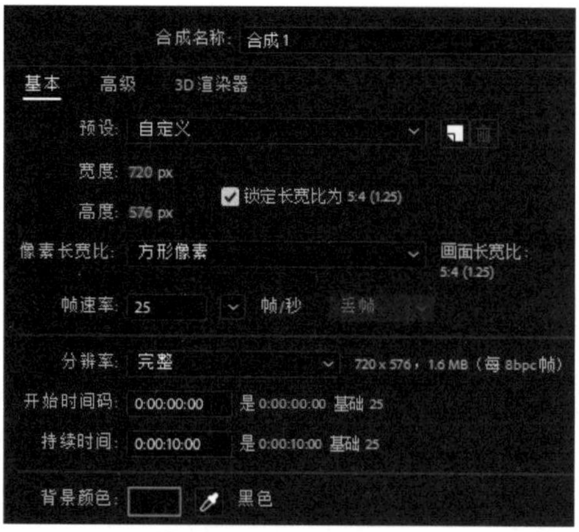

图 5-1-2 合成组

图 5-1-3 输入文字

（2）按“Enter”键后“文字工具光标”将自动换行（见图 5-1-4），输入文字“是灯火阑珊的夜”，观察效果（按数字键盘上的“Enter”键或使用快捷键“Ctrl+Enter”都可以结束文字输入）（见图 5-1-5）。

图 5-1-4 换行输入文字

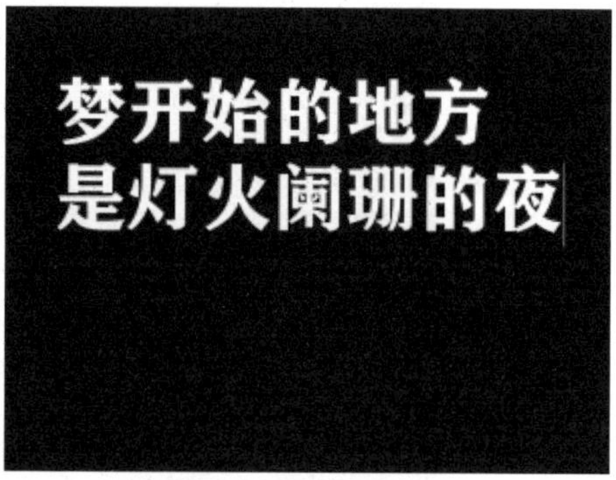

图 5-1-5 观察效果

（3）在“文字工具”状态下，移动“文字”的位置只需按住“Ctrl”键，同时点击“文字”即可（见图 5-1-6），或是在“工具栏”面板中点击“选取工具”，直接使用鼠标对“文字”进行移动（见图 5-1-7）。

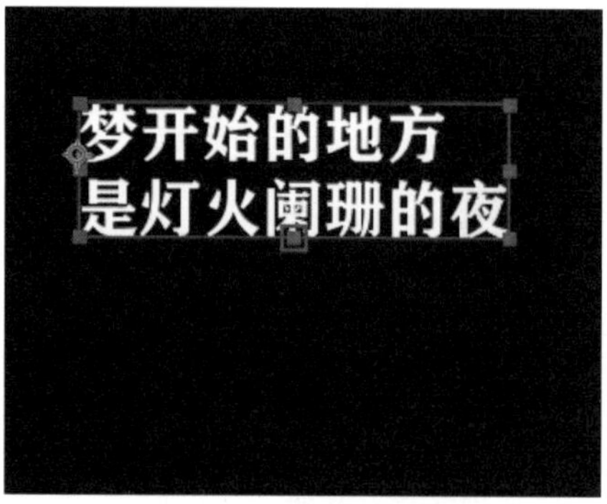

图 5-1-6 文字工具状态

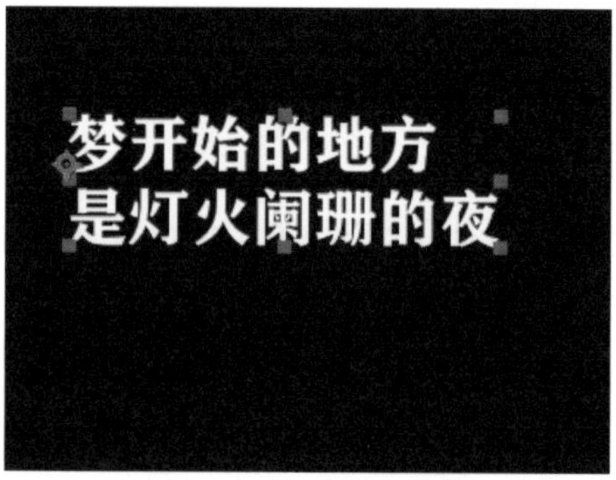

图 5-1-7 选取工具状态

(4)如果需要输入段落文本，在选择“文字工具”后，按住鼠标进行拖动将出现红色的文字选框（见图 5-1-8），松开鼠标后便可在选框中输入文字，选框外的文字不会显示（如图 5-1-9）。

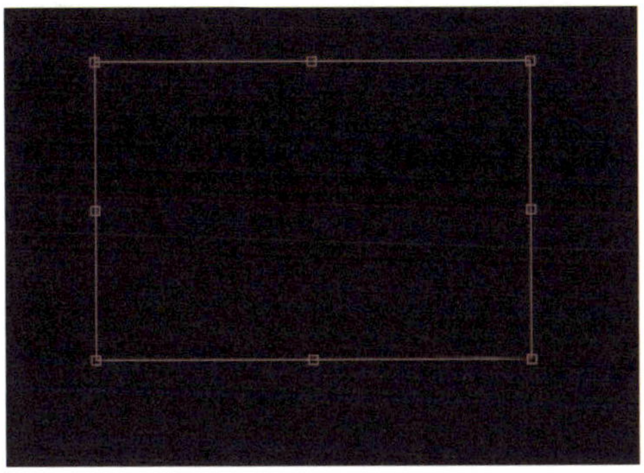

图 5-1-8　红色选框

图 5-1-9　段落文字

(5)按住“Alt”键，可以从中心位置向四周拖拽出红色的选框（见图 5-1-10）。若想创建两个或多个段落文本，需要按数字键盘上的“Enter”键，结束上一个段落文本，才能开始新的段落文字的输入（图 5-1-11）。

图 5-1-10　中心拖拽

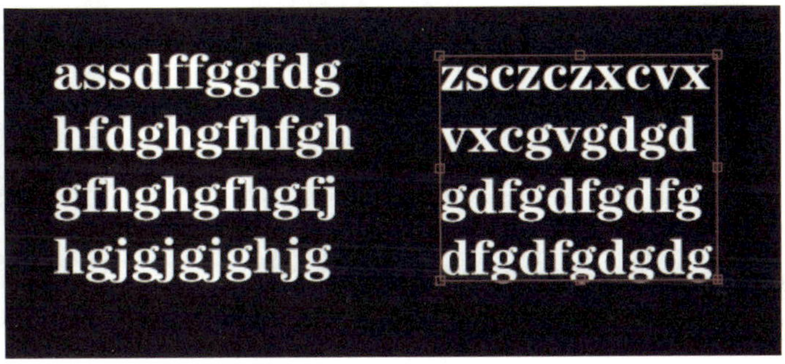

图 5-1-11　两个段落文字

(6)创建完成后红色的文字选框上会出现 8 个控制点，可使用鼠标对控制点进行拖动，以此来控制选框的形状（见图 5-1-12）。若在输入文字后对选框进行拖动，则选框内的文字也会随选框的形状进行变化（见图 5-1-13）。

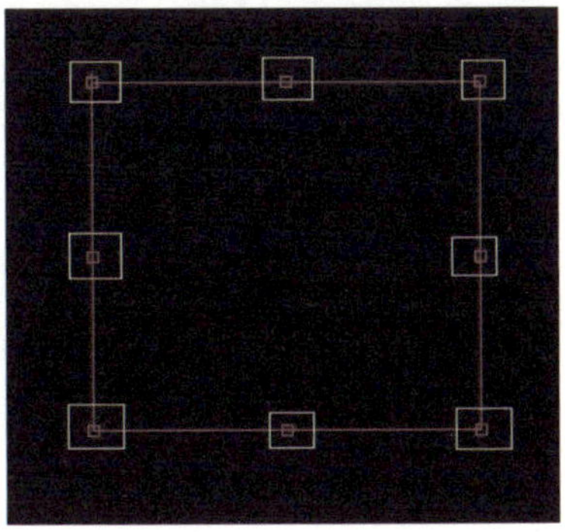

图 5-1-12　控制点

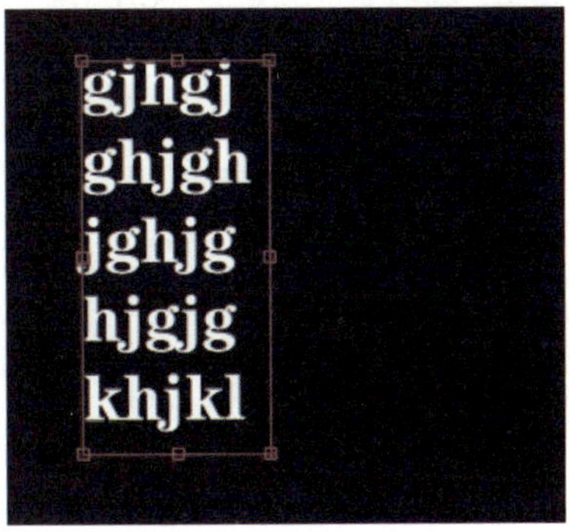

图 5-1-13　文字变化

（7）双击可以选择单词（见图 5-1-14），三连击可以选择整行文字（见图 5-1-15）。

图 5-1-14　选择单词

图 5-1-15　选择整行文字

（8）四连击可以选择整段文字（见图 5-1-16），五连击可以选择段落内的所有文字（见图 5-1-17）。

图 5-1-16　选择整段文字

图 5-1-17　选择全部文字

（9）按住“Shift”键，再按键盘右方向键“→”或左方向键“←”，可以逐个对文字进行选择（见图 5-1-18）；按住“Shift+Ctrl”快捷键，再按右方向键“→”或左方向键“←”，可以按段落进行选择（见图 5-1-19）。

图 5-1-18　逐个文字选择

图 5-1-19　按段落选择

（10）创建段落文本后，在“时间线”面板中选择“文字层”（见图 5-1-20），在“合成”面板右击，选择“转换为段落文本”（见图 5-1-21）。

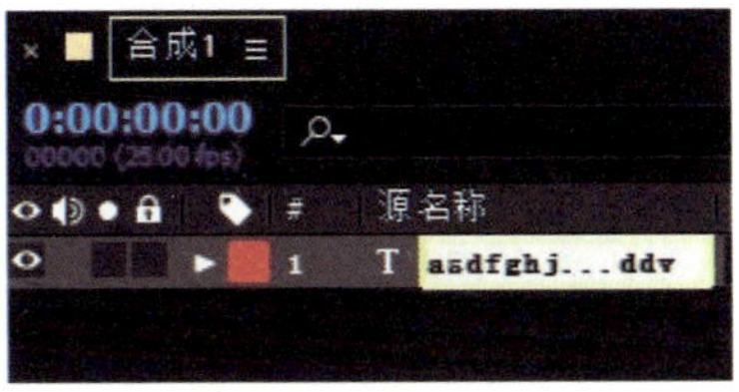

图 5-1-20　文字层

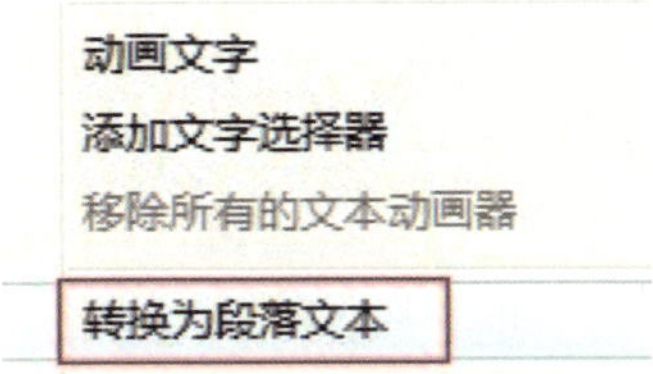

图 5-1-21　转换为段落文本

（11）创建点文本后，在“时间线”面板中选择“文字层”（见图 5-1-22），在“合成”面板右击，选择“转换为点文本”（见图 5-1-23）。

图 5-1-22　文字层

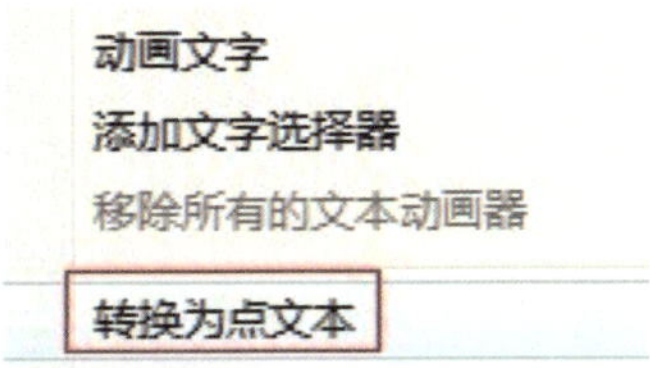

图 5-1-23　转换为点文本

（12）当使用“横排文字工具”

后，在“时间线”面板中选择“文字层”（见图 5-1-24），在“合成”面板右击，选择“垂直”，文字将转换成竖排显示（见图 5-1-25）。

图 5-1-24　文字层

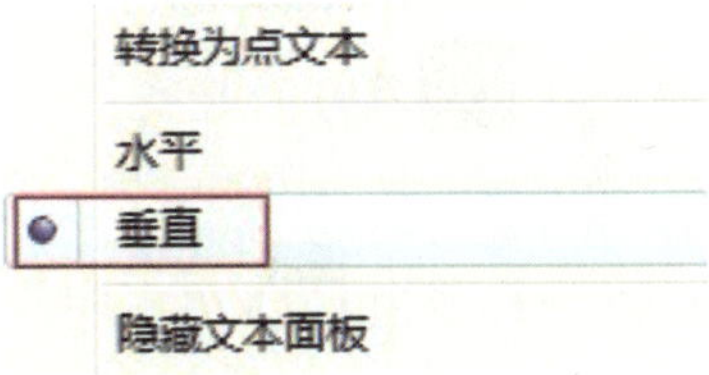

图 5-1-25　垂直

（13）当使用“竖排文字工具”

后，在“时间线”面板中选择“文字层”（见图 5-1-26），在“合成”面板右击，选择“水平”，文字将转换成横排显示（见图 5-1-27）。

图 5-1-26　文字层

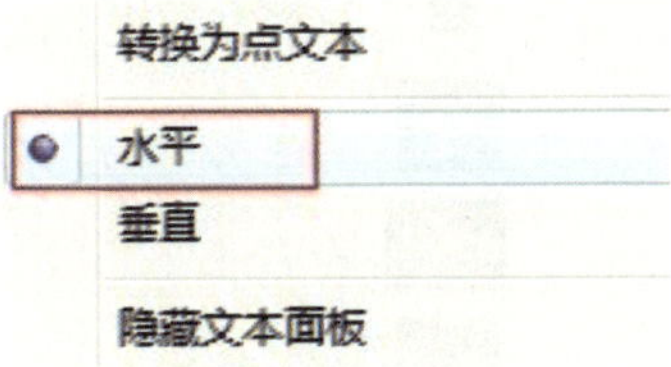

图 5-1-27　水平

5.1.2 文字与段落的编辑

使用 After Effects 制作项目时，凡是涉及文字的使用，肯定离不开对于文字的编辑。文字较多时，也会需要对文字的版式段落进行整理编辑，以满足制作需求。通常使用“字符”面板与“段落”面板，便可以完成对文字与段落的编辑，文字与段落的编辑方法如下。

1.“字符”面板

创建文字之后，可通过“字符”面板对所选择的文字进行编辑。如果没有选择文字，但是在“合成”面板中选择了“文字层”，也会对“文字层”中的文字进行编辑。如果既没有选择文字，也没有选择“文字层”，则在“字符”面板（见图 5-1-28）中作出的调整会成为新输入文字的默认值。

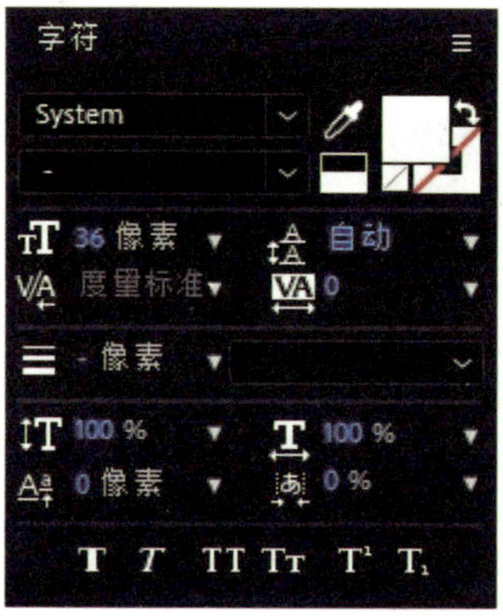

图 5-1-28 “字符”面板

字体系列 ：设置字体的样式。

吸管工具 ：通过“吸管工具”可以吸取当前计算机所显示的界面颜色，吸取的颜色将作为文字的颜色或描边的颜色。

纯黑 / 纯白颜色 ：单击相应的色块可以快速地将文字或描边的颜色设置为纯黑或纯白色。

没有填充颜色 ：单击这个图标可以对文字或描边填充颜色。

交换填充和描边 ：快速切换填充颜色和描边颜色。

填充颜色 ：设置文字的填充颜色。

描边颜色 ：设置文字的描边颜色。

文字大小 ：设置文字的大小。

文字行距 ：设置上下行文字之间的行间距。

字偶间距 ：增大或缩小当前字符之间的间距。

文符间距 ：设置文字之间的间距。

描边宽度：设置文字描边的粗细。

描边方式：设置文字描边的方式，共有“在描边上填充”“在填充上描边”“全部填充在全部描边之上”“全部描边在全部填充之上”4 个选项。

垂直缩放：设置文字的高度缩放比例。

水平缩放：设置文字的宽度缩放比例。

基线偏移：设置文字的基线。

比例间距：设置中文或日文字符之间的比例间距。

仿粗体：设置文本的字体为粗体。

仿斜体：设置文本的字体为斜体。

全部大写字母：强制将所有的字符变成大写。

小型大写字母：无论输入的字符是否有大小写区别，都强制将所有的字符转化成大写，但是对小写字符采取较小的尺寸进行显示。

文字上标与下标：设置文字的上下标，适合制作一些数学符号。

（1）打开 After Effects 软件，点击菜单“合成”→“新建合成”命令或者按快捷键“Ctrl+N”，创建“合成组”，在“预设”选择“HDTV 1080 25”（见图 5-1-29），在“合成”面板中将“切换透明网格”关闭，观察效果（见图 5-1-30）。

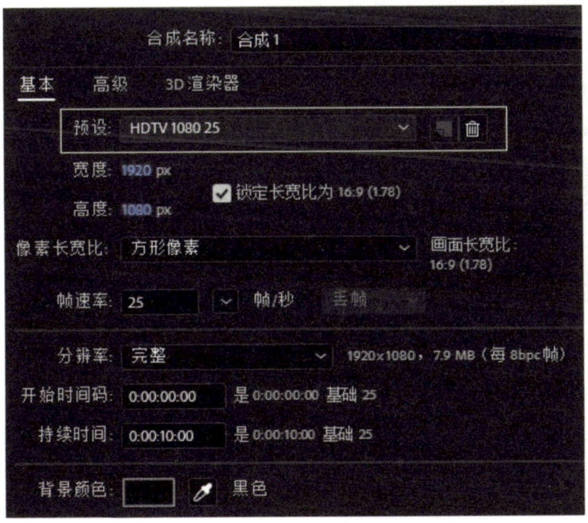

图 5-1-29　合成组

图 5-1-30　观察效果

（2）选择“文字工具”，输入文字“ABCD”（见图 5-1-31），选择菜单“窗口”，勾选“字符”（见图 5-1-32）。

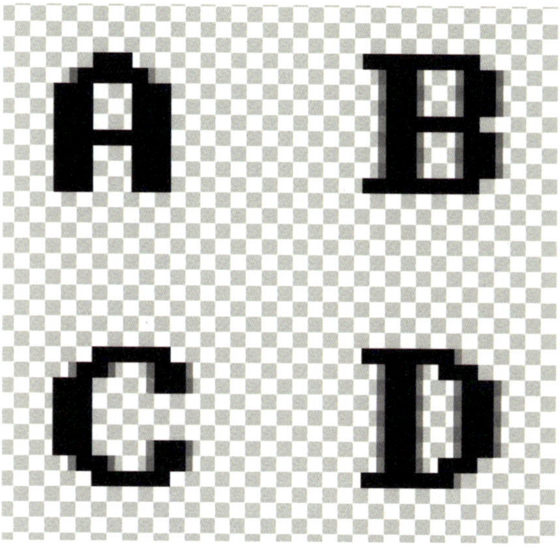

图 5-1-31　输入文字

图 5-1-32　勾选字符

（3）在默认的布局中，“字符”窗口在界面的左侧，可以直接选择使用（见图 5-1-33）；在“时间线”面板中选择“文字”层或是在“合成”面板中选择“文字”（见图 5-1-34）。

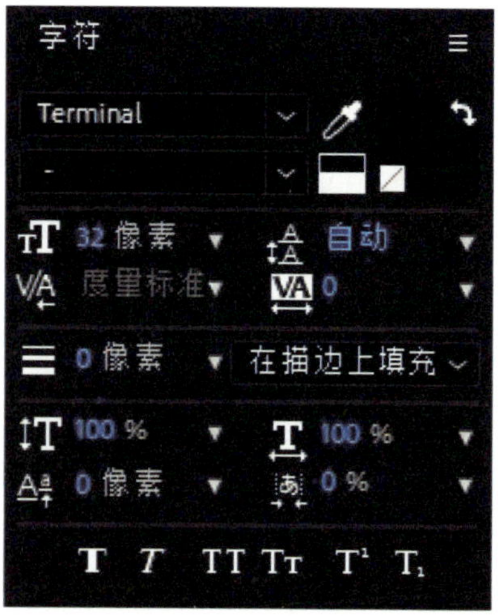

图 5-1-33　字符窗口

图 5-1-34　文字层

（4）在“字体系列”选择“Berlin Sans FB”（或是内置其他字体），“填充颜色”输入“#FF0000”，点击“描边颜色”输入“#FFF000”（或是使用“吸管工具”吸取相应颜色）（见图 5-1-35），观察“合成”面板中的文字变化（见图 5-1-36）。

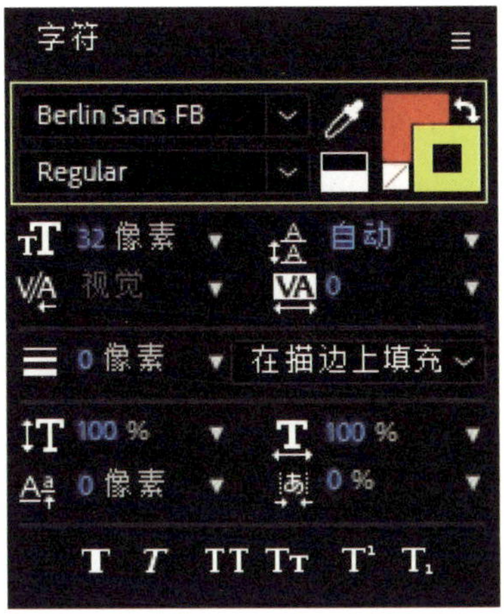

图 5-1-35　调节字符

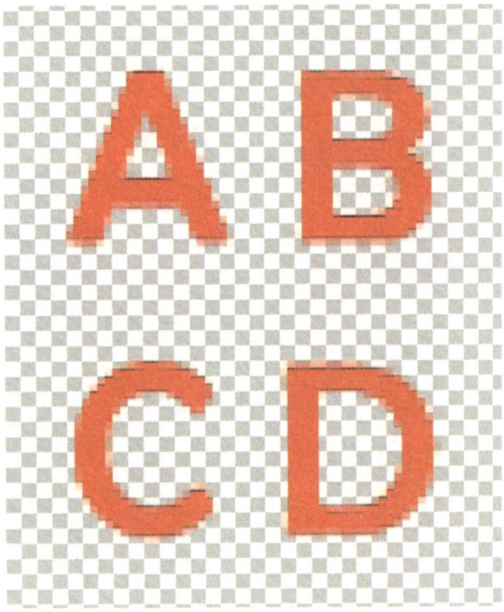

图 5-1-36　文字变化

（5）“文字大小”输入“48”，“文字行距”输入“36”，“文符间距”输入“-100”（见图 5-1-37），观察“合成”面板中的文字变化（见图 5-1-38）。

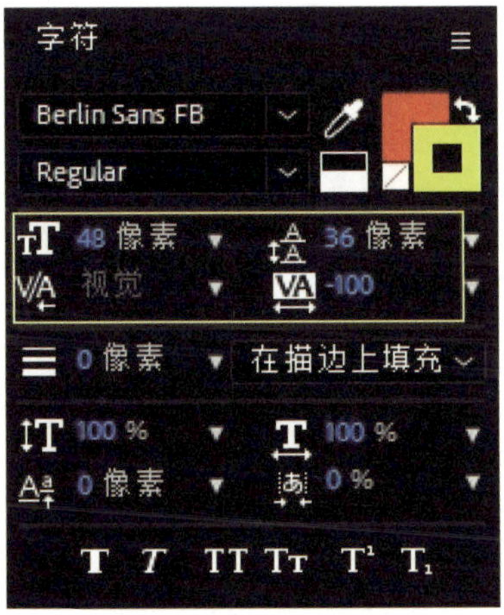

图 5-1-37　调节字符

图 5-1-38　文字变化

（6）“描边宽度”输入“3”，“描边方式”选择“在描边上填充”（见图 5-1-39），观察“合成”面板中的文字变化（见图 5-1-40）。

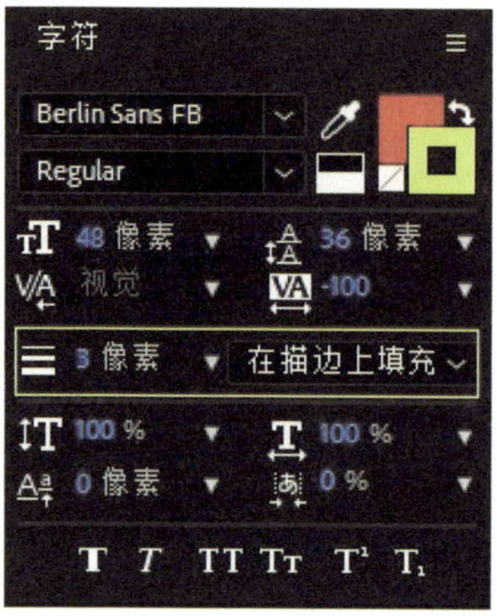

图 5-1-39　调节字符

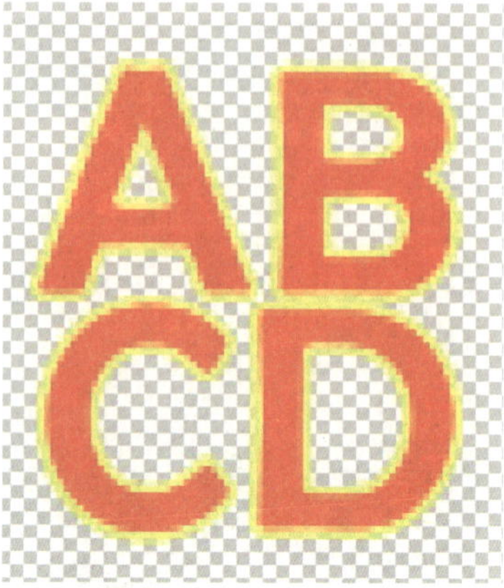

图 5-1-40　文字变化

（7）“垂直缩放”输入“150%”，“水平缩放”输入“150%”，“基线偏移”输入“-12”，“比例间距”输入“100%”（见图 5-1-41），观察“合成”面板中的文字变化（见图 5-1-42）。

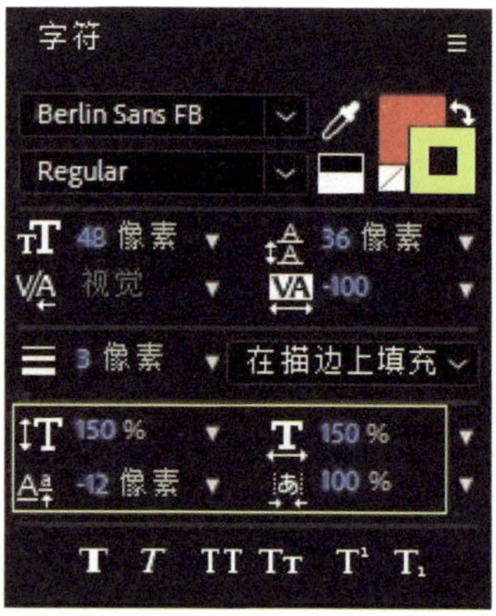

图 5-1-41　调节字符

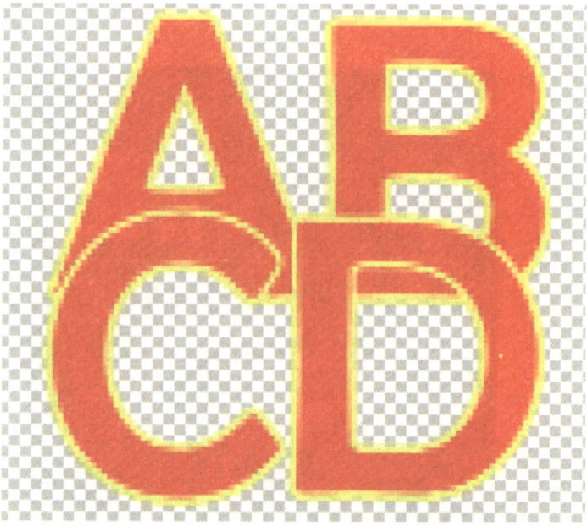

图 5-1-42　文字变化

（8）以“仿粗体”为例，点击“文本粗体”（如图 5-1-43），观察“合成”面板中的文字变化（见图 5-1-44）。

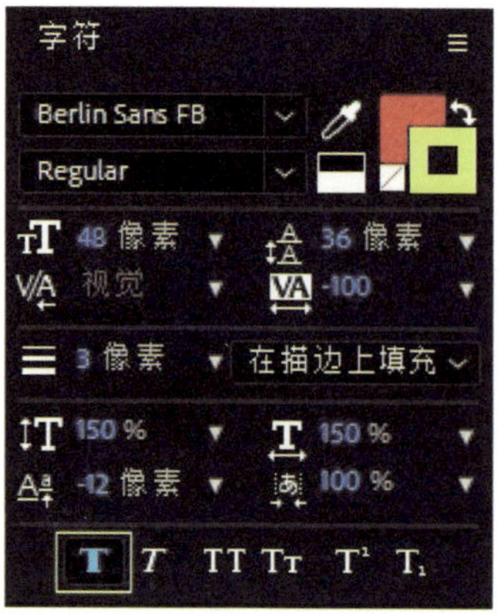

图 5-1-43　调节字符

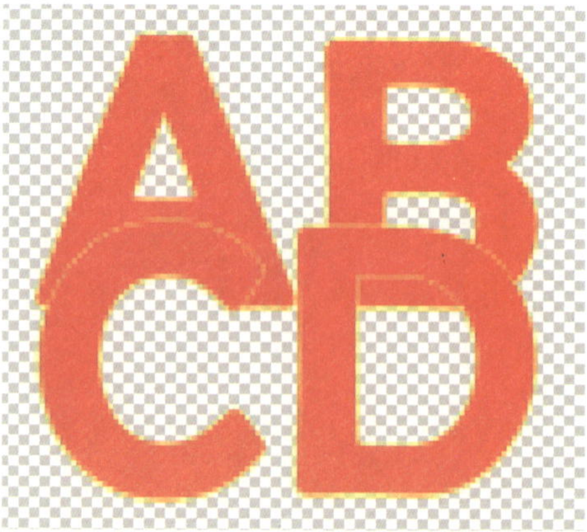

图 5-1-44　文字变化

(9)再次选择“文字工具”，输入汉字“一”，“字体样式”选择“黑体”，“描边宽度”输入“11”(见图 5-1-45)，观察“合成”面板中文字变化(见图 5-1-46)。

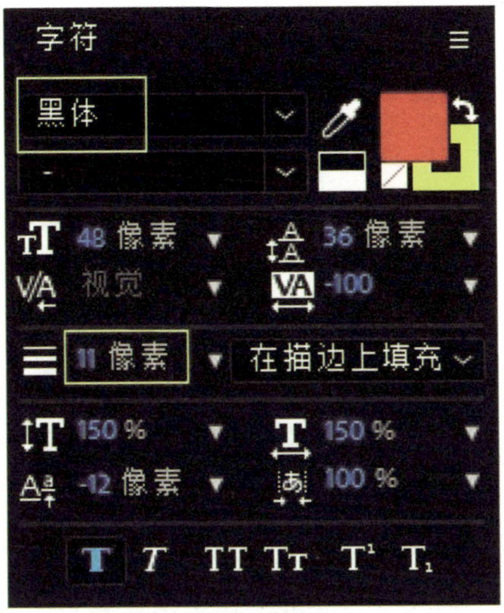

图 5-1-45　调节字符

图 5-1-46　文字变化

(10)将鼠标放在“字符”面板空白处，右击在弹出菜单中选择“线段链接”→“尖角”(见图 5-1-47)，观察“合成”面板中的描边转角变化(见图 5-1-48)。

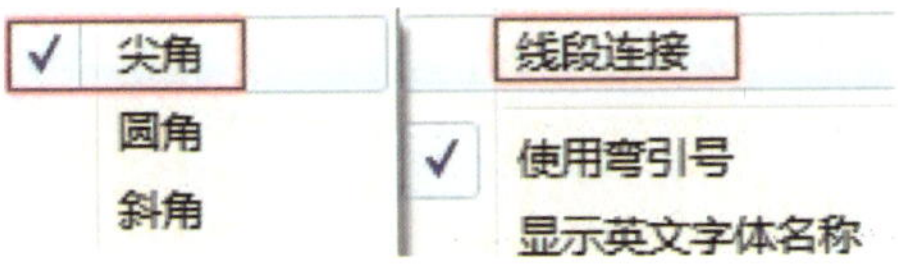

图 5-1-47　尖角

图 5-1-48　描边转角变化

(11)将鼠标放在“字符”面板空白处右击，在弹出的菜单中选择“线段链接”→“圆角”(见图 5-1-49)，观察“合成”面板中描边转角变化(见图 5-1-50)。

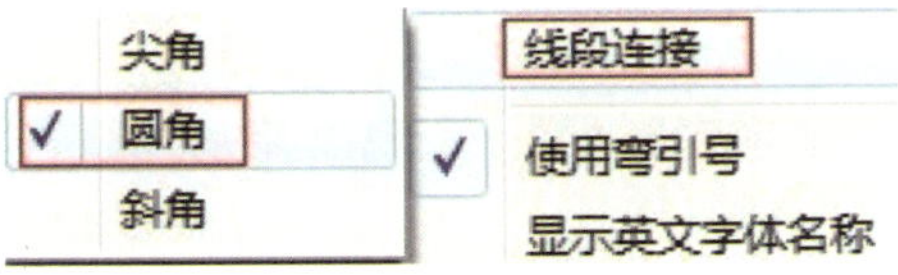

图 5-1-49　圆角

图 5-1-50　描边转角变化

(12)将鼠标放在“字符”面板空白处，右击在弹出菜单中选择“线段链接”→“斜角”(见图 5-1-51)，观察“合成”面板中的描边转角变化(见图 5-1-52)。

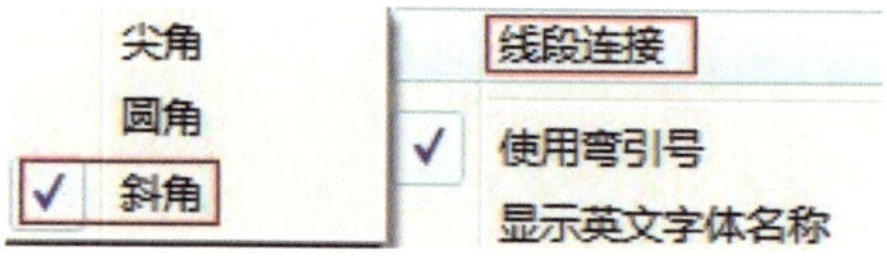

图 5-1-51 斜角

图 5-1-52 描边转角变化

2.“段落”面板

段落的本意是文章中最基本的单位，After Effects 中的段落是指一个以“Enter”键结束的文字段。使用“段落”面板可以为“点文字”或“段落文字”设置相关选项，例如对齐、缩进和行间距等。对于“点文字”来说，每行都是一个独立的段落；对于“段落文字”来说，每个段落包含的行数取决于文字框的大小。

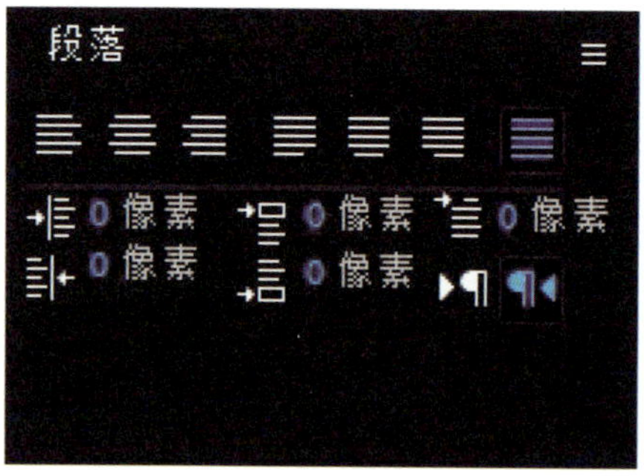

图 5-1-53 “横排段落”面板

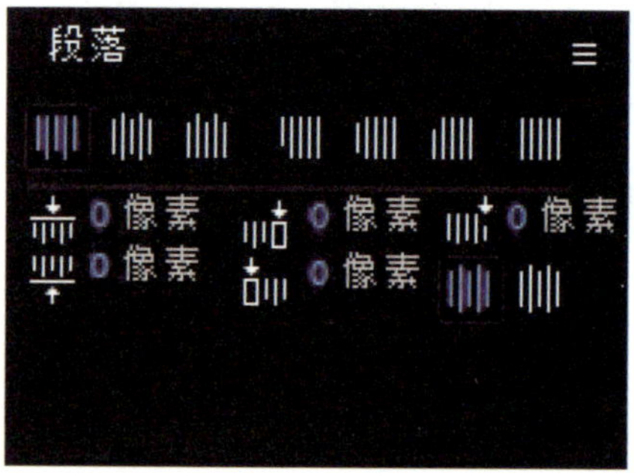

图 5-1-54 “竖排段落”面板

左对齐文本：左对齐横排文字，右边缘不齐。

居中对齐文本：居中对齐横排文字，左右边缘均不齐。

右对齐文本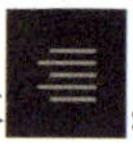：右对齐横排文字，左边缘不齐。

最后一行左对齐文本：两端对齐，最后一行靠左对齐（用于段落文字）。

最后一行居中顶对齐文本：两端对齐，最后一行居中对齐（用于段落文字）。

最后一行右对齐文本：两端对齐，最后一行靠右对齐（用于段落文字）。

两端对齐：两端横排文字强制对齐（用于段落文字）。

缩进左边距：设置文本的左侧缩进量。

缩进右边距：设置文本的右侧缩进量。

段前添加空格：设置段落前间距。

段后添加空格：设置段落后间距。

首行缩进：设置段落的首行缩进量（相对于左缩进）。

从左到右的文本方向：文字从左到右输入。

从右到左的文本方向：文字从右到左输入。

顶对齐文本：上对齐竖排文字，下边缘不齐。

居中对齐文本：居中对齐竖排文字，上下边缘均不齐。

底对齐文本：下对齐竖排文字，上边缘不齐。

最后一行顶对齐文本：两端对齐，最后一行靠顶对齐（用于段落文字）。

最后一行居中顶对齐文本：两端对齐，最后一行居中对齐（用于段落文字）。

最后一行底对齐文本：两端对齐，最后一行靠底对齐（用于段落文字）。

两端对齐：两端竖排文字强制对齐（用于段落文字）。

缩进顶边距：设置文本的顶端缩进量。

缩进下边距：设置文本的底端缩进量。

段前添加空格：设置段落前间距。

段后添加空格：设置段落后间距。

首行缩进：设置段落的首行缩进量（相对于顶缩进）。

从左到右的文本方向：文字从左到右输入。

从右到左的文本方向：文字从右到左输入。

（1）打开 After Effects 软件，点击菜单“合成”→“新建合成”命令或者按快捷键“Ctrl+N”，创建“合成组”，在“预设”选择“HDTV 1080 25”（见图 5-1-55），在“合成”面板中将“切换透明网格”关闭，观察效果（见图 5-1-56）。

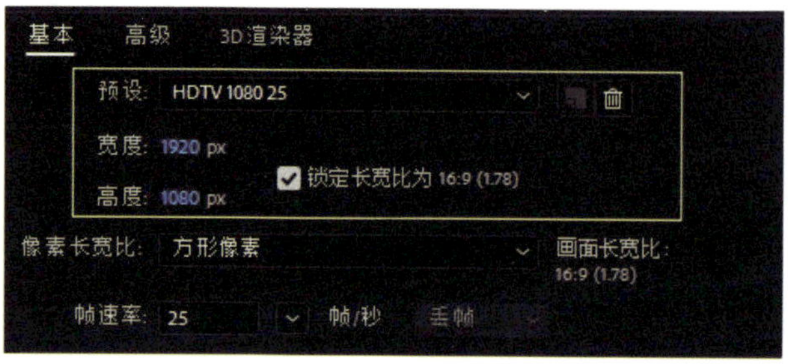
基本
高级
3D渲染器
预设: HDTV 1080 25
宽度: 1920 px
高度: 1080 px
锁定长宽比为 16:9 (1.78)
像素长宽比: 方形像素
画面长宽比: 16:9 (1.78)
帧速率: 25
帧/秒
丢帧

图 5-1-55 合成组

图 5-1-56 观察效果

（2）在“工具栏”面板中选择“横排文字工具”，拖动鼠标绘制选框，输入文字“海客谈瀛洲，烟涛微茫信难求。越人语天姥，云霞明灭或可睹。天姥连天向天横，势拔五岳掩赤城。天台四万八千丈，对此欲倒东南倾。我欲因之梦吴越，一夜飞度镜湖月。湖月照我影，送我至剡溪。谢公宿处今尚在，渌水荡漾清猿啼。脚著谢公屐，身登青云梯。半壁见海日，空中闻天鸡。千岩万转路不定，迷花倚石忽已暝。熊咆龙吟殷岩泉，栗深林兮惊层巅。云青青兮欲雨，水澹澹兮生烟。列缺霹雳，丘峦崩摧。洞天石扇，訇然中开。青冥浩荡不见底，日月照耀金银台。霓为衣兮风为马，云之君兮纷纷而来下。虎鼓瑟兮鸾回车，仙之人兮列如麻。忽魂悸以魄动，恍惊起而长嗟。惟觉时之枕席，失向来之烟霞。世间行乐亦如此，古来万事东流水。别君去兮何时还？且放白鹿青崖间，须行即骑访名山。安能摧眉折腰事权贵，使我不得开心颜！”（见图 5-1-57）。在“字符”面板中将“字体系列”选择“方正粗黑宋简体”，“填充颜色”输入“#000000”，“文字大小”输入“36”（见图 5-1-58）。

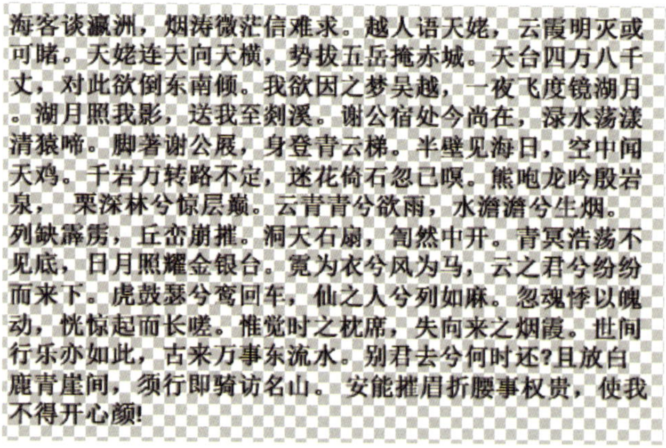
海客谈瀛洲，烟涛微茫信难求。越人语天姥，云霞明灭或
可睹。天姥连天向天横，势拔五岳掩赤城。天台四万八千
丈，对此欲倒东南倾。我欲因之梦吴越，一夜飞度镜湖月
。湖月照我影，送我至剡溪。谢公宿处今尚在，渌水荡漾
清猿啼。脚著谢公屐，身登青云梯。半壁见海日，空中闻
天鸡。千岩万转路不定，迷花倚石忽已暝。熊咆龙吟殷岩
泉，栗深林兮惊层巅。云青青兮欲雨，水澹澹兮生烟。
列缺霹雳，丘峦崩摧。洞天石扇，訇然中开。青冥浩荡不
见底，日月照耀金银台。霓为衣兮风为马，云之君兮纷纷
而来下。虎鼓瑟兮鸾回车，仙之人兮列如麻。忽魂悸以魄
动，恍惊起而长嗟。惟觉时之枕席，失向来之烟霞。世间
行乐亦如此，古来万事东流水。别君去兮何时还?且放白
鹿青崖间，须行即骑访名山。安能摧眉折腰事权贵，使我
不得开心颜!

图 5-1-57 文字

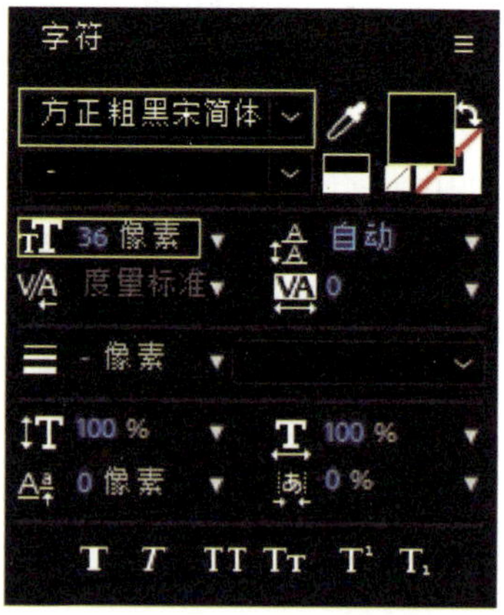
字符
方正粗黑宋简体
36 像素
自动
度量标准
0
- 像素
100 %
100 %
0 像素
0 %
T T TT Tr T¹ T₁

图 5-1-58 调节字符

（3）选择“文字层”，在“段落”面板点击“左对齐文本”（见图 5-1-59），观察“合成”面板的文字变化（见图 5-1-60）。

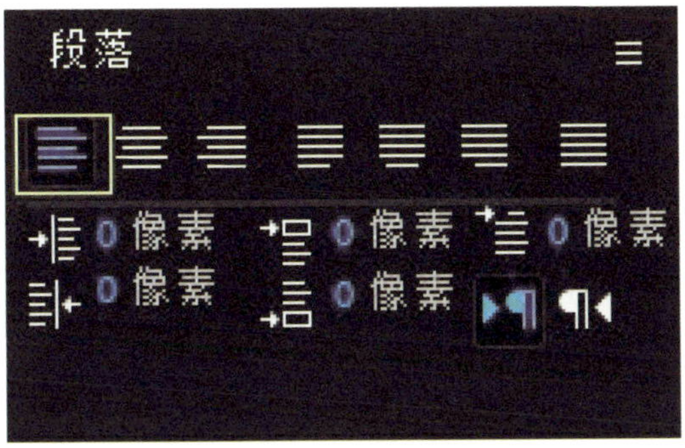

图 5-1-59　“段落”面板

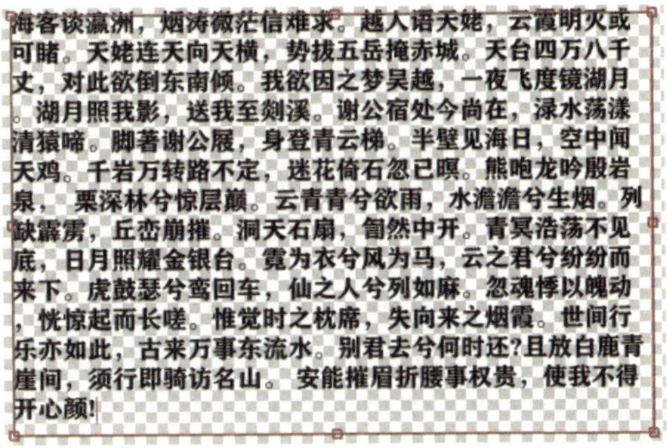

图 5-1-60　文字变化

（4）选择“文字层”，在“段落”面板点击“居中对齐文本”（见图 5-1-61），观察“合成”面板的文字变化（见图 5-1-62）。

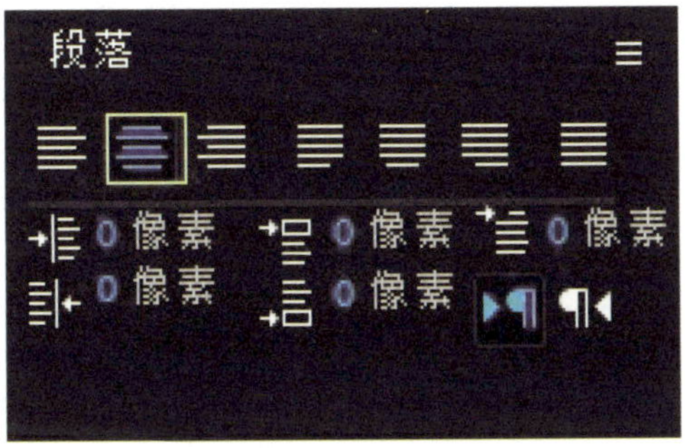

图 5-1-61　“段落”面板

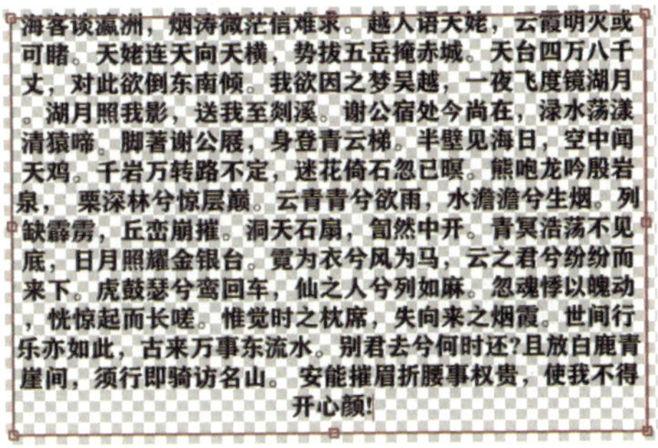

图 5-1-62　文字变化

（5）选择“文字层”，在“段落”面板点击“右对齐文本”（见图 5-1-63），观察“合成”面板的文字变化（见图 5-1-64）。

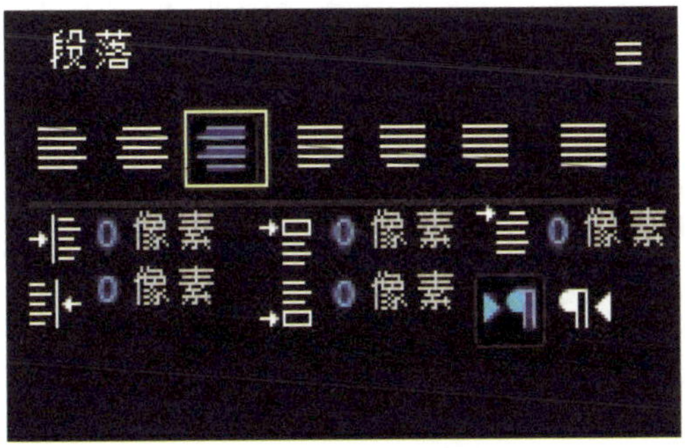

图 5-1-63　“段落”面板

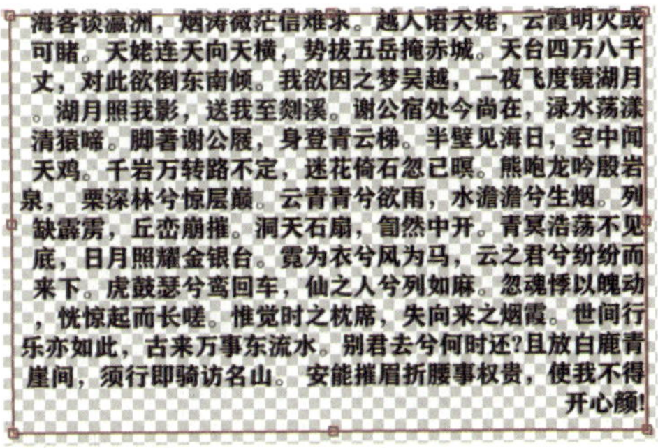

图 5-1-64　文字变化

（6）选择“文字层”，在“段落”面板点击“最后一行左对齐文本”（见图 5-1-65），观察“合成”面板的文字变化（见图 5-1-66）。

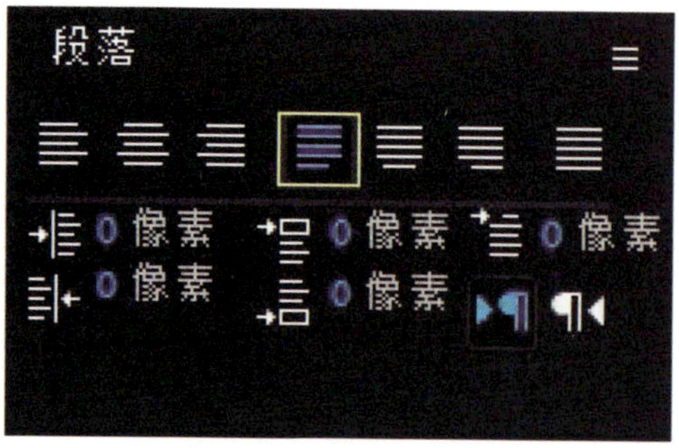

图 5-1-65 “段落”面板

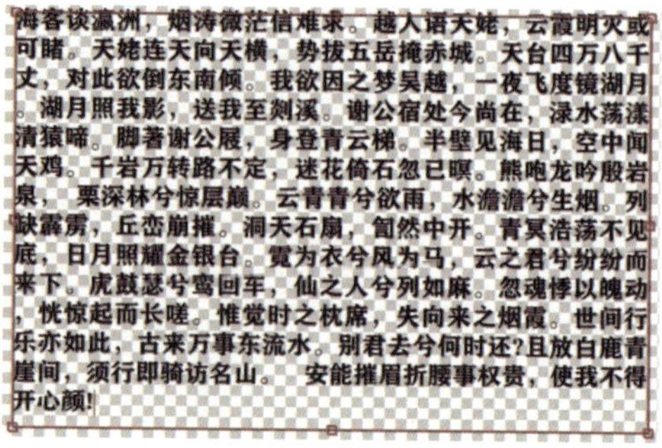

图 5-1-66 文字变化

（7）选择“文字层”，在“段落”面板点击“最后一行居中对齐文本”（见图 5-1-67），观察“合成”面板的文字变化（见图 5-1-68）。

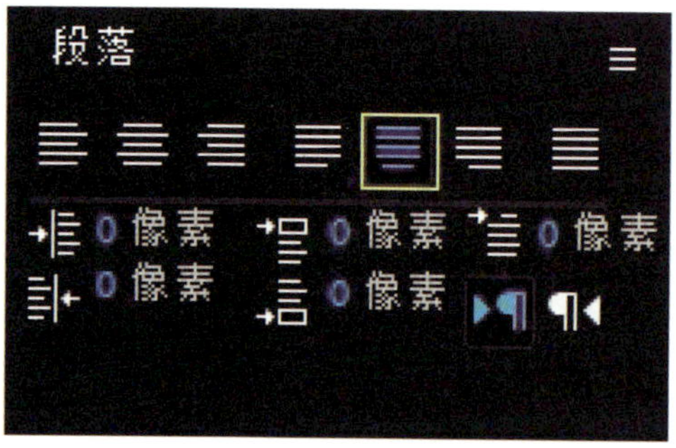

图 5-1-67 “段落”面板

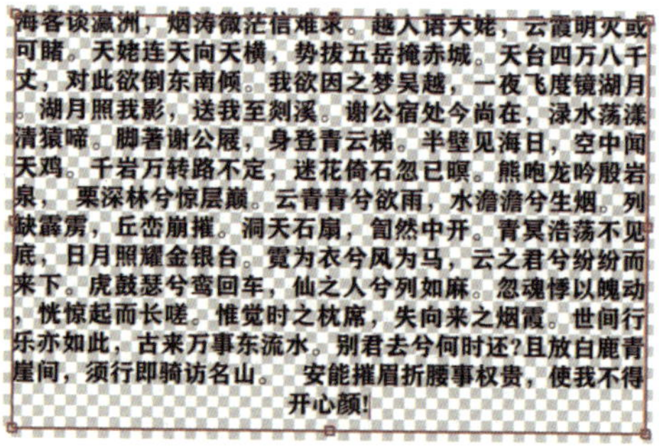

图 5-1-68 文字变化

（8）选择“文字层”，在“段落”面板点击“最后一行右对齐文本”（见图 5-1-69），观察“合成”面板的文字变化（见图 5-1-70）。

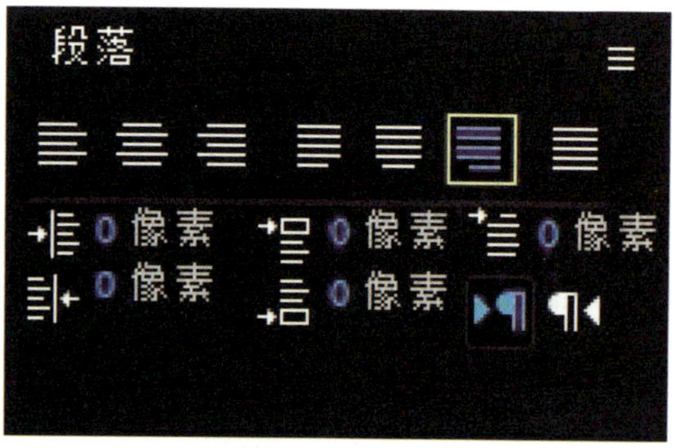

图 5-1-69 “段落”面板

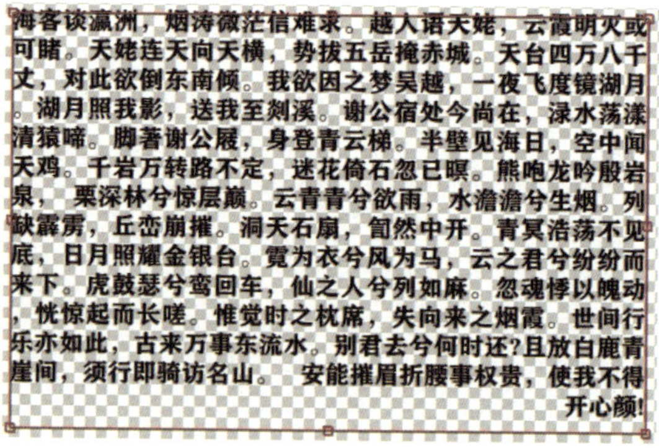

图 5-1-70 文字变化

（9）选择“文字层”，在“段落”面板点击“两端对齐”（见图 5-1-71），观察“合成”面板的文字变化（见图 5-1-72）。

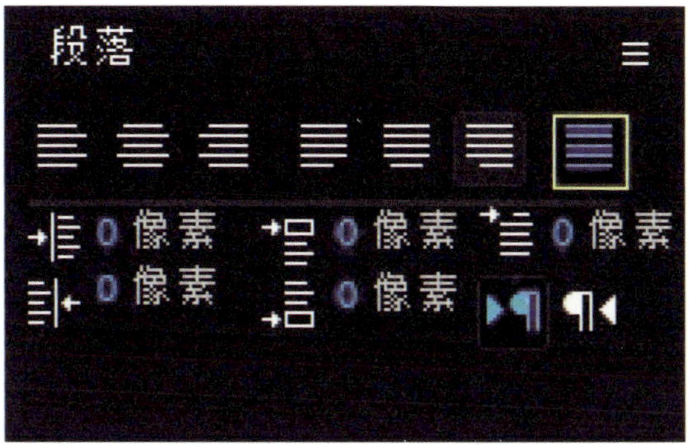

图 5-1-71　“段落”面板

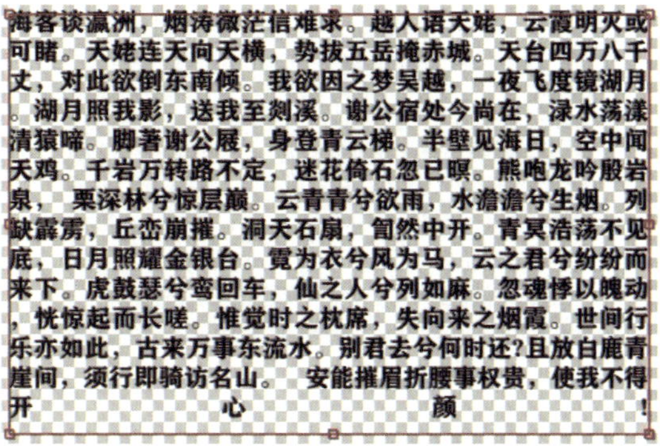

图 5-1-72　文字变化

（10）选择“文字层”，在“段落”面板中“缩进左边距”输入“100”（见图 5-1-73），观察“合成”面板的文字变化（见图 5-1-74）。

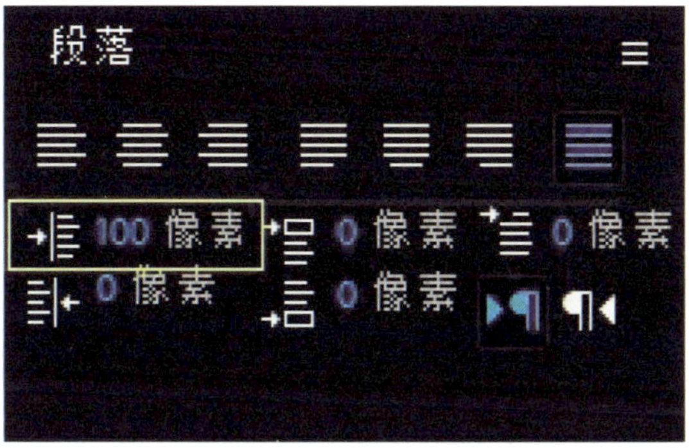

图 5-1-73　“段落”面板

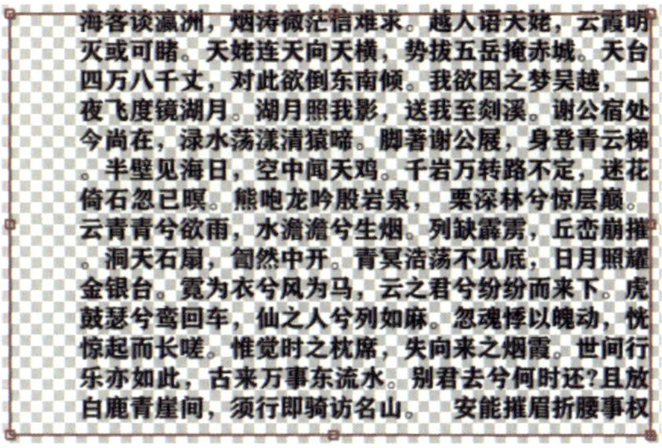

图 5-1-74　文字变化

（11）选择“文字层”，在“段落”面板中“缩进右边距”输入“100”（见图 5-1-75），观察“合成”面板的文字变化（见图 5-1-76）。

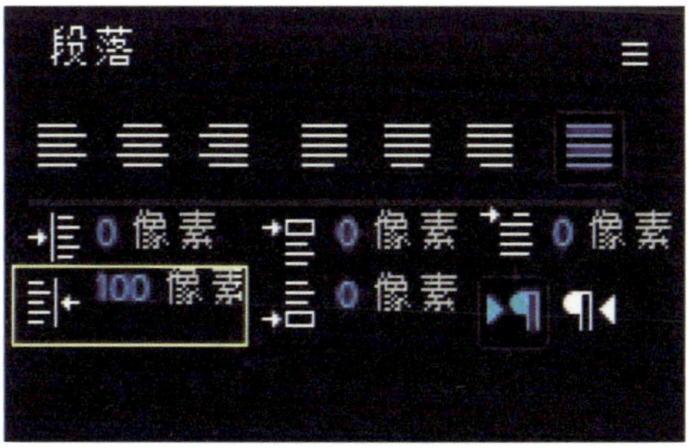

图 5-1-75　“段落”面板

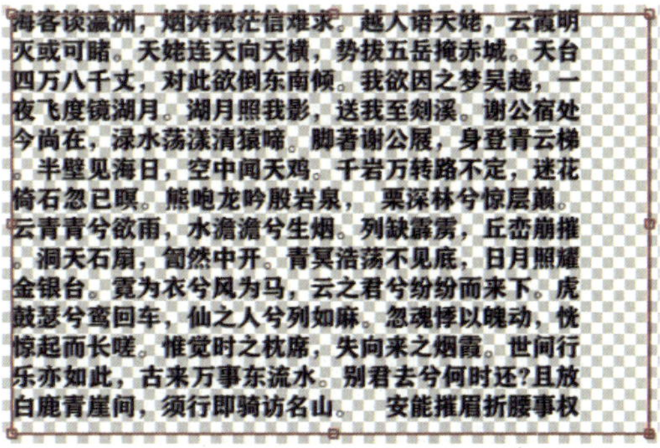

图 5-1-76　文字变化

（12）再次在“工具栏”面板中选择“横排文字工具”，拖动鼠标绘制选框，输入文字“山一程，水一程，身向榆关那畔行，夜深千帐灯。风一更，雪一更，聒碎乡心梦不成，故园无此声”，选择“文字层”，在“段落”面板中“段前添加空格”输入“100”（见图 5-1-77），观察“合成”面板的文字变化（见图 5-1-78）。

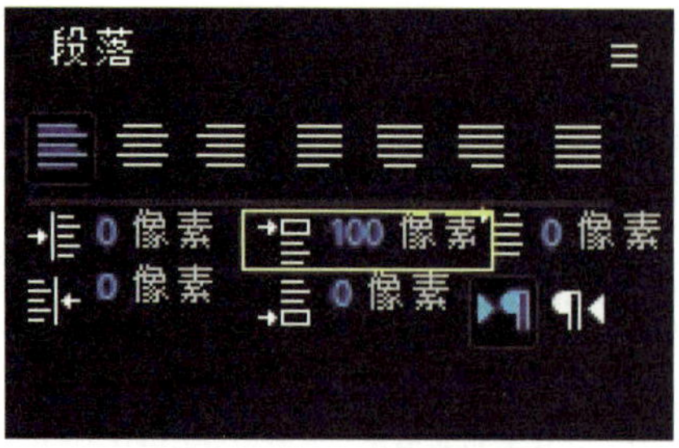

图 5-1-77　“段落”面板

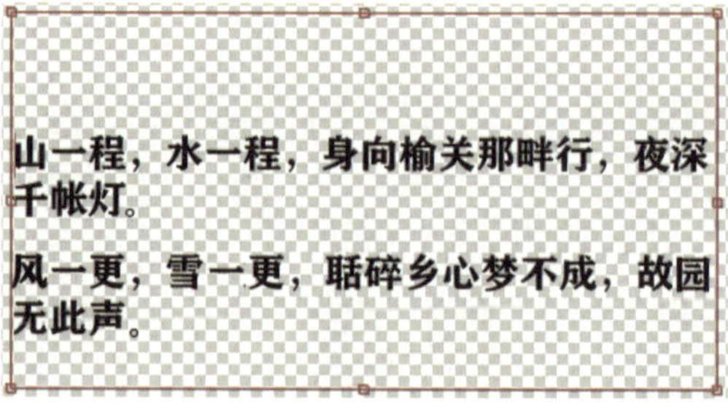

图 5-1-78　文字变化

（13）选择“文字层”，在“段落”面板中“段后添加空格”输入“100”（见图 5-1-79），观察“合成”面板的文字变化（见图 5-1-80）。

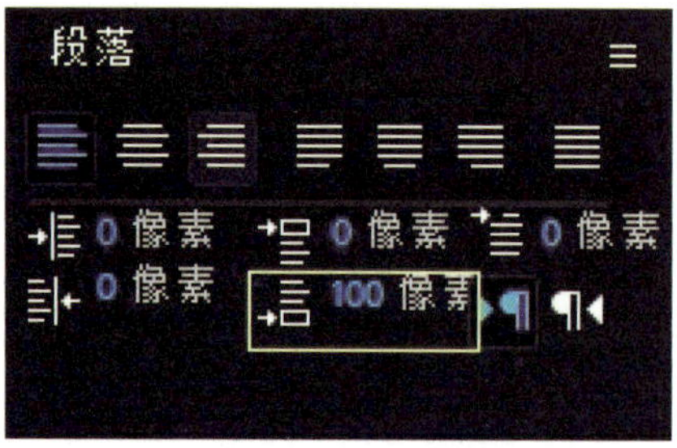

图 5-1-79　段落面板

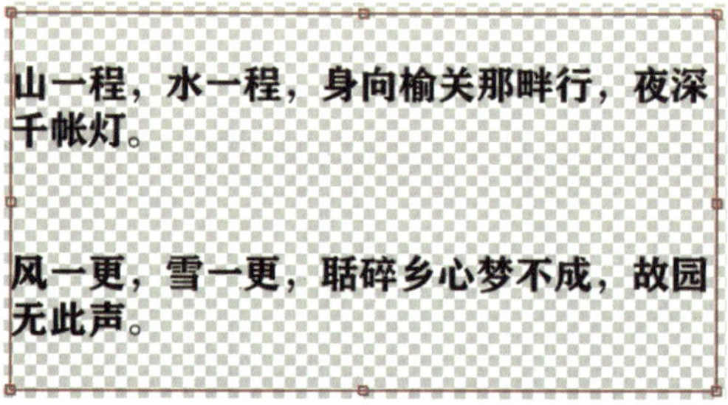

图 5-1-80　文字变化

（14）选择“文字层”，在“段落”面板中“首行缩进”输入“100”（见图 5-1-81），观察“合成”面板的文字变化（见图 5-1-82）。

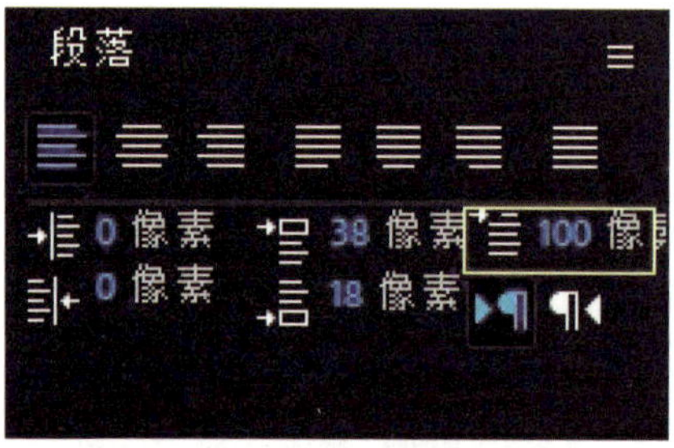

图 5-1-81　段落面板

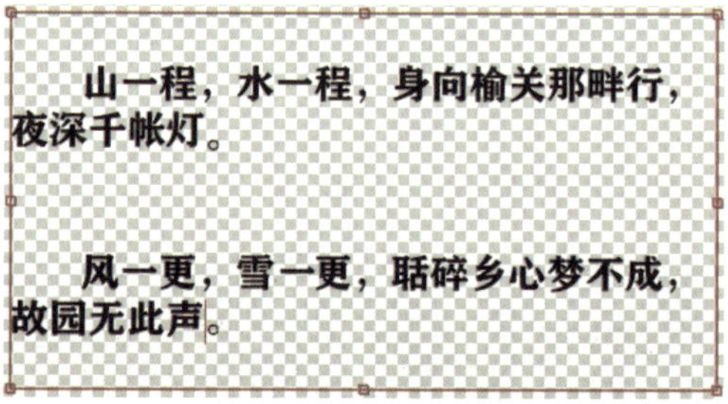

图 5-1-82 文字变化

（15）在“段落”面板选择“从左到右的文本方向”输入“abcde”（见图 5-1-83），观察“合成”面板的文字显示（见图 5-1-84）。

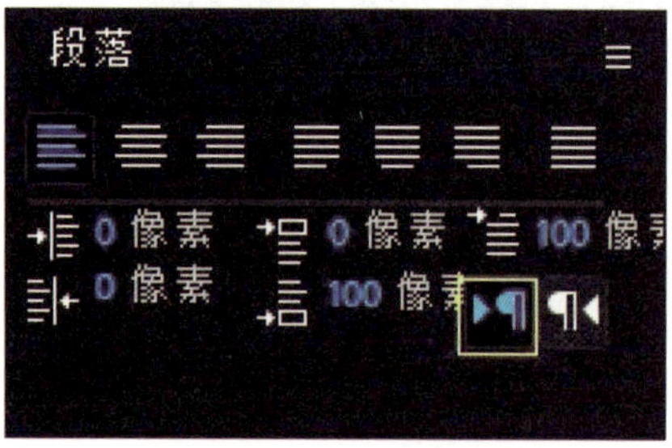

图 5-1-83　段落面板

图 5-1-84　文字变化

（16）在“段落”面板选择“从右到左的文本方向”输入“edcba”（见图 5-1-85），观察“合成”面板的文字显示（见图 5-1-86）。

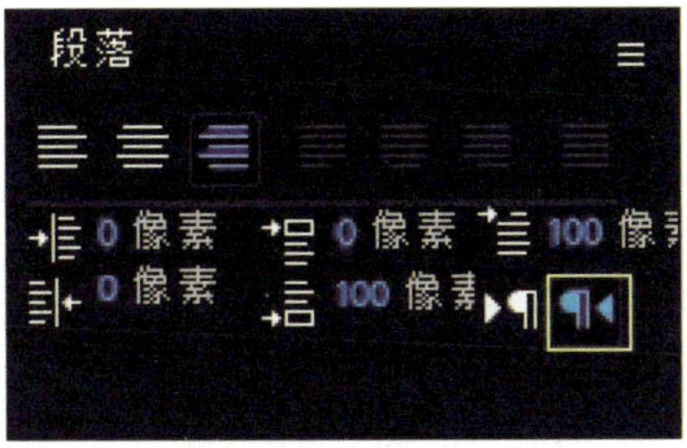

图 5-1-85　“段落”面板

图 5-1-86　文字变化

5.2　After Effects 的文字动画

在 After Effects 中，可以用多种方法创建出丰富多彩的文字效果，使画面更加鲜活，具有生命力。文字层与其他图层一样，可以对其进行整体编辑，变换属性的动画、使用文字动画预置创建动画、使用“源文本”制作逐字动画等。但是在实际项目制作中，主要是通过使用“文字层”中“动画”里面的选项命令完成文字动画的制作。“文字动画”的制作方法如下。

5.2.1　变换属性

使用变换中的属性是制作“文字动画”最直接的方法。因为“文字层”与其他图层一样，可以使用“移动”“旋转”“缩放”“透明度”等属性进行关键帧的制作，从而实现文字的动画效果

（1）打开 After Effects 软件，点击菜单“合成”→“新建合成”命令或者按快捷键“Ctrl+N”，创建“合成组”，在“预设”选择“HDTV 1080 25”，在“合成”面板中将“切换透明网格”关闭（见图 5-2-1），在“工具栏”面板中选择“横排文字工具”，输入文字“文字动画”，在“时间线”面板中点击“文字”层，将“变换”属性打开（见图 5-2-2）。

图 5-2-1　合成组

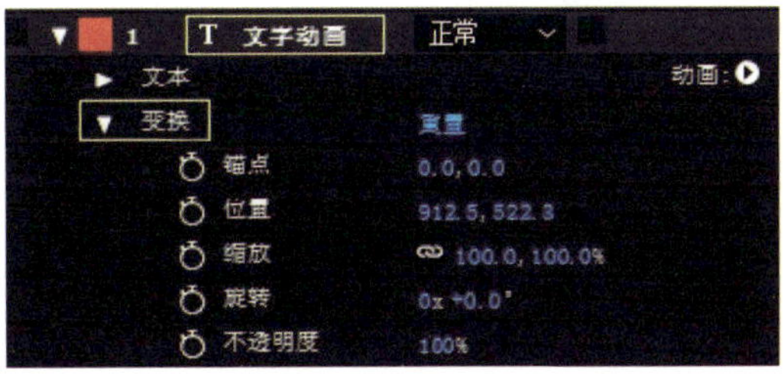

图 5-2-2　观察效果

（2）将时间指针拖至 0 秒位置，分别点击“位置”“缩放”“旋转”“不透明度”的时间变化秒表（见图 5-2-3）；将时间指针拖至 10 秒位置，在“位置”属性输入“1040.0，589.8”，“旋转”属性输入“1×+0.0”，“缩放”属性输入“50”，“不透明度”属性输入“0”（见图 5-2-4）。

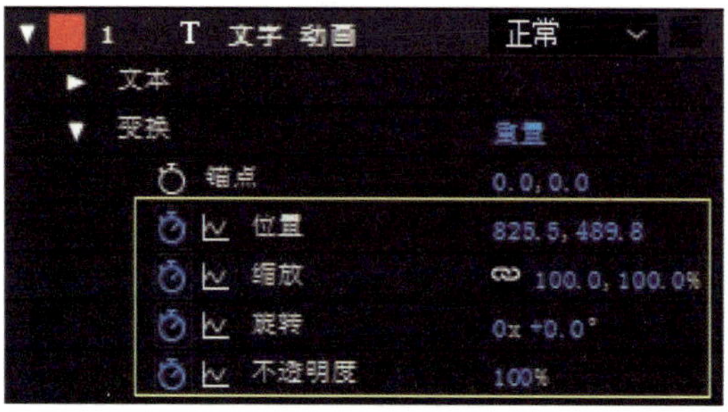

图 5-2-3　变换属性

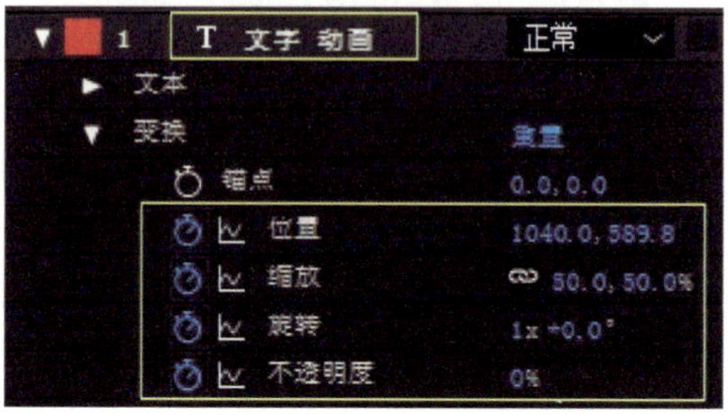

图 5-2-4　调节变换属性

（3）此时拖动时间指针（见图 5-2-5），在“合成”面板中观察动画效果（见图 5-2-6）。

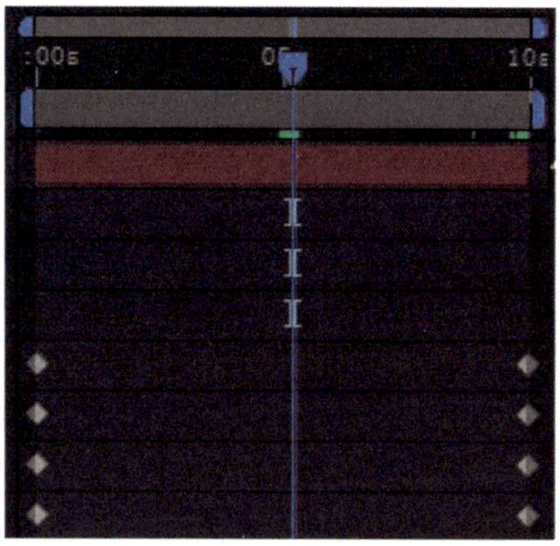

图 5-2-5　时间指针

图 5-2-6　动画效果

5.2.2　动画预置

使用动画预置制作文字动画是最简便的方法，After Effects 的“Text”文件夹中预置了大量精彩的文字动画效果，只要选择“Text”文件夹中相应的内置动画效果，文字就会自动产生动画。

（1）打开 After Effects 软件，点击菜单“合成”→“新建合成”命令或者按快捷键“Ctrl+N”，创建“合成组”，在“预设”选择“HDTV 1080 25”，在“合成”面板中将“切换透明网格”关闭，在“工具栏”面板中选择“横排文字工具”，输入文字“文字动画”（见图 5-2-7），在“时间线”面板中选择“文字”层，点击菜单“动画”→“将动画预设应用于”命令（见图 5-2-8）。

图 5-2-7　输入文字

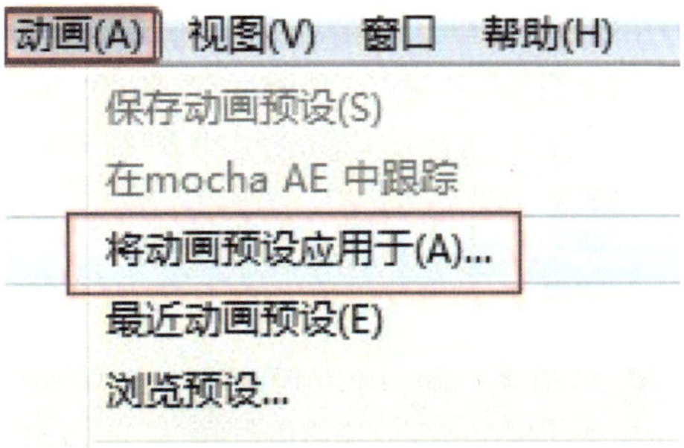

图 5-2-8　将动画预设应用于

(2)选择“Text”文件夹(“Text”文件夹中包含所有的预置文字动画效果,其他文件夹中的预置动画效果,有一部分也可应用到文字动画之中)(见图 5-2-9),选择“Organic”文件夹(见图 5-2-10)。

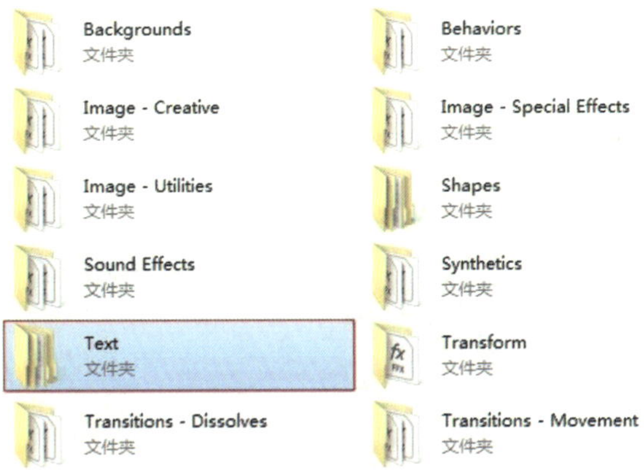

图 5-2-9　“Text”文件夹

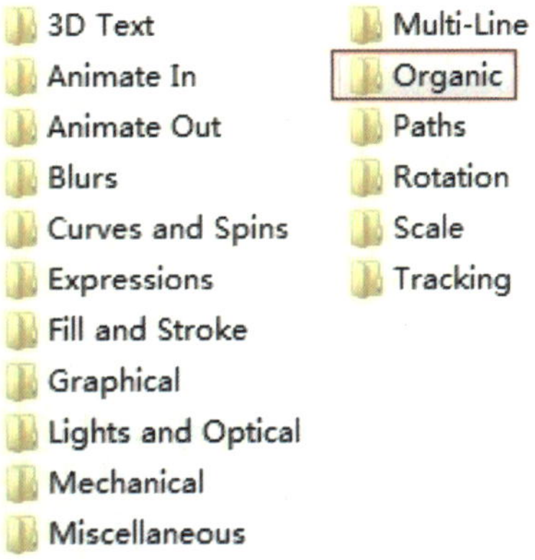

图 5-2-10　“Organic”文件夹

(3)选择“颤抖”效果(见图 5-2-11),此时拖动时间指针,在“合成”面板中观察动画效果(见图 5-2-12)。

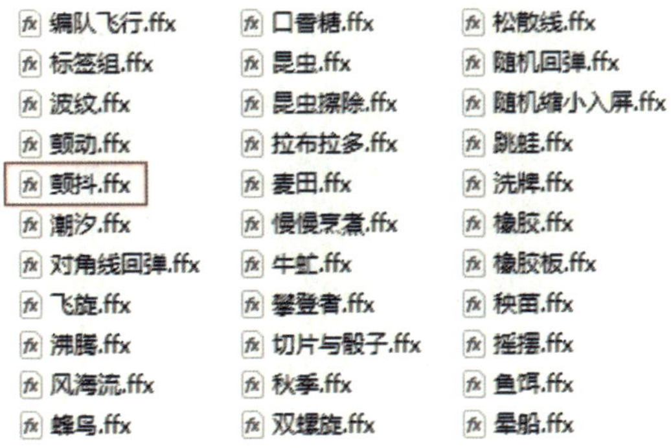

图 5-2-11　颤抖效果

图 5-2-12　动画效果

5.2.3　源文本

“文字层”中包含“源文本”属性设置关键帧,编辑“源文本”可以使文字发生变化,从而制作出文字动画（“源文本”特别适合制作类似于打字机打字的效果）。

（1）打开 After Effects 软件，点击菜单“合成”→“新建合成”命令或者按快捷键“Ctrl+N”，创建“合成组”，在“预设”选择“HDTV 1080 25”，在“合成”面板中将“切换透明网格”关闭，将时间指针拖至 0 秒位置（见图 5-2-13），在“工具栏”面板选择“横排文字工具”，在“合成”面板输入文字“文”（见图 5-2-14）。

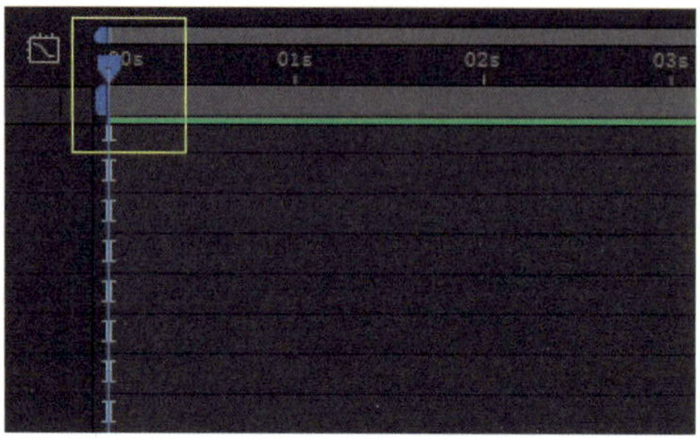

图 5-2-13　时间指针

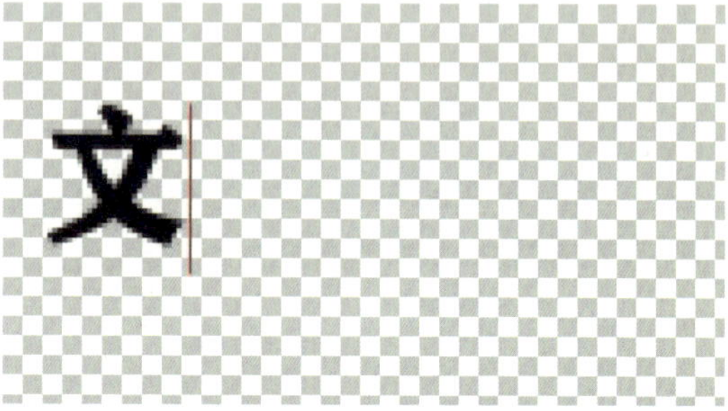

图 5-2-14　输入文字

（2）在“时间线”面板中将“文字”层打开，打开“文本”，点击“源文本”的“时间变化秒表”（见图 5-2-15），将时间指针拖至 1 秒位置（见图 5-2-16）。

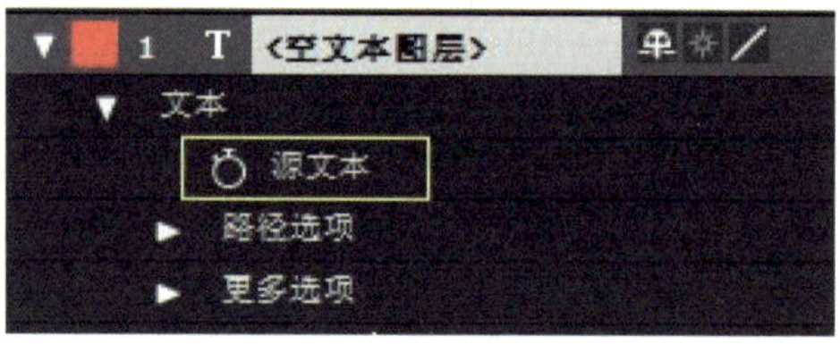

图 5-2-15　时间变化秒表

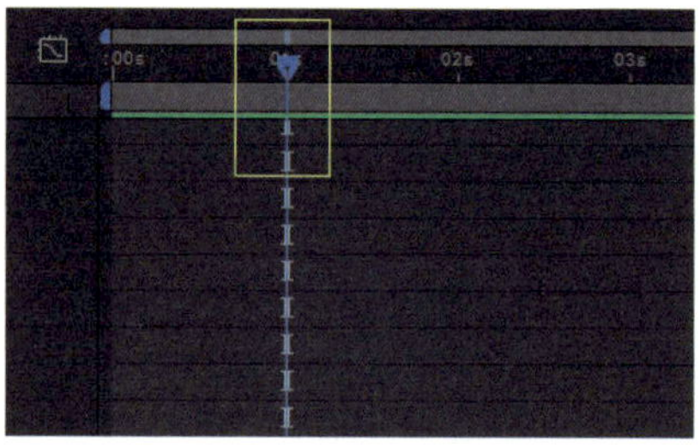

图 5-2-16　时间指针

（3）在“合成”面板输入“文字”（见图 5-2-17），将时间指针拖至 2 秒位置（见图 5-2-18）。

图 5-2-17　输入文字

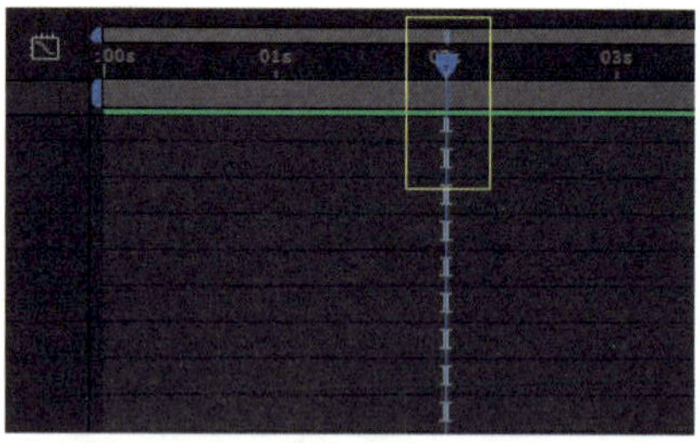

图 5-2-18　时间指针

（4）在“合成”面板中输入“文字动”（见图 5-2-19），将时间指针拖至 3 秒位置（见图 5-2-20）。

图 5-2-19　输入文字

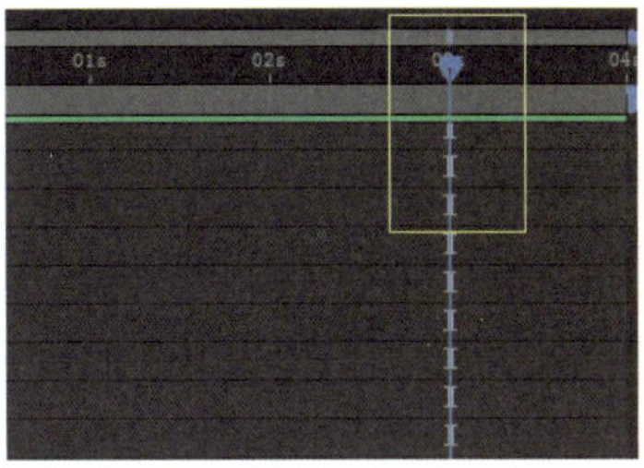

图 5-2-20　时间指针

（5）在“合成”面板中输入文字“画”（见图 5-2-21），此时拖动时间指针，在“合成”面板中观察动画效果（见图 5-2-22）。

图 5-2-21　输入文字

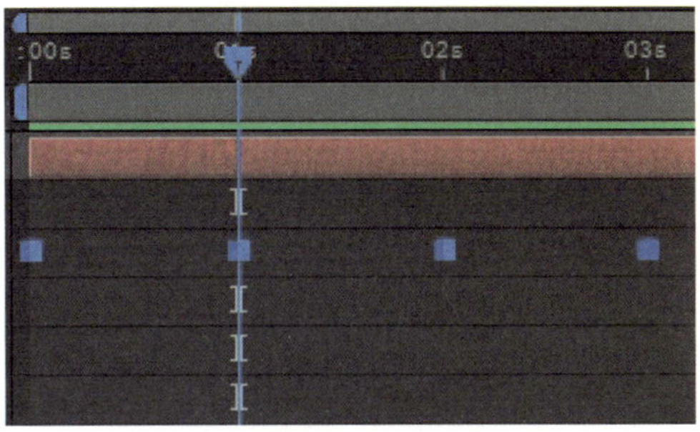

图 5-2-22　时间指针

5.2.4　“动画”系统

“动画”系统创建的文字动画是 After Effects 中最核心的文字动画内容，其动画效果也是最自然、最丰富的。通过对“动画”系统进行操作和设置，几乎可以完成所有的文字动画效果。

当创建完成“文字”层后，在“时间线”面板中将其打开，点击“动画”按钮（见图 5-2-23）。

图 5-2-23　点击“动画”按钮

此时将弹出一个菜单（见图 5-2-24），该菜单是设置文字动画的主要参数，所有的动画属性都可以单独对文字产生动画效果。

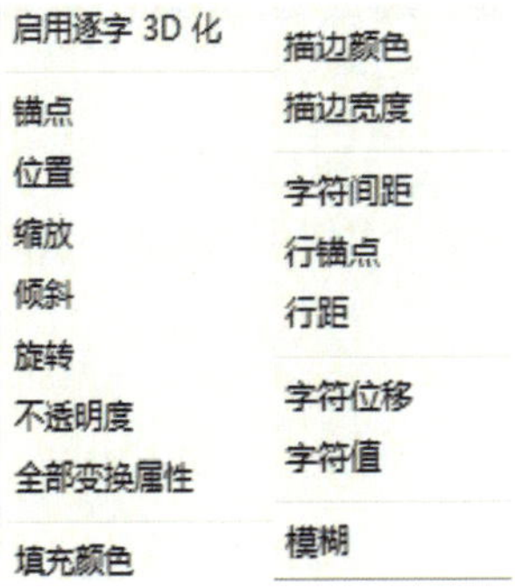

图 5-2-24　菜单

启用逐字 3D 化：控制是否开启三维文字功能。如果开启了该功能，在文字图层属性中将新增一个“材质选项”，用来设置文字的漫反射、高光以及是否产生阴影等效果，同时“变换”属性也会从二维变换属性转换为三维变换属性。

锚点：制作文字中心定位点的变换动画。

位置：制作文字的位移动画。

缩放：制作文字的缩放动画。

倾斜：制作文字的倾斜动画。

旋转：制作文字的旋转动画。

不透明度：制作文字的不透明度变化动画。

全部变换属性：将所有的属性一次性添加到“动画制作工具 ”中。

填充颜色：制作文字的颜色变化动画，包括 RGB、色相、饱和度、亮度和不透明度。

描边颜色：制作文字描边的颜色变化动画，包括 RGB、色相、饱和度、亮度和不透明度。

描边宽度：制作文字描边粗细的变化动画。

字符间距：制作文字之间的间距变化动画。

行锚点：制作文字的对齐动画。

行距：制作多行文字的行距变化动画。

字符位移：为选择的文字制作偏移动画。

字符值：用字符值代表的字符统一替换原来的文字。

模糊：制作文字的模糊动画，可以单独设置文字在水平和垂直方向的模糊数值。

当选择“动画”中某个属性后，将会显示“动画制作工具 1”属性和“添加”属性，“动画制作工具 1”属性下还有“范围选择器 1”（见图 5-2-25）。

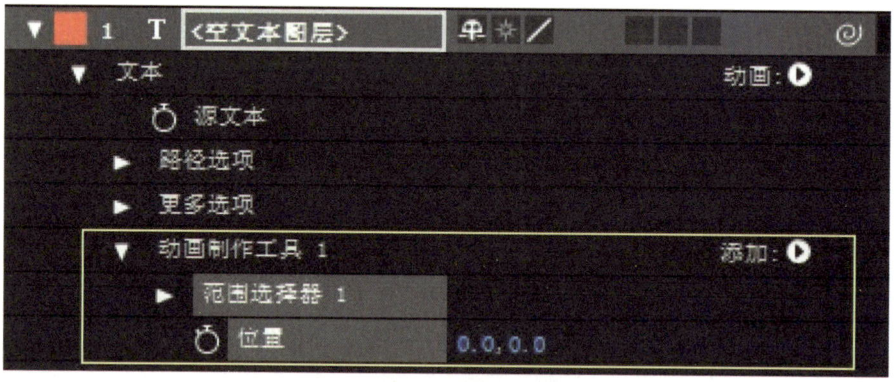

图 5-2-25　动画制作工具 1

“添加”属性（见图 5-2-26）中包含“属性”（其内容与“动画”属性内容相同）与“选择器”，“选择器”包含范围、摆动和表达式（使用“动画”系统制作“文字动画”，更多的时候就是利用“范围选择器”来完成）。

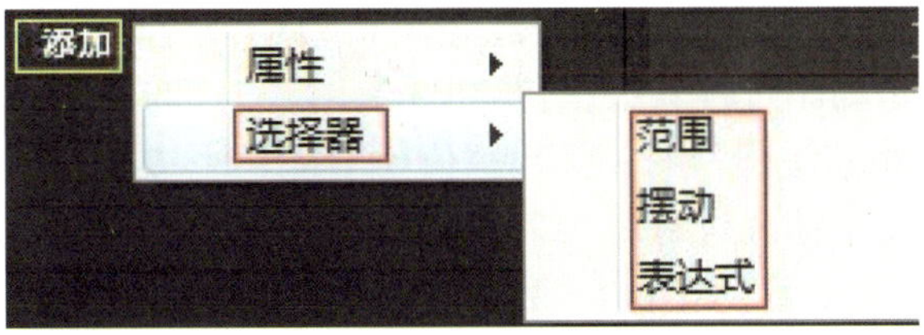

图 5-2-26　添加属性

“范围选择器 1”属性下还包含“高级”属性(也是进一步设置动画的选项)(见图 5-2-27)。

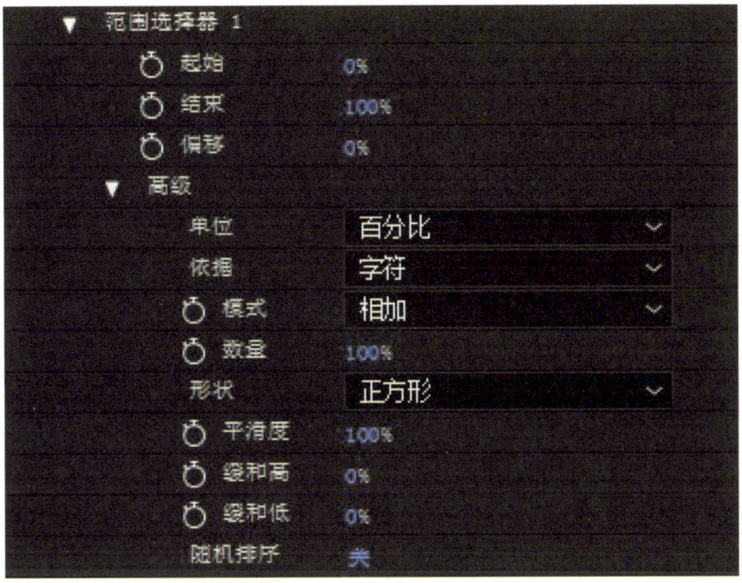

图 5-2-27　范围选择器 1

起始:设置选择器的开始位置。

结束:设置选择器的结束位置。

偏移:设置选择器的整体动画运动。

单位:设置选择范围的单位,有“百分比”和“索引”两种。

依据:设置范围选择器动画的基于模式,包含“字符”“不包含空格字符”“词”“行”4 种模式。

模式:设置多个选择器范围的混合模式,包括“相加”“相减”“相交”“最小值”“最大值”“差值”6 种模式。

数量:设置属性动画参数对选择器文字的影响程度, 0% 表示动画参数对选择器文字没有任何作用,50% 表示动画参数只能对选择器文字产生一半影响。

形状:设置选择器边缘的过渡方式,包含“正方形”“上斜方”“下斜方”“三角形”“圆形”“平滑”6 种方式。

平滑度:在设置“形状”是“正方形”时,该选项才起作用,它决定了一个字符过渡到另一个字符的动画时间。

缓和高：设置特效缓入，当“缓和高”值为 100% 时，文字动画过程就很平缓；当“缓和高”值为 -100% 时，文字动画过程就会很快。

缓和低：设置原始状态缓出，当“缓和低”值为 100% 时，文字动画过程就很平缓；当“缓和低”值为 -100% 时，文字动画过程就会很快。

随机排序：设置动画效果的自然度（如果打开“随机排序”属性，会显示出“随机植入”它是设置动画效果的随机值）。

在“选择器”中点击“摆动”，将显示出“摆动选择器 1”，可以创建在指定的时间段产生摇摆的动画（见图 5-2-28）。

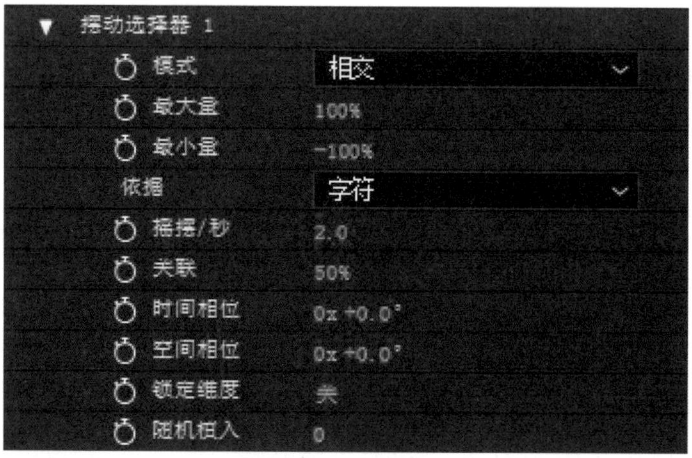

图 5-2-28 摆动选择器

模式：设置“摆动选择器”与其上层“选择器”之间的混合模式，包括“相加”“相减”“相交”“最小值”“最大值”“差值”8 种模式。

最大量：设定选择器的最大变化幅度。

最小量：设定选择器的最小变化幅度。

依据：选择摇摆选择器动画的基于模式，包含“字符”“不包含空格字符”“词”“行”4 种模式。

摇摆 / 秒：设置文字摇摆的变化频率。

关联：设置每个字符变化的关联性。当其值为 100% 时，所有字符在相同时间内的摆动幅度都是一致的；当其值为 0% 时，所有字符在相同时间内的摆动幅度互不影响。

时间相位：设置字符变化是基于时间相位变化度数。

空间相位：设置字符变化是基于空间相位变化度数。

锁定维度：设置是否让不同维度的摆动幅度拥有相同的数值。

随机植入：设置摆动动画效果的自然度。

在“选择器”中点击“表达式”，将显示出“表达式选择器 1”（见图 5-2-29），多用代码创建动画效果。

图 5-2-29　表达式选择器

依据：设置表达式选择器动画的基于方式，包含“字符”“不包含空格字符”“词”“行”4种模式。

数量：设定动画属性对表达式选择器的影响范围。

5.3　在 After Effects 中制作文字动画

在 After Effects 的众多效果之中，文字动画可以说是最“默默无闻”的一种。After Effects 给人们的印象多是眼花缭乱的特效和以假乱真的合成。其实，在 After Effects 中，文字动画也可以呈现出精彩的视觉效果，更多时候“文字动画”只不过是被“文字”本身所掩盖、限制的，但是其展现出的效果和给人们带来的视觉享受，并不亚于 After Effects 的特效与合成。After Effects 就“文字动画”部分的效果来说，是大多数特效软件难以超越的。

5.3.1　案例——文字散落

（1）打开 After Effects 软件，点击菜单“合成”→“新建合成”命令或者按快捷键“Ctrl+N”，在弹出的“合成设置”对话框中，将“合成名称”填写“文字散落”，不勾选“锁定长宽比为 1 ∶ 1（1.00）”，“宽度”填写“1024”px，“高度”填写“1024”px，“持续时间”填写“0:00:10:00”（见图 5-3-1），选择菜单“文件”→“导入”“文件”命令或者按快捷键“Ctrl+I”，选择素材“水墨”，并将其导入（见图 5-3-2）。

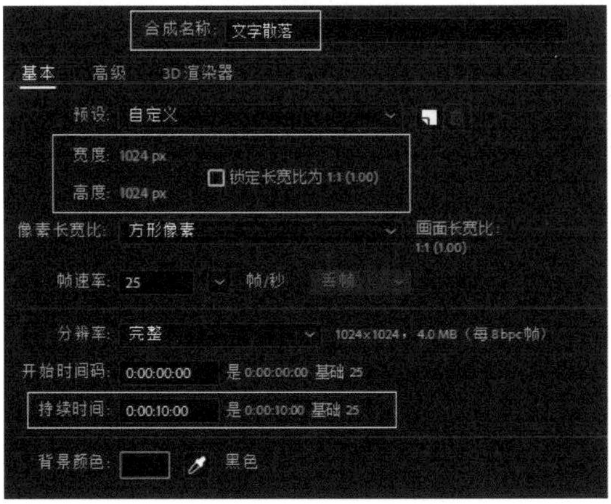

图 5-3-1　调节合成组

图 5-3-2　素材“水墨”

（2）在“字符”面板中，在“字体系列”中选择“方正粗黑宋简体”，“填充颜色”输入“#FB0000”，点击“描边颜色”输入“#FFF600”，“文字大小”输入“72”，“描边宽度”输入“2”（见图 5-3-3），在“工具栏”面板中点击“文字工具”，输入文字“春花秋月何时了 往事知多少”（见图 5-3-4）。

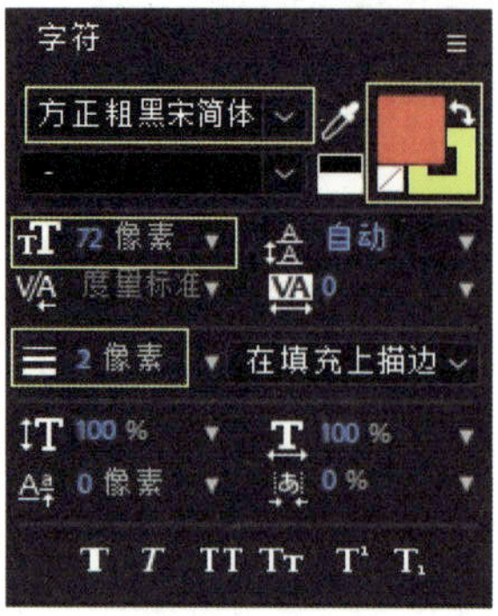

图 5-3-3　调节字符

图 5-3-4　输入文字

（3）在“时间线”面板中打开“文字”层，点击“动画”属性，选择“字符位移”（见图 5-3-5），在“字符位移”输入“40”（见图 5-3-6）。

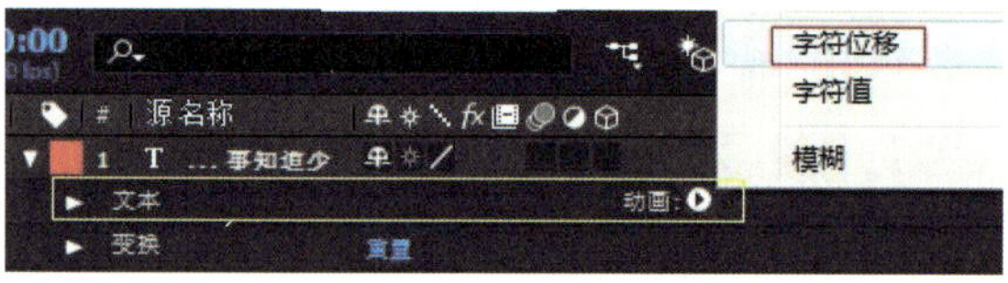

图 5-3-5　字符位移

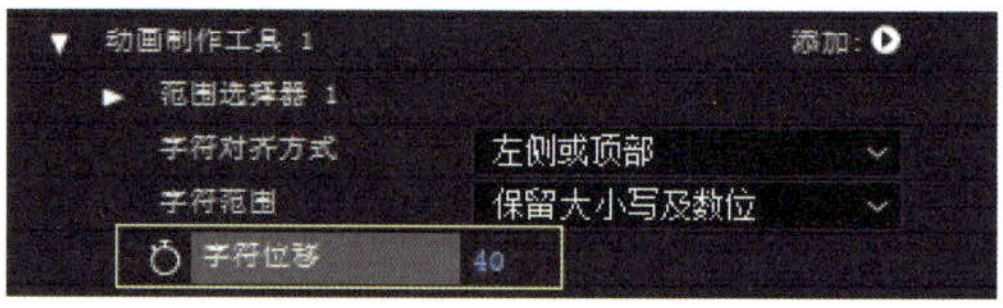

图 5-3-6　输入数值

（4）在“动画制作工具 1”中点击“添加”，在弹出的菜单中选择“位置”与“不透明度”（见图 5-3-7），在“位置”输入“0，-750”，“不透明度”输入“0”（见图 5-3-8）。

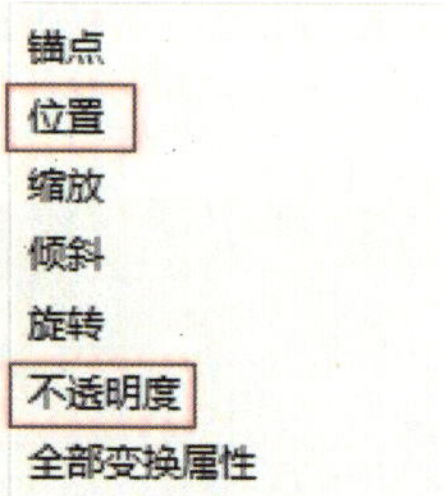

图 5-3-7　选择属性

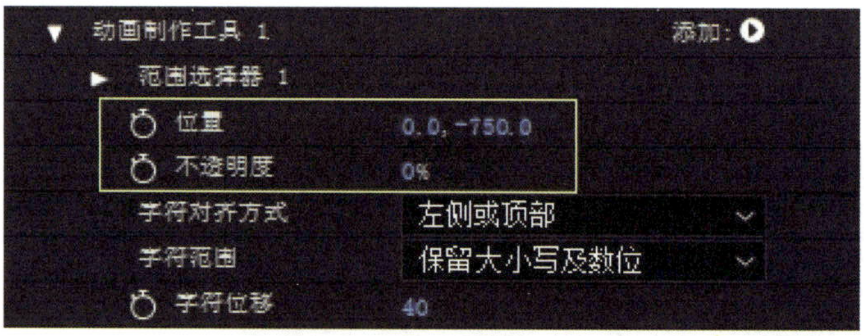

图 5-3-8　输入数值

（5）打开“范围选择器 1”中的“高级”，“形状”选择“上斜坡”，“缓和低”输入“50”，“随机排序”选择“开”，“随机植入”输入“1”（见图 5-3-9），在“合成”面板中观察效果（见图 5-3-10）。

（6）将时间指针拖至 0 秒位置（见图 5-3-11），在“范围选择器 1”的“偏移”中输入“-100”，点击“时间变化秒表”记录关键帧（见图 5-3-12）。

（7）将时间指针拖至 8 秒位置（见图 5-3-13），在“范围选择器 1”的“偏移”中输入“100”（见图 5-3-14）。

（8）在“时间线”面板中选择“文字”层（见图 5-3-15），选择菜单“效果”→“时间”→“残影”（见图 5-3-16）。

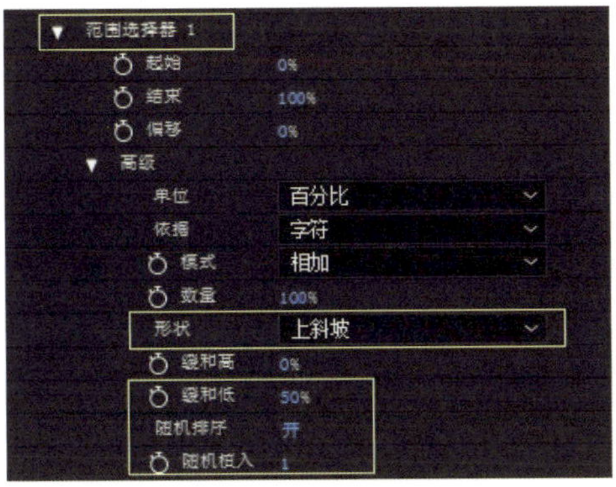

图 5-3-9　输入数值

图 5-3-10　观察效果

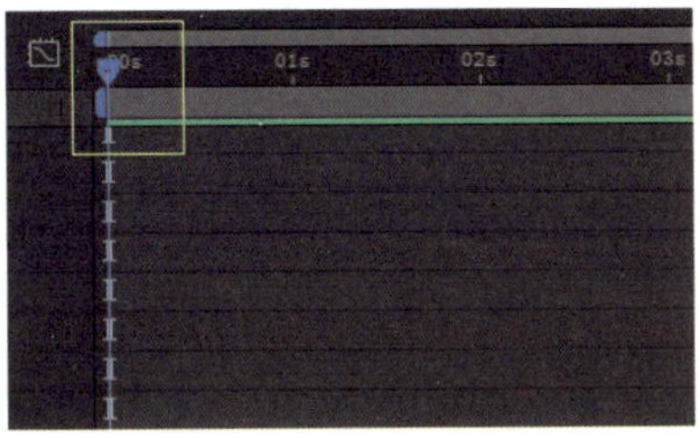

图 5-3-11　0 秒位置

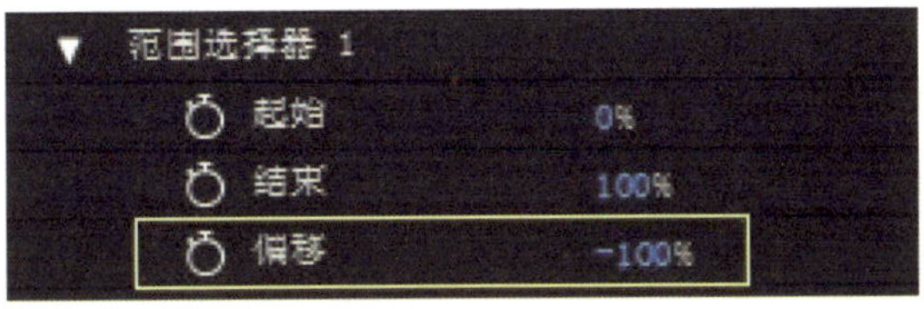

图 5-3-12　输入数值

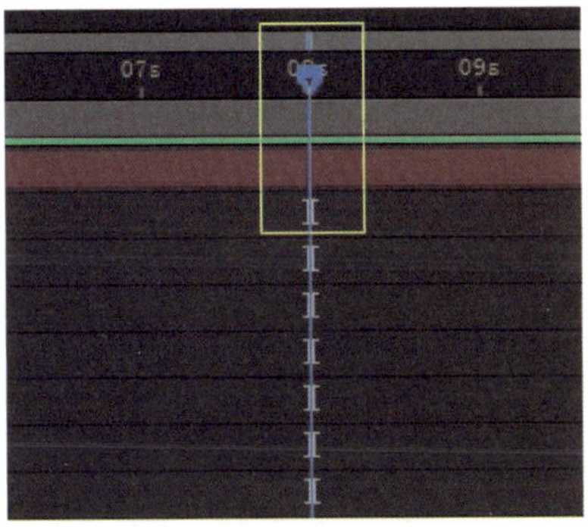

图 5-3-13　8 秒位置

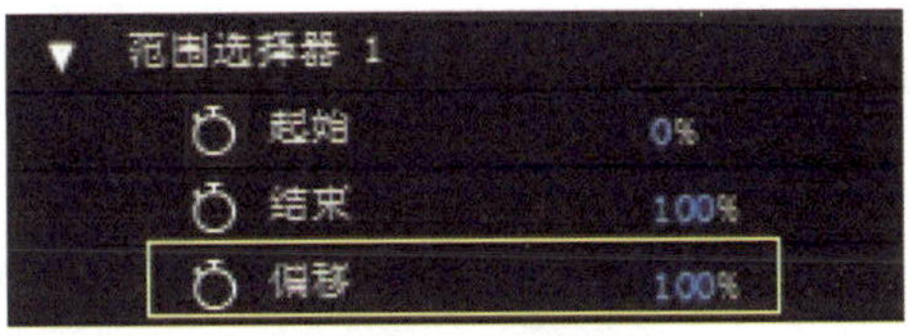

图 5-3-14　输入数值

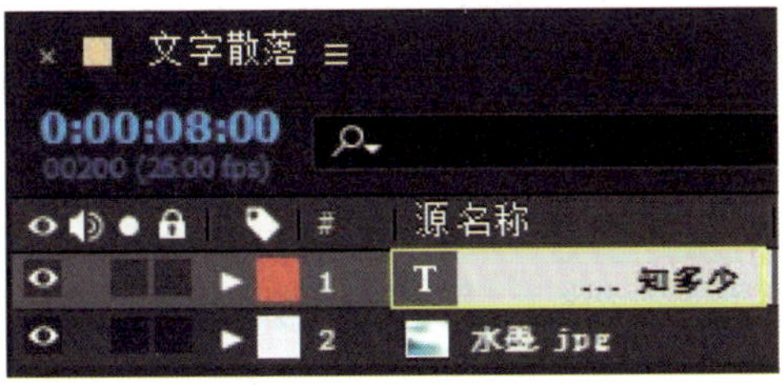

图 5-3-15　文字层

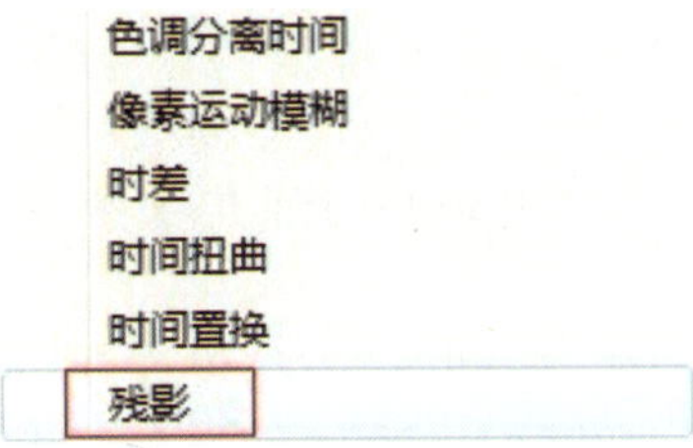

图 5-3-16　残影效果

（9）在“效果控件”面板中，“残影数量”输入“50”，“起始强度”输入“0.50”，“衰减”输入“0.90”（见图 5-3-17），在“合成”面板中播放文字动画，观察效果（见图 5-3-18）。

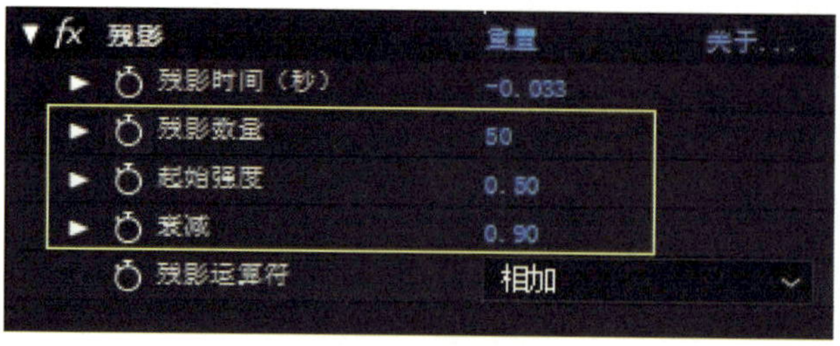

图 5-3-17 调节效果

图 5-3-18 观察效果

5.3.2 案例——浪漫文字

（1）打开 After Effects，点击菜单“合成”→“新建合成”命令或者按快捷键“Ctrl+N”，在弹出的“合成设置”对话框中，将“合成名称”填写“浪漫文字”，不勾选“锁定长宽比（4 ∶ 3（1.33））”，“宽度”填写“640”px，“高度”填写“480”px，“持续时间”填写“0：00：10：00”（见图 5-3-19），选择菜单“文件”→“导入”→“文件”命令或者按快捷键“Ctrl+I”，选择素材“花朵”，并将其导入（见图 5-3-20）。

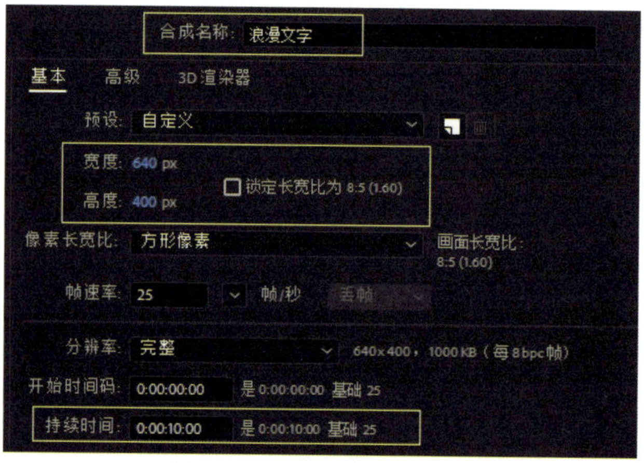

图 5-3-19 调节合成组

图 5-3-20 素材“花朵”

（2）在“字符”面板中，“字体系列”选择“Blackadder ITC”，“填充颜色”输入“#DE4B4B”，“文字大小”输入“40”（见图 5-3-21），在“工具栏”面板中点击“文字工具”，输入文字“To the world you may be one person but to one person you may be the world”（见图 5-3-22）。

（3）在“时间线”面板中打开“文字”层，点击“动画”属性，选择“模糊”（见图 5-3-23），“模糊”属性输入“20”（见图 5-3-24）。

（4）在“动画制作工具 1”中点击“添加”，在弹出的菜单中选择“缩放”与“不透明度”（见图 5-3-25），“缩放”输入“1000.0，1000.0%”，“不透明度”输入“0”（见图 5-3-26）。

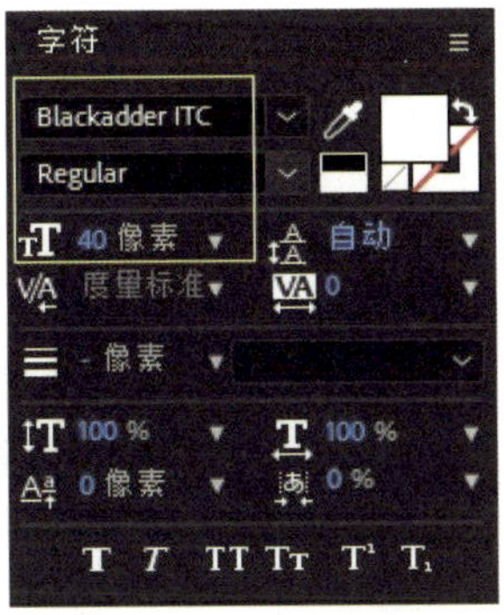

图 5-3-21　调节字符

图 5-3-22　输入文字

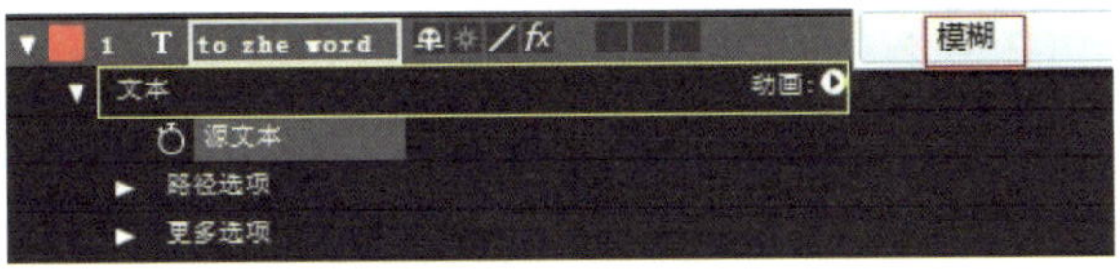

图 5-3-23　模糊属性

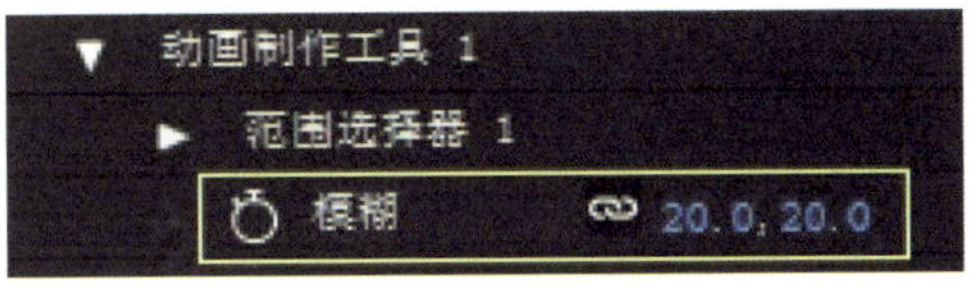

图 5-3-24　输入数值

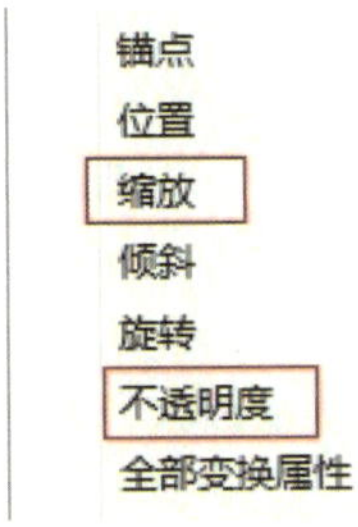

图 5-3-25　选择属性

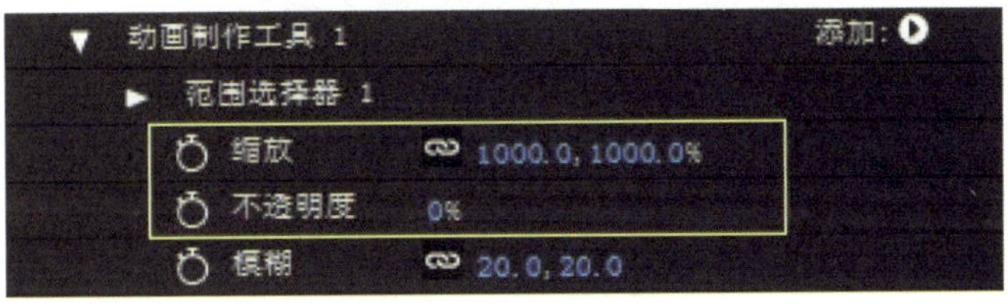

图 5-3-26　输入数值

（5）打开“范围选择器 1”中的“高级”属性，“单位”选择“索引”，“形状”选择“上斜坡”，“缓和低”输入“100”，“随机排序”选择“开”，“随机植入”输入“660”（见图 5-3-27），在“合成”面板中观察效果（见图 5-3-28）。

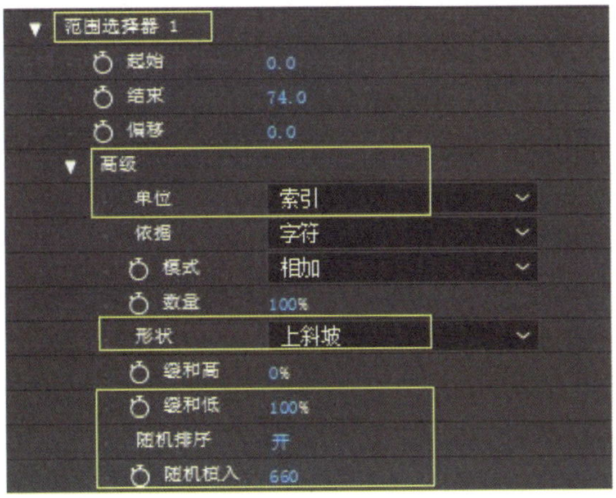

图 5-3-27　输入数值

图 5-3-28　观察效果

（6）将“时间指针”拖至 0 秒位置，在“范围选择器 1”的“偏移”中输入“-100”，点击“时间变化秒表”记录关键帧（见图 5-3-29）。

（7）将时间指针拖至 8 秒位置，在“范围选择器 1”的“偏移”中输入“100”（见图 5-3-30）。

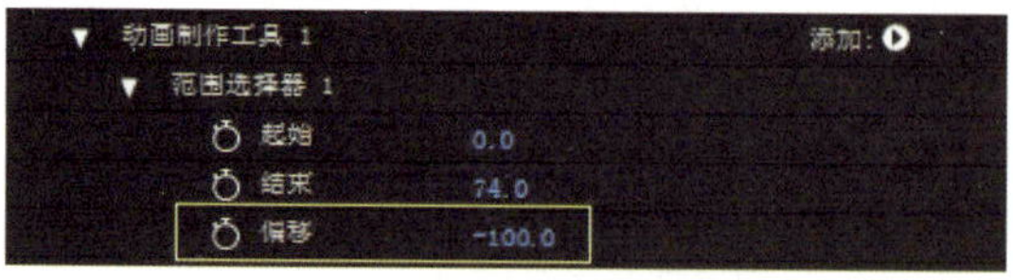

图 5-3-29 输入数值

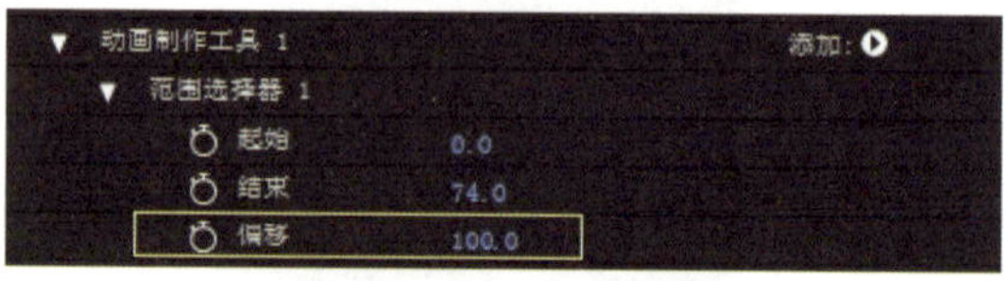

图 5-3-30 输入数值

（8）在“时间线”面板中选择“文字”层（见图 5-3-31），选择菜单“效果”→“透视”→“投影”（见图 5-3-32）。

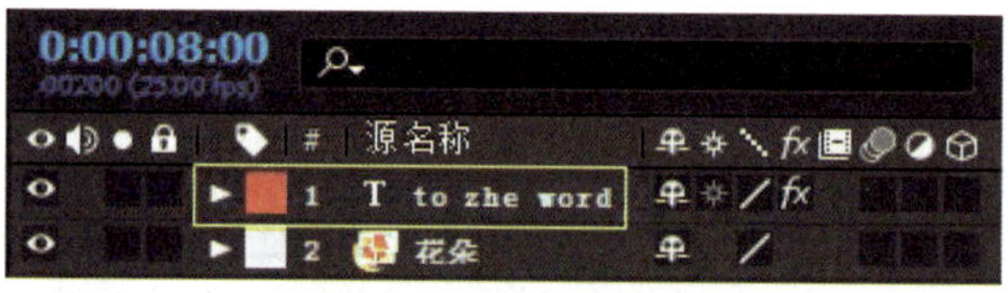

图 5-3-31 文字层

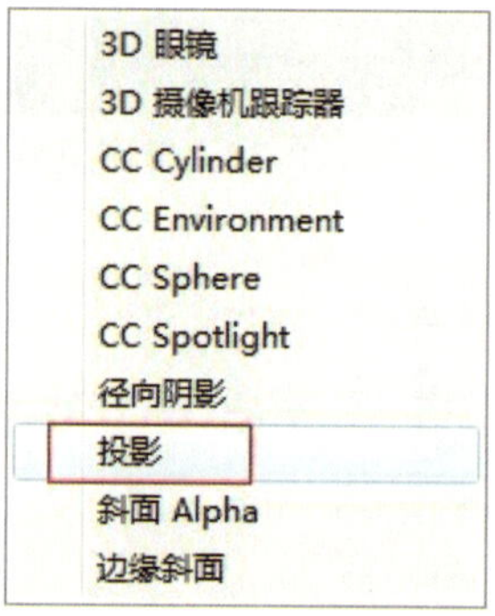

图 5-3-32 残影效果

（9）在“效果控件”面板中，“阴影颜色”输入“#D2CE96”，“距离”输入“25”，“柔和度”输入“30”（见图 5-3-33），在“合成”面板中播放文字动画，观察效果（见图 5-3-34）。

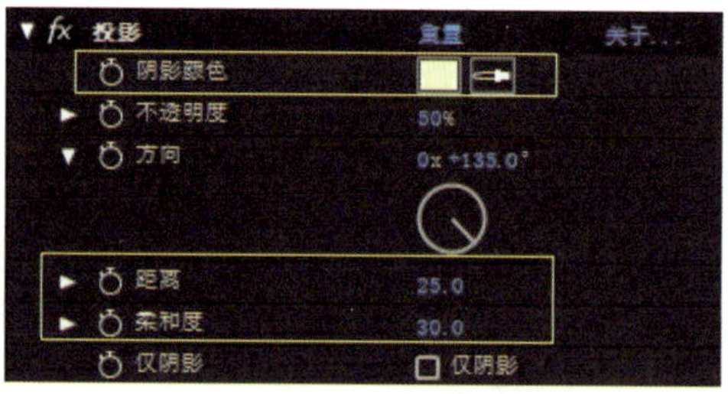

图 5-3-33 调节效果

图 5-3-34 观察效果

5.3.3 案例——音频文字

（1）打开 After Effects 软件，点击菜单“合成”→“新建合成”命令或者按快捷键“Ctrl+N”，在弹出的“合成设置”对话框中，将“合成名称”填写“音频文字”，不勾选“锁定长宽比为 756 ： 605（1.25）”，“宽度”填写“756 px”，“高度”填写“605 px”，“持续时间”填写“0:00:10:00”（见图 5-3-35），选择菜单“文件”→“导入”→“文件”命令或者按快捷键“Ctrl+I”，选择素材“黑色”，并将其导入（见图 5-3-36）。

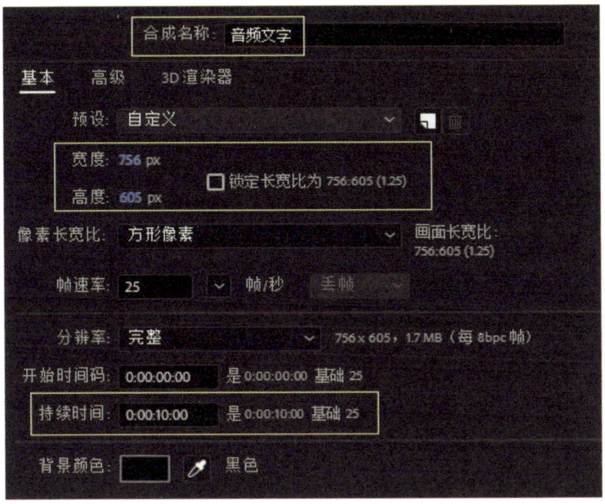

图 5-3-35　调节合成组

图 5-3-36　素材黑色

（2）在“字符”面板中，“字体系列”选择“华文琥珀”，“填充颜色”输入“#6A63CB”，“文字大小”输入“72”，“垂直缩放”输入“200”，“水平缩放”输入“120”（见图 5-3-37），在“工具栏”面板中点击“文字工具”，输入文字“IIIIIIIIIIIIIIIIIII”（见图 5-3-38）。

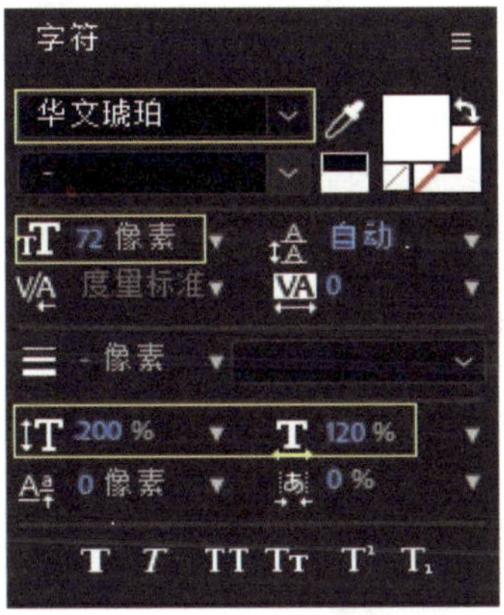

图 5-3-37　调节字符

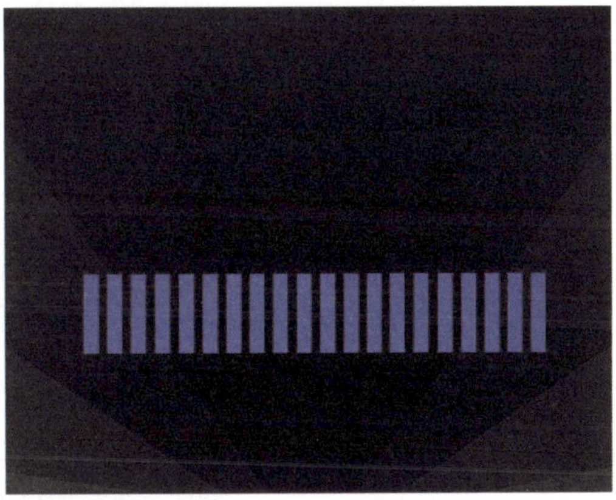

图 5-3-38　输入文字

（3）在“时间线”面板选择“文字”层，在“工具栏”中选择“矩形工具”（见图 5-3-39），在“合成”面板中框选文字（见图 5-3-40）。

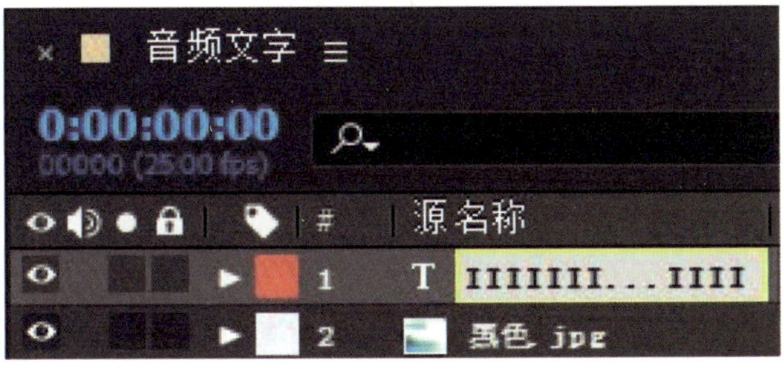

图 5-3-39　文字层

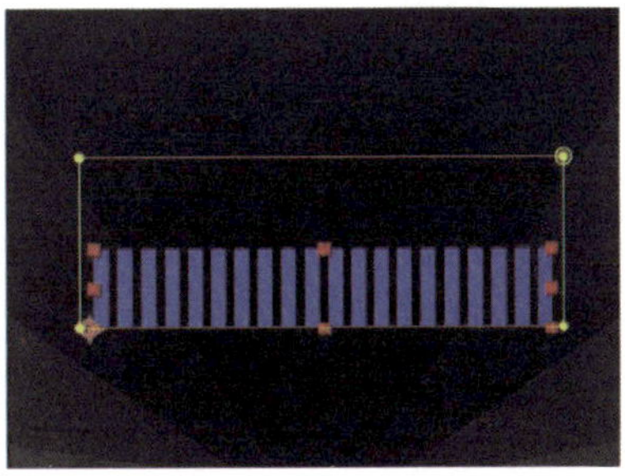

图 5-3-40　框选文字

（4）在“时间线”面板中打开“文字”层，点击“动画”属性，选择“缩放”（见图 5-3-41），取消“缩放”属性的“约束比例”，输入“100，-200”（见图 5-3-42）。

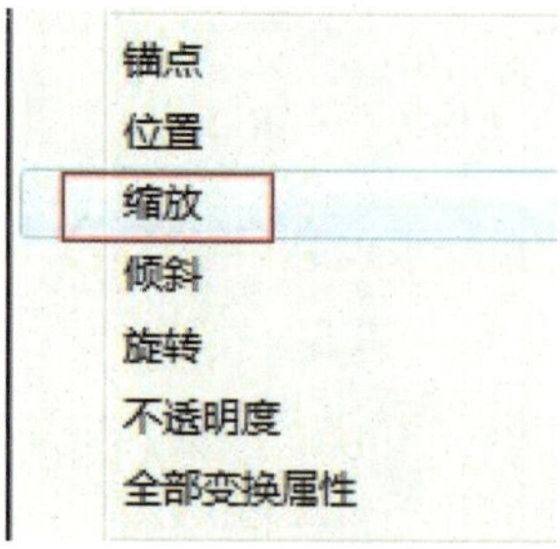

图 5-3-41　缩放

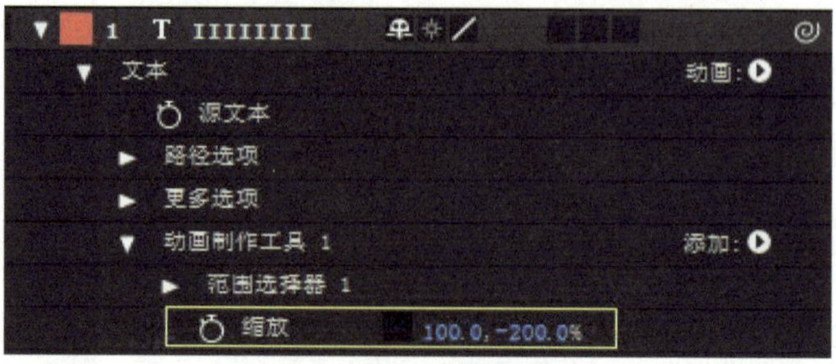

图 5-3-42　输入数值

（5）在“动画制作工具 1”中点击“添加”，在弹出的菜单中选择“选择器”→“摆动”（见图 5-3-43），在“合成”面板中观察效果（见图 5-3-44）。

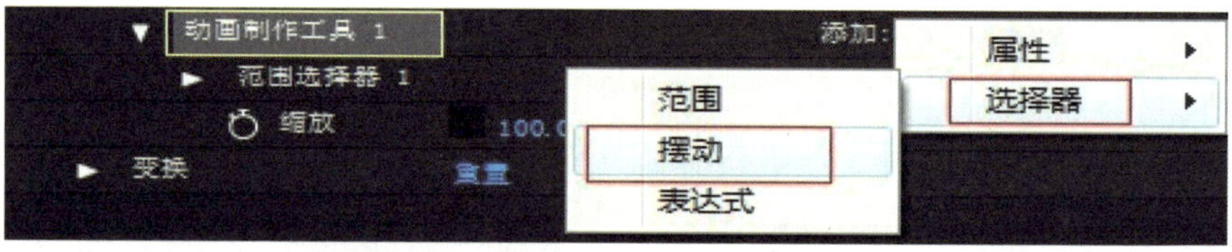

图 5-3-43　摆动

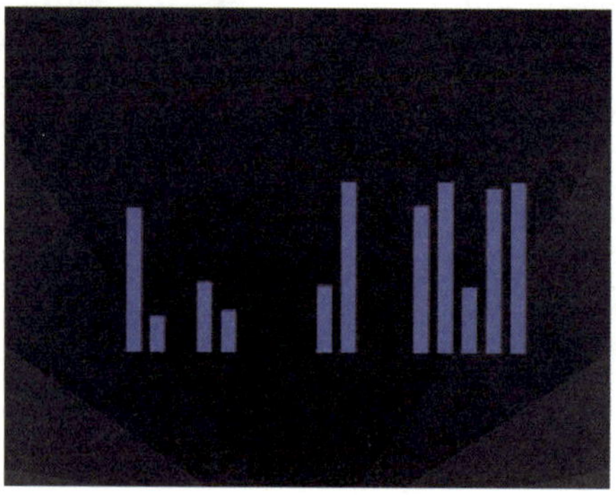
图 5-3-44　观察效果

（6）在“时间线”面板中选择“文字”层，选择菜单“效果”→“风格化”→“发光”（见图 5-3-45），打开“效果控件”，“发光阈值”输入“35%”，“发光半径”输入“60”（见图 5-3-46）。

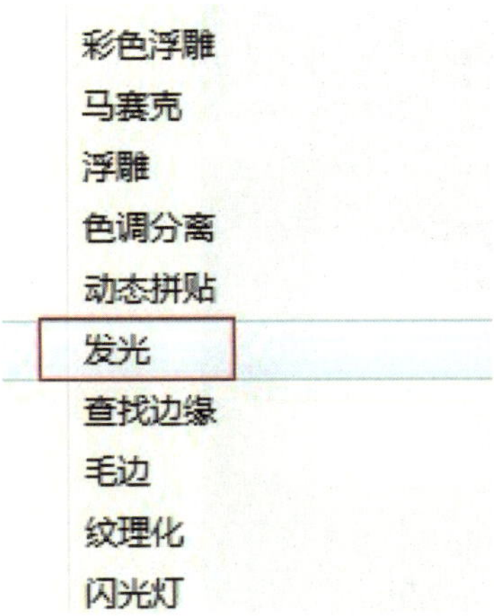

图 5-3-45　发光

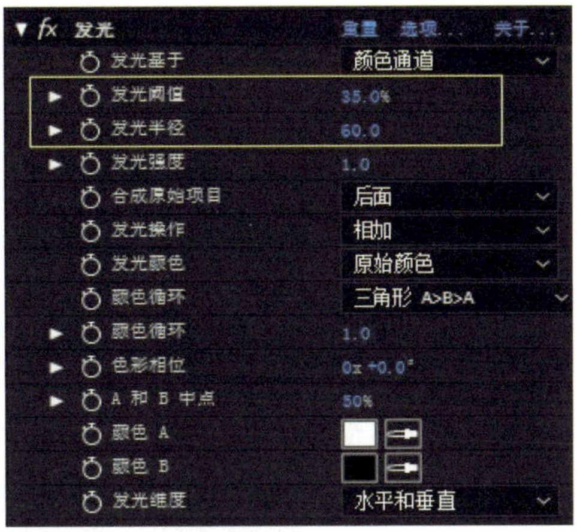

图 5-3-46　调节数值

（7）在“时间线”面板中选择“文字”层，按快捷键“Ctrl+D”复制“文字”层（见图 5-3-47），打开复制“文字”层，“位置”输入“471，428”，“缩放”输入“50%”，“旋转”输入“180”，“不透明度”输入“50%”（见图 5-3-48）。

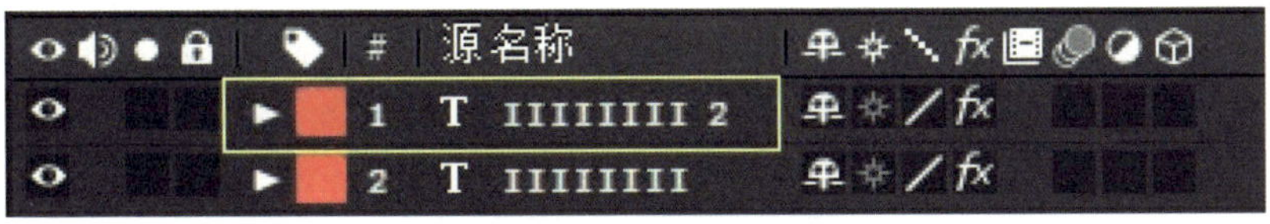

图 5-3-47　复制文字层

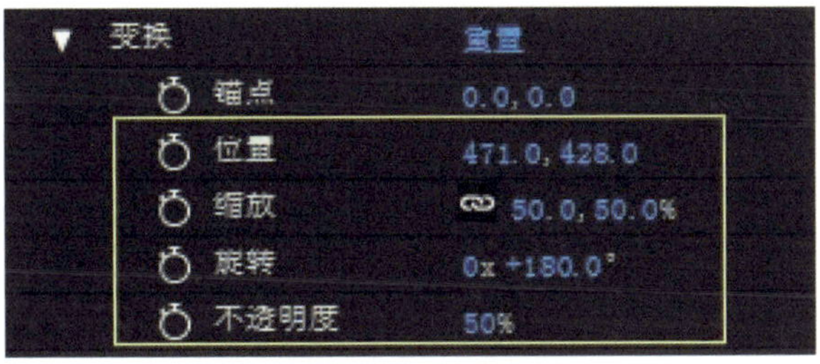

图 5-3-48　调节数值

（8）播放动画，观察最终效果（见图 5-3-49）。

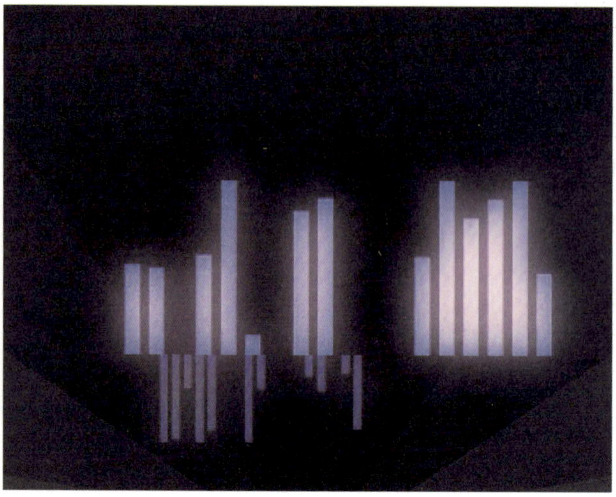

图 5-3-49　最终效果